EUL VERLAG

WIRTSCHAFTSINFORMATIK

Herausgegeben von Prof. Dr. Dietrich Seibt, Köln, Prof. Dr. Hans-Georg Kemper, Stuttgart, Prof. Dr. Georg Herzwurm, Stuttgart, Prof. Dr. Dirk Stelzer, Ilmenau, und Prof. Dr. Detlef Schoder, Köln

Band 82
Katharina Ute Peine
Situative Gestaltung des IT-Produktmanagements – Eine empirische Untersuchung
Lohmar – Köln 2014 • 448 S. • € 68,- (D) • ISBN 978-3-8441-0373-1

Band 83
Michael Zimmer
Agile Business Intelligence – Komponenten integrierter Gesamtarchitekturen
Lohmar – Köln 2015 • 304 S. • € 59,- (D) • ISBN 978-3-8441-0386-1

Band 84
Lars Oliver Mautsch
Softwareplattformen für Unternehmenssoftwareökosysteme
Lohmar – Köln 2015 • 424 S. • € 67,- (D) • ISBN 978-3-8441-0402-8

Band 85
Jennifer Gursch
V-Modell® XT und Wissensmanagement – Konzept eines ganzheitlich integrierten Systems
Lohmar – Köln 2015 • 340 S. • € 63,- (D) • ISBN 978-3-8441-0409-7

Band 86
Christian Broser
Vertrauen für föderiertes Identitätsmanagement
Lohmar – Köln 2016 • 276 S. • € 58,- (D) • ISBN 978-3-8441-0457-8

Band 87
Raphaela Saitz
Entwicklung eines Rahmenkonzepts zur IT-basierten Unterstützung des Chancen- und Risikomanagements in Konzernen
Lohmar – Köln 2016 • 360 S. • € 64,- (D) • ISBN 978-3-8441-0465-3

Band 88
Norman Pelzl
Methodische Entwicklung von zukunftsorientierten Geschäftsmodellen im Cloud-Computing
Lohmar – Köln 2016 • 320 S. • € 68,- (D) • ISBN 978-3-8441-0466-0

JOSEF EUL VERLAG

Methodische Entwicklung von zukunftsorientierten Geschäftsmodellen im Cloud-Computing

Von der Fakultät Wirtschafts- und Sozialwissenschaften der Universität Stuttgart zur Erlangung der Würde eines Doktors der Wirtschafts- und Sozialwissenschaften (Dr. rer. pol.) genehmigte Abhandlung

vorgelegt von

Norman Pelzl

aus Leipzig

Hauptberichter: Prof. Dr. Georg Herzwurm

Mitberichter: Prof. Dr. Hans-Georg Kemper

Tag der mündlichen Prüfung: 12.05.2016

Betriebswirtschaftliches Institut der Universität Stuttgart

2016

Reihe: Wirtschaftsinformatik · Band 88

Herausgegeben von Prof. Dr. Dietrich Seibt, Köln, Prof. Dr. Hans-Georg Kemper, Stuttgart, Prof. Dr. Georg Herzwurm, Stuttgart, Prof. Dr. Dirk Stelzer, Ilmenau, und Prof. Dr. Detlef Schoder, Köln

Dr. Norman Pelzl

Methodische Entwicklung von zukunftsorientierten Geschäftsmodellen im Cloud-Computing

Mit einem Geleitwort von Prof. Dr. Georg Herzwurm, Universität Stuttgart

EUL VERLAG

Bibliografische Information der Deutschen Nationalbibliothek

Die Deutsche Nationalbibliothek verzeichnet diese Publikation in der Deutschen Nationalbibliografie; detaillierte bibliografische Daten sind im Internet über <http://dnb.d-nb.de> abrufbar.

Dissertation, Universität Stuttgart, 2016

D 93

ISBN 978-3-8441-0466-0
1. Auflage Juni 2016

JOSEF EUL VERLAG GmbH
Brandsberg 6
53797 Lohmar
Tel.: 0 22 05 / 90 10 6-6
Fax: 0 22 05 / 90 10 6-88
E-Mail: info@eul-verlag.de
http://www.eul-verlag.de

Bei der Herstellung unserer Bücher möchten wir die Umwelt schonen. Dieses Buch ist daher auf säurefreiem, 100% chlorfrei gebleichtem, alterungsbeständigem Papier nach DIN 6738 gedruckt.

Geleitwort

Spätestens seit dem Platzen der Dotcom-Blase im März 2000 wurde deutlich, dass innovative Technologien und Produkte alleine noch kein Garant für den Erfolg von IT sind. Vielmehr sind mit den neuen technologischen Möglichkeiten, die Internet und Digitalisierung bieten, kritische Analysen über die ökonomischen Wirkungen anzustellen. Geschäftsmodelle bieten hier ein übergreifendes Rahmenwerk, mit dem neuartige Konzepte in der digitalen Welt strategisch strukturiert und analysiert entworfen werden können. Geschäftsmodelle in der Wirtschaftsinformatik stellen ein wichtiges Bindeglied zwischen Strategien, Produkten und Prozessen eines Unternehmens dar und beinhalten beispielsweise Erlösformen, Nutzenversprechen und Wertschöpfungsarchitekturen. Die Erforschung des Geschäftsmodellkonzepts in der Wirtschaftsinformatik ist noch recht jung. Forschergruppen haben sich daher zusammengeschlossen, um Forschungslücken zu identifizieren und schließen. Im Rahmen der Digitalisierung der Ökonomie tun sich viele Unternehmen schwer, Geschäftsmodelle zu entwickeln. Hierzu werden neben ökonomischem auch strategisches und technisches Knowhow benötigt.

Herr Pelzl entwickelt daher in seiner Arbeit ein fundiertes methodisches Rahmenkonzept zur Entwicklung von Geschäftsmodellen. Die Arbeit orientiert sich dabei am gestaltungsorientierten Forschungsdesign unter Verwendung des sogenannten "Design Science Research"-Ansatzes nach Alan R. Hevner und folgt den Konzepten des Methoden-Engineerings. Als technische Domäne wählt er das Cloud-Computing, das aus Sicht der Wirtschaftsinformatik einen radikalen Paradigmenwechsel bei Bereitstellung und Bezug von IT-Leistungen darstellt. Infolgedessen ist das Thema der Arbeit in zweifacher Hinsicht äußerst aktuell und relevant.

Die Praxistauglichkeit und -relevanz der entwickelten Methode wird anhand von sechs Fallstudien nachgewiesen. So können nicht nur Wissenschaftler, sondern vor allem auch Praktiker von der detailliert beschriebenen Vorgehensweise in der Methode profitieren. Insbesondere lassen sich durch den vorgestellten Ansatz nachvollziehbare und nachhaltige Cloud-Geschäftsmodelle generieren. Damit liefert die Arbeit bedeutende Erkenntnisse innerhalb der Geschäftsmodellforschung. Ich wünsche der ausgezeichneten Arbeit eine weite Verbreitung und gebührende Beachtung in der Wissenschaft und Praxis.

Stuttgart, im Juni 2016 Univ.-Prof. Dr. Georg Herzwurm

Vorwort

Die Entscheidung, nach mehr als zweieinhalb Jahren Praxiserfahrung wieder an die Universität zurückzukehren, war für mich eine ganz besondere Herausforderung. Allerdings bin ich mir sicher, dass gerade die Kombination aus gewonnener Berufserfahrung und der wissenschaftlichen Arbeit meine Denk- und Sichtweise auf die Dissertation maßgeblich erweitert hat. Entstanden ist die vorliegende Arbeit während meiner Zeit als akademischer Mitarbeiter am Betriebswirtschaftlichen Institut der Universität Stuttgart, Lehrstuhl für Allgemeine Betriebswirtschaftslehre, Wirtschaftsinformatik 2 (Unternehmenssoftware) bei Prof. Dr. Georg Herzwurm. An dieser Stelle möchte ich mich bei allen bedanken, die mich während der gesamten Zeit unterstützt haben.

In erster Linie gilt mein Dank meinem verehrten Doktorvater Herrn Prof. Dr. Georg Herzwurm. Schon am Tag meiner Einstellung hat er mir sein Vertrauen ausgesprochen und mir auch während der gesamten Zeit immer mit Rat und Tat zur Seite gestanden. Auch danke ich Prof. Dr. Hans-Georg Kemper für das Verfassen des Zweitgutachtens und Prof. Dr. Birgit Renzl für die Übernahme des Vorsitzes des Promotionsausschusses.

Weiterhin möchte ich mich bei meinen Kollegen bedanken: Herrn Stefan Jesse, Herrn Christopher Jud, Herrn Benedikt Krams, Frau Annika Lenz, Herrn Olaf Mackert, Herrn Dr. Lars Mautsch, Frau Dr. Katharina Peine, Herrn Tobias Schäfer, Herrn Tim Taraba und Herrn Tobias Tauterat. Ich danke euch allen für die tolle und kollegiale Arbeitsatmosphäre am Lehrstuhl, an dem ich immer sehr gerne gearbeitet habe.

Herrn Dr. Martin Mikusz und vor allem Herrn Dr. Andreas Helferich danke ich für den umfangreichen Input, der während mehrerer Korrekturschleifen eingeflossen ist und der zur Verbesserung der Arbeit beigetragen hat. Großer Dank gilt dabei Herrn Sixten Schockert, der mich inhaltlich und methodisch unterstützt hat und in unzählige Stunden meine stringente (und unnachahmliche) Logik zu verstehen versuchte, um daraus eine nachvollziehbare Methode anzufertigen.

Prof. Dr. Wolfram Pietsch möchte ich für die Zeit und die fachlichen Anmerkungen während der Doktoranden-Workshops und Frau Sook Ja Schmitz für alle Hilfestellungen rund um die Doktorandenzeit danken. Auch den studentischen Hilfskräften am Lehrstuhl möchte ich für die Hingabe in Bezug auf die Bibliotheksverwaltung und das Digitalisieren von relevanter Literatur danken.

Viel zu verdanken habe ich auch meinem Bruder Sirko Pelzl, der Unklarheiten mit seiner direkten Art sofort bemerkte und wichtige Vorschläge zur Verbesserung einbrachte. Gleiches gilt meinen vielen Fallstudienpartnern, die ganze Tage investiert haben, um die Methode zu evaluieren und dadurch die Entwicklung der Methode unterstützt haben.

Zu großem Dank verpflichtet bin ich meiner Familie, insbesondere meinem Vater, Ulrich Pelzl, der mich in allen Abschnitten meines Lebens immer unterstützt hat.

Von Herzen möchte ich meiner lieben Frau Dr. Lisann Pelzl danken. Sie hat mir nicht nur aufopferungsvoll zu Seite gestanden, mich immer gestärkt und mir den Rücken freigehalten, sondern sich in dieser Zeit auch sehr liebevoll um unsere beiden wunderbaren Kinder gekümmert. Daher möchte ich mich auch herzlich bei meinen Kindern Fiona und Lilou bedanken, die mir mit ihrer Liebe Kraft geschenkt haben und sehnsüchtig darauf gewartet haben, bis „Papa“ endlich fertig wird.

Tübingen, im Juni 2016 Norman Pelzl

Inhaltsübersicht

Geleitwort V

Vorwort VII

Inhaltsübersicht IX

Inhaltsverzeichnis XI

Abbildungsverzeichnis XV

Tabellenverzeichnis XVII

Abkürzungsverzeichnis XXI

Zusammenfassung XXIII

Abstract XXV

1. Einleitung 1

2. Theoretische Grundlagen und Konzepte 25

3. Cloud-Computing 75

4. Evaluation und Diskussion bestehender Ansätze 103

5. Methode zur Entwicklung von zukunftsorientierten Geschäftsmodellen im Cloud-Computing 177

6. Evaluation der Methode durch Expertenworkshops 231

7. Schlussbetrachtung 255

Anhang 261

Literaturverzeichnis 271

Inhaltsverzeichnis

Geleitwort V

Vorwort VII

Inhaltsübersicht IX

Inhaltsverzeichnis XI

Abbildungsverzeichnis XV

Tabellenverzeichnis XVII

Abkürzungsverzeichnis XXI

Zusammenfassung XXIII

Abstract XXV

1. Einleitung 1

1.1 Problemstellung 1

1.2 Forschungsfrage und Zielsetzung 4

1.3 Forschungsmethodik 6

1.4 Methoden-Engineering 16

1.5 Anforderungen an die Methode 20

1.6 Aufbau der Arbeit 23

2. Theoretische Grundlagen und Konzepte 25

2.1 Unternehmensanalyse 25

2.1.1 Rahmenbedingungen für Unternehmen 25

2.1.2 Situationsanalyse 26

2.2 Geschäftsmodelle 30

2.2.1 Definition und Einordnung 30

2.2.2 Abgrenzung von Strategie und Geschäftsprozess 34

2.2.3 Geschäftsmodellebenen 36

2.2.4 Einflussfaktoren auf Geschäftsmodelle 38

2.2.5 Geschäftsmodellinnovationen 40

2.2.5.1 Definition und Abgrenzung 40

2.2.5.2 Gestaltungsoptionen bei Geschäftsmodellinnovationen 43

2.2.6 Controlling von Geschäftsmodellen 45

2.2.7 Zusammenfassung 47

2.3 Geschäftsmodellentwicklung 48

2.3.1 Vorgehensmodelle und Methoden 48

2.3.2 Zielsetzung 50

2.3.2.1 Geschäftstätigkeit beschreiben 51
2.3.2.2 Umsetzung 52
2.3.3 Implikationen für die Methode 52
2.4 Corporate Foresight und Trends 53
2.4.1 Definition und Abgrenzung 53
2.4.2 Trends als Einflussgröße auf Geschäftsmodelle 57
2.4.3 Implikationen für die Methode 62
2.5 Anforderungsanalyse und Anforderungsmanagement 62
2.5.1 Definition und Abgrenzung 64
2.5.2 Abgleich der Anforderungen 69
2.5.3 Implikationen für die Methode 70
2.6 Schlussfolgerung 71
2.6.1 Abgeleitete Anforderungen an die Methode 72
2.6.2 Praxisrelevante Anforderungen an die Methode 72

3. Cloud-Computing 75
3.1 Historische Entwicklung 75
3.2 Beschreibung und Definition 78
3.2.1 Cloud-Ebenen 80
3.2.2 Klassifikation von Cloud-Services 82
3.2.3 Klassifikation von Cloud-Organisationsformen 84
3.2.4 Grundlegende und weiterführende Cloud-Eigenschaften 86
3.2.5 Definition von Cloud-Computing 95
3.3 Abgrenzung zum IT-Outsourcing 95
3.4 Cloud-Wertschöpfungsnetzwerk 98
3.5 Zusammenfassung 102

4. Evaluation und Diskussion bestehender Ansätze 103
4.1 Geschäftsmodellentwicklungsansätze 103
4.1.1 Literaturanalyse bestehender Geschäftsmodellentwicklungsansätze 103
4.1.2 Anforderungen an die Geschäftsmodellentwicklung 107
4.1.3 Ableitung eines Vorgehensmodells zur Geschäftsmodellentwicklung 108
4.1.4 Ausgewählte Methoden zur Geschäftsmodellentwicklung 111
4.1.4.1 Vorgehensmodell der Geschäftsmodellentwicklung nach Bensel 111
4.1.4.2 Methode der Geschäftsmodellinnovation nach Schallmo 113
4.1.4.3 Systematik zur Geschäftsmodellentwicklung nach Köster 114

4.2 Geschäftsmodellkomponentenansätze 117
4.2.1 Geschäftsmodellkomponenten – Auswahl und Beschreibung 117
4.2.2 Anforderungen an Geschäftsmodellkomponenten 118
4.2.3 Allgemeine Cloud-Geschäftsmodellkomponenten 119
4.2.4 Technische Cloud-Geschäftsmodellkomponenten 148
4.2.5 Zusammenfassung der Cloud-Geschäftsmodellkomponenten ... 150
4.3 Corporate-Foresight-Ansätze 152
4.3.1 Corporate-Foresight-Techniken 152
4.3.2 Anforderungen an Corporate-Foresight-Techniken 153
4.3.3 Die Szenarioanalyse 154
4.3.3.1 Grundlagen der Szenarioanalyse 154
4.3.3.2 Überblick verschiedener Szenarioanalysen und Auswahl 160
4.3.3.3 Trendbasierte Szenarioanalyse nach Z_punkt 161
4.3.3.4 Vorgehensschritte bei der GM-Szenarioanalyse 164
4.4 Anforderungspriorisierungsansätze 165
4.4.1 Anforderungspriorisierungstechniken 165
4.4.2 Anforderungen an Anforderungspriorisierungstechniken 166
4.4.3 QFD 168
4.4.3.1 Grundlagen von QFD 168
4.4.3.2 Überblick verschiedener QFD-Methoden und Auswahl . 169
4.4.3.3 Continuous-QFD 171
4.4.3.4 Vorgehensschritte beim GM-QFD 174
4.5 Zusammenfassung 175

5. Methode zur Entwicklung von zukunftsorientierten Geschäftsmodellen im Cloud-Computing 177

5.1 Metamodell 177
5.2 Rollenmodell 180
5.3 Vorgehensmodell 181
5.3.1 Ausgangssituation und Planung 181
5.3.2 Überblick 183
5.3.3 Detailliert 197
5.4 Techniken und Ergebnisse 200
5.4.1 C-1: GM-Szenarioanalyse 200
5.4.1.1 Übersicht 200
5.4.1.2 Vorgehensweise 203
5.4.2 C-2: Match-Matrix-Analyse 214
5.4.2.1 Übersicht 214
5.4.2.2 Vorgehensweise 216

5.4.3 C-3: GM-QFD-Analyse ... 219
5.4.3.1 Übersicht ... 219
5.4.3.2 Vorgehensweise ... 222
5.5 Zusammenfassung ... 228

6. Evaluation der Methode durch Expertenworkshops ... 231
6.1 Methodenevaluation ... 231
6.2 Durchführung der Expertenworkshops ... 233
6.3 Vorstudie ... 236
6.4 Hauptstudien ... 239
6.4.1 highQ Computerlösungen GmbH ... 239
6.4.2 netlas ... 243
6.4.3 myjobz.com ... 245
6.4.4 T-Systems International GmbH ... 246
6.4.5 IBM Deutschland GmbH ... 248
6.5 Zusammenfassung der Evaluation ... 251
6.6 Schlussfolgerung ... 253

7. Schlussbetrachtung ... 255
7.1 Zusammenfassung der wesentlichen Erkenntnisse ... 255
7.2 Kritische Würdigung ... 258
7.3 Ausblick ... 259

Anhang ... 261
Anhang A: Metamodelle ... 261
Anhang B: Vorlage Ein-Tages-Workshop ... 266
Anhang C: Studien und Datenbanken zur Ermittlung von Trends ... 267
Anhang D: Fragebögen ... 268

Literaturverzeichnis ... 271

Abbildungsverzeichnis

Abbildung 1: Fokus der Arbeit ... 4
Abbildung 2: Design Science Research Cycles ... 9
Abbildung 3: Allgemeines Design-Science-Vorgehen ... 10
Abbildung 4: Einordnung von Fallstudien in den Methodenkontext ... 14
Abbildung 5: Bestandteile einer Methode und Zusammenhänge ... 18
Abbildung 6: Erweitertes Metamodell einer Methode ... 19
Abbildung 7: Unabhängige Anforderungen an Methoden ... 21
Abbildung 8: Vorgehen der Anforderungserhebung zur Methodenentwicklung ... 22
Abbildung 9: Aufbau und Forschungsdesign der Arbeit ... 23
Abbildung 10: Rahmenbedingungen für Unternehmen ... 26
Abbildung 11: Situationsanalyse ... 28
Abbildung 12: Wettbewerbskräftemodell ... 30
Abbildung 13: Unternehmensarchitektur – Abgrenzung von Strategie, Geschäftsmodell und Geschäftsprozessen ... 35
Abbildung 14: Geschäftsmodellebenen ... 37
Abbildung 15: Einflussfaktoren auf die Attraktivität eines Geschäftsmodells ... 39
Abbildung 16: S-Kurven-Konzept ... 42
Abbildung 17: Handlungsoptionen der Reaktion auf konkurrierende Geschäftsmodelle ... 44
Abbildung 18: Zielsetzung der Geschäftsmodellentwicklung (außen) und des Geschäftsmodells (innen) ... 50
Abbildung 19: Makro- und Mikrounternehmensumfeld ... 55
Abbildung 20: Anatomie von Trends ... 58
Abbildung 21: Zukunftselemente ... 58
Abbildung 22: Bestandteile des Requirements Engineering ... 65
Abbildung 23: Systematische Darstellung von Requirements-Engineering-Techniken ... 67
Abbildung 24: Einordnung von Cloud-Computing im Kontext technologischer Vorgänger ... 78
Abbildung 25: Vergleich traditioneller IT-Infrastruktur mit Cloud-Infrastruktur ... 81
Abbildung 26: Klassifikation von Cloud-Services nach dem Grad der Individualität und Integration sowie der Dienstleistung ... 83
Abbildung 27: Klassifikation von Cloud-Organisationsformen in Abgrenzung von Sourcing-Dimension und Hardware-Eigentümer ... 85
Abbildung 28: Beschreibung von Cloud-Computing ... 93
Abbildung 29: Einordnung von IT-Outsourcing und Cloud-Computing ... 97
Abbildung 30: Cloud-Wertschöpfungsnetzwerk ... 100
Abbildung 31: Übertragung der Anforderungen auf ausgewählte Geschäftsmodellentwicklungsansätze und Auswahl eines eigenen Vorgehens ... 110
Abbildung 32: Integriertes Vorgehen zur Geschäftsmodellentwicklung ... 111
Abbildung 33: Vorgehensmodell der Geschäftsmodellentwicklung nach Bensel ... 112

Abbildung 34: Vorgehensmodell zur Geschäftsmodellentwicklung nach Schallmo 113
Abbildung 35: Systematik zur Geschäftsmodellentwicklung nach Köster 115
Abbildung 36: Cloud-Marktplatz-Typen 135
Abbildung 37: Entscheidungsmatrix zur Partnerschaft 147
Abbildung 38: Morphologischer Kasten von Cloud-Computing-Geschäftsmodellelementen 151
Abbildung 39: Szenario-Grundidee 155
Abbildung 40: Szenariotrichter mit Trends 156
Abbildung 41: Explorative und antizipative Szenarien 157
Abbildung 42: Formen der Szenarioentwicklung 159
Abbildung 43: Trendbasierter Szenarioprozess nach Burmeister u.a. 162
Abbildung 44: Schematische Darstellung des House of Quality 169
Abbildung 45: Lebenszyklus von C-QFD-Projekten 173
Abbildung 46: Vorgehen beim GM-QFD 175
Abbildung 47: Metamodell der Treiber 178
Abbildung 48: Metamodell der Geschäftsmodellkomponenten 179
Abbildung 49: Prozedurales Vorgehensmodell der zukunftsorientierten Geschäftsmodellentwicklung im Cloud-Computing mit anschließender Produktentwicklung (GMT-Methode) 185
Abbildung 50: Vorlage für die Analyse eines Geschäftsmodells 187
Abbildung 51: Kano-Modell der Kundenzufriedenheit 188
Abbildung 52: Beispielhafte Darstellung für einen kundenbedingten Ausgangspunkt 190
Abbildung 53: Kunden-Nutzen-Karte zur Ermittlung des Nutzenversprechens 191
Abbildung 54: Ist-Soll-Vergleich des Geschäftsmodells (Beispiel) 195
Abbildung 55: Prozess der Produktentwicklung 197
Abbildung 56: Vorgehensmodell detailliert (vergrößert auf den nächsten Seiten) 199
Abbildung 57: Szenarioanalyse im Kontext der entwickelten Methode 200
Abbildung 58: Grafische Darstellung der Schritte der GM-Szenarioanalyse für Cloud-Computing Geschäftsmodelle 202
Abbildung 59: Beispielhafte Darstellung eines System-Grids 208
Abbildung 60: Morphologischer Kasten mit Szenarien 213
Abbildung 61: Match-Matrix im Kontext der entwickelten Methode 214
Abbildung 62: Grafische Darstellung der Schritte der Match-Matrix für Cloud-Computing-Geschäftsmodelle 216
Abbildung 63: QFD-Analyse im Kontext der entwickelten Methode 219
Abbildung 64: Grafische Darstellung der Schritte im GM-QFD-Ablauf für Cloud-Computing-Geschäftsmodelle 221
Abbildung 65: Geschäftsmodell-Lebenszyklus 225
Abbildung 66: Würfelpuzzle (3D-Prototyp und fertiger Würfel) 235
Abbildung 67: Einordnung des Geschäftsmodells von highQ 241
Abbildung 68: Fragebogen zum Geschäftsmodell-Workshop (Vorher) 268
Abbildung 69: Fragebogen zum Geschäftsmodell-Workshop (Nachher) 269

Tabellenverzeichnis

Tabelle 1: Forschungsfragen und Zielsetzung der Arbeit 5
Tabelle 2: Qualitätssicherungsmaßnahmen 16
Tabelle 3: Anforderungsarten an die zu entwickelnde Methode 21
Tabelle 4: Auswahl von Geschäftsmodelldefinitionen 33
Tabelle 5: Abgrenzung von Geschäftsmodell und Strategie 36
Tabelle 6: Kennzahlen zum Controlling von Geschäftsmodellen 47
Tabelle 7: Vorhandene und abgeleitete Anforderungen in der Geschäftsmodellentwicklung 51
Tabelle 8: Abgrenzung von Markt- und Trendforschung und Corporate Foresight 54
Tabelle 9: Begriffe des Mikrounternehmensumfeldes 56
Tabelle 10: Begriffe des Makrounternehmensumfeldes 56
Tabelle 11: Drei-Schichten-Modell 57
Tabelle 12: Erläuterung von Trendbegriffen 59
Tabelle 13: Trends im Mikroumfeld 60
Tabelle 14: Trends im Makroumfeld 60
Tabelle 15: Risiken und Probleme in Projekten 64
Tabelle 16: Beispiele für interne und externe Stakeholder 65
Tabelle 17: Beispiele von Kreativitätstechniken 67
Tabelle 18: Vorhandene und abgeleitete Anforderungen im Requirements Engineering 70
Tabelle 19: Zusammenfassung der abgeleiteten Anforderungen an die Methode ... 72
Tabelle 20: Praxisrelevante Anforderungen an die Methode 73
Tabelle 21: Auswahl von Cloud-Computing-Definitionen 79
Tabelle 22: Vergleich der Eigenschaften wichtiger Organisationsformen von Cloud-Computing 86
Tabelle 23: Gegenüberstellung der technologischen Vorgänger mit denCloud-Eigenschaften von NIST 88
Tabelle 24: Cloud-Computing-Reifegradmodell 92
Tabelle 25: Gegenüberstellung von IT-Outsourcing und Cloud-Computing 98
Tabelle 26: Optionen zur Neukonfiguration der Wertschöpfung 102
Tabelle 27: Ansätze der Geschäftsmodellentwicklung 104
Tabelle 28: Gegenüberstellung der Anforderungen mit Ansätzen der Geschäftsmodellentwicklung 108
Tabelle 29: Bestandteile der globalen Strategie 121
Tabelle 30: Bestandteile der preispolitischen Strategien 126
Tabelle 31: Bestandteile der Erlösquellen 128
Tabelle 32: Bestandteile der Erlösmodelle 129
Tabelle 33: Bestandteile der Schlüsselressourcen 131
Tabelle 34: Bestandteile des Nutzenversprechens 133
Tabelle 35: Bestandteile der Kundenkanäle 135

Tabelle 36: Bestandteile der Schlüsselaktivitäten ... 136
Tabelle 37: Bestandteile des Crowdsourcings ... 138
Tabelle 38: Bestandteile der Zielkunden ... 140
Tabelle 39: Bestandteile des Kundenmarkts ... 141
Tabelle 40: Bestandteile der Kundenbeziehungen ... 143
Tabelle 41: Bestandteile der Wertschöpfungsarchitektur ... 143
Tabelle 42: Bestandteile der Kundenbranchen ... 144
Tabelle 43: Bestandteile des Partnernetzwerkes ... 146
Tabelle 44: Bestandteile der Cloud-Ebenen ... 148
Tabelle 45: Bestandteile der Cloud-Organisationsformen ... 148
Tabelle 46: Bestandteile der Cloud-Eigenschaften ... 149
Tabelle 47: Bestandteile der Art der Cloud-Anwendungen ... 149
Tabelle 48: Corporate-Foresight-Techniken ... 153
Tabelle 49: Gegenüberstellung der Anforderungen mit den Corporate-Foresight-Ansätze ... 153
Tabelle 50: Vor- und Nachteile von Szenarioanalysen ... 159
Tabelle 51: Übersicht von modellgestützten Szenarioanalysen ... 161
Tabelle 52: Bewertung der Szenarioanalysen mit den bestehenden Anforderungen ... 161
Tabelle 53: Vorgehensweise der trendbasierten Szenarioanalyse ... 163
Tabelle 54: Ableitung des Vorgehens zur GM-Szenarioanalyse ... 165
Tabelle 55: Anforderungspriorisierungstechniken ... 166
Tabelle 56: Gegenüberstellung der Anforderungen mit den Anforderungspriorisierungstechniken ... 167
Tabelle 57: Übersicht bekannter QFD-Methoden ... 170
Tabelle 58: Bewertung der QFD-Varianten anhand der übrigen Anforderungen ... 171
Tabelle 59: Unterschiede zwischen traditionellem QFD und C-QFD ... 172
Tabelle 60: Rollen und Qualifikationen innerhalb der GMT-Methode ... 181
Tabelle 61: Geschäftsmodellentwicklung – Ausgangssituation ... 182
Tabelle 62: Ranking der Geschäftsmodellausprägungen mit Gruppen (Beispiel) ... 193
Tabelle 63: Tabellarische Darstellung des Vorgehens und der Methodiken der zukunftsorientierten Geschäftsmodellentwicklung ... 198
Tabelle 64: Elf Schritte der GM-Szenarioanalyse für Cloud-Computing-Geschäftsmodelle ... 201
Tabelle 65: Interne und externe Faktoren sowie Kriterien in der Szenariofeldbestimmung ... 203
Tabelle 66: Mögliche Informationsquellen von Trends mit Beispielen ... 205
Tabelle 67: Beispielhafte Darstellung einer Einflussmatrix ... 207
Tabelle 68: Konsistenzmatrix ... 212
Tabelle 69: Drei Schritte der Match-Matrix für Cloud-Computing-Geschäftsmodelle ... 215
Tabelle 70: Bewertungswerte in der Match-Matrix ... 217
Tabelle 71: Beispiele für Trendzielfragen innerhalb der Match-Matrix ... 218

Tabelle 72: Schema der Match-Matrix ... 218
Tabelle 73: Sieben Schritte im GM-QFD-Ablauf für Cloud-Computing-Geschäftsmodelle ... 220
Tabelle 74: Transformation der Kundenaussage in Expertennutzeffekte ... 223
Tabelle 75: Unternehmens- und Marketingziele ... 224
Tabelle 76: Bewertungswerte für die Geschäftsmodell-Nutzeffekte-Tabelle (HoQ) ... 226
Tabelle 77: Checkliste zur Analyse der Geschäftsmodell-Nutzeffekte-Tabelle (HoQ) ... 226
Tabelle 78: Schema der Geschäftsmodell-Nutzeffekte-Tabelle (HoQ) ... 227
Tabelle 79: Auswahlkriterien für die Unternehmen ... 232
Tabelle 80: Zuordnung der Unternehmen zu den Ausgangspunkten ... 233
Tabelle 81: Endergebnisse ... 237
Tabelle 82: Evaluation der Entscheider – highQ ... 243
Tabelle 83: Evaluation der Entscheider – netlas ... 244
Tabelle 84: Evaluation der Entscheider – myjobz.com ... 246
Tabelle 85: Evaluation der Entscheider – T-Systems ... 248
Tabelle 86: Identifizierte Nutzenversprechen und Zielgruppen – IBM ... 249
Tabelle 87: Evaluation der Entscheider – IBM ... 251
Tabelle 88: Gesamtevaluation der entwickelten Methode ... 252
Tabelle 89: Beschreibung der Treiber des Metamodells ... 261
Tabelle 90: Beschreibung der Geschäftsmodellkomponenten des Metamodells ... 265
Tabelle 91: Agenda Ein-Tages-Workshop ... 266
Tabelle 92: Beispiele für Zukunftsstudien ... 267
Tabelle 93: Beispiele für Technologiestudien von Beratungsunternehmen ... 267

Die Abbildungen und Tabellen sind unter folgendem Link zur besseren Darstellung auf dem Bildschirm abrufbar: https://www.eul-verlag.de/pdf-wz/9783844104660_Grafiken.zip

Das Passwort für die .zip-Datei lautet: Pelzl2016

Abkürzungsverzeichnis

ASI	American Supplier Institute
AHP	Analytic Hierarchy Process
ARPU	Average Revenue per User
ASP	Application Service Provider
B2A	Business-to-Administration
B2B	Business-to-Business
B2C	Business-to-Consumer
CIA	Cross-Impact-Analyse
CIP	Cloud Infrastructure Provider
CLV	Customer Lifetime Value
CMMI	Capability Maturity Model Integration
CSP	Cloud Service Provider
DINK	Double Income No Kids
EU	Europäische Union
F&E	Forschung und Entwicklung
GM	Geschäftsmodell
GMT-Methode	Geschäftsmodell-Trend-Methode
highQ	highQ Computerlösungen GmbH
HoQ	House of Quality
IaaS	Infrastructure as a Service
IBM	International Business Machines Deutschland GmbH
ISV	Independent Software Vendor
IuK	Informations- und Kommunikationstechnologie
LOHAS	Lifestyle of Health and Sustainability
NIST	National Institute of Standards and Technology
OEM	Original Equipment Manufacturer
ÖPNV	Öffentlicher Personennahverkehr
P2P	Peer-to-Peer
PaaS	Platform as a Service
PL	Projektleiter
QFD	Quality Function Deployment

SaaS	Software as a Service
SLA	Service Level Agreement
SWOT	Strengths, Weaknesses, Opportunities, Threats
TIA	Trend-Impact-Analyse
T-Systems	T-Systems International GmbH
VAR	Value Added Reseller
VoEx	Voice of the Experts
VPN	Virtual Private Network
WI	Wirtschaftsinformatik

Zusammenfassung

IT-Unternehmen sind heutzutage bspw. durch die fortschreitende Globalisierung, die veränderten Kundenbedürfnisse und immer neu entstehende Trends einem Wandel ausgesetzt, auf den sie reagieren müssen. Dabei reicht es nicht mehr aus neue Produkte und Dienstleistungen einzuführen. Daher orientieren sich Unternehmen für den langfristigen Unternehmenserfolg zumeist an der Entwicklung von zukunftsorientierten Geschäftsmodellen. Diese Geschäftsmodelle bilden ein Rahmenwerk zur Analyse, Gestaltung und Darstellung von Geschäftstätigkeiten eines Unternehmens.

Das Ziel der vorliegenden Arbeit ist die Entwicklung einer Methode für zukunftsorientierte Geschäftsmodelle im Cloud-Computing. Die Methode soll die Entwicklung von Geschäftsmodelle und insbesondere Cloud-Computing-Geschäftsmodelle aus einer anderen Perspektive darstellen. Das soll nicht nur durch die Anpassung bewährter Methoden gelingen, sondern zusätzlich durch die Integration von verschiedenen Trends, strategischen Nutzeffekten und abgestimmtem Expertenwissen. Dazu folgt die Arbeit dem grundsätzlichen Design-Science-Ansatz nach Hevner u.a. und unterstützt für die Methodenentwicklung das Vorgehen nach dem Methoden-Engineering.

Die Arbeit orientiert sich an einem Rahmenwerk zur Geschäftsmodellentwicklung, welches durch eine Literaturanalyse gestützt wird, damit eine eigene Vorgehensweise auf Grundlage der allgemeinen Anforderungen erstellt werden kann. Dieser Prozess der zukunftsorientierten Geschäftsmodellentwicklung beinhaltet fünf Phasen: Analyse der Ist-Situation des Unternehmens, Geschäftsmodellnutzengewinnung, Geschäftsmodellentwicklung, Geschäftsmodellbewertung & -umsetzung und Produktentwicklung, die durch Treiber wie beispielsweise Trends und den technologischen Fortschritt beeinflusst werden. Als weitere Basis werden die relevantesten Geschäftsmodellelemente und spezifische (technische) Cloud-Geschäftsmodellelemente aus der Literatur und aus den Expertenworkshops abgeleitet. Der Hauptfokus der vorliegenden Arbeit liegt auf der Geschäftsmodellentwicklung, daher werden die relevantesten Ansätze aus den Bereichen Corporate-Foresight und Requirements Management den theoretischen und praxisorientierten Anforderungen gegenübergestellt, um dadurch den jeweils passenden Ansatz zu ermitteln, der auf die Zielstellung der Arbeit passt. Dabei werden aus der Szenarioanalyse die Geschäftsmodell-Szenarioanalyse und aus der QFD-Analyse die Geschäftsmodell-QFD-Analyse abgeleitet.

Aufbauend auf diesen Erkenntnissen wird der detaillierte Prozess der Geschäftsmodellentwicklung ausgestaltet und dargestellt. Dazu ist es vordergründig, die beiden Methoden zu verknüpfen. Das gelingt, indem eine weitere Methode, die Match-Matrix, entwickelt wird, um damit den Übergang zwischen der Geschäftsmodell-Szenarioanalyse und der Geschäftsmodell-QFD-Analyse zu gewährleisten. Diese Phasen werden durch entwickelte Vorlagen (Repositorys) und Expertenwissen in Form von Workshops, in denen Trends, Geschäftsmodellelemente und strategische Nutzeffekte ermittelt werden, gestützt. Durch die Synthese der abgeleiteten und entwickelten Methoden entsteht eine völlig neue integrierte Methode. Mit der entwickelten Geschäftsmodell-Trend-Methode (GMT-Methode) werden die aufgestellten Anforderungen vollends erfüllt.

Die Evaluation der GMT-Methode erfolgt durch die Durchführung einer explorativen Vorstudie und fünf deskriptiver Hauptstudien. Durch die daraus resultierenden Erkenntnisse konnte die GMT-Methode iterativ immer weiter verbessert werden. Es konnten jedoch nicht alle möglichen Geschäftsmodell-Ausgangssituationen durch die Evaluation abgedeckt werden, so dass hier noch weiterer Forschungsbedarf besteht. Indes zeigen die erfolgreich durchgeführten Expertenworkshops und die positive Bewertung der Teilnehmer, dass die GMT-Methode ein wertvolles Instrument für die zukunftsorientierte Geschäftsmodellentwicklung im Cloud-Computing darstellt. Diese Erkenntnisse können aufgrund ihrer Anpassbarkeit künftig auch auf angrenzende (IT-)Konzepte und (IT-)Produkte übertragen werden.

Abstract

Today, IT companies must constantly respond to changes resulting, for instance, from ongoing globalization, evolving customer needs, and newly emerging trends. It is no longer enough to simply introduce new products and services. Companies therefore usually base their long-term success on the development of future-oriented business models. Such business models represent a framework for the analysis, design, and presentation of the company's business activities.

The aim of this thesis is to develop a method for devising future-oriented business models in cloud computing. The approach developed here will pose the vantage point of business models and, in particular, cloud computing business models from a different perspective. This will be achieved not only through the adaptation of best practices, but also through the integration of various trends, strategic efficiencies, and coordinated expertise. For this purpose, the work follows the basic design-science approach from Hevner et al. and adopts the process of methods engineering for method development.

The work draws on a framework for business model development, which is further based on an analysis of the literature so that an adequate procedure can be created on the basis of the overall requirements. The process of future-oriented business model development entails five phases: Analysis of the company's current situation, business model benefits, business model development, business model evaluation and implementation, and product development, which are influenced by drivers such as trends and technological progress. As a further basis, the most relevant business model elements and specific (technical) cloud business model elements will be deduced from the literature and from the expert workshops. The main focus of the present work is on business model development. The most relevant approaches in the fields of corporate foresight and requirements management were thus compared to the theoretical and practical requirements for determining the respective approaches that best fit the work's underlying objectives. At the same time, the business model scenario analysis and the business model QFD analysis are determined.

These findings will then be used to elaborate on and present the detailed process of business model development. For this purpose, it is essential to combine the two methods. This is achieved by developing an additional method, the match matrix, which will ensure the transition between the scenario analysis and QFD analysis. These phases are supported by prepared templates (repositories) and expert knowledge in the form of workshops, where trends, business model elements, and strategic benefits are ascertained. Due to the synthesis of deduced and developed methods, the elaborated procedure model represents a completely new integrated method. With the elaborated business model trend method (BMT method), the requirements postulated in the work are fully met.

The evaluation of the BMT method was carried out by conducting a preliminary exploratory study and five descriptive main studies. As a result of the associated findings, the BMT method could be continuously improved on an iterative basis. However, not all business model starting situations could be encompassed by the evaluation, resulting in the need for further research. On the other hand, the successfully implemented expert workshops and the positive evaluation of the participants demonstrate that the BMT method represents a valuable tool for future-oriented business model development in cloud computing. Due to their adaptability, these findings may also be transferred to adjacent (IT) concepts and (IT) products.

1. Einleitung

1.1 Problemstellung

Die fortschreitende Globalisierung, Deregulierungen gesamter Marktbereiche, schnelle und kürzere Innovationszyklen und ein hoher Vernetzungsgrad der Unternehmen haben die Märkte dynamischer, wettbewerbsintensiver und komplexer gemacht.[1] Unternehmen unterliegen neben dieser dynamischen Unternehmensumwelt vor allem durch schneller aufkommende Wettbewerber, veränderte Kundenbedürfnisse, neu entstehende Trends sowie innovative Technologien einem ständigen Wandel.[2] Somit sind Unternehmen heutzutage gezwungen, sich stärker gegenüber den Wettbewerbern zu differenzieren, beispielsweise um weitere Kunden zu gewinnen. Dies gelingt nicht mehr allein dadurch, dass neue Produkte und Dienstleistungen eingeführt werden.[3] Vielmehr sind es **Geschäftsmodelle**, die in der letzten Zeit in den Fokus von Unternehmen und ihren Strategien rücken.[4] Geschäftsmodelle werden zunehmend mit einem langfristigen Unternehmenserfolg und nachhaltigen Wettbewerbsvorteilen in Verbindung gebracht.[5] Um diese überlegenen Geschäftsmodelle zu erreichen, sind Unternehmen kontinuierlich auf der Suche nach neuen Geschäftsmodellen oder wollen ihre bestehenden Geschäftsmodelle dem Markt und den Kunden anpassen. Dazu ist es allerdings notwendig, das Geschäftsmodell durch Innovationen auf Potenzial- oder Bedarfsseite (z.B. Neuheiten und Veränderungen) anzupassen und dadurch neu zu gestalten.[6]

Die Neugestaltung von Geschäftsmodellen wird in der IT-Branche vor allem durch neue Technologien[7] wie Cloud-Computing und die Integration von Trends vorangetrieben.[8] **Cloud-Computing** wird als ein IT-Konzept bezeichnet, das Services über das Internet dezentral bereitstellt.[9] Viele Unternehmen sehen Cloud-Computing als Schlüsseltechnologie und wandeln oder vielmehr erweitern ihr traditionelles IT-

---

1 Vgl. Wirtz (2013), S. 3
2 Vgl. Gassmann u.a. (2013), S. 28 und Bille u.a. (2015), S. 251 ff.
3 Vgl. Halecker und Hölzle (2014), S. 97 und Morris (2009), S. 191
4 Vgl. Bille u.a. (2015), S. 252
5 Vgl. Wirtz (2013), S. 74 ff.
6 Vgl. Morris (2009), S. 191
7 Vgl. Baumöl und Jung (2014), S. 43
8 Vgl. Weber und Ziegler (2011), S. 90 f. und Schallmo (2012), S. 165 ff.
9 Vgl. Münzl u.a. (2009), S. 7

Geschäft zu einem Cloud-Geschäft.[10] Geschäftsmodelle im Cloud-Computing stehen aufgrund der Immaterialität ihrer Produkte im Gegensatz zu Geschäftsmodellen für physische Produkte vor besonderen Herausforderungen.[11] Beispielsweise werden Funktionserweiterungen mit viel geringeren Zeitabständen auf den Markt kommen und die Vertriebskosten liegen über das Internet nur bei einem Bruchteil der Kosten von physischen Produkten.

Des Weiteren sind neben den externen Einflussfaktoren (z.B. Wettbewerbern, wirtschaftlicher Infrastruktur) vor allem die Kundenorientierung und Trends für die zukünftige Entwicklung von Geschäftsmodellen unabdingbar.[12] **Kunden** alleine nach ihren Ideen für zukünftige Produkte, Dienstleistungen und Geschäftsmodelle zu fragen, ist schon seit der Zeit von Henry Ford[13] (1863–1947) nicht mehr zeitgemäß, da neue Einflüsse und starke Veränderungen durch **Trends** geleitet werden. Für zukunftsorientierte Geschäftsmodelle wird in letzter Zeit zunehmend die Integration von Trends beobachtet.[14] Trends entstehen durch veränderte Bedürfnisse und/oder Kaufkraftstrukturen[15] und zeichnen sich dadurch aus, dass sie sich meist einige Zeit im Voraus ankündigen und langfristig und nachhaltig wirken. Diese Eigenschaften sollen genutzt werden, um geeignet Trends zu erkennen und dadurch Geschäftsmodelle zu entwickeln.

Somit kann konstatiert werden, dass Geschäftsmodelle im Cloud-Computing sowohl mit Kundenideen als auch mit Trends angereichert werden sollten, um auf die sich schnell ändernden Umweltbedingungen reagieren zu können. Damit steht die Geschäftsmodellentwicklung vor besonderen Herausforderungen. In aktuellen Praxisuntersuchungen werden zunehmend Aspekte beschrieben, die innerhalb einer Geschäftsmodellentwicklung Beachtung finden sollen:[16]

- Wichtige Treiber sind die Kunden und das Wertangebot
- Strukturierter Einsatz von Methodiken und Vorgehensmodellen
- Methodik und Vorgehen sollen branchenspezifische Unterschiede aufweisen
- Integration von Kunden und Partnern

[10] Vgl. Labes u.a. (2013b), S. 37 f.
[11] Vgl. Strahringer (2013), S. 3
[12] Vgl. Schallmo (2012), S. 165 ff.
[13] „Wenn ich die Menschen gefragt hätte, was sie wollen, hätten sie gesagt, schnellere Pferde."
[14] Vgl. Bille u.a. (2015), S. 188 f.
[15] Vgl. Otto (1993), S. 48
[16] Vgl. Wagner u.a. (2015), S. 1302 ff., Schallmo (2012), S. 106 ff., Osterwalder und Pigneur (2011), S. 9, Breitschwerdt und Heß (2014), S. 224, Halecker und Hölzle (2014), S. 97 und Köster (2013), S. 6

- Geschäftsmodellentwicklung erfolgt meist inkrementell[17]
- Kontinuierliche Geschäftsmodellentwicklung

Aufgrund der zunehmenden Bedeutung von Geschäftsmodellen sind Methoden zu ihrer systematischen Entwicklung notwendig. Wie nachfolgend gezeigt wird, sind diese nicht in ausreichender Form vorhanden. Zahlreiche Autoren haben in den letzten Jahren zwar Methoden[18] entwickelt, um verschiedene dieser Aspekte in ihren Ausführungen zu betrachten, allerdings existiert aktuell keine anerkannte Methode zur Geschäftsmodellentwicklung, um die Probleme und die Herausforderungen zu lösen sowie die vorgeschlagenen Aspekte aus der Praxis zu integrieren.

Durch die Analyse relevanter deutscher und englischsprachiger Literatur konnten zahlreiche Autoren identifiziert werden, die sich mit Elementen und mit der Entwicklung von Geschäftsmodellen beschäftigen: Schallmo[19] beschreibt in seiner Arbeit ein generisches Modell zur Geschäftsmodellinnovation durch ein prozedurales Modell und ordnet den einzelnen Phasen jeweils relevante Methoden zu. Die Ausführungen sind zwar umfangreich, aber nur schwer auf die Praxis übertragbar, zudem fehlt der technische Bezug zum Cloud-Computing. Köster[20] hat eine Vorgehensweise zur Geschäftsmodellentwicklung konzipiert. Die Ausarbeitung bezieht sich auf die Phase der Produktentstehung am Beispiel der elektrischen Verbindungstechnik. Jedoch werden Trends nur auf einzelne Phasen übertragen und nicht auf Geschäftsmodellkomponenten. Weiner u.a.[21] stellen eine grobe Vorgehensweise zur Geschäftsmodellentwicklung vor, in der zwar einige Methoden genannt werden, aber eine umfassende Handlungsanweisung nicht enthalten ist. Osterwalder und Pigneur[22] beschreiben ein sehr generisches Vorgehen zur Geschäftsmodellentwicklung, das mit vielen Methoden und Praxisbeispielen angereichert wurde. Allerdings wird die Vorgehensweise zur Geschäftsmodellentwicklung nur sehr grob beschrieben.

Viele erarbeitete Darstellungen aus der Literatur zu (Cloud-)Geschäftsmodellen sind zumeist nur für die Abbildung oder Einordnung von Geschäftsmodellen allgemein gedacht und nicht für die Entwicklung von Cloud-Geschäftsmodellen. Beispielsweise

---

17 Bei der inkrementellen Geschäftsmodellentwicklung werden zumeist nur Teile des Geschäftsmodells, nicht aber die grundlegende Architektur verändert. Vgl. Stähler (2002), S. 72

18 „Eine Methode ist ein zielgerichtetes, systematisches Vorgehen, dessen Konstruktion auf der Basis von Komponenten erfolgt, deren Ausgestaltung intersubjektiv nachvollziehbare Prinzipien und Regeln zugrunde liegen." Baumöl (2008), S. 60

19 Vgl. Schallmo (2012)

20 Vgl. Köster (2013)

21 Vgl. Weiner u.a. (2012), S. 80-88

22 Vgl. Osterwalder und Pigneur (2011)

werden bei den Ausarbeitungen von Labes u.a.[23], Schief und Buxmann[24] sowie Gierczak u.a.[25] Geschäftsmodellkomponenten herausgearbeitet und als ein zusammenhängendes Geschäftsmodellwerkzeug gesehen, allerdings wird dabei nicht auf ein Vorgehensmodell oder eine methodische Herangehensweise zur Geschäftsmodellentwicklung eingegangen.

Die fehlende Betrachtung von Trends, Kunden und systematischen Vorgehensweisen zeigt, dass erheblicher Bedarf bei der methodischen Entwicklung von Geschäftsmodellen im Cloud-Computing besteht. Aus den beschriebenen Problemen und Herausforderungen sowie Aspekten ergibt sich der Fokus der Arbeit wie in Abbildung 1 grafisch dargestellt.

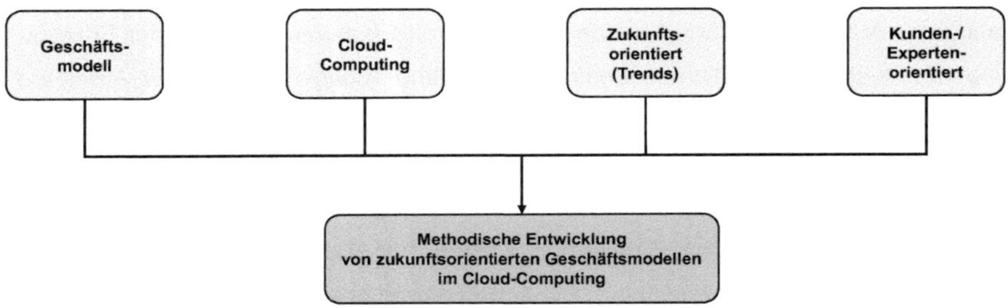

Abbildung 1: Fokus der Arbeit

1.2 Forschungsfrage und Zielsetzung

Auf Grundlage der in Abschnitt 1.1 beschriebenen Problemstellung und der dadurch bestehenden Forschungslücke kann im Folgenden die Ableitung der Zielsetzung und der Forschungsfragen erfolgen.

Ziel dieser Arbeit ist die Entwicklung einer Methode zur Erstellung von zukunftsorientierten Geschäftsmodellen im Cloud-Computing. Aus dieser Zielsetzung lassen sich eine zentrale Fragestellung und drei Teilfragen ableiten, die im Rahmen der vorliegenden Arbeit zu beantworten sind (siehe Tabelle 1):

---

23 Vgl. Labes u.a. (2013b), S. 35-60
24 Vgl. Schief und Buxmann (2012), S. 3335 und Schief (2013), S. 71
25 Vgl. Gierczak u.a. (2012), S. 1-10

Zentrale Fragestellung	
Wie muss eine Methode gestaltet sein, um strategiekonforme und zukunftsorientierte Geschäftsmodelle im Cloud-Computing zu entwickeln?	
Teilfragen	**Forschungsziele/-ergebnisse**
1) Welche Bestandteile von Geschäftsmodellen sind für Cloud-Computing-Geschäftsmodelle relevant?	• Erarbeitung von Bestandteilen für Geschäftsmodelle im Cloud-Computing • Ableitung konkreter Geschäftsmodellbestandteile
2) Welche Ansätze eignen sich, um strategiekonforme und zukunftsorientierte Geschäftsmodelle im Cloud-Computing zu entwickeln?	• Analyse von Methoden und Techniken der Geschäftsmodellentwicklung, des Corporate Foresight und des Anforderungsmanagements • Begründete Auswahl zur Gestaltung einer Methode
3) Wie können diese Methoden miteinander verknüpft werden?	• Verknüpfung von Methoden und Techniken des Corporate Foresight und des Anforderungsmanagements • Begründetes Vorgehen zur Gestaltung einer Methode

Tabelle 1: Forschungsfragen und Zielsetzung der Arbeit

Die vorliegende Arbeit orientiert sich bei der Vorgehensweise zur Beantwortung der Forschungsfragen an den Prinzipien des Methoden-Engineerings (siehe Abschnitt 1.4). Dabei angewendete Forschungsmethoden werden in Abschnitt 1.3 erläutert. Aus der beschriebenen Problemstellung, den Forschungsfragen und -zielen können allgemeine Anforderungen an die zu entwickelnde Methode abgeleitet werden:

- **Strategiekonform (kunden- und expertenorientiert)**
  Die Methode soll Kunden- und Expertenfeedbacks als Input verarbeiten können. Durch die Kundenintegration sollen vor allem Kundenbedürfnisse betrachtet werden, die bei der Ermittlung des Nutzenversprechens zum Tragen kommen. Die Experten[26] sollen mit ihrem Fachwissen die Entwicklung der Methode unterstützen.

[26] „Experten lassen sich als Personen verstehen, die sich – ausgehend von einem spezifischen Praxis- oder Erfahrungswissen, das sich auf einen klar begrenzbaren Problemkreis bezieht – die Möglichkeit geschaffen haben, mit ihren Deutungen das konkrete Handlungsfeld sinnhaft und handlungsleitend für Andere zu strukturieren." Bogner u.a. (2014), S. 13. Das bedeutet aber auch, dass der Experte bei einem Interview usw. über einen deutlichen Wissensvorsprung verfügen sollte. Vgl. Walter (1994), S. 271

- **Zukunftsorientiert**
  Unter Zukunftsorientierung wird die langfristige Ausrichtung des Unternehmens und seines Geschäftsmodells auf mögliche eintreffende und zukünftige Ereignisse (z.B. Trends) verstanden.

- **Iteratives Vorgehen**
  Cloud-Computing und Geschäftsmodelle fordern aufgrund der Zugehörigkeit zu disruptiven Innovationen ein ständiges Weiterentwickeln von unternehmensinternen Abläufen und Prozessen. Unter dem iterativen Vorgehen bzw. iterativen Schleifen wird die ständige Überarbeitung und Verfeinerung der vorhandenen Bestandteile verstanden. Diese können dadurch sehr früh erhalten werden und es findet eine permanente Reflexion der Ergebnisse statt.

- **Systematisches Vorgehen**
  Unter einem systematischen Vorgehen wird verstanden, dass es Unternehmen aus dem Bereich des Cloud-Computings ermöglicht werden soll, Geschäftsmodelle strukturell zu entwickeln. Dabei sollen geeignete Prozessschritte bzw. Phasen beschrieben und passende Methoden zugeordnet werden.

- **Visualisierbarkeit**
  Innerhalb der Methode sollen Vorgehensweisen/Aktivitäten visualisierbar sein. Für die Anwender soll damit eine bessere Übersichtlichkeit hinsichtlich des Ablaufs und der Darstellung der verwendeten Elemente geschaffen werden.

1.3 Forschungsmethodik

Die Forschungslücke und die daraus abgeleiteten Forschungsfragen sowie Forschungsziele sind der Wirtschaftsinformatik zuzuordnen. „Erkenntnisgegenstand der Wirtschaftsinformatik sind Informationssysteme in Wirtschaft und Gesellschaft, sowohl von Organisationen als auch von Individuen. Als soziotechnische Systeme bestehen sie aus Menschen (personellen Aufgabenträgern), Informations- und Kommunikationstechnik (maschinellen Aufgabenträgern) und Organisation (Funktionen, Geschäftsprozessen, Strukturen und Management) sowie den Beziehungen zwischen diesen drei Objekttypen.“[27]

[27] Österle u.a. (2010), S. 3

Die Wirtschaftsinformatik verfolgt grundsätzlich zwei Paradigmen: das konstruktionswissenschaftliche Paradigma bzw. Design Science und das verhaltenswissenschaftliche Paradigma bzw. Behavioral Science. Das verhaltenswissenschaftliche Paradigma fokussiert Verhaltensweisen und Auswirkungen von bestehenden Informationssystemen. Diese Forschung nimmt die bestehenden Informationssysteme als gegeben hin („Verstehen"), mit dem Ziel der Entdeckung von Ursache-Wirkungs-Zusammenhängen.[28]

Bei dem konstruktionswissenschaftlichen Paradigma wird nach Erkenntnisgewinn („Verbessern") durch das Entwickeln und Evaluieren von Lösungen in Form von Modellen, Methoden oder Systemen gestrebt.[29] Bereits vorhandene Informationssysteme und Methoden sind für die gestaltungsorientierte Wirtschaftsinformatik als Input für neue Lösungen zu sehen, mit dem Ziel, diese zu konstruieren.[30]

Die **Konstruktionsstrategie** findet demnach Anwendung in der gestaltungsorientierten Wirtschaftsinformatik,[31] da diese auf den Erkenntnisgewinn über die Gestaltung der Realität ausgerichtet ist. Im forschungslogischen Ablauf stehen vor dem Wirkungszusammenhang anhand der Konstruktionsstrategie der Entdeckungszusammenhang mit der **Explorationsstrategie** und der Begründungszusammenhang.[32] Bei dem **Entdeckungszusammenhang** geht es um das Erkennen von Zusammenhängen seitens des Autors durch Ideen, Beobachtungen und Gespräche. Dadurch können ein theoretischer Bezugsrahmen oder eine Methode aufgestellt werden. Innerhalb des **Begründungszusammenhangs** werden Probleme oder Fragestellungen untersucht und existierende Hypothesen überprüft.[33] Eine Möglichkeit der Widerlegung existierender Hypothesen bildet die **Falsifikationsstrategie**, die versucht Gegenbeispiele in bestehenden Untersuchungen zu finden.[34] Die Falsifikationsstrategie kommt für die vorliegende Arbeit per se nicht in Frage, da, wie bereits in Abschnitt 1.1 beschrieben, die Zusammenhänge der Teilgebiete (Einflussfaktoren) bisher nicht ausreichend untersucht wurden und dadurch kein umfassendes Theoriegebilde besteht. Folglich können auch keine eindeutigen und widerlegbaren Hypothesen existieren, die für die Falsifikationsstrategie erforderlich wären. In dieser Arbeit

---

28 Vgl. Hess (2010), S. 10, Österle u.a. (2010), S. 4 und Winter (2014), S. 65
29 Vgl. Wilde und Hess (2006), S. 3 und Winter (2014), S. 65
30 Vgl. Hess (2010), S. 10 und Österle u.a. (2010), S. 3
31 Vgl. Österle u.a. (2010), S. 3
32 Vgl. Friedrichs (1990), S. 50 ff.
33 Vgl. Friedrichs (1990), S. 52 f.
34 Vgl. Lamnek (2005), S. 88

finden zum großen Teil die Konstruktionsstrategie und auch die Explorationsstrategie Anwendung. Wie bereits anhand der Forschungslücke in Abschnitt 1.1 gezeigt werden konnte, existieren für diese Arbeit nur wenige passende Methoden und dafür notwendige Techniken, sodass die Explorationsstrategie an dieser Stelle Anwendung findet. Für die Gestaltung einer Methode zur Entwicklung von zukunftsorientierten Geschäftsmodellen im Cloud-Computing können die aus der Explorationsstrategie identifizierten Techniken auf die Erfüllung der Forschungsziele innerhalb der Konstruktionsstrategie angepasst und gestaltet werden.

Zurückkehrend zu den Paradigmen der Wirtschaftsinformatik wird von Hevner u.a.[35] und Österle u.a.[36] mit dem Design-Science-Ansatz die Kombination von Methoden[37] vorgeschlagen, damit sich beide Paradigmen verstärken und sogar gegenseitig ergänzen können.[38] Der Design-Science-Ansatz ist aufgrund des Bekanntheitsgrades und der weiten Verbreitung ein anerkanntes Verfahren zum Erkenntnisgewinn in der Wirtschaftsinformatik.[39] In diesem Ansatz wird ein „Referenzprozess für die gestaltungsorientierte Forschung und entsprechende Richtlinien“[40] vorgeschlagen. Der Ansatz ist durch seine strukturierte Vorgehensweise und den iterativen Ablauf gerade für die Entwicklung von Methoden geeignet (siehe Abbildung 2).[41] Zusätzlich wird bei der Entwicklung von Methoden das Methoden-Engineering angewendet (siehe Abschnitt 1.4). Der Design-Science-Ansatz setzt sich aus den „Elementen“ Umwelt (Environment), Forschung (Design Science Research) und Wissensbasis (Knowledge Base) sowie den verbindenden „Elementen“ der Anforderung der Praxis zwischen Umwelt und Forschung sowie dem anwendbaren Wissen zwischen Forschung und Wissensbasis zusammen.[42] Innerhalb der Umwelt werden Menschen, Organisationen, Technologien und Probleme sowie Möglichkeiten beschrieben. Die Wissensbasis stellt Grundlagen in Form von Theorien, Bezugsrahmen, Modellen und Methoden sowie Methodologien zum Messen und zum Evaluieren dar. Die Durchführung

---

35 Vgl. Hevner u.a. (2004)
36 Vgl. Österle u.a. (2010)
37 Durch sogenannte „mixed methods“ bzw. Methodenpluralismus bzw. multimethodische Forschungsdesigns bzw. Methodentriangulation wird versucht den Untersuchungsgegenstand aus verschiedenen Perspektiven zu betrachten, um dadurch Fehler zu vermeiden. Vgl. Lamnek (2005), S. 299
38 Vgl. Winter (2014), S. 65 ff.
39 Vgl. Hevner (2005), S. 1
40 Winter (2014), S. 73
41 Vgl. Hevner u.a. (2004), S. 77
42 Vgl. Hevner u.a. (2004), S. 79 ff.

der Forschung erfolgt im Design Science durch Erstellen und Evaluation von Artefakten und im Behavioral Science durch Entwickeln und Begründen von Theorien.

Hevner selbst erweitert 2007 das Design-Science-Modell von 2004 um drei Design-Science-Zyklen (siehe Abbildung 2).[43] Damit sollen der Forschungscharakter des Lösungssuchprozesses gestärkt[44] und einige Kritikpunkte[45] beseitigt werden.

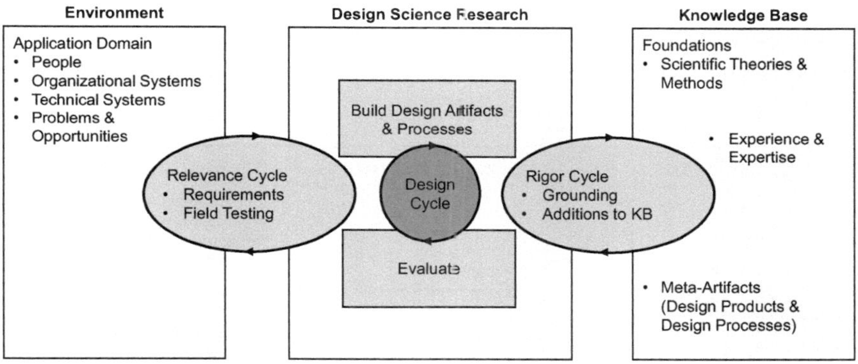

Abbildung 2: Design Science Research Cycles[46]

Der **Relevanzzyklus** bildet die Brücke zwischen der Umwelt des Forschungsprojektes und dem Design Science Research, indem Anforderungen erhoben und Feldtests bis zu einem annehmbaren Ergebnis durchgeführt werden. Vorhandene Theorien und Methoden aus der Wissensbasis werden durch den **Rigorzyklus** dem Design Science Research zur Verfügung gestellt. Diese werden ausgewählt, um anschließend im Design Science Research entwickelt und evaluiert zu werden. Innerhalb des zentralen **Designzyklus** werden die ausgewählten Methoden aus dem Rigorzyklus anhand der Anforderungen des Relevanzzyklus so lange entwickelt und evaluiert (iterativ), bis diese in den Feldtest des Relevanzzyklus übergeben werden können.

Bezogen auf die vorliegende Arbeit werden im Relevanzzyklus die Anforderungen an die zu entwickelnde Methode erhoben und im Rigorzyklus bestehende Ansätze identifiziert. Anschließend werden die Anforderungen und bestehenden Ansätze innerhalb des Designzyklus gegenübergestellt und bewertet. Darauf folgend findet im Designzyklus die Gestaltung der Methode zur Entwicklung von zukunftsorientierten Ge-

43 Vgl. Hevner (2007), S. 88
44 Vgl. Winter (2014), S. 74-75
45 Vgl. z.B. Iivari (2007), S. 39-64
46 Vgl. Hevner (2007), S. 88

schäftsmodellen im Cloud-Computing mit anschließender Evaluation durch Fallstudien statt. Die Methodengestaltung erfolgt durch das in Kapitel 1.4 beschriebene Methoden-Engineering.

Aufgrund einiger Kritiken[47] an den von Hevner u.a. (2004) vorgeschlagenen sieben „Guidelines for Design Science in Information Systems Research“ wurde ein allgemeineres Vorgehen innerhalb des Design-Science-Ansatzes ausgewählt. Das von Takeda u.a.[48] 1990 vorgeschlagene Vorgehen wurde 2004 von Vaishnavi und Kuechler[49] aktualisiert und angepasst. Das allgemeine Design-Science-Vorgehen besteht aus fünf Teilprozessen (siehe Abbildung 3).

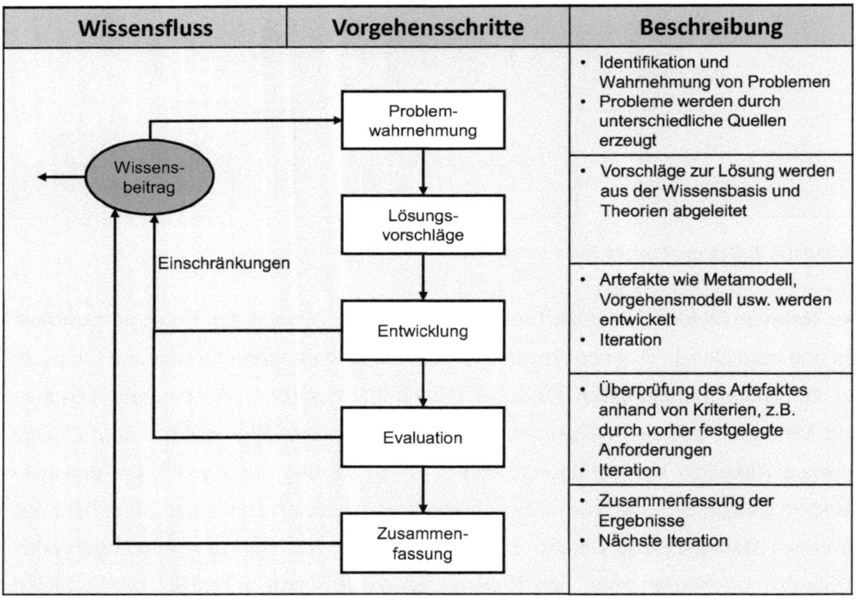

Abbildung 3: Allgemeines Design-Science-Vorgehen[50]

Im Folgenden werden die Inhalte anhand der Vorgehensschritte des allgemeinen Design-Science-Vorgehens für die vorliegende Arbeit dargestellt:

47 Die Kritiken sind beispielsweise, dass die sieben Richtlinien nicht trennscharf abgegrenzt wurden und nicht überschneidungsfrei seien. Vgl. Zelewski (2007), S. 102

48 Vgl. Takeda u.a. (1990), S. 43

49 Vgl. Vaishnavi und Kuechler (2004), S. 7

50 Vgl. Vaishnavi und Kuechler (2004), S. 7 nach Takeda u.a. (1990), S. 43

- **Problemwahrnehmung**: Zu Beginn eines Forschungsprojektes stehen die Identifikation und die Wahrnehmung von Problemen, die durch verschiedene Quellen erzeugt werden. Diese wurden in der Problemstellung mit der Forschungslücke in Abschnitt 1.1 behandelt. Zusammenfassend unterliegen Unternehmen mit ihren Geschäftsmodellen einem ständigen Wandel. Es fehlt eine detaillierte, systematische und nachvollziehbare Methode, um Geschäftsmodelle im Cloud-Computing zu entwickeln.
- **Lösungsvorschläge**: Lösungsvorschläge werden aus der Wissensbasis und von Theorien abgeleitet. Die Wissensbasis wird aus den Bereichen der Geschäftsmodellanalyse, der Corporate-Forsight-Analyse und des Anforderungsmanagements angereichert. Außerdem werden etablierte Ansätze und Techniken betrachtet, um die Wissensbasis weiter zu erhöhen (siehe Kapitel 2 bis 4).
- **Entwicklung**: Die Entwicklung des Artefaktes richtet sich an die zu verwendende Technik. Die Arbeit folgt dem Methoden-Engineering nach Gutzwiller[51] zur Entwicklung einer Methode. Die Bestandteile sind Metamodelle, Vorgehensmodelle, Techniken und Ergebnisse sowie Rollenmodelle, die in Kapitel 5 diskutiert werden. Mögliche Einschränkungen bei der Entwicklung fließen als Feedback direkt wieder in die Problemwahrnehmung ein.
- **Evaluation**: In der gestaltungsorientierten Wirtschaftsinformatik werden grundsätzlich drei Ansätze[52] zur Evaluation unterschieden[53]:
    1. *Evaluation der Methode gegen die identifizierte Forschungslücke*
       Im Kapitel 4 und 5 wird die Methode durch die Gesamtheit aller Anforderungen (siehe Kapitel 1.5) und die Zusammenhänge im Metamodell auf ihre korrekte Konstruktion geprüft. Als Ergebnis sollte die Aussage erfolgen, dass sich die Methode anwenden lässt (Machbarkeit).
    2. *Evaluation der Methode gegen die Realwelt*
       In Kapitel 6 erfolgt der Einsatz unter Realweltbedingungen. Für die Evaluation werden Fallstudien in Form von Expertenworkshops durchgeführt.[54] Als Ergebnis sollte die Aussage erfolgen, dass die Methode

[51] Vgl. Gutzwiller (1994), S. 13

[52] Eine Zusammenfassung von weiteren Ansätzen zur Gestaltung der Evaluation ist beispielsweise zu finden bei Riege u.a. (2009), S. 77 f. und Reinshagen (2009), S. 187 f.

[53] Vgl. Riege u.a. (2009), S. 74 ff.

[54] Für die Evaluation gegenüber der Realwelt kommen in der Regel nur empirische Methoden in Frage. Vgl. Riege u.a. (2009), S. 72

auch für die Praxis nützlich ist (Nützlichkeit). Daher werden aufgestellte Anforderungen in Form von Items (Aussagen) in einem Fragebogen von den Experten bewertet.

3. *Evaluation der Forschungslücke gegen die Realwelt*
   Diese Form der Evaluation ist eher im Behaviorismus zu finden und für die gestaltungsorientierte Wirtschaftsinformatik kaum relevant.[55] Hierbei sollte im Prinzip evaluiert werden, ob die Probleme aus der Forschungslücke auch ohne die Methode in der Realwelt zu lösen wären (Fallstudie ohne die entwickelte Methode).

Sollten sich aufgrund der Evaluation Veränderungen an der Methode ergeben, werden diese bei der nächsten Fallstudie berücksichtigt. Bei möglichen Einschränkungen werden diese iterativ an die Problemwahrnehmung weitergeleitet.

- **Zusammenfassung**: Im letzten Schritt werden alle Ergebnisse zusammengefasst (siehe Kapitel 7). Die Ergebnisse und das damit gewonnene Wissen können dann reproduziert und sogar wiederholt werden. Außerdem beinhaltet diese Phase auch die Kommunikation von Ergebnissen nach außen (gekennzeichnet durch den kleinen Pfeil nach außen zeigend). Das geschieht durch bereits entstandene Publikationen des Autors und durch die vorliegende Arbeit. Die Ergebnisse führen zu einer letzten Iterationsschleife.

Forschungsformen

Auch innerhalb der Wirtschaftsinformatik können die deduktive und die induktive Forschungsform unterschieden werden.[56] „Die **deduktive Methode** kennzeichnet die Erkenntnisgewinnung auf der Basis von in der Vergangenheit erarbeiteten und möglichst auch empirisch überprüften Theorien. Das Ziel besteht darin, durch innovative Hypothesen als Ursachen-Wirkungs-Beziehungen zu neuen Erkenntnissen und Erklärungsmustern zu gelangen. Die **induktive Methode** geht als originäre wissenschaftliche Methode in umgekehrter Richtung vor und strebt aus der Summe von Einzelfällen das Erkennen von übergeordneten Regelmäßigkeiten und möglichst allgemeingültigen Wirkungsmechanismen an.“[57]

[55] Vgl. Riege u.a. (2009), S. 75
[56] Vgl. Wilde und Hess (2006), S. 7 und Borchert u.a. (2004), S. 10 ff.
[57] Töpfer (2012), S. 64

Der wissenschaftliche Erkenntnisprozess verlangt nicht nur nach einer Kombination von deduktiven und induktiven Vorgehen, sondern in der Regel nach einem Dreisprung: deduktiv – induktiv – deduktiv; dies ist abhängig davon, welche Vorerfahrungen in dem Forschungsbereich vorhanden sind.[58] In dieser Arbeit wird ein deduktives und induktives Vorgehen genutzt.

Forschungsmethoden

Nach Wilde und Hess werden in der Wirtschaftsinformatik „Forschungsmethoden als Instrument der Erkenntnisgewinnung“[59] eingesetzt. Neben den nicht empirischen Methoden, die meist aus theoretischen Annahmen und eigenen Erfahrungen bestehen, existieren noch die empirischen Methoden.[60] Empirische Untersuchungen sammeln Erfahrungen aus der Realität[61] und können beispielsweise durch schriftliche Befragungen, Beobachtungen, Interviews, Fallstudien und Experimente durchgeführt werden.[62] Die empirischen Methoden sind durch verschiedene Merkmale zu unterscheiden. In der Abbildung 4 können diese in einem Ordnungsraster (zwischen deduktiven, theoriegeleiteten Methoden und empirisch-induktiven Vorgehensweisen auf der horizontalen Achse sowie objektiven, funktionalistischen Herangehensweisen und den interpretativen, eher subjektiven Paradigmen auf der vertikalen Achse) eingeteilt werden. Zur Lösung von komplexen Problemen ist eine Methodentriangulation angemessen.[63] Als Forschungsmethode wird allerdings in der vorliegenden Ausarbeitung die **Fallstudie** verwendet. Die Fallstudie wird in der Darstellung zwischen qualitativen und quantitativen Methoden[64] im Zentrum eingeordnet. Fallstudien können im Gegensatz zu anderen Methoden universell eingesetzt werden und Antworten auf explorative, deskriptive und/oder explanative Fragen geben.[65]

Bei der Fallauswahl können zwei Typen von Fallstudien unterschieden werden. Die **Einzelfallstudie** (Single-Case Design) legt ihren Fokus auf kritische, extreme und einzigartige Fälle, die über einen langen Zeitraum betrachtet werden. Bei der **vergleichenden Fallstudie** (Multiple-Case Design) werden mehrere Fälle untersucht

---

58 Vgl. Töpfer (2012), S. 67
59 Wilde und Hess (2006), S. 2
60 Vgl. Friedrichs (1990), S. 35 ff.
61 Die Vorgehensweise kann dokumentiert werden, wodurch diese dann nachvollziehbar und wiederholbar ist. Vgl. Brosius u.a. (2015), S. 2 f.
62 Vgl. Friedrichs (1990), S. 157
63 Vgl. Friedrichs (1990), S. 157 und Yin (2009), S. 46 f.
64 Bei den quantitativen Methoden werden im Gegensatz zu den qualitativen Methoden Beobachtungen, Befragungen usw. durchgeführt, die mit Zahlenwerten (z.B. Zahlen, Prozent- und Mittelwerte) belegbar sind. Vgl. Brosius u.a. (2015), S. 4
65 Vgl. Borchardt und Göthlich (2007), S. 35

und miteinander verglichen, um Ähnlichkeiten und Unterschiede kritisch zu betrachten.[66] Für eine vergleichende Fallstudie gibt es keine ideale Anzahl an Fällen, um sinnvolle theoretische Ableitungen vorzunehmen.[67] Nach Eisenhardt eignet sich allerdings als Richtgröße eine Anzahl von vier bis zehn Fallstudien.[68]

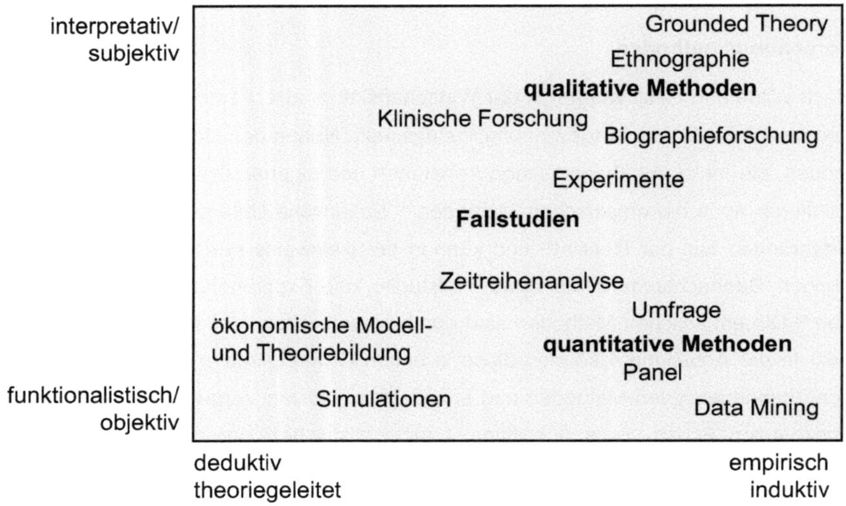

Abbildung 4: Einordnung von Fallstudien in den Methodenkontext[69]

Für die Datenerhebung können verschiedene Methoden verwendet werden. Beispielsweise werden in der Literatur zu Fallstudien die gemeinsame Verwendung von Literaturanalyse, Befragung, Gruppendiskussion[70] und Beobachtung vorgeschlagen.[71] Die Erhebungsmethoden sollen sich „situativ, nach der Zielsetzung der Untersuchung richten und dem zu untersuchenden Forschungsgegenstand angemessen sein".[72] Für die Entwicklung einer Methode werden Diskussionen als fruchtbarer Kreativprozess gesehen, daher werden in der vorliegenden Arbeit Fallstudien in Form von Gruppen-

66 Vgl. Yin (2009), S. 19 f.
67 Vgl. Eisenhardt (1989), S. 545
68 Vgl. Eisenhardt (1989), S. 545
69 Vgl. Borchardt und Göthlich (2007), S. 35
70 „Gruppendiskussionen eröffnen somit einen Zugang sowohl zu einer kollektiven Erlebnisschichtung in einem gemeinschaftlichen Lebensraum als auch – und dies ist für den Erkenntnisgewinn von zentraler Bedeutung – zu ‚übergemeinschaftlichen' konjunktiven Entstehungszusammenhängen kollektiver Orientierungen." Liebig und Nentwig-Gesemann (2009), S. 103
71 Vgl. Borchardt und Göthlich (2007), S. 37, Eisenhardt (1989), S. 534, Lamnek (2005), S. 301 und Yin (2009), S. 19 f.
72 Borchardt und Göthlich (2007), S. 37

diskussionen bzw. Expertenworkshops angewendet. „Gruppendiskussionen sind hervorragend dafür geeignet, komplexe Einstellungs-, Wahrnehmungs-, Gefühls-, Bedürfnis-, Orientierungs- und Motivationsgeflechte von Menschen und Gruppen aus bestimmten sozialen Kontexten zu explorieren. Sie können außerdem zur Evaluation und Optimierung der Entwürfe von Angeboten, Produkten, Dienstleistungen, Thesen etc. verwendet werden. Aufgrund der Stimulierung kreativen Ausdrucks der Teilnehmer dienen Gruppendiskussionen außerdem der Ideen- und Konzeptentwicklung.“[73] Kühn und Koschel (2011) konstatieren weiter, dass Gruppendiskussionen auch als Stand-alone-Methode verwendet werden können, aber gerade in einer Methodenkombination mit Vorstudie und im Nachklang an eine standardisierte Befragung ein erweitertes Verständnis der Praxisergebnisse offenbaren.[74]

Ein idealtypisches Vorgehen oder Handlungsanweisungen für die Fallstudienanalyse existieren in der Literatur nicht. In den meisten Ausführungen zu Fallstudien konnte folgendes Vorgehen identifiziert werden:[75]

1. Planung des Forschungsprozesses (z.B. Datenerhebung, Pilot Case)
2. Datenerhebung (Literaturanalyse, Befragung, Gruppendiskussion und Beobachtung)
3. Ergebnisanalyse
    - Auswertung der einzelnen Fälle (z.B. Strukturierung der Daten, Kategorisierung)
    - Kommunikative Validierung (Überprüfung durch Probanden)
    - Dateninterpretation der einzelnen Fälle (z.B. Aufzeigen von Mustern)
4. Fallvergleichende Analyse und Interpretation (Multiple-Case Design)

Anforderungen an Qualitätssicherungsmaßnahmen in der Fallstudienforschung

Für die empirische Forschung im Allgemeinen und die Fallstudienforschung im Speziellen können sechs Kriterien als Qualitätssicherungsmaßnahmen verwendet werden (siehe Tabelle 2).

In dieser Arbeit wird die **Objektivität** durch eine gewisse Selbstdisziplin und schriftlich vorhandene Fragebögen bei der Anforderungsermittlung und -evaluation erreicht.

---

[73] Kühn und Koschel (2011), S. 33 f.
[74] Vgl. Kühn und Koschel (2011), S. 30 ff.
[75] Vgl. Borchardt und Göthlich (2007), S. 44, Tellis (1997), S. 1 ff., Liebig und Nentwig-Gesemann (2009), S. 102 f. und Zaugg (2006), S. 15

Durch eine lückenlose Dokumentation wird ein hoher Grad an Nachvollziehbarkeit und damit Transparenz belegt. Für die Gewährleistung der **Konstruktvalidität** sollen zunächst mehrere Datenquellen verwendet werden. Dies wird durch die Triangulation verschiedener Forschungsmethoden erreicht. Die Ergebnisse werden jeweils dokumentiert und erneut überprüft (**interne Validität**). Die **externe Validität** wird erreicht, indem die Fallstudie bzw. der Expertenworkshop nach demselben Muster abläuft und somit nachstellbar ist. Für die **Reliabilität** oder Wiederholbarkeit werden die Vorgehensweise und die Ergebnisse dokumentiert und archiviert. Die Anforderung der **Generalisierbarkeit** wird dadurch gewährleistet, dass die Methode zwar situativ ist, aber im Bereich von Cloud-Computing auf jedes andere Unternehmen jeglicher Größe, Herkunft, Branche usw. angewendet werden kann.

Kriterien	Beschreibung
Objektivität	Weder durch eine Person noch durch ein Instrumentarium soll es einen Einfluss auf die Datenerhebung und Auswertung, durch den Antworten und Ergebnisse verfälscht werden könnten, geben.
Konstruktvalidität	Innerhalb der Konstruktvalidität sollen die richtigen operativen Maßnahmen für die Konzepte untersucht werden.
Externe Validität	Bei der externen Validität soll die Untersuchungssituation verallgemeinerbar sein.
Interne Validität	Die Ergebnisse der internen Validität sollen eindeutig interpretierbar sein.
Reliabilität	Bei der Reliabilität sollen die Messungen so zuverlässig sein, dass eine wiederholte Messung unter den gleichen Bedingungen zu den gleichen Ergebnissen führt.
Generalisierbarkeit	Unter Generalisierbarkeit wird verstanden, dass die erhaltenen Ergebnisse verallgemeinerbar sind.

Tabelle 2: Qualitätssicherungsmaßnahmen[76]

1.4 Methoden-Engineering

Die Forschungsdisziplin des Methoden-Engineerings hat sich innerhalb der gestaltungsorientierten Wirtschaftsinformatikforschung etabliert und beschäftigt sich mit der Konstruktion von Methoden.[77] Im Grunde handelt es sich beim Methoden-Engineering um einen ingenieurwissenschaftlichen Prozess zum Entwickeln von Informationssystemen durch Entwurfsmethoden.[78] Aufgrund des generischen Charakters findet das Methoden-Engineering auch Anwendung bei der Entwicklung be-

76 Vgl. Töpfer (2012), S. 233 ff. und Yin (2009), S. 33 ff.
77 Vgl. Winter (2010), S. 55, Gericke (2009), S. 1 ff. und Offermann (2009), S. 52
78 Vgl. Gutzwiller (1994), S. 11

triebswirtschaftlicher Methoden.[79] Innerhalb der Geschäftsmodellentwicklung hat sich das Methoden-Engineering bereits bei der Entwicklung mehrerer Methoden bewährt.[80]

Mittels des systematischen Vorgehens von Methoden soll eine adäquate Lösung für ein vorhandenes Problem ermittelt werden.[81] Die enthaltenen Komponenten wurden von Gutzwiller[82] nach Heym[83] für die Beschreibung einer Methode (siehe Abbildung 5) abgeleitet und umfassen: Aktivitäten, Rollen, Ergebnisse, Metamodelle und Techniken.

- **Aktivitäten**: Eine Aktivität wird als eine Verrichtungseinheit definiert, die ein oder mehrere Ergebnisse erzeugt, und kann in Subaktivitäten zerlegt werden. Aktivitäten können in eine Reihenfolge gebracht werden, um zu definieren, welche Aktivität vor und nach einer bestimmten anderen Aktivität abläuft. Alle Aktivitäten zusammen werden als Vorgehensmodell bezeichnet.
- **Rollen**: Die Aktivitäten werden von Menschen oder Gremien in bestimmten Rollen wahrgenommen und zugewiesen. Eine Rolle umfasst die Aktivitäten aus der Sicht des Aufgabenträgers.
- **Ergebnisse**: Innerhalb der Ergebniskomponente werden die erzeugten Resultate festgehalten. Durch die Aktivitäten werden Ergebnisse erzeugt, die wiederum Aktivitäten als Input dienen, um Ergebnisse zu erzeugen oder zu modifizieren. Das Gesamtergebnis einer Methode wird als Dokumentationsmodell bezeichnet.
- **Metamodell**: Ein Metamodell beschreibt die Ergebnisse in Form eines konzeptionellen Datenmodells. Dabei werden die Bestandteile aller Ergebnisse als Datenmodell übersichtlich dargestellt. Durch das Metamodell wird gewährleistet, dass enthaltene Elemente für spätere Projekte vergleichbar und nachvollziehbar sind.
- **Technik**: Unter Techniken werden Anleitungen verstanden, wie ein oder mehrere Ergebnisse erzeugt werden können. Techniken können dabei durch (computergestützte) Werkzeuge unterstützt werden.[84]

---

79 Vgl. Thiesse (2001), S. 35
80 Siehe dazu z.B. Schallmo (2012), S. 47 ff. und Braun (2003), S. 41 ff.
81 Vgl. Winter (2010), S. 55 und Braun (2003), S. 41
82 Vgl. Gutzwiller (1994), S. 12-14
83 Vgl. Heym (1993), S. 123 ff.
84 Vgl. Baumöl u.a. (2005), S. 44 ff.

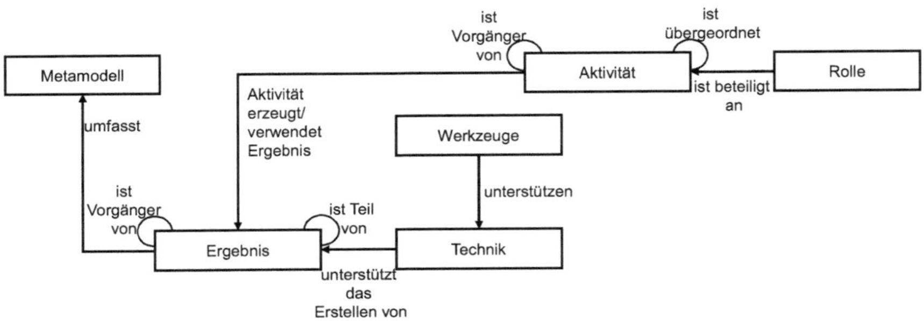

Abbildung 5: Bestandteile einer Methode und Zusammenhänge[85]

Die in der Methodenbeschreibung enthaltenen Komponenten werden in dieser Arbeit als Werkzeug und Strukturierungshilfe zur Entwicklung einer zukunftsorientierten Methode für Geschäftsmodelle im Cloud-Computing im Kapitel 5 verwendet.

Da sich allerdings nicht nur die Umweltbedingungen von Projekten, sondern auch deren Umfang und Komplexität ändern, wurde von Brinkkemper festgestellt, dass starre Methoden keine adäquate Unterstützung bieten.[86] Daher bildete sich auf Basis der Organisationstheorie die Möglichkeit der situativen Herangehensweise heraus.[87] Der „situative Ansatz begründet sich auf der Feststellung, dass es keine Lösung gibt, die sich in allen Situationen als die beste erweist, sondern dass vielmehr Lösungen gefunden werden müssen, die in Abhängigkeit von der vorherrschenden Situation am besten geeignet sind."[88] Die Grundidee des situativen Methoden-Engineerings ist es, dass generische Methoden angepasst werden müssen, damit diese auf die Situationsfaktoren, die auf Methoden wirken, passen.[89] Gerade hinsichtlich der Akzeptanz und Anwendbarkeit muss eine Methode zur Situation passen.[90]

Für die Entwicklung situativer Methoden muss die Problemsituation genau analysiert werden. Bucherer u.a. konstatieren, dass eine Problemsituation aus einer Kombination von Kontexttypen und Projekttypen besteht.[91] Kontexttypen beeinflussen zwar die Methode, können diese aber nicht verändern (z.B. Größe und Branche des Unternehmens, Standort). Im Gegensatz dazu beeinflussen zwar die Projekttypen auch die

85 Vgl. Gutzwiller (1994), S. 13
86 Vgl. Brinkkemper (1996), S. 277
87 Vgl. Winter (2010), S. 58
88 Winter (2010), S. 58 f.
89 Vgl. Bucher und Winter (2008), S. 49
90 Vgl. Spijkerman (2013), S. 426
91 Vgl. Bucher u.a. (2007), S. 40

Methode, können diese aber verändern (z.B. Projektziele). Kontext- und Projekttyp sind hierarchische Konstrukte, die verfeinert werden können. Sowohl der Kontext- als auch der Projekttyp beeinflussen die Anwendbarkeit der sogenannten Methodenfragmente. Methodenfragmente sind eine Kombination von Aktivitäten und Techniken, die zur Schaffung eines Ergebnisses führen. Ein Methodenfragment besteht daher aus einer Kombination von Produktsicht (Ergebnis) und Prozesssicht (Aktivität und Techniken). Das erweiterte Metamodell einer Methode wird in der Abbildung 6 dargestellt.

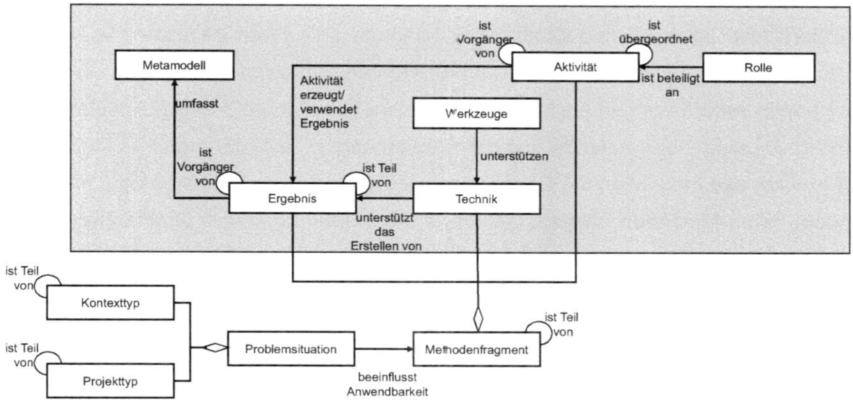

Abbildung 6: Erweitertes Metamodell einer Methode[92]

Da keine Technik und kein Vorgehensmodell für jede Situation gleich gut geeignet sind, berücksichtigt das erweiterte Metamodell durch den Kontext- und Projekttyp situative Faktoren, die innerhalb der Methode zu beachten sind. In der vorliegenden Arbeit handelt es sich dabei um die in den Forschungsfragen und der Zielsetzung argumentierten Bereiche, die Einfluss auf die Methodenentwicklung nehmen. Daher werden im Verlauf der Untersuchung verschiedene Techniken angepasst und zu einer individuellen Methode zusammengeführt. Im Einzelnen handelt es sich um die Szenarioanalyse, die QFD-Analyse und die Verbindung der beiden durch die sogenannte Match-Matrix-Analyse (diese werden im Kapitel 4 und 5 vertiefend betrachtet). Durch das Methodenfragment können bisher ausgearbeitete und angepasste Techniken und Aktivitäten situativ für weitere Projekte verwendet werden.

[92] Vgl. Bucher und Winter (2008), S. 48 und Bucher u.a. (2007), S. 41

In dieser Ausarbeitung wird die Entwicklung einer Methode zur Erstellung von zukunfts- und kundenorientierten Geschäftsmodellen im Cloud-Computing angestrebt. Dazu ist es notwendig, die einzelnen Bestanteile der Arbeit (siehe Abbildung 1) als situative Faktoren zu betrachten und innerhalb des Methoden-Engineerings (siehe Kapitel 5) einfließen zu lassen.

1.5 Anforderungen an die Methode

Für die Entwicklung einer Methode ist es wichtig, die Anforderungen zu kennen und zu berücksichtigen, um die Qualität der Methode und deren Akzeptanz in der Anwendung sicherzustellen.[93] In der Literatur werden verschiedene Ansätze diskutiert, mit denen Anforderungen an Methoden beschrieben werden.[94] Diese Ansätze beinhalten vor allem übergreifende und damit unabhängige Anforderungen an Methoden. Beispielsweise beinhalten die Grundsätze ordnungsmäßiger Modellierung (GoM) Kriterien, damit Methoden vergleichbar bewertet werden können.[95] Greiffenberg[96] und Baumöl[97] analysieren verschiedene Ansätze, die Anforderungen an Methoden erheben (siehe Abbildung 7).

Weiterhin ist es erforderlich, auch allgemeine, abgeleitete und praxisrelevante Anforderungen zu erheben. Damit ist es nicht nur möglich, die Flexibilität der Methode erhöhen, vielmehr sollen auch spezifische Anforderungen berücksichtigt werden, die an die jeweilige individuelle Methode gestellt werden.[98] In der Tabelle 3 werden die vier eingeführten Arten von Anforderungen beschrieben und durch Beispiele voneinander abgegrenzt.

93 Vgl. Baumöl (2008), S. 60
94 Z.B. Becker u.a. (2001), S. 5 ff. und Harmsen u.a. (1994), S. 169-194
95 Vgl. Schütte (1998), S. 112 und Becker (1998), S. 3 ff.
96 Vgl. Greiffenberg (2003), S. 962
97 Vgl. Baumöl (2008), S. 63
98 Vgl. Grundy und Venable (1996), S. 45 f.

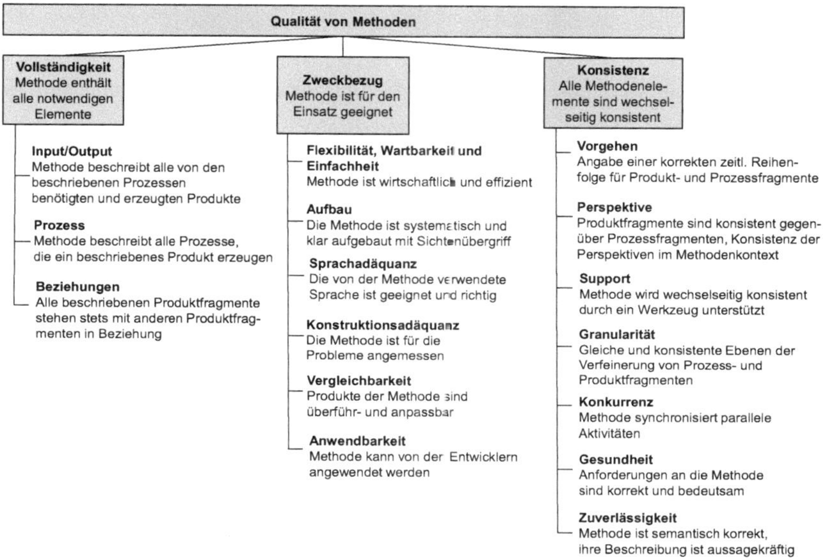

Abbildung 7: Unabhängige Anforderungen an Methoden[99]

1. Unabhängige Anforderungen an Methoden	
Beschreibung	Unter den unabhängigen Anforderungen an Methoden werden Kriterien verstanden, mit denen die Qualität von Methoden bestimmt werden kann und die für die Methodenentwicklung relevant sind.
Beispiele	Vergleichbarkeit, Zuverlässigkeit, ...
2. Allgemeine Anforderungen an die zu entwickelnde Methode aufgrund der Ziele der Arbeit	
Beschreibung	Unter den allgemeinen Anforderungen werden die Anforderungen definiert, die sich aus dem Ziel der Arbeit ableiten lassen, um die verschiedenen Ansätze und Techniken zu bewerten.
Beispiele	Strategiekonform, zukunftsorientiert, ...
3. Abgeleitete Anforderungen an die zu entwickelnde Methode aufgrund der Grundlagen	
Beschreibung	Unter den abgeleiteten Anforderungen werden die Anforderungen definiert, die sich aus den Grundlagen ableiten lassen, um die verschiedenen Ansätze und Techniken zu bewerten.
Beispiele	Berücksichtigung von Trends, Umfeldorientierung, ...
4. Praxisrelevante Anforderungen an die zu entwickelnde Methode aufgrund von Expertenworkshops (inklusive Vorstudie)	
Beschreibung	Unter den praxisrelevanten Anforderungen werden die Anforderungen definiert, die sich aus der Vorstudie und den Expertenworkshops ableiten lassen, um die verschiedenen Ansätze und Techniken zu bewerten.
Beispiele	Passgenauigkeit, Usability, ...

Tabelle 3: Anforderungsarten an die zu entwickelnde Methode

[99] Vgl. Baumöl (2008), S. 63 und Greiffenberg (2003), S. 962

Alle hier vorgestellten Anforderungen werden für die Entwicklung der Methode angewendet und innerhalb des zutreffenden Kapitels nochmals erwähnt. Die Zusammenhänge der Anforderungen in Bezug auf Herkunft, Arten und Verwendung werden im Folgenden beschrieben und anschließend grafisch dargestellt (siehe Abbildung 8).

Die allgemeinen Anforderungen an die Methode der Geschäftsmodellentwicklung im Cloud-Computing ergeben sich hierbei durch die Zielsetzung der Arbeit (siehe Kapitel 1.2). Die abgeleiteten Anforderungen folgen aus der Ermittlung der theoretischen Grundlagen und Konzepte (siehe Kapitel 2). Die für die Praxis bedeutenden Anforderungen werden aus relevanten Dokumenten und aus Erfahrungen bzw. aus Fragebögen der durchgeführten Vorstudie und der Expertenworkshops ermittelt (siehe Kapitel 2.6). Die drei Anforderungsarten werden in Kapitel 4 den bestehenden Ansätzen gegenübergestellt, um diese zu evaluieren. Die unterschiedlichen Anforderungen beeinflussen die Methodenentwicklung und sind damit von zentraler Bedeutung.

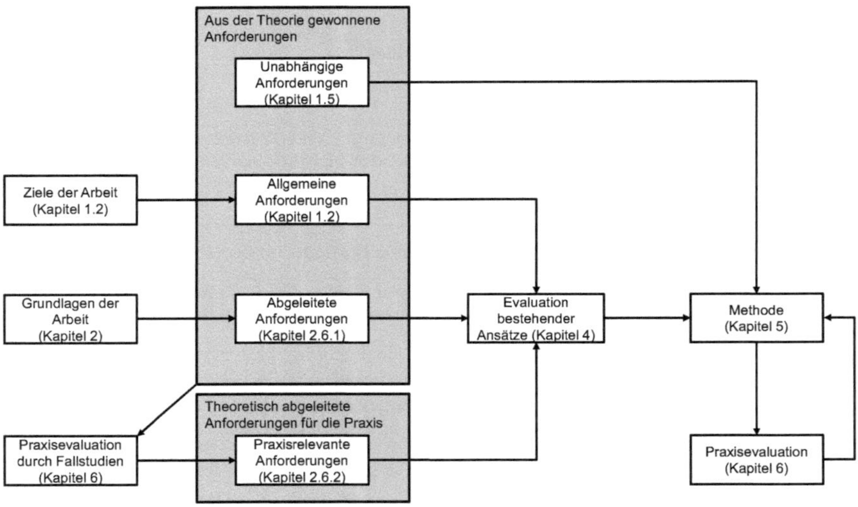

Abbildung 8: Vorgehen der Anforderungserhebung zur Methodenentwicklung

Das Vorgehen schließt allerdings nicht aus, dass eine gewisse Subjektivität aufgrund der Vielfältigkeit, die bei den theoretischen und den praxisrelevanten Anforderungsquellen herrscht und Anforderungen somit dem Autor verborgen bleiben könnten. Da es aber in der Realität keine einhundertprozentige Vollständigkeit von Anforderungsquellen geben kann, wird dieses Vorgehen als ausgewogenes Aufwand-Nutzen-Verhältnis angesehen.

1.6 Aufbau der Arbeit

Die Arbeit wird in sieben Kapitel unterteilt (siehe Abbildung 9). Im einleitenden **ersten Kapitel** werden Problemstellung, Forschungsfragen und Zielsetzung, Forschungsmethodik, Methoden-Engineering, Anforderungen an die Methode und der Aufbau der Arbeit erläutert.

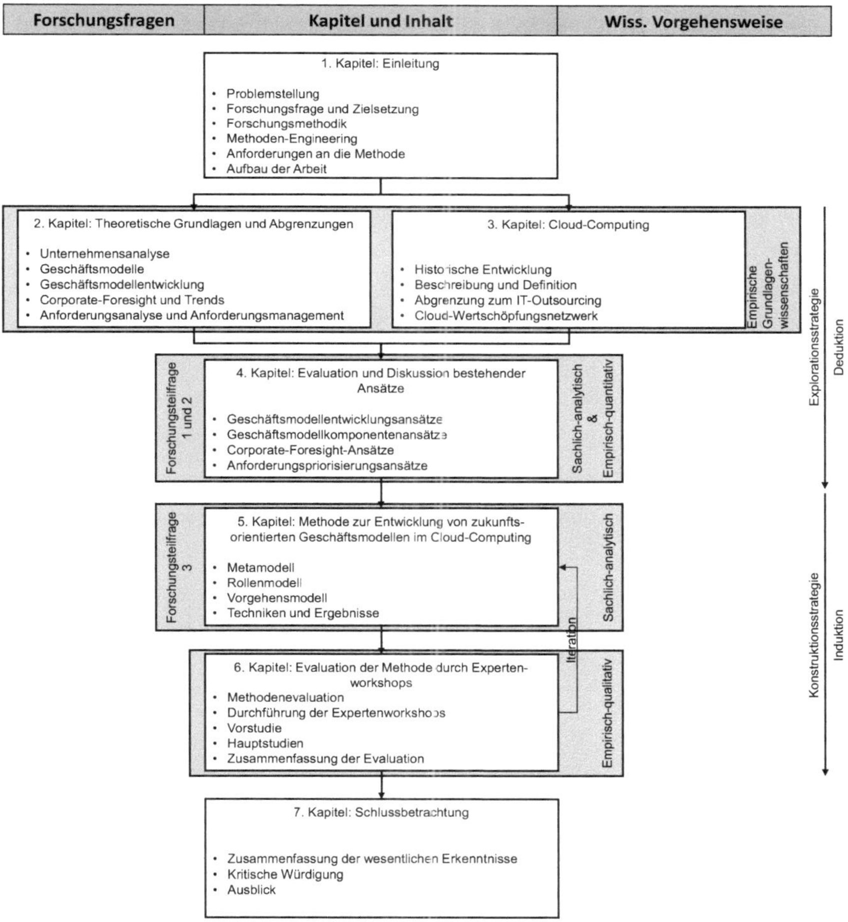

Abbildung 9: Aufbau und Forschungsdesign der Arbeit

Im **zweiten und dritten Kapitel** werden die Grundlagen erklärt. Dazu werden Unternehmensanalyse, Geschäftsmodelle, Methoden zur Geschäftsmodellentwicklung, Corporate Foresight und Trends, Anforderungsmanagement und Cloud-Computing betrachtet und aus den Bereichen Anforderungen abgeleitet.

Innerhalb des **vierten Kapitels** erfolgen Evaluation und Diskussion bestehender Ansätze durch die Betrachtung von Geschäftsmodellentwicklungsansätzen, Geschäftsmodellkomponentenansätzen, Corporate-Foresight-Ansätzen und Anforderungspriorisierungsansätzen, die den ermittelten abgeleiteten, allgemeinen und praxisrelevanten Anforderungen gegenübergestellt und bewertet werden. Für die Geschäftsmodellentwicklungsansätze wird eine systematische Literaturanalyse durchgeführt, die auch in Kapitel 2.2 zur Definition von Geschäftsmodellen Anwendung findet. Die Analyse erfolgt sachlich-analytisch, empirisch-quantitativ und beantwortet die Forschungsfragen 1 und 2. Nach der Auswahl der verschiedenen Ansätze wird im **fünften Kapitel** eine Methode zur Erstellung von Geschäftsmodellen im Cloud-Computing vorgestellt. Die Methode wird im Rahmen des Methoden-Engineerings in Form von fünf Bestandteile beschrieben: Aktivitäten, Rollen, Ergebnisse, Metamodell und Techniken. Damit kann die Forschungsfrage 3 durch die sachlich-analytische Betrachtung beantwortet werden. Im **sechsten Kapitel** wird die entwickelte Methode anhand einer Vorstudie und fünf Fallstudien in Form von Expertenworkshops evaluiert. Außerdem findet die Evaluation der Methode auf Grundlage der vorher formulierten Anforderungen statt, um zu zeigen, dass die Methode auch für die Praxis einsetzbar ist. Im **letzten Kapitel** werden die Ergebnisse der Arbeit zusammengefasst sowie eine kritische Würdigung und ein Ausblick auf weiteren Forschungsbedarf gegeben.

2. Theoretische Grundlagen und Konzepte

Ziel dieses Kapitels ist es, anhand der Ermittlung von theoretischen Grundlagen und Konzepten die spezifischen Anforderungen an die Methode der Geschäftsmodellentwicklung im Cloud-Computing zu definieren. Für die Herleitung einer Methode können verschiedene Ansätze, Konzepte und Vorgehensweisen Verwendung finden. Daher werden die Grundlagen und Konzepte von Unternehmensanalysen, Geschäftsmodellen, Geschäftsmodellentwicklung und Corporate Foresight sowie Anforderungsanalyse und Anforderungsmanagement in einem einleitenden Kapitel beschrieben.

Das Kapitel wird in sechs Unterkapitel unterteilt. In **Abschnitt 2.1** werden die ersten Grundlagen für die Entwicklung einer Methode gelegt, indem neben Rahmenbedingungen für Unternehmen auch eine Herangehensweise für eine Unternehmensanalyse vorgestellt wird. **Abschnitt 2.2** zeigt Abgrenzungen und Ebenen von Geschäftsmodellen auf und geht dabei speziell auf Geschäftsmodellinnovationen ein. Darauf folgend wird in **Abschnitt 2.3** die Geschäftsmodellentwicklung detailliert betrachtet. Die Ausarbeitung zu Corporate Foresight und Trends erfolgt im anschließenden **Abschnitt 2.4**. Anforderungsanalyse und Anforderungsmanagement werden in **Abschnitt 2.5** beschrieben. Abschließend werden die erarbeiteten und praxisrelevanten Anforderungen in **Abschnitt 2.6** zusammenfassend dargestellt.

2.1 Unternehmensanalyse

Aufgrund der sich ständig verändernden Rahmenbedingungen für Unternehmen durch die dynamischen Umweltbedingungen wird die Situationsanalyse als wichtige Voraussetzung bei der Betrachtung von Unternehmensgeschäftsmodellen gesehen und einführend beschrieben.

2.1.1 Rahmenbedingungen für Unternehmen

Unternehmen unterliegen in den letzten Jahren aufgrund von dynamischen Umweltbedingungen immer stärkeren Veränderungen und Wandeln. Daher sollten mittels einer Umweltanalyse die möglichen Veränderungen betrachtet werden, z.B. Wandel in der Werterhaltung, Wandel in der Wirtschaft, Wandel in der Technologie und Wandel am Arbeitsmarkt (siehe Abbildung 10). Durch diese Rahmenbedingungen muss sich eine Unternehmensstrategie an die neuen Bedingungen der Umwelt anpassen und auf diese ausgerichtet sein.[100]

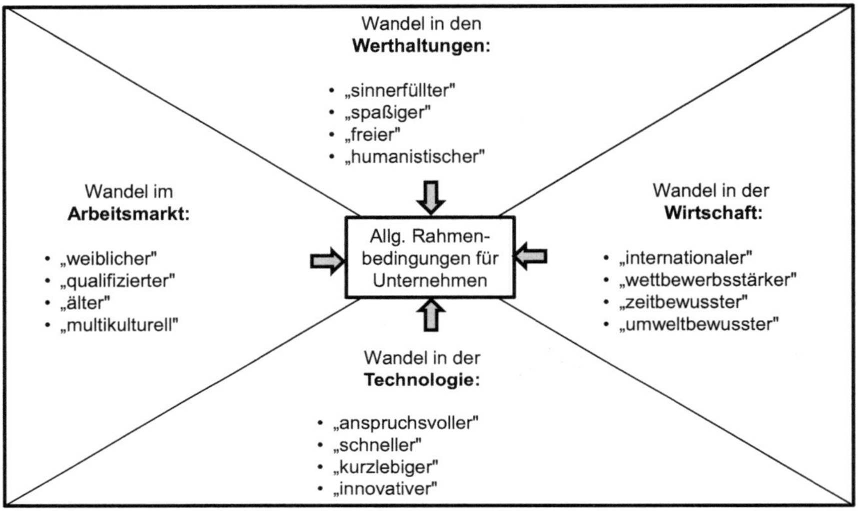

Abbildung 10: Rahmenbedingungen für Unternehmen[101]

Daher ist es im Folgenden notwendig den Ist-Zustand des zu untersuchenden Unternehmens zu ermitteln. Als umfassender Ansatz hat sich dazu in der Literatur die Situationsanalyse bewährt.[102]

2.1.2 Situationsanalyse

Das Gabler Wirtschaftslexikon definiert die Situationsanalyse als eine „Beschreibung und Erklärung der jeweiligen wirtschaftlichen Lage sowie Aufzeigen und Erklären von Abweichungen zwischen dem erwünschten Zustand (wirtschaftspolitisches Ziel) und der realen Situation".[103] Homburg versteht unter der Situationsanalyse den Informationsbedarf für die Strategieformulierung und unterteilt die Situationsanalyse in die Untersuchung der Mikro- und Makroumwelt sowie das eigene Unternehmen.[104] Wirtz ordnet die Situationsanalyse in Bezug zum Electronic Business als Teil der Strategieentwicklung eines Unternehmens (Mikro- und Makroumwelt und eigenes Unter-

[100] Vgl. Ferber u.a. (2005), S. 560 f.
[101] Vgl. Ferber u.a. (2005), S. 560 f., Hilb (2000), S. 25 f. und Oertig (1994), S. 2 ff.
[102] Vgl. Wirtz (2016), S. 220
[103] http://wirtschaftslexikon.gabler.de/Archiv/55459/situationsanalyse-v5.html
[104] Vgl. Homburg (2000), S. 101 ff.

nehmen) ein und integriert darüber hinaus noch eine Vergleichbarkeit per SWOT-Analyse[105] (Strengths, Weaknesses, Opportunities und Threats).[106] Zusammenfassend kann die Situationsanalyse als ein Vorgehen zur Unternehmensanalyse betrachtet werden, welche dazu dient den (Ist-)Zustand bzw. die aktuelle Situation des Unternehmens darzustellen. Für die Bestandteile der Situationsanalyse werden zwei bekannte theoretische Ansätze aus der Literatur diskutiert. Der marktorientierte Ansatz (Market-based View) und der ressourcenorientierte Ansatz (Resource-based View) sind die mit Abstand bekanntesten Theorien, wenn es um planbare unternehmensstrategische Optionen (Gestaltungsprozesse) geht.[107] Die Grundlage beim **marktorientierten Ansatz** bilden die Branchenstruktur (Structure) und das strategische Verhalten (Conduct) von Unternehmen. Daraus entstehen nach der Weiterentwicklung von Porter die Wettbewerbsvorteile (Performance) eines Unternehmens.[108] Das Unternehmen wird aus Sicht des Marktes betrachtet und die Erfolgskriterien resultieren aus der Umwelt und den Anforderungen des Marktes.[109] Da aber Wettbewerbsvorteile nicht ausschließlich auf externen Faktoren beruhen, sondern auch auf unternehmensinternen Ressourcen aufbauen, wird der ressourcenorientierte Ansatz relevant. Der **ressourcenorientierte Ansatz** stellt das Unternehmen in den Vordergrund und Wettbewerbsvorteile werden durch den Einsatz und die intelligente Kombination der vorhandenen Ressourcen generiert.[110] Beide Ansätze für sich sind für die Betrachtung einer Unternehmenssituation nicht ausreichend. Daher werden in einer Situationsanalyse beide Ansätze zusammen und integriert verwendet. Durch den marktorientierten Ansatz werden die externen Faktoren wie Markt, Umwelt und Wettbewerber betrachtet. Gleichzeitig werden durch den ressourcenorientierten Ansatz die Kompetenzen und Ressourcen innerhalb eines Unternehmens einbezogen. Die Situationsanalyse kombiniert diese beiden Ansätze, damit die Ressourcen auf den Markt abgestimmt sind und das Unternehmen am Markt erfolgreich sein kann. In der Situationsanalyse ergeben sich aus den externen Faktoren die Chancen & Risiken im Marktumfeld und aus den internen Faktoren die Stärken & Schwächen eines Unternehmens (siehe Abbildung 11).

105 Die SWOT-Analyse „stellt eine Positionierungsanalyse der eigenen Aktivitäten gegenüber dem Wettbewerb dar." http://wirtschaftslexikon.gabler.de/Definition/swot-analyse.html
106 Vgl. Wirtz (2016), S. 220 ff.
107 Vgl. Bea und Haas (2015), S. 28 ff.
108 Vgl. Porter (1981), S. 616
109 Vgl. Hungenberg (2014), S. 59 ff.
110 Vgl. Bea und Haas (2015), S. 30 ff.

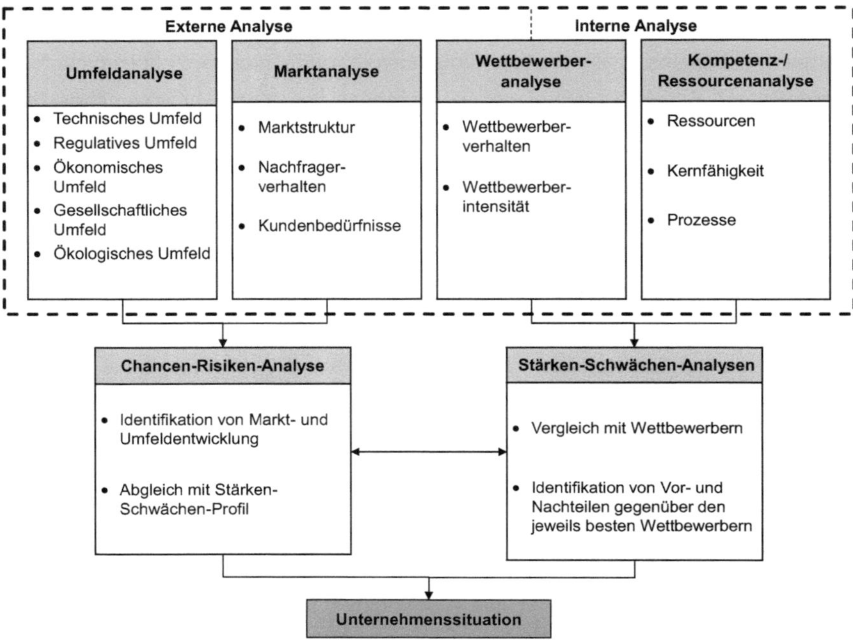

Abbildung 11: Situationsanalyse[111]

Übergreifend betrachtet gehen die Makro- und Mikroumwelt sowie das eigene Unternehmen in der Situationsanalyse mit auf.[112]

In der **Umfeldanalyse** werden die Rahmenbedingungen der Umwelt für ein Unternehmen abgebildet und als ein Ganzes zusammengesetzt. Vor allem kommt dem technologischen Umfeld eine entscheidende Rolle zu, da dadurch nahezu unbegrenzte Innovationsmöglichkeiten gegeben sind. Weiter werden das regulative Umfeld (z.B. länderspezifische Gesetze), das ökonomische Umfeld (z.B. Vorhandensein eines Kontos), das gesellschaftliche Umfeld (z.B. Wertvorstellungen) und das ökologische Umfeld (z.B. Umweltschutzauflagen) unterschieden.[113]

Innerhalb der **Marktanalyse** werden die vorhandenen Marktstrukturen durch Analysen zu Marktvolumen und -potenzialen durchgeführt und es wird der Sättigungsgrad

[111] Vgl. Wirtz (2016), S. 221, Wirtz (2013), S. 241 ff. und Homburg (2000), S. 102 Im Gegensatz zur originalen Darstellung wurden zusätzlich das ökologische Umfeld und die Kundenbedürfnisse hinzugefügt.

[112] Vgl. Homburg (2000), S. 101 ff.

[113] Vgl. Wirtz (2013), S. 242

bestimmt, um mögliche Erfolgspotenziale zu erkennen. Als Nächstes ist die Kundenperspektive von entscheidender Bedeutung. Neben den Kundenbedürfnissen sollte auch das Nachfrageverhalten betrachtet werden, da sich dieses beispielsweise durch neue Technologien auch ändern kann.[114]

Für die interne Unternehmensanalyse werden die **Kompetenzen und Ressourcen** des betrachteten Unternehmens analysiert. Dabei werden die zur Verfügung stehenden Ressourcen und Prozesse genau betrachtet. Bei der Kernfähigkeit handelt es sich um notwendige Ressourcen, ohne die eine Leistungserstellung im Unternehmen nicht möglich wäre.[115]

Bei der **Wettbewerberanalyse** werden das Wettbewerberverhalten und die Wettbewerbsintensität erfasst. Diese sollen auch im Vorfeld bestimmt werden, damit sie in den Entwicklungsprozess der Geschäftsmodellentwicklung miteinfließen können. Den Mittelpunkt bildet die Wettbewerbsintensität eines Marktes. Auf diese Wettbewerbsintensität haben nach Porter[116] fünf Kräfte Einfluss: Bedrohung durch neue Anbieter, Verhandlungsmacht der Abnehmer, Bedrohung durch Substitutionsprodukte und -dienstleistungen, Verhandlungsmacht der Lieferanten und der Wettbewerb zwischen den derzeitigen Anbietern und den Produkten/Dienstleistungen (siehe Abbildung 12). Die fünf Wettbewerbskräfte müssen in Zusammenhängen betrachtet werden, um einen umfassenden Überblick über den Markt zu bekommen.[117]

Anhand der Wettbewerberanalyse und der Kompetenz-/Ressourcenanalyse kann jetzt die **Stärken-Schwächen-Analyse** (interne Unternehmensanalyse) durchgeführt werden, damit das eigene Unternehmen im Vergleich zu den Wettbewerbern gesehen werden kann. Die Erkenntnisse der Umfeld- und Marktanalyse gehen in die **Chancen-Risiken-Analyse** (externe Unternehmensanalyse) ein. Als Ergebnis ergibt sich ein Blick auf die Situation des Unternehmens, um beispielsweise Tendenzen des Umfeldes oder Marktes zu erkennen und der Situation des Unternehmens gegenüberzustellen. Daraus können dann Unternehmensstrategien entwickelt oder notwendiger Handlungsbedarf erkannt werden.[118]

---

114 Vgl. Wirtz (2013), S. 243
115 Vgl. Wirtz (2016), S. 221
116 Vgl. Porter (1985), S. 5
117 Vgl. Wirtz (2013), S. 244
118 Vgl. Wirtz (2016), S. 223 und S. 226

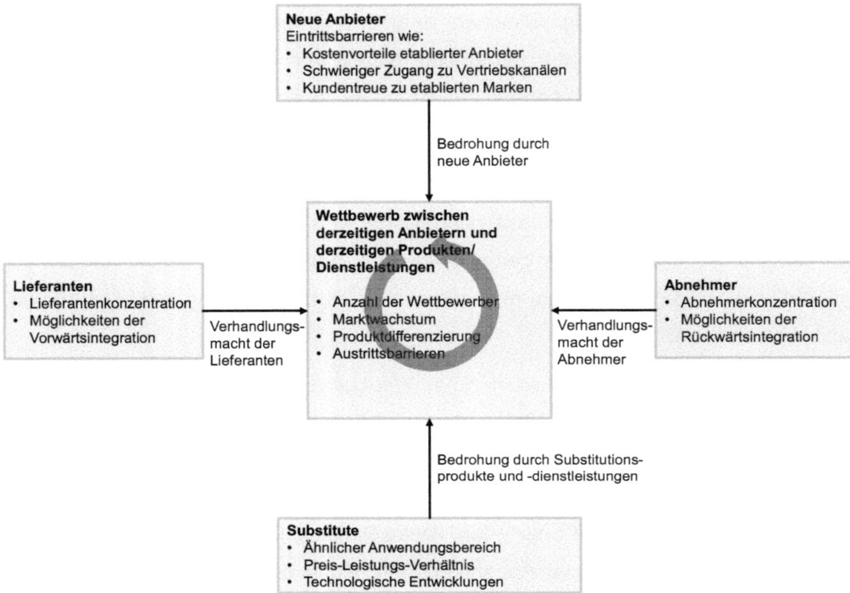

Abbildung 12: Wettbewerbskräftemodell[119]

Mit der Betrachtung der Situationsanalyse wird der Ist-Zustand eines Unternehmens beschrieben und abgebildet. Das ist die Voraussetzung für die zu entwickelnde Methode.

2.2 Geschäftsmodelle

In diesem Kapitel werden zuerst verschiedene Arten von Geschäftsmodelldefinitionen vorgestellt, bevor ein eigenes Verständnis zugrunde gelegt wird. Weiter werden Ebenen und Einflussfaktoren von Geschäftsmodellen beschrieben. Geschäftsmodellinnovationen und Controlling von Geschäftsmodellen runden das Kapitel ab, bevor Implikationen für die Methode zusammengefasst werden.

2.2.1 Definition und Einordnung

Nach Osterwalder u.a.[120] wurde der Begriff des Geschäftsmodells bereits 1957 von Bellmann[121] im Zusammenhang mit der Konstruktion eines Computerspiels und 1960

[119] Vgl. Porter (1985), S. 5, Homburg (2000), S. 117 und Wirtz (2013), S. 244. Ein Cloud-spezifisches Wettbewerbsmodell wurde von Krikos (2011), S. 14 entwickelt.

von Jones[122] im Titel einer Veröffentlichung erwähnt. Während dieser Anfänge wurde der Begriff aus verschiedenen Forschungsrichtungen und Wissenschaftsdisziplinen uneinheitlich beschrieben.[123] Obwohl es eine Reihe von Gemeinsamkeiten bei den bisher existierenden Geschäftsmodelldefinitionen gibt, liegt bis heute kein einheitliches Begriffsverständnis für Geschäftsmodelle bzw. englisch „Business Models" vor.[124]

Geschäftsmodelle werden in der Literatur umfangreich auf ihren Anwendungsfokus[125], die Trennung in „Geschäft" und „Modell"[126], unterschiedliche Begriffsbestimmungen[127], Geschäftsmodellkomponenten[128], Klassifikationen[129], Muster[130] und ihre Vollständigkeit[131] hin untersucht. Für die vorliegende Arbeit wird aber eine Beschreibung des Begriffs Geschäftsmodell abgeleitet/eruiert, die neben den Zielsetzungen der Arbeit auch für die Expertenworkshops als verständliche Erörterung dienen soll. Daher wird der Fokus besonders auf die leichte Verständlichkeit und den Bezug zu Geschäftsmodellbestandteilen gelegt.

Für die Ermittlung relevanter Geschäftsmodelldefinitionen wurde die Literaturanalyse genutzt, die in Kapitel 4.1.1 für die Ansätze zur Geschäftsmodellentwicklung verwendet wurde. In Kapitel 4.1.1 wird die Literaturanalyse detailliert beschrieben. Neben den Ergebnissen zur Geschäftsmodellentwicklung konnte die Literaturanalyse an dieser Stelle zehn Definitionen für das Geschäftsmodell hervorbringen. Die Definitionen werden im Folgenden aufgeführt.

Autor(en)	Geschäftsmodelldefinitionen
Bensel, 2009	„Das Geschäftsmodell verbindet die Sichtweisen des Market-based View, des Ressource-based View, der Transaktionskostentheorie sowie des Reconstructionist View und bietet so die Möglichkeit, die Generierung von Wettbewerbsvorteilen aus verschiedenen Blickwinkeln, jedoch innerhalb eines Konstrukts, zu betrachten. Dabei kann das Geschäftsmodell nicht mit der Strategie gleichgesetzt werden. Vielmehr ist das Geschäftsmodell dieser untergeordnet und beschreibt die Ausgestaltung der wesentlichen Strategieelemente zu einem bestimmten Zeitpunkt der Vergangenheit, Gegenwart oder Zukunft. Es be-

120 Vgl. Osterwalder u.a. (2005), S. 6
121 Vgl. Bellman u.a. (1957), S. 8
122 Vgl. Jones (1960), S. 619
123 Vgl. Wirtz (2013), S. 23
124 Vgl. z.B. Schallmo (2013), S. 19 ff. und Wirtz (2013), S. 67 ff.
125 Vgl. Weiner u.a. (2010b), S. 16
126 Vgl. Doleski (2014), S. 4 f.
127 Vgl. Osterwalder u.a. (2005), S. 8
128 Vgl. Bucherer (2010), S. 18
129 Vgl. Wirtz (2013), S. 23
130 Vgl. Gassmann u.a. (2013), S. 33
131 Vgl. Schallmo (2012), S. 49 und Bieger und Reinhold (2011), S. 17 ff.

Autor(en)	Geschäftsmodelldefinitionen
	stimmt wie die durch die Strategie vorgegebenen Aktivitäten ausgeführt werden sollen, um Wettbewerbsvorteile zu erschließen und kann kontinuierlich an sich ändernde Bedürfnisse angepasst werden. Ein Geschäftsmodell kann als Konglomerat von Partial- oder Teilmodellen bezeichnet werden, welche einzeln betrachtet einen bestimmten Bereich der Geschäftstätigkeit beschreiben, jedoch in der Summe einen umfassenden Gesamtüberblick liefern."[132]
Bucherer, 2010	„The business model abstracts the complexity of a company by reducing it to its core elements and their interrelations and thus specifies the core business logic of the firm. It facilitates the analysis and the description of business activities. The design of the business model is influenced by the strategy of the company and must be built accordingly. The strategy specifies the goal whereas the business model indicates how to achieve the specified goal. The business model is only one factor influencing the performance of the firm. To be successful in the end, companies also have to implement it in the right way. However, because the business model is rather focused on the long-term, sustainable success, a good business model might not be successful from the beginning and a bad one might not fail immediately."[133]
Eurich u.a., 2014	„A business model describes the design or architecture of an organization's value creation, delivery, and capture mechanisms."[134]
Gassmann u.a., 2013	„Zusammenfassend ist ein Geschäftsmodell darüber definiert, wer die Kunden sind, was verkauft wird, wie man es herstellt und wie man einen Ertrag realisiert. Kurz gesagt, das Wer-Was-Wie-Wert? definiert ein Geschäftsmodell, wobei die ersten beiden ‚W' die externe Dimension eines Geschäftsmodells adressieren und die letzten beiden ‚W' die interne Dimension."[135]
Köster, 2014	„Geschäftsmodelle sind Werkzeuge zur ganzheitlichen und unternehmensübergreifenden Beschreibung, Analyse und Gestaltung unternehmerischer Geschäftstätigkeit. In stark vereinfachter Form fokussieren sie alle relevanten Aktivitäten, durch die vermarktungsfähige Marktleistungen entstehen und vertrieben werden."[136]
Osterwalder, Pigneur, 2011	„Ein Geschäftsmodell beschreibt das Grundprinzip, nach dem eine Organisation Werte schafft, vermittelt und erfasst."[137]
Schallmo, 2013	„Ein Geschäftsmodell ist die Grundlogik eines Unternehmens, die beschreibt, welcher Nutzen auf welche Weise für Kunden und Partner gestiftet wird. Ein Geschäftsmodell beantwortet die Frage, wie der gestiftete Nutzen in Form von Umsätzen an das Unternehmen zurückfließt. Der gestiftete Nutzen ermöglicht eine Differenzierung gegenüber Wettbewerbern, die Festigung von Kundenbeziehungen und die Erzielung eines Wettbewerbsvorteils. Ein Geschäftsmodell beinhaltet folgende Dimensionen und Elemente: • Die Kundendimension beinhaltet die Kundensegmente, die Kundenkanäle und die Kundenbeziehungen. • Die Nutzendimension beinhaltet die Leistungen und den Nutzen. • Die Wertschöpfungsdimension beinhaltet die Ressourcen, die Fähigkeiten und die Prozesse.

[132] Bensel (2009), S. 24 f.
[133] Bucherer (2010), S. 23 f.
[134] Eurich u.a. (2014), S. 3
[135] Gassmann u.a. (2013), S. 7
[136] Köster (2013), S. 24
[137] Osterwalder und Pigneur (2011), S. 18

Autor(en)	Geschäftsmodelldefinitionen
	• Die Partnerdimension beinhaltet die Partner, die Partnerkanäle und die Partnerbeziehungen. • Die Finanzdimension beinhaltet die Umsätze und die Kosten. Die Zielsetzung ist, die Geschäftsmodell-Elemente so miteinander zu kombinieren, dass sich die Geschäftsmodell-Elemente gegenseitig verstärken. Somit ist es möglich, Wachstum zu erzielen und gegenüber Wettbewerbern schwer imitierbar zu sein."[138]
Weiner u.a., 2010b	„Die fünf essenziellen Bereiche eines Geschäftsmodells: Nutzen für Kunden und Partner, Zielmarkt & Beschaffungsmarkt, Produkt- & Dienstleistungsangebot, Produkt- & Dienstleistungserstellung und Finanzielle Aspekte."[139]
Kett u.a., 2012	„Ein Geschäftsmodell ist ein konzeptionelles Werkzeug, das aus einer Menge an Objekten (Geschäftsmodellelelementen[140]), Konzepten (Methoden und Daten) und Beziehungen besteht. Das Ziel ist dabei die Geschäftslogik eines Unternehmens, einer Geschäftsidee oder eines Angebots vereinfacht darzustellen. Dabei wird beschrieben, welcher Wert welchem Akteur gewidmet wird, wie dies geschieht und welche finanziellen Konsequenzen sich daraus ergeben."[141]
Wirtz, 2013	„Ein Business Model stellt eine stark vereinfachte und aggregierte Abbildung der relevanten Aktivitäten einer Unternehmung dar. Es erklärt wie durch die Wertschöpfungskomponente einer Unternehmung vermarktungsfähige Informationen, Produkte und/oder Dienstleistungen entstehen. Neben der Architektur der Wertschöpfung werden die strategische sowie Kunden- und Marktkomponente berücksichtigt, um das übergeordnete Ziel der Generierung bzw. Sicherung des Wettbewerbsvorteils zu realisieren."[142]

Tabelle 4: Auswahl von Geschäftsmodelldefinitionen

In Anlehnung an die genannten Geschäftsmodelldefinitionen werden Geschäftsmodelle zusammenfassend wie folgt beschrieben:

Geschäftsmodelle bilden ein Rahmenwerk zur Analyse, Gestaltung und Darstellung von Geschäftstätigkeiten eines Unternehmens für die Stakeholder. Die Zielsetzung von Geschäftsmodellen sind die Sicherung eines langfristigen Unternehmenserfolges und die Schaffung von nachhaltigen Wettbewerbsvorteilen. Ein Geschäftsmodell sollte die relevantesten, von der Wissenschaft und Praxis unterstützten, Geschäftsmodellelemente beinhalten und diese sollen so optimal kombinierbar sein, damit sie sich gegenseitig verstärken.

Die Analyse und Evaluation der spezifischen Elemente (Komponenten und Ausprägungen) von Geschäftsmodellen werden in Kapitel 4.2 erläutert.

---

138 Schallmo (2012), S. 22 f.
139 Weiner u.a. (2010b), S. 56
140 Richtig: Geschäftsmodellelementen
141 Kett u.a. (2012), S. 21
142 Wirtz (2013), S. 73

2.2.2 Abgrenzung von Strategie und Geschäftsprozess

Genauso wenig wie innerhalb der Literatur Einigkeit über den Begriff des Geschäftsmodells besteht, gibt es auch über die Abgrenzung von Geschäftsmodellen zu Strategien und Geschäftsprozessen keine Klarheit.[143]

Nach Osterwalder und Pigneur[144] können Geschäftsmodelle innerhalb von Unternehmensebenen zwischen Strategien und Geschäftsprozessen eingeordnet werden. Alle drei Ebenen werden durch Informationssysteme unterstützt (siehe Abbildung 13). Geschäftsmodellebenen werden in Kapitel 2.2.3 näher erläutert, aber auch Strategien können, in Abhängigkeit von deren Größe, auf unterschiedlichen Ebenen im Unternehmen vorkommen. Nach Gausemeier und Plass können Strategien in Unternehmensstrategie, Geschäftsstrategie und Substrategie differenziert werden.[145]

Eine Unterscheidung zwischen Strategien und Geschäftsmodellen kann anhand der inhaltlichen Ausrichtung getroffen werden. Geschäftsmodelle sind einheitlich zur Darstellung unternehmensinterner und marktbedingter Potenziale (Kundensicht) ausgerichtet, während die Strategie eines Unternehmens das Konkurrenzumfeld betrachtet und damit auf eine Differenzierung zu den Wettbewerbern ausgerichtet ist.[146]

Porter[147] beschreibt in seinen Ausführungen, dass bevor ein Unternehmen ein neues Geschäftsfeld definiert oder ein neues Produkt anbietet, es zuerst die Strategie festlegen sollte. Die Strategie befindet sich innerhalb der Unternehmensebene auf der obersten Ebene, der strategischen Ebene. Die **Unternehmensstrategie** hat zu verantworten, wie das Gesamtgebilde geführt wird, in welchen Geschäften es tätig sein will, wie die Ressourcen verteilt werden und welche Verbundvorteile[148] durchgesetzt werden sollen.[149] Innerhalb der Geschäftsstrategie wird bestimmt, wie der Wettbewerb geführt wird und welche Taktiken und Dynamiken sich daraus ergeben.[150] Basierend auf diesen Strategien können die Geschäftsmodelle festgelegt werden.

---

143 Vgl. z.B. Veit u.a. (2014), S. 56 f.
144 Vgl. Osterwalder und Pigneur (2002), S. 2
145 Vgl. Gausemeier und Plass (2014), S. 114 f.
146 Vgl. Wirtz (2013), S. 111
147 Vgl. Porter (1996), S. 65 ff.
148 Vgl. Sharma und Gutiérrez (2010), S. 35
149 Vgl. Müller-Stewens und Lechner (2011), S. 32 f.
150 Vgl. Müller-Stewens und Lechner (2011), S. 16

Das **Geschäftsmodell** wird der taktischen Ebene zugeordnet und bildet die Vermittlungsebene zwischen der Strategie und den Geschäftsprozessen.[151] Umfangreichste Aktivität in der Geschäftsmodellebene ist die Entwicklung von Wertmechanismen. Das Geschäftsmodell konkretisiert die Strategie durch ausgewählte Geschäftsmodellelemente. Für die Entwicklung von Geschäftsmodellen ist die Verbindung zwischen Geschäftsmodell- und Strategieebene notwendig, um Wettbewerbsvorteile zu schützen.[152]

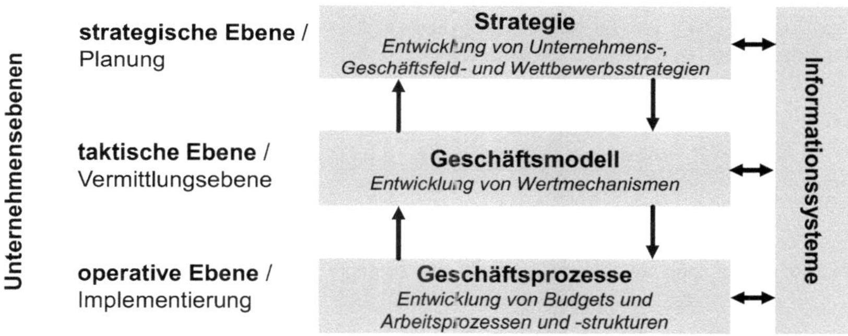

Abbildung 13: Unternehmensarchitektur – Abgrenzung von Strategie, Geschäftsmodell und Geschäftsprozessen[153]

Die **Geschäftsprozesse** befinden sich in der untersten Ebene, der operativen Ebene. Diese Ebene enthält sehr detaillierte Informationen über die Vorgänge und Aktivitäten des Unternehmens und wird neben der Nutzung zur Umsetzung/Implementierung für die Entwicklung von Budgets und Arbeitsprozessen und -strukturen genutzt. Die operativen Informationen werden durch eine Umwandlung auf die Geschäftsmodellebene zur Formulierung abstrakter Strategierichtlinien beitragen.[154] Diese Transformation funktioniert nicht nur bottom-up, sondern auch als Top-down-Ansatz.[155]

Alle Ebenen werden durch **Informationssysteme** unterstützt, die jeweils Daten weiterleiten. In der Abbildung 13 wird dieses Verständnis zugrunde gelegt.

Für die weitere Abgrenzung und klarere Unterscheidbarkeit von Geschäftsmodellen und Strategien werden diese tabellarisch gegenübergestellt:

---

[151] Vgl. Al-Debei und Avison (2010), S. 370 ff.
[152] Vgl. Bieger und Reinhold (2011), S. 25
[153] In Anlehnung an Veit u.a. (2014), S. 56, Al-Debei u.a. (2008), S. 5, Osterwalder und Pigneur (2002), S. 2, Bieger und Reinhold (2011), S. 23 ff. und Sharma und Gutiérrez (2010), S. 35 f.
[154] Vgl. Wirtz (2013), S. 112 f.
[155] Vgl. Wirtz (2013), S. 112 f.

	Geschäftsmodell	Strategie
Zielsetzung	• Langfristiger Unternehmenserfolg • Nachhaltigkeit von Wettbewerbsvorteilen	• Unterscheidung gegenüber Wettbewerbern • Absicherung eines Wettbewerbsvorteils
Ausrichtung	• Kunden	• Wettbewerber
Inhalt	• Beschreibung, wie Geschäftsmodellkomponenten kombiniert sind • Beschreibung, welcher Nutzen für Kunden und Partner gestiftet wird	• Marktanalysen • Marktposition festlegen • Geschäftsmodelloptionen bestimmen
Mögliche Fragestellungen	• Welche Kunden sind zu bedienen? • Welche Informationen oder Produkte können verkauft werden und welche Ressourcen und Fähigkeiten sind nötig, um den Austausch zu ermöglichen?	• Wann sollte in den Markt eingetreten werden? • Welche Produkte sollten verkauft werden? • Welche geografischen Märkte sind zu adressieren?
Fokus	• Extern orientiert: Fokussiert auf den Austausch mit anderen	• Intern/Extern orientiert: Fokussiert auf interne Aktivitäten und Aktivitäten der Wettbewerber

Tabelle 5: Abgrenzung von Geschäftsmodell und Strategie[156]

2.2.3 Geschäftsmodellebenen

Innerhalb von Unternehmen existieren verschiedene Ebenen bzw. Arten von Geschäftsmodellen. Je nach Betrachtungskontext kann für ein Unternehmen die Betrachtung von mehreren Geschäftsmodellebenen relevant sein. So schließen sich die Ebenen nicht gegenseitig aus und es könnte sinnvoll sein, mehrere Ebenen gleichzeitig zu analysieren. Somit können viele verschiedene Geschäftsmodelle innerhalb eines Unternehmens existieren.[157]

In der gegenwärtigen Literatur existieren bisher nur wenig detailreiche Informationen zu Geschäftsmodellebenen. So konnten Informationen dazu bei Wirtz (2013), Schallmo und Brecht (2010) sowie Osterwalder u.a. (2005) gefunden werden. Einigkeit innerhalb der Literatur besteht allerdings bei der Anzahl der Ebenen und bei den Ausprägungen innerhalb dieser.[158]

Für die Einordnung eines Geschäftsmodells in der Geschäftsmodellstruktur eines Unternehmens eignen sich die Geschäftsmodellebenen. Im Folgenden werden verschiedene Abstraktionsgrade von Geschäftsmodellen beschrieben, damit eine Ein-

[156] Vgl. Schallmo (2013), S. 44, Veit u.a. (2014), S. 56 f.
[157] Vgl. Wirtz (2013), S. 76
[158] Vgl. Wirtz (2013), S. 74 ff., Schallmo und Brecht (2010), S. 7 und Osterwalder u.a. (2005), S. 8 f.

ordnung stattfinden kann. Anhand der Literatur können Geschäftsmodelle in Industrie-, Unternehmens-, Geschäftseinheiten- und Produktebene unterteilt werden (siehe dazu Abbildung 14).[159]

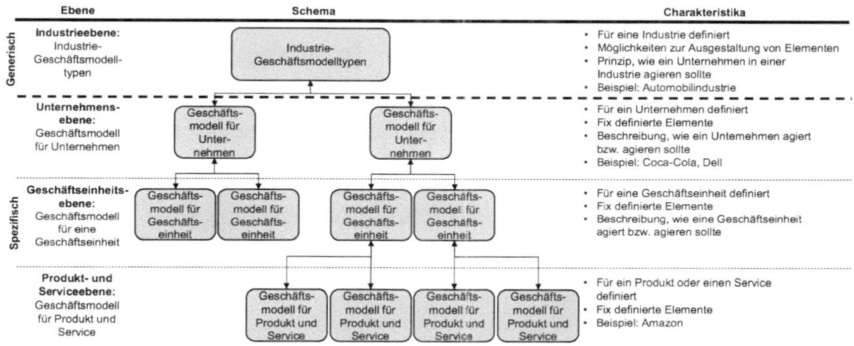

Abbildung 14: Geschäftsmodellebenen[160]

Innerhalb der Geschäftsmodellebenen kann zwischen generischen und spezifischen Ebenen unterschieden werden.[161] In der generischen Ebene können verschiedene Industriemodelle abgebildet werden, wobei der Fokus auf den Umweltbedingungen liegt.[162] Beispielsweise wirken in der Automobilindustrie andere Geschäftsmodellrahmenbedingungen als in der Chemieindustrie.

Bei den spezifischen Ebenen ist die oberste Ebene die **Unternehmensebene**. Diese Ebene steht für das gesamte Unternehmen und beinhaltet die Festlegung von Kompetenzen, Aktivitäten, Positionierung und Ausrichtung am Markt.

Wenn in einem Unternehmen verschiedene organisatorische Einheiten bzw. Abteilungen und länderübergreifende Geschäftsfelder vorhanden sind, werden diese der **Geschäftseinheitsebene** zugeordnet.[163] Auch eine weitere Zwischenebene, in Form einer Hauptabteilung, ist hierbei denkbar. Je nach Abteilung kann dann ein ganz anderes Geschäftsmodell verfolgt werden als bei der Abteilung daneben.

Die kleinste Betrachtungsebene ist die **Produkt- und Serviceebene**. In dieser Ebene finden sich alle Produkte oder Services, die ein Unternehmen anbietet, und das da-

159 Vgl. Wirtz (2013), S. 74 ff. und Schallmo und Brecht (2010), S. 7
160 Vgl. Wirtz (2013), S. 74 ff., Schallmo und Brecht (2010), S. 7 und Osterwalder u.a. (2005), S. 8 f.
161 Vgl. Schallmo und Brecht (2010), S. 6
162 Vgl. Wirtz (2013), S. 74
163 Vgl. Schallmo und Brecht (2010), S. 5

zugehörige Geschäftsmodell. Amazon hat beispielsweise Geschäftsmodelle für den Verkauf von physischen Produkten und weitere Geschäftsmodelle für den Verkauf von elektronischen Produkten (z.B. E-Books, IaaS-Leistungen).

Mittels dieser Einordnung können Unternehmen ihre Geschäftsmodelle den jeweiligen vorhandenen Ebenen zuordnen. Zwischen den einzelnen Ebenen besteht außerdem ein permanenter Austausch an Informationen und Daten. Die Ebenen sind in gewisser Weise voneinander abhängig und müssen aufeinander abgestimmt werden.[164]

Nach Schallmo kommen an dieser Stelle Top-down- und Bottom-up-Interaktionen zustande, d.h., es findet ein Ideenaustausch zwischen den Geschäftsmodellebenen statt.[165] So können Geschäftsmodellkomponenten, die bereits auf der Unternehmensebene erfolgreich sind, vielleicht auch auf der Industrieebene erfolgreich sein und umgekehrt. Für die Erreichung der Zielsetzung von Geschäftsmodellen (Sicherung eines langfristigen Unternehmenserfolges und Schaffung von nachhaltigen Wettbewerbsvorteilen) kann das entscheidend sein.

2.2.4 Einflussfaktoren auf Geschäftsmodelle

Eine zunehmende Herausforderung für die Attraktivität eines Geschäftsmodells stellen die ständigen Veränderungen der Umweltbedingungen und die Kopierbarkeit von Geschäftsmodellen dar.[166] Ähnlich wie bei den Bestandteilen der Situationsanalyse aus Abschnitt 2.1.2 können Einflussfaktoren kategorisiert werden. Allerdings wird im Gegensatz zur Situationsanalyse bei den Einflussfaktoren auf das Geschäftsmodell keine SWOT-Analyse benötigt, daher wird an dieser Stelle nur die Makro- und Mikroumwelt verwendet. Homburg[167] unterteilt die Einflussfaktoren der Unternehmensumwelt in Makro- und Mikroumwelt,[168] wobei auch das PESTEL-Modell[169] zum Einsatz kommt.

---

[164] Vgl. Wirtz (2013), S. 76
[165] Vgl. Schallmo (2013), S. 31 ff.
[166] Vgl. zu Knyphausen-Aufseß und Zollenkop (2011), S. 113 ff.
[167] Vgl. Homburg (2000), S. 112 ff.
[168] Die in Abschnitt 2.1.2 beschriebene Situationsanalyse integriert die Makro- und Mikroumwelt und ist aber aufgrund der nicht immer passenden Inhalte nur bedingt anwendbar und wird deshalb vernachlässigt. Vgl. Homburg (2000), S. 112 ff.
[169] PESTEL steht für P – Political, Politik; E – Economic, Wirtschaft; S – Social, Gesellschaft; T – Technological, Wissenschaft; E – Environmental, Umwelt; L – Legislative, Recht

Die Veränderungen der Umweltbedingungen können durch sechs Einflussfaktoren[170] beeinflusst werden: Gesellschaft, Recht, Politik, Wirtschaft, Technologie und Umwelt. Vor allem der technologische Einflussfaktor, dem auch Trends zugeordnet werden können, wird in der Literatur als starker Treiber für Geschäftsmodelle angesehen.[171] Diese sechs Einflussfaktoren beeinflussen wiederum sieben Einflussfaktoren aus der Mikroumwelt: Abnehmer, Kunden[172], Mitarbeiter, Rivalität unter Anbietern, Substitutionsprodukte, Lieferanten und potenzielle Neuanbieter.[173] Alle Einflussfaktoren zusammen beeinflussen die Attraktivität eines Geschäftsmodells (siehe Abbildung 15).[174]

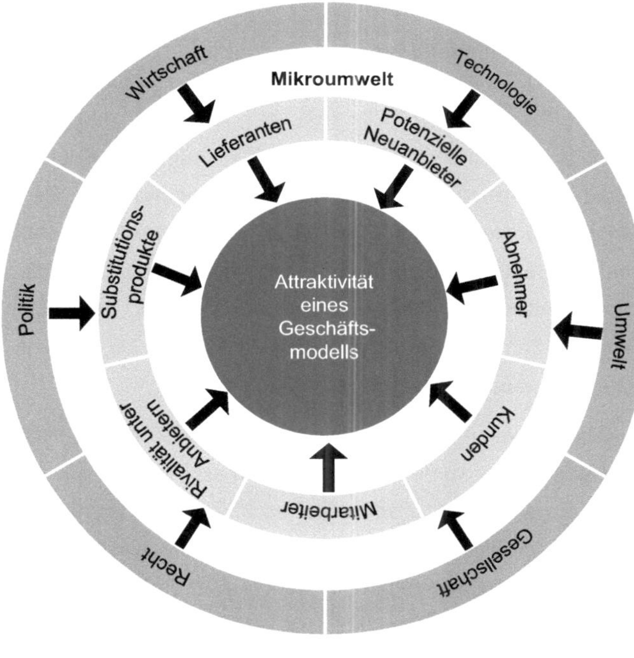

Abbildung 15: Einflussfaktoren auf die Attraktivität eines Geschäftsmodells[175]

[170] Diese können auch als Makroumwelt bezeichnet werden.
[171] Vgl. Reinhold u.a. (2011), S. 84 f. und Gassmann u.a. (2013), S. 30 f.
[172] Eine Umfrage von Reinhold u.a. (2011) zeigt, dass vor allem Mitarbeiter, Kunden und Geschäftspartner (Lieferanten und Abnehmer) einen erheblichen Einfluss bei der Ermittlung und damit der Attraktivität von innovativen Geschäftsmodellen haben. Vgl. Reinhold u.a. (2011), S. 87 f.
[173] Vgl. Pillkahn (2007), S. 84 ff. und Pillkahn (2013), S. 66 ff.
[174] Vgl. zu Knyphausen-Aufseß und Zollenkop (2011), S. 113 ff.
[175] Vgl. zu Knyphausen-Aufseß und Zollenkop (2011), S. 114

Die zweite Herausforderung für Geschäftsmodelle ist deren Kopierbarkeit. Die Kopierbarkeit kommt überall dort vor, wo Kompetenzen leicht erlernt werden können und die Beziehungen zwischen den Geschäftsmodellelementen durchschaubar, dadurch leicht nachahmbar und auf andere Unternehmen und Produkte einfach übertragbar sind.[176]

Die beiden Herausforderungen provozieren einen Wandel des Geschäftsmodells, das immer wieder auf die neuen Gegebenheiten anzupassen ist. Auf diesen Wandel gilt es rechtzeitig zu reagieren oder, besser noch, auf die einzelnen Herausforderungen und Einflussfaktoren zu agieren, indem ein Geschäftsmodell gestaltet wird, das ubiquitär überlegen ist.

2.2.5 Geschäftsmodellinnovationen

2.2.5.1 Definition und Abgrenzung

Bei einer Geschäftsmodellinnovation[177] handelt es sich um ein erfolgreiches, in der Praxis angewandtes Konzept eines neuen Geschäftsmodells, wenn die gängige Innovationsbedingung der Neuheit auf Potenzial- oder Bedarfsseite gegeben ist.[178] Neben der neuartigen Befriedigung der Kundenbedürfnisse steht auch die Schaffung von nachhaltigen Wettbewerbsvorteilen durch Differenzierung gegenüber der Konkurrenz im Fokus.[179] Zahlreiche weitere Definitionen sind in der wissenschaftlichen Literatur zur Geschäftsmodellinnovation zu finden.[180]

Geschäftsmodellinnovationen können nach dem Innovationsgrad hinsichtlich der Veränderung unterschieden werden. Hierbei können die inkrementelle (evolutionäre) und die disruptive (revolutionäre/radikale) Geschäftsmodellinnovation abgegrenzt werden.[181] Innerhalb der inkrementellen Geschäftsmodellinnovation werden nur Teilaspekte von Geschäftsmodellen verändert, jedoch nicht die grundlegende Architek-

---

176 Vgl. zu Knyphausen-Aufseß und Zollenkop (2011), S. 113 ff.

177 Es kann zwischen „Invention" und „Innovation" unterschieden werden. Bei der Invention (Erfindung) handelt es sich um eine Vorstufe der Innovation; sie bezieht sich auf die geplante oder zufällige Ideenfindung. Bei der Innovation findet eine erstmalige Realisierung einer Problemlösung mit wirtschaftlicher Anwendung inklusive Markteinführung neuer Produkte oder Prozesse statt. Vgl. Franken und Franken (2011), S. 192 f. und Zollenkop (2006), S. 107 f.

178 Im Gegensatz dazu ist eine Geschäftsmodellinvention ein neues, aber nicht realisiertes Konzept eines Geschäftsmodells. Vgl. Zollenkop (2006), S. 117 ff.

179 Vgl. Franken und Franken (2011), S. 199 und Wirtz (2013), S. 207

180 Siehe dazu z.B. Schallmo (2013), S. 26 ff.

181 Vgl. Stähler (2002), S. 70 ff.

tur.[182] Damit sind diese Innovationen relativ risikolos. Die disruptive Geschäftsmodellinnovation beinhaltet die Entwicklung eines neuen[183] und bisher unbekannten Geschäftsmodells.[184] Damit einhergehend sind mit dieser Art der Innovation relativ hohe wirtschaftliche und technische Risiken verbunden.

Weiterhin können Geschäftsmodellinnovationen durch den Innovationsgegenstand und durch die Wirkung auf den Markt unterschieden werden.[185] Geschäftsmodellinnovationen können durch Innovationen Auswirkungen auf einen bestehenden Markt nehmen, aber auch einen neuen Markt schaffen.[186] Hinsichtlich des Innovationsgegenstands kommen Geschäftsmodellinnovationen durch eine Innovation der Struktur der Wertschöpfungskette, des Nutzenversprechens oder einer Kombination aus beiden zustande.

Die Geschäftsmodellinnovation kann auch als Oberbegriff von Unternehmensmodell-, Umsatzmodell- und Branchenmodellinnovation verstanden werden. Innerhalb der Unternehmensmodellinnovation erfolgt eine Spezialisierung und Umstrukturierung des Unternehmens. Bei der Umsatzmodellinnovation stehen neue Wertbeiträge und neue Preismodelle im Mittelpunkt der Betrachtung. In der Branchenmodellinnovation werden bestehende Branchen in Frage gestellt oder neue Branchen erschaffen.[187]

Die Geschäftsmodellinnovation grenzt sich weiter von Produkt-, Prozess- und sozialen/organisatorischen Innovationen ab.[188] Produktinnovationen basieren meistens auf technologischen Neuerungen, die sich aus wissenschaftlichem Fortschritt und Grundlagenforschung ergeben. Bei der Prozessinnovation werden Abläufe innerhalb des Unternehmens verändert, mit dem Ziel der Neugestaltung der Unternehmensprozesse zur Arbeitsproduktivitätssteigerung. Bei der sozialen Innovation sollen soziale Ziele wie eine höhere Arbeitszufriedenheit erreicht werden. Die Verbesserung der Aufbau- und Ablauforganisation in Unternehmen ist Bestandteil der organisatorischen Innovation.[189]

Eine klare Abgrenzung ist allerdings bei diesen Innovationsformen nicht möglich – somit können Abhängigkeiten zwischen den Innovationsformen bestehen. So können

---

[182] Vgl. Stähler (2002), S. 72 und Schallmo (2012), S. 25
[183] Nach Schallmo kann die Neuigkeitseigenschaft anhand von drei Perspektiven vorliegen. Vgl. Schallmo (2012), S. 25
[184] Vgl. Schallmo (2012), S. 25
[185] Vgl. Wirtz (2013), S. 208 ff.
[186] Vgl. Wirtz (2013), S. 208
[187] Vgl. Franken und Franken (2011), S. 200
[188] Vgl. Franken und Franken (2011), S. 193 ff. und Wirtz (2013), S. 207 f.
[189] Vgl. Franken und Franken (2011), S. 198

Veränderungen innerhalb der Geschäftsmodellinnovation auch Auswirkungen auf die Produkt- und Prozessinnovation haben und andersherum.[190] Der Innovationsgrad des Geschäftsmodells lässt mit Hilfe des S-Kurven-Konzepts (siehe Abbildung 16) darstellen.

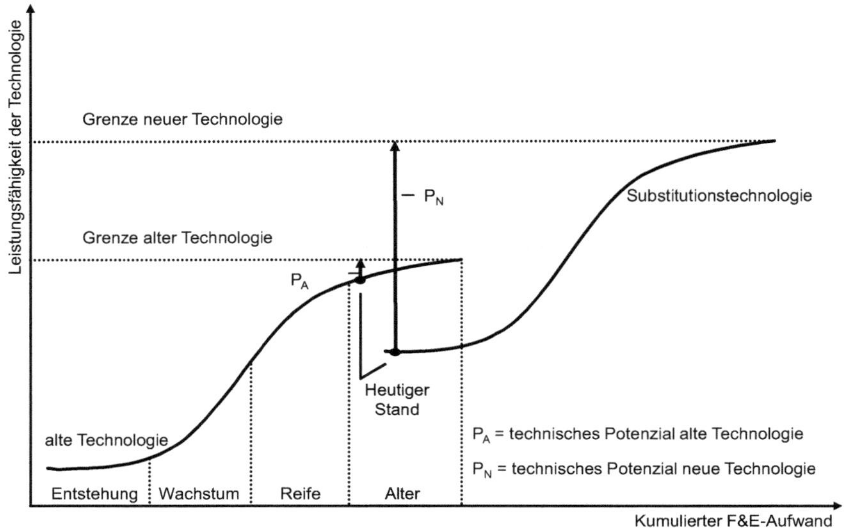

Abbildung 16: S-Kurven-Konzept[191]

Das S-Kurven-Konzept beinhaltet, wenn beispielsweise Produkte und Technologien an ihre technische Leistungsgrenzen stoßen, wird der Aufwand innerhalb der Forschung und Entwicklung sehr hoch, so dass diese durch neue Produkte und Technologien abgelöst werden. Ähnlich wie bei Produkten und Technologien folgen auch Geschäftsmodelle einem gewissen Lebenszyklus (siehe Kapitel 5.4.3.2). Dabei wird, ähnlich wie bei Produkten und Technologien, die Lebensdauer von Geschäftsmodellen aufgrund des beschleunigten Wandels der Unternehmensumwelt und der schneller aufkommenden Wettbewerber immer kürzer.[192]

Nach Wirtz und Spath u.a. können insgesamt vier zentrale Treiber für die Geschäftsmodellinnovationen identifiziert werden: technologischer Fortschritt, dynamisches Marktumfeld & verschärfter Wettbewerb (z.B. Globalisierung, neue IuK-

---

190 Vgl. Wirtz (2013), S. 208

191 Vgl. Foster (2006), S. 39 ff. und http://wirtschaftslexikon.gabler.de/Archiv/82555/s-kurven-konzept-v8.html

192 Vgl. zu Knyphausen-Aufseß und Zollenkop (2011), S. 125 f.

Technologien), veränderte Kundenbedürfnisse (z.B. Wandel hin zum Käufermarkt, wachsende Arbeitsverdichtung, stetig steigende Komplexität und eine zunehmende Informationsflut) sowie staatliche Regulierung.[193]

Für die vorliegende Arbeit kann konstatiert werden, dass sich diese aufgrund der Fokussierung auf Cloud-Computing und Zukunftsorientierung im direkten Umfeld von Geschäftsmodellinnovationen befindet.

2.2.5.2 Gestaltungsoptionen bei Geschäftsmodellinnovationen

Zahlreiche Unternehmenskrisen sind auf dominierende und „ältere" Geschäftsmodelle zurückzuführen. Auch eine mangelnde Anpassungsfähigkeit und damit verbundene mögliche Ablösung durch neue Geschäftsmodelle wurde vielen Unternehmen zum Verhängnis. Unternehmen benötigen daher eine ständige Überprüfung ihres Geschäftsmodells.[194]

Die im vorherigen Abschnitt beschriebenen Treiber eines Geschäftsmodells können etablierte Geschäftsmodelle mittelfristig bedrohen, aber auch Chancen für alternative und innovative Geschäftsmodelle bieten. Für bereits bestehende Unternehmen und deren Geschäftsmodelle gibt es vier Handlungsoptionen[195], um auf eine veränderte Umwelt reagieren zu können: bewusster Verbleib im etablierten Geschäftsmodell, „Überholen" des Geschäftsmodells durch erneute Geschäftsmodellinnovation, Übernahme des neuen Geschäftsmodells sowie Migration in das neue Geschäftsmodell (siehe Abbildung 17).

Die **ersten Handlungsoptionen** sind in den Quadranten eins und zwei zu finden. Die bewusste Entscheidung, das eigene Geschäftsmodell nicht zu verändern, sondern dort zu verbleiben, kann mehrere Gründe haben. Entweder wird das konkurrierende, innovative Geschäftsmodell ignoriert (niedrige Fähigkeit zur Reaktion), beispielsweise wenn ein neues Wettbewerbsumfeld betrachtet wird, in dem das etablierte Unternehmen keine Fähigkeiten, Kernkompetenzen usw. besitzt. Diese Strategie ist allerdings riskant und zeitkritisch (z.B. Musikindustrie). Oder das Unternehmen beschließt bewusst den Verbleib im aktuellen Geschäftsmodell, um das eigene Geschäftsmodell durch den neuen Kundennutzen zu stärken. Das gelingt, indem der

[193] Vgl. Wirtz (2013), S. 211 und Spath u.a. (2012), S. 80
[194] Vgl. zu Knyphausen-Aufseß und Zollenkop (2011), S. 111 ff.
[195] Markides (2008), S. 121 ff. und zu Knyphausen-Aufseß und Zollenkop (2011), S. 121 ff.

Kundennutzen des Wettbewerbers analysiert und im eigenen Geschäftsmodell zunutze gemacht wird.[196]

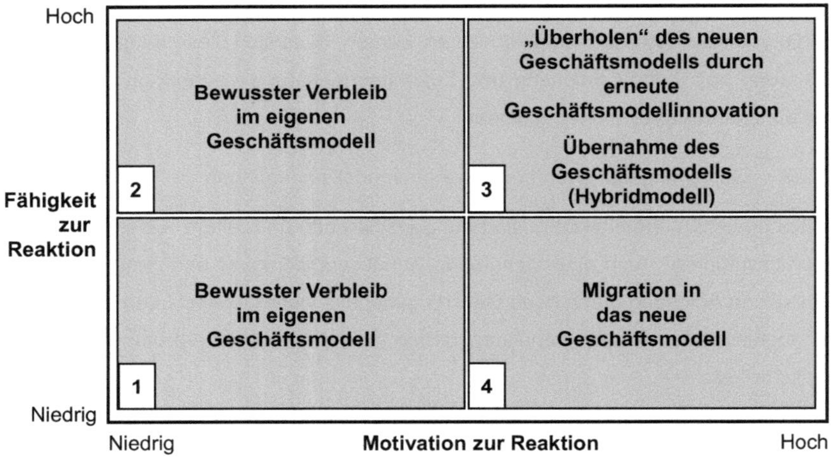

Abbildung 17: Handlungsoptionen der Reaktion auf konkurrierende Geschäftsmodelle[197]

Die **dritte Handlungsoption** verlangt nach einem erhöhten, differenzierbaren oder zusätzlichen Kundennutzen, um das neue Geschäftsmodell durch eine erneute Geschäftsmodellinnovation des etablierten Geschäftsmodells zu „überholen“.[198]

Eine zweite Möglichkeit innerhalb der **dritten Handlungsoption** ist die Übernahme des neuen Geschäftsmodells in Form eines Hybridmodells. Das würde bedeuten, dass zwei Geschäftsmodelle parallel betrieben werden können. Dieses Vorgehen würde bei unterschiedlichen Wettbewerbsfeldern funktionieren oder beim Experimentieren von alternativen Geschäftsmodellen, bis sich das Unternehmen für eines entschieden hat.[199]

Als **vierte Handlungsoption** kommt die vollständige Migration des neuen Geschäftsmodells in das etablierte Geschäftsmodell in Frage. Innerhalb der Migration besteht auch die weitere Möglichkeit in der Übernahme von Start-ups, die ein innova-

---

196 Vgl. Markides (2008), S. 121 ff. und zu Knyphausen-Aufseß und Zollenkop (2011), S. 123

197 In Anlehnung an Markides (2008), S. 140 und zu Knyphausen-Aufseß und Zollenkop (2011), S. 123

198 Vgl. Markides (2008), S. 121 ff.

199 Vgl. Markides (2008), S. 121 ff.

tives Geschäftsmodell entwickelt haben.[200] Viele Unternehmen „kaufen" sich bisher nicht erreichte Kernkompetenz, Technologien oder funktionierende Geschäftsmodelle ein, um Entwicklungszeiten zu sparen.

Problematisch sind bei einem Wechsel des Geschäftsmodells vor allem die nicht vorhandenen Ressourcen und Fähigkeiten, die neu erworben werden müssen, sowie unbekannte Faktoren, wie völlig neue Zielkunden und bisher nicht bekannte Erfolgsfaktoren.[201] Auch unternehmensintern wirkt ein Wechsel so, als ob die bisherigen Kompetenzen und Erfahrungen unzureichend gewesen wären. Das Unternehmen muss also Aufbauarbeit leisten, um sich weiterhin am Markt etablieren zu können.

Alle vier Handlungsoptionen kommen für die vorliegende Arbeit in Betracht. Um auf unterschiedliche zukünftige Gegebenheiten vorzubereitet zu sein, besteht die Möglichkeit in Szenarien zu denken.[202] Szenarien können zukünftige Situationen transparent gestalten und in Bildern beschreiben. Unternehmen sind somit in der Lage, die Entwicklung relevanter Indikatoren und Einflussfaktoren zu verfolgen und angepasst auf eine Veränderung des Geschäftsmodells schnell und nachhaltig reagieren zu können.[203] Die Szenarioanalyse ist ein Instrument, um Szenarien zu erstellen, und ist ein wichtigen Bestandteil der Unternehmensplanung und -entwicklung sowie zur Generierung von Geschäftsmodellen (siehe dazu Kapitel 4.3.3).[204]

2.2.6 Controlling von Geschäftsmodellen

Ausgehend von einem am Markt etablierten Geschäftsmodell ist ein Geschäftsmodellcontrolling notwendig, um auch zukünftig Erfolge zu generieren. Das Geschäftsmodellcontrolling beschreibt, mit welchen Planungs- und Controllingtools die übergeordnete Zielsetzung von Geschäftsmodellen (langfristiger Unternehmenserfolg und Nachhaltigkeit von Wettbewerbsvorteilen) sichergestellt werden kann.[205] Innerhalb dieser Überlegung können drei verschiedene Betrachtungsweisen dargelegt werden: Leistungsversprechencontrolling, Kundencontrolling und Profitabilitätscontrolling.[206]

---

200 Vgl. Johnson (2010), S. 150 ff.
201 Vgl. Zollenkop (2011), S. 201 f.
202 Vgl. von Reibnitz (1992), S. 9 ff.
203 Vgl. zu Knyphausen-Aufseß und Zollenkop (2011), S. 125
204 Vgl. von Reibnitz (1992), S. 14 und zu Knyphausen-Aufseß und Zollenkop (2011), S. 125
205 Vgl. Wirtz (2013), S. 303 ff.
206 Vgl. Wirtz (2013), S. 303 ff. und Yildirim (2012), S. 148 ff.

Für die Realisierung des **Leistungsversprechens** werden zunächst die Kennzahlen herangezogen, die innerhalb des Geschäftsmodells relevant sind. Dazu werden die Mitarbeiter im Unternehmen, die zugehörigen Prozesse und Ressourcen betrachtet.

Um den Unternehmenserfolg und die Wettbewerbsvorteile messen zu können, ist es von entscheidender Bedeutung, wie und ob die Bedürfnisse der **Kunden** mit dem Geschäftsmodell befriedigt werden. Wenn die Bedürfnisse der Kunden befriedigt werden, wird auch ein Kundennutzen erzeugt. Je höher der Kundennutzen ausfällt, desto besser ist das dahinterliegende Geschäftsmodell. Neben der Messung des Leistungsversprechens und der Bedürfnisbefriedigung der Kunden ist es notwendig, die langfristige **Profitabilität** zu messen.[207]

In der Tabelle 6 werden Kennzahlen zum Controlling von Geschäftsmodellen dargestellt. Speziell für Cloud-Computing-Geschäftsmodelle können Cloud-spezifische Kundenkennzahlen die bisherigen Kennzahlen weiter vervollständigen.

Die **Conversion-Rate** zeigt auf, wie viele Kunden einen Service nur nutzen im Vergleich zu Kunden, die dafür auch bezahlen. Mittels der **Churn-Rate** (Kündigungsquote) ist ein Unternehmen in der Lage, frühzeitig zu erkennen, wann die Vertragslaufzeit von Bestandskunden endet, um Gegenmaßnahmen zu ergreifen. Beispielsweise können Kunden proaktiv betreut werden oder nach einer Kündigung spezielle Angebote bekommen. Der **Average Revenue per User** (ARPU) sagt aus, wie viel Umsatz ein Kunde in einem bestimmten Zeitraum erzeugt hat. Mit dem **Customer Lifetime Value (CLV)** können Unternehmen analysieren, wie viel Umsatz ein Kunde im Lebenszyklus eines Unternehmens erbracht hat.[208]

Arten	Detailierungsgrad	Kennzahlen
Leistungs-versprechen	People (Mitarbeiter)	Optimierung der Mitarbeiterperformance
		Verbesserung der Kommunikation und Mitarbeiterintegration
		Optimierung der Mitarbeiterzufriedenheit
	Processes (Prozesse)	Optimierung der End-to-End-Prozesse
		Verbesserung der Netzwerkverbindungen
	Capabilities (Fähigkeiten)	Ausbau der Kernkompetenzen
		Verbesserung des Information Managements
		Verbesserung der technischen Infrastruktur
Kunden	einfache Kundenkennzahlen	Aktuelle Kundenanzahl
		Anzahl neuer Kunden
		Kundenwachstumsrate

207 Vgl. Wirtz (2013), S. 306 ff.
208 Vgl. Yildirim (2012), S. 153 ff.

Arten	Detailierungsgrad	Kennzahlen
		Kauffrequenz
		Kundenbindungsrate
		Fluktuationsrate
	tiefergehende Kunden-kennzahlen	Kundenzufriedenheit
		Wiederkaufrate
		Weiterempfehlungsrate
		Wettbewerbsvergleiche
	Cloud-spezifische Kunden-kennzahlen	Conversion-Rate
		Churn-Rate
		Average Revenue per User
		Customer Lifetime Value
Profitabilität		Umsatz vor dem neuen GM
		Umsatz mit dem neuen GM
		Abgeschlossene Neuverträge
		Volumen der Neuverträge
		Profitspanne pro Neuvertrag

Tabelle 6: Kennzahlen zum Controlling von Geschäftsmodellen[209]

Zur Unterstützung der Kennzahlenbetrachtung ist es hilfreich, auf ein Management-Tool wie die Balanced Scorecard zuzugreifen.[210] Das Instrument der Balanced Scorecard wird den Performance-Measurement-Systemen zugeordnet und vorwiegend innerhalb der strategischen Unternehmensführung als Managementsystem eingesetzt.[211] Die Balanced Scorecard wurde Mitte der 1990er Jahre von Robert S. Kaplan und David P. Norton entwickelt.[212] Die traditionellen Perspektiven innerhalb der Balanced Scorecard (Financial, Customer, Learning and Growth und Internal Business Process) können nicht nur für jedes Unternehmen verschieden sein, sondern werden bei Geschäftsmodellen weiter angepasst. Beispielsweise hat Osterwalder diese vier Perspektiven hinsichtlich Geschäftsmodellen abgewandelt (Financial Aspects, Customer Interface, Infrastructure Management und Product).[213] Damit konnten diese angepassten Perspektiven Geschäftsmodellkomponenten zugeordnet werden, um anschließend daraus ein Gesamtmodell zu entwickeln.

2.2.7 Zusammenfassung

Geschäftsmodelle unterliegen einem deutlichen Wandel. Dieser Wandel wird durch vier zentrale Treiber maßgeblich flankiert: technologischer Fortschritt, dynamisches

209 Vgl. Wirtz (2013), S. 303 ff. und Yildirim (2012), S. 153 ff.
210 Vgl. Wirtz (2013), S. 305
211 Vgl. Horváth u.a. (2015), S. 114
212 Vgl. Kaplan und Norton (1996), S. 1-322
213 Vgl. Osterwalder (2004), S. 42 ff.

Marktumfeld & verschärfter Wettbewerb, veränderte Kundenbedürfnisse und staatliche Regulierung. Dadurch werden sich die Lebenszyklen von Geschäftsmodellen weiter verkürzen und es wird eine starke Konkurrenz zwischen bestehenden und neuen Geschäftsmodellen entstehen. Geschäftsmodelle müssen daher ständig überprüft werden, um sie zu verbessern und zu aktualisieren.

2.3 Geschäftsmodellentwicklung

Die Geschäftsmodellentwicklung[214] kann als ein Prozess definiert werden, in dem die Geschäftstätigkeiten eines Unternehmens aktiv gestaltet werden.[215] Dieser Prozess wird durch verschiedene Handlungsempfehlungen und Methodiken unterstützt.[216] In diesem Abschnitt werden zunächst die Vorgehensweise der Geschäftsmodellentwicklung und deren Besonderheiten betrachtet. Anschließend können anhand der Geschäftsmodellentwicklungsziele zusätzliche Anforderungen an die Geschäftsmodellentwicklung abgeleitet werden.

2.3.1 Vorgehensmodelle und Methoden

Innerhalb der Literatur zur Geschäftsmodellentwicklung existiert bereits eine Vielzahl verschiedener Ansätze mit unterschiedlichen Fokussierungen. Diese Ansätze folgen meist den Anforderungen der systematischen, iterativen[217] und visuell darstellbaren Geschäftsmodellentwicklung.[218] So konzentrieren sich einige Ansätze auf verschiedene Branchen, wie beispielsweise die Logistikbranche[219], die Produktionsbranche[220] und die Gesundheitsbranche[221]. Andere Arbeiten entwickeln umfangreiche Konzepte oder Anleitungen für die Praxis[222]. Auch Ansätze, die in Richtung von IT-Technologien und IT-Konzepten gehen, können identifiziert werden.[223] Einige Ansätze integrieren auch Trends und methodische Anleitungen, um eine gewisse Praxis-

[214] Innerhalb der Literatur werden verschiedene Begriffe mit dem der Geschäftsmodellentwicklung gleichgesetzt: Geschäftsmodellinnovation, Vorgehensmodell, Business Model Frameworks, Business Model Management usw.

[215] Vgl. Köster (2013), S. 34

[216] Vgl. Weiner u.a. (2010a), S. 26 ff.

[217] Bei einem iterativen Vorgehen erfolgt eine schrittweise Annäherung an eine exakte Lösung. Im Gegensatz dazu werden bei einem inkrementellen Vorgehen jeweils Schritt für Schritt Inkremente zu einem Gesamtsystem zusammengesetzt. http://de.langenscheidt.com/fremdwoerterbuch/iterativ

[218] Vgl. Köster (2013), S. 34 ff., Wirtz (2013), S. 77 ff. und Schallmo (2012), S. 115 ff.

[219] Vgl. Bensel (2009)

[220] Vgl. Köster (2014)

[221] Vgl. Meertens u.a. (2012), S. 113-129

[222] Vgl. Gassmann u.a. (2013) und Osterwalder und Pigneur (2011)

[223] Vgl. Bensel (2009) und Weiner u.a. (2012)

orientierung darzustellen.[224] In der aktuellsten Literatur konnten Unterscheidungen zwischen dem Vorgehensprozess und Methoden gefunden werden. Zum Beispiel wird diese Unterscheidung bzw. Zuordnung von Bensel (2009), Osterwalder und Pigneur (2011) sowie Gassmann u.a. (2013) verwendet. Damit können den einzelnen Phasen die passenden Methoden zugeordnet werden.
Eine typische und aus mehreren Ansätzen abgeleitete prozessuale Vorgehensweise ist beispielsweise bei Schallmo[225] und Wirtz[226] zu finden. Bei Schallmo (2012) besteht der Prozess aus den sechs Phasen: Ideengewinnung, Visionsentwicklung, Prototypentwicklung, Entwicklung, Implementierung und Erweiterung.[227]

In der letzten Zeit wurden vermehrt Arbeiten veröffentlicht, in denen das integrierte Vorgehen betrachtet wird.[228] Unter dem integrierten Vorgehen wird in der vorliegenden Arbeit verstanden, dass Aktivitäten in der Geschäftsmodellentwicklung nicht getrennt nacheinander ablaufen, sondern dass es ein einheitliches Vorgehen gibt, das die verschiedenen Phasen der Geschäftsmodellentwicklung beinhaltet.

Es kann also bisher konstatiert werden, dass es viele unterscheidbare Fokussierungen des Prozesses der Geschäftsmodellentwicklung gibt. Viele Ansätze erfüllen die allgemeinen Anforderungen an eine Methode aus Kapitel 1.2, wie beispielsweise ein systematisches Vorgehen oder Zukunftsorientiertheit. Allerdings wurde die Anforderung des **integrierten Vorgehens** bisher in keinen Ansätzen gefunden, so dass diese für die Geschäftsmodellentwicklung mitaufgenommen wird.

Weiner u.a. stellen fest, dass es „kein einheitliches Vorgehen für die schrittweise Entwicklung von Geschäftsmodellen“[229] gibt. Daher werden im folgenden Abschnitt die Zielsetzungen der Geschäftsmodellentwicklung betrachtet, um weitere Anforderungen zu identifizieren.

---

224 Vgl. Köster (2014) und Osterwalder und Pigneur (2011)
225 Vgl. Schallmo (2012), S. 141
226 Vgl. Wirtz (2013), S. 217
227 Weitere Ansätze und detaillierte Ausführungen zur Geschäftsmodellentwicklung werden in Kapitel 4.1 behandelt.
228 Vgl. Bieger und Reinhold (2011), S. 31 ff., Wirtz und Thomas (2014), S. 44 und Doleski (2014), S. 9 ff.
229 Weiner u.a. (2012), S. 86

2.3.2 Zielsetzung

Nach Wirtz werden der Zielsetzung von Geschäftsmodellen (Sicherung eines langfristigen Unternehmenserfolges und Schaffung von nachhaltigen Wettbewerbsvorteilen) weitere Ziele der Geschäftsmodellentwicklung untergeordnet.[230]

Diese sechs Ziele sind: Geschäftstätigkeit beschreiben, Aktivitäten visualisieren, Komplexitätsreduktion, ganzheitliches Verständnis, Identifikation von Vor- und Nachteilen bzw. Chancen und Risiken und Umsetzung (siehe Abbildung 18).

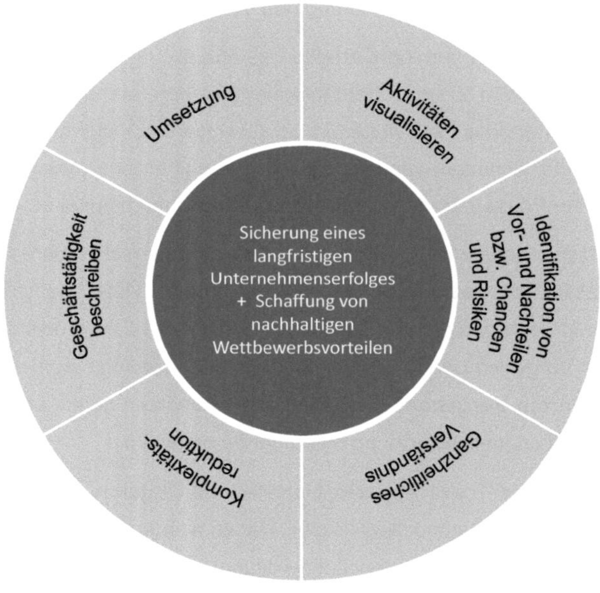

Abbildung 18: Zielsetzung der Geschäftsmodellentwicklung (außen) und des Geschäftsmodells (innen)

Diese Ziele können aufgrund ihrer Passgenauigkeit in Anforderungen an die Methode transformiert werden. Die Ziele **Aktivitäten visualisieren** und **Identifikation von Vor- und Nachteilen bzw. Chancen und Risiken** können mit den allgemeinen Anforderungen an die Methode (siehe Kapitel 1.2) bereits erfüllt werden. Weiter sind auch das **ganzheitliche Verständnis** und die **Komplexitätsreduktion** aus den An-

[230] Vgl. Wirtz (2013), S. 77 ff.

forderungen an die Geschäftsmodellkomponenten (siehe Kapitel 4.2.2) schon vorhanden (siehe Tabelle 7).

Die übrigen beiden Ziele (**Geschäftstätigkeit beschreiben** und **Umsetzung**) werden im Folgenden beschrieben und ihre Wichtigkeit für die Geschäftsmodellentwicklung deutlich gemacht.

Ziele der Geschäftsmodellentwicklung	Vorhandene Anforderungen	Abgeleitete Anforderungen
Aktivitäten visualisieren	• Visualisierbarkeit[231]	-
Identifikation von Vor- und Nachteilen bzw. Chancen und Risiken	• Iteratives Vorgehen[232]	
Ganzheitliches Verständnis	• Ganzheitliches Modell[233]	-
Komplexitätsreduktion	• Kategorisierbar[234]	
Geschäftstätigkeit beschreiben	-	• Schrittweises Vorgehen • Reihenfolge der Arbeitsschritte
Umsetzung	-	• Umsetzungsmaßnahmen

Tabelle 7: Vorhandene und abgeleitete Anforderungen in der Geschäftsmodellentwicklung

2.3.2.1 Geschäftstätigkeit beschreiben

Mit dem Ziel der Beschreibung der Geschäftstätigkeit soll das Geschäftskonzept expliziert werden. Dazu sollen Aktivitäten, Prozesse, Modelle usw. nicht nur detailliert beschrieben, sondern auch grafisch aufbereitet werden.[235]

Um dieses Ziel zu erreichen, ist es notwendig, ein **schrittweises Vorgehen** zu verwenden. Mittels des schrittweisen Vorgehens können einzelne Prozessschritte und Aktivitäten detailliert und übersichtlich dargestellt werden, damit sie wie eine Art Handlungsempfehlung zur Durchführung bei der Geschäftsmodellentwicklung behilflich sind.[236] Das schrittweise Vorgehen impliziert die Darstellung einzelner Schritte zur Beschreibung der Geschäftstätigkeit. Um dies zu gewährleisten, bietet die Reihenfolge der einzelnen Schritte eine gewisse Anleitung bzw. Vorgabe, um die Geschäftsmodellentwicklung nach einem funktionierenden Schema durchzuführen. Aus

---

231 Allgemeine Anforderungen (siehe Kapitel 1.2)
232 Allgemeine Anforderungen (siehe Kapitel 1.2)
233 Anforderungen an Geschäftsmodellkomponenten (siehe Kapitel 4.2.2)
234 Anforderungen an Geschäftsmodellkomponenten (siehe Kapitel 4.2.2)
235 Vgl. Wirtz (2013), S. 78
236 Vgl. Wirtz und Thomas (2014), S. 44 und Köster (2013), S. 35

diesem Kontext kann dementsprechend die **Reihenfolge der Arbeitsschritte**[237] als weitere Anforderung an die Geschäftsmodellentwicklung abgeleitet werden (siehe Tabelle 7).

2.3.2.2 Umsetzung

Nachdem die einzelnen Phasen der Geschäftsmodellentwicklung durchlaufen wurden, sollen für die Umsetzung ermittelte Maßnahmen festgelegt werden. Beispielsweise werden die Geschäftsmodellausprägungen verglichen und die Beziehungen der Ausprägungen untereinander betrachtet. Wenn die **Umsetzungsmaßnahmen** (siehe Tabelle 7) und die nachgelagerte Implementierung berücksichtigt werden, erhöht sich auch die Erfolgswahrscheinlichkeit der Geschäftsmodellentwicklung.[238] Ähnlich wie bei der Beschreibung der Geschäftstätigkeit ist hier auch die Reihenfolge der Arbeitsschritte relevant.[239]

2.3.3 Implikationen für die Methode

Wie bereits in Abschnitt 2.3.1 diskutiert, sind in den allgemeinen Anforderungen aus Kapitel 1.2 bereits Anforderungen an die Geschäftsmodellentwicklung enthalten. Daher werden im Folgenden nur die Anforderungen dargestellt, die zusätzlich für die Geschäftsmodellentwicklung hinzukommen.

Anforderung 1: Integriertes Vorgehen

Verschiedene Ansätze der Geschäftsmodellentwicklung basieren auf Phasen oder Meilensteinen, die getrennt voneinander ablaufen. Dadurch ist ein einheitliches Vorgehen innerhalb der Geschäftsmodellentwicklung nur in Teilen möglich. Durch diese Anforderung sollen einzelne Phasen zusammengelegt und miteinander verzahnt werden.

Anforderung 2: Schrittweises Vorgehen

Bestandteil der Geschäftsmodellentwicklung ist die Darstellung der einzelnen Phasen des Vorgehens. Diese sind allerdings für die Beschreibung der Geschäftsabläufe, Aktivitäten, Prozesse und Modelle zu grob bzw. oberflächlich. Daher sollen die ein-

---

237 Nur wenn ein schrittweises Vorgehen vorhanden ist, kann auch die Reihenfolge dieser Arbeitsschritte existieren.

238 Vgl. Wirtz (2013), S. 79

239 Vgl. Wenzelmann (2009), S. 35

zelnen Schritte bzw. Aktivitäten innerhalb der Phasen durch ein detailliertes schrittweises Vorgehen weiter verfeinert werden.

Anforderung 3: Reihenfolge der Arbeitsschritte

Im Zusammenhang mit dem schrittweisen Vorgehen sollen die Arbeitsschritte in eine Reihenfolge gebracht und abgebildet werden, um eine Handlungsempfehlung bzw. Anleitung für Unternehmen zu geben. Die Reihenfolge stellt sicher, dass die bereits ermittelten Ergebnisse als Input für den nächsten Schritt vorhanden sind.

Anforderung 4: Umsetzungsmaßnahmen

Nachdem die Phasen und Schritte der Geschäftsmodellentwicklung durchlaufen wurden, sollen im Anschluss Maßnahmen zur Umsetzung bestimmt werden. Damit erhöht sich im Allgemeinen auch die Erfolgswahrscheinlichkeit der Geschäftsmodellentwicklung. Auch hierbei ist auf ein schrittweises Vorgehen zu achten.

2.4 Corporate Foresight und Trends

Um zukunftsorientierte Geschäftsmodelle entwickeln zu können, ist eine Betrachtung der Zukunftsforschung im folgenden Kapitel notwendig. Dazu wird zunächst Corporate Foresight vorgestellt und es findet eine Herleitung auf die Relevanz von Trends für Geschäftsmodelle statt. Danach werden relevante Trendbegriffe und -arten erläutert und abgegrenzt. Abschließend werden die ermittelten (abgeleiteten) Anforderungen an die Methode zusammenfassend dargestellt.

2.4.1 Definition und Abgrenzung

Corporate Foresight[240] entwickelte sich seit den 1990er Jahren, da viele Unternehmen den Fokus nur auf Technologie- und Markttrends legten und breitgefasste Ansätze, welche auch Trends innerhalb von Gesellschaft, Recht, Politik und Wirtschaft, Wissenschaft und Umwelt miteinbezogen, außer Acht ließen.[241] Nach Daheim u.a. (2013) und Burmeister u.a. (2004) wird mit Corporate Foresight die mittel- bis langfristige[242] Strategiebildung von Unternehmen bezeichnet, welche als allgemeine Unternehmensfunktion[243] eingesetzt wird.[244] Wichtigste Ziele von Corporate Foresight

[240] Corporate Foresight und Zukunftsforschung werden in der Arbeit als Synonyme betrachtet.

[241] Vgl. Burmeister u.a. (2004), S. 36

[242] Vgl. Köpernik (2009), S. 118

[243] Strategic Foresight grenzt sich zum Corporate Foresight ab, da es den Fokus stärker auf die organisatorische Integration in strategischen Entscheidungsprozessen legt. Vgl. Müller (2009), S. 20

sind nach Burmeister u.a.[245] die frühzeitige Erkennung von Trends und Umbrüchen, die Identifizierung zukünftiger Technologie- und Innovationsfelder, das Antizipieren sich verändernder Märkte und die Analyse von wechselnden Kundenanforderungen.[246] Köpernik fügt noch hinzu, dass durch das Erstellen von Zukunftsbildern Handlungs- und Orientierungswissen geliefert wird.[247] Einsatzbereiche von Corporate Foresight sind zumeist in der Strategie- und Unternehmensentwicklung zu finden.[248]

Zentrale Aufgaben von Corporate Foresight sind unter anderen: strategische Entscheidungen vorzubereiten, die Wettbewerbsfähigkeit des Unternehmens langfristig zu sichern und die Lern- und Innovationsfähigkeit des Unternehmens dauerhaft zu stärken.[249] Weitere Eigenschaften sind das strukturierte prozess- und methodenorientierte Vorgehen und die Umfeldorientierung[250] im Unternehmenskontext.[251] Tabelle 8 fasst die Eigenschaften in Abgrenzung zur Markt- und Trendforschung zusammen.

Markt- und Trendforschung	Corporate Foresight/ Zukunftsforschung
Kurzfristige Ermittlung von Phänomenen (vorrangig Trends)	Mittel- bis langfristige Orientierung
Ziel: Informationen bereitstellen für Marketingabteilungen	Ziel: Ableiten von strategischen Entscheidungen
Endkundenorientiert (zumeist Technikfokussiert)	Umfeldorientierung im Unternehmenskontext (gesellschaftlich, ökonomisch, politisch und Technologiefokussiert)
Produktorientiert (meist beschränkt auf den Konsumsektor)	Prozess- und methodenorientiert

Tabelle 8: Abgrenzung von Markt- und Trendforschung und Corporate Foresight[252]

Innerhalb der **Umfeldorientierung** wird von den Unternehmen verlangt, immer auf neue Veränderungen in ihrem Umfeld zu reagieren.[253] In der Umfeldorientierung des

244 Vgl. Daheim u.a. (2013), S. 81 und Burmeister u.a. (2004), S. 34 ff.
245 Vgl. Burmeister u.a. (2004), S. 34 ff.
246 Vgl. Daheim u.a. (2013), S. 84
247 Vgl. Köpernik (2009), S. 163
248 Vgl. Daheim u.a. (2013), S. 85 f.
249 Vgl. Daheim u.a. (2013), S. 81 f.
250 Innerhalb der Literatur gibt es keine Einigung, ob der Begriff Umfeldorientierung oder Marktorientierung besser geeignet ist. Vgl. Köpernik (2009), S. 157. Da es in dieser Arbeit aber auf den inhaltlichen Aspekt ankommt, wird dieser beschrieben und der Begriff Umfeldorientierung verwendet.
251 Vgl. Müller (2009), S. 25
252 In Anlehnung an Burmeister u.a. (2004), S. 34 ff., Mietzner (2009), S. 25 ff. und Daheim u.a. (2013), S. 81 ff.
253 Vgl. Köpernik (2009), S. 163

Corporate Foresight werden Kunden, Wettbewerber und Marketing gesehen, die in die zwei Bereiche der Mikro- und Makroumwelt eingeteilt werden können.[254]

An dieser Stelle kann auf die Ausführungen in Kapitel 2.1.2 zur Situationsanalyse und Kapitel 2.2.4 zu Einflussfaktoren von Geschäftsmodellen verwiesen werden, da die Elemente/Faktoren dieselben sind. Da die detaillierte Analyse aller Wettbewerber innerhalb des Corporate Foresight nicht weiter für die Entwicklung der Methode benötigt wird, werden diese in der Abbildung der Mikro- und Makroumwelt als „Wettbewerber" zusammengefasst. Die Mikroumwelt besteht dadurch aus den Bereichen Kunden, Mitarbeiter und Wettbewerber.[255]

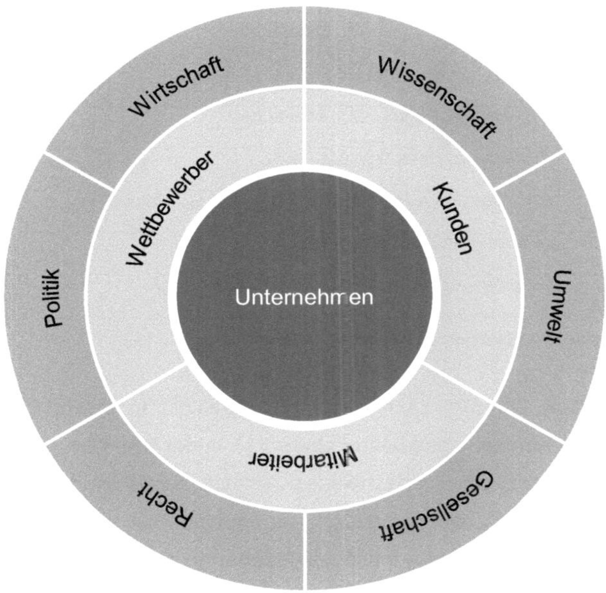

Abbildung 19: Makro- und Mikrounternehmensumfeld[256]

Die Makroumwelt besteht aus den Bereichen Gesellschaft, Recht, Politik und Wirtschaft, Wissenschaft und Umwelt. Auf die Makroumwelt hat das Unternehmen wenig bis keinen Einfluss (indirekt durch Lobbying oder Ähnliches), im Gegenteil, das Unternehmen muss sich im Wesentlichen an die Makroumwelt anpassen und auf Veränderungen reagieren. Hierbei findet kaum Interaktion, sondern eher nur Beobach-

254 Vgl. Köpernik (2009), S. 68 und 164 und Pillkahn (2007), S. 84 ff.
255 Vgl. Pillkahn (2007), S. 84 ff. und Pillkahn (2013), S. 66 ff.
256 In Anlehnung an Pillkahn (2007), S. 84 ff. und Pillkahn (2013), S. 66 ff.

tung statt.[257] In Abbildung 19 werden die einzelnen Bestandteile des Makro- und Mikrounternehmensumfeldes dargestellt. In den Tabellen 9 und 10 werden die jeweiligen Begriffe des Makro- und Mikrounternehmensumfeldes näher erläutert.

Mikroumwelt	Erläuterung
Kunden	Kunden und ihr Verhalten
Mitarbeiter	Mitarbeiter im Unternehmen
Wettbewerber	Wettbewerber allgemein und öffentlicher Sektor

Tabelle 9: Begriffe des Mikrounternehmensumfeldes[258]

Makroumwelt	Erläuterung
Gesellschaft	Gesellschaftliche Entwicklung (z.B. Bildung)
Recht	Z.B. Patente, Regulierung, Standards
Politik	Nationale und internationale Politik
Wirtschaft	Wirtschafts- und Finanzthemen (z.B. Energie, Rohstoffe)
Wissenschaft	Wissenschaft und Technologie
Umwelt	Umweltthemen (z.B. Recycling, Nachhaltigkeit)

Tabelle 10: Begriffe des Makrounternehmensumfeldes[259]

Nach Daheim u.a. (2013)[260] kann Corporate Foresight in einem Drei-Schichten-Modell abgebildet werden (siehe dazu Tabelle 11). In der obersten Schicht findet das operative „Doing“ statt, d.h. Trends werden ermittelt, Einflussfaktoren erhoben und Szenarien projiziert, um Zukunftsforschung zu betreiben. Durch Trends werden Geschäftsmodelle beeinflusst und anhand von **Szenarien** entsteht durch Kreativität die Möglichkeit, Geschäftsmodelle zu gestalten.[261] In der mittleren Ebene sollen die Ergebnisse in das Unternehmen integriert werden. Dazu ist das Management hinsichtlich der Verwendung der Strategien für die Umsetzung gefragt. In der untersten Ebene, der fundamentalsten Ebene, soll die gesamte Organisation mit der Unternehmenskultur Veränderung finden und zukunftsfähig gemacht werden. Neben dem Mo-

257 Vgl. Pillkahn (2007), S. 86
258 In Anlehnung an Pillkahn (2007), S. 84 ff. und Pillkahn (2013), S. 66 ff.
259 In Anlehnung an Pillkahn (2007), S. 84 ff. und Pillkahn (2013), S. 66 ff.
260 Vgl. Daheim u.a. (2013), S. 94
261 Vgl. Osterwalder und Pigneur (2011), S. 190 und Gausemeier und Plass (2014), S. 96

tivieren der Mitarbeiter soll vor allem die Organisation flexibler und agiler handeln als vorher.[262]

Drei-Schichten-Modell	Erläuterung
1. Schicht, obere Ebene	Monitoring von Trends, Analyse der Treiber, Zukunftsprojektion durch Szenarien
2. Schicht, mittlere Ebene	Einbettung in die Unternehmensprozesse
3. Schicht, untere Ebene	Zukunftsorientierte Veränderung der gesamten Organisation

Tabelle 11: Drei-Schichten-Modell[263]

Für die vorliegende Arbeit wird vor allem die erste und zweite Schicht innerhalb der zu entwickelnden Methode umgesetzt und im folgenden Abschnitt beschrieben. Ob die dritte Schicht ebenfalls Anwendung findet, hängt schlussendlich von den beteiligten Unternehmen ab.

2.4.2 Trends als Einflussgröße auf Geschäftsmodelle

„Trends basieren auf technischen, ökonomischen, sozialen und/oder psychischen Ursachenfaktoren und entstehen aufgrund veränderter Bedürfnis- und/oder Kaufkraftstrukturen."[264] Im Gegensatz zu kurzfristigen Moden wirken Trends längerfristig und nachhaltig.[265]

Um ein Verständnis von **Trends** zu bekommen, ist es notwendig, die Entstehung[266] von Trends zu kennen: Woher kommt der Trend bzw. die Veränderung? Trends können in einen Diagnoseteil und einen Hypothesenteil eingeordnet werden. Der Diagnoseteil liegt in der Vergangenheit und dort können Datenpunkte[267] beobachtet werden, die im Zusammenhang zueinander stehen und durch Treiber[268] beeinflusst werden. Damit können Annahmen über den weiteren Verlauf der Trends in der Zukunft anhand von aufzustellenden Hypothesen (Hypothesenteil) abgeleitet werden (siehe Abbildung 20).[269]

---

262 Vgl. Daheim u.a. (2013), S. 94
263 Vgl. Daheim u.a. (2013), S. 94 f.
264 Otto (1993), S. 48
265 Vgl. http://wirtschaftslexikon.gabler.de/Definition/trend.html und http://www.zukunft-im-mittelstand.de/glossar.html
266 Trends entstehen in erster Linie durch ein soziales Problem und/oder Phänomene, indem dieses detailliert und überzeugend beschrieben wird, bis es Gehör findet. Für die Verbreitung werden zumeist Medien verwendet. Vgl. Gladwell (2000), S. 30 ff. und Köpernik (2009), S. 97 f.
267 Unter Datenpunkten werden erste Anzeichen und Spekulationen verstanden.
268 Treiber bzw. Einflussfaktoren können z.B. externe Einflüsse (z.B. Misstrauen, Skandale) sein.
269 Vgl. Pillkahn (2007), S. 130 und Pillkahn (2013), S. 61

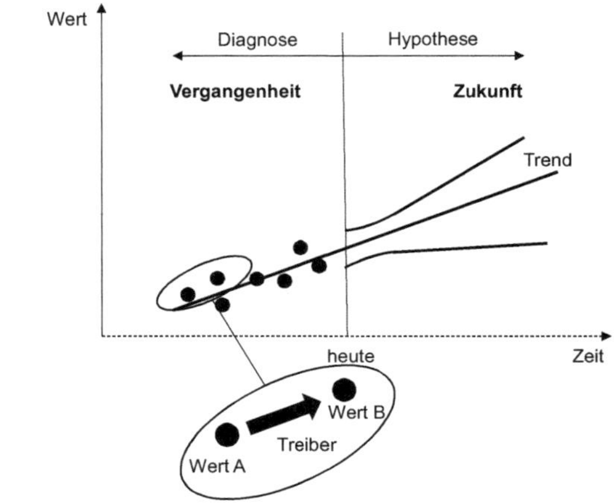

Abbildung 20: Anatomie von Trends[270]

Allerdings erzeugen Trends in vielen Fällen auch Gegentrends. Beispielsweise wird der Trend der Globalisierung durch neue I&K-Technologien gefördert (Treiber), aber durch die Angst der Arbeitsplatzverlagerung (blockierende Kräfte) blockiert, wodurch der Gegentrend der Regionalisierung entstanden ist.[271]

Für die Einordnung von Trends innerhalb von Zukunftselementen verwendet Pillkahn[272] die Achsen „Wissensspektrum" und „Spektrum der Veränderungen" (siehe Abbildung 21).

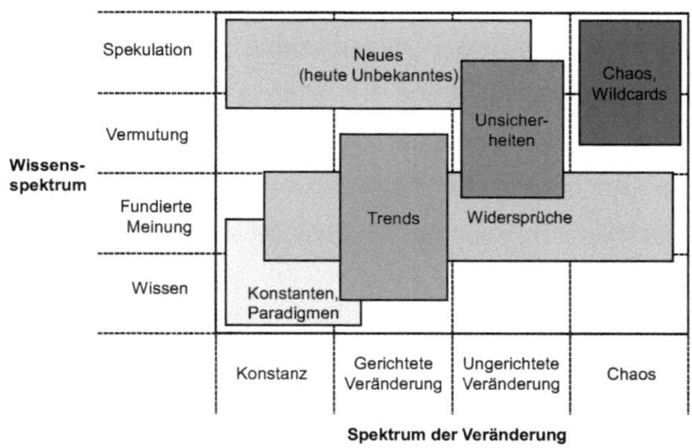

Abbildung 21: Zukunftselemente[273]

[270] Vgl. Pillkahn (2007), S. 130 und Pillkahn (2013), S. 61
[271] Vgl. Pillkahn (2007), S. 132
[272] Vgl. Pillkahn (2007), S. 121 und Pillkahn (2013), S. 61

Das Wissensspektrum lässt sich vom Stand der Wissenschaft bis zu Spekulationen einteilen. Das Spektrum der Veränderungen reicht von Konstanz bis zum Chaos. Anhand dieser Abbildung können Trends im Gegensatz zu Konstanten, Unbekanntem, Unsicherheiten, Chaos und Wildcards und Widersprüchen als fundierte Meinung und gerichtete Veränderung eingeordnet werden. Das heißt, vieles deutet darauf hin bzw. es kann davon ausgegangen werden, dass sich die beobachtete Tendenz der Trends fortsetzen wird. Es bietet es sich im Folgenden an, die verschiedenen Trendbegriffe näher zu betrachten. Für die Arbeit relevante Trendunterscheidungen werden in der folgenden Tabelle 12 erläutert.

Begriff	Erläuterung
Emerging Trends[274]	Neuer entstehender Trend, der weitere Verlauf ist schwer absehbar.
Mikrotrends[275]	Unter Mikrotrend werden neue bekannte Innovationen verstanden, die bisher allerdings kaum beobachtet wurden. Es handelt sich also um erste Anzeichen von entstehenden Trendströmen.
Makrotrends[276]	Makrotrends „sind spezifische Ausprägung der Mega-Trends“ und „beschreiben Teilströmungen, die einen unterschiedlichen Wirkungshorizont aufweisen“[277].
Megatrends[278]	Megatrends sind wirkungsmächtige Einflussgrößen, welche die Märkte der Zukunft prägen. Megatrends unterscheiden sich von anderen Trends in drei Kriterien: • Zeithorizont: Megatrends können Jahrzehnte beobachtbar sein und können wahrscheinlich mindestens noch fünfzehn Jahre in die Zukunft prognostiziert werden. • Reichweite: Umfassende Wirkung auf alles – Weltregionen, Akteure, Regierungen, Individuen und ihr Konsumverhalten, Unternehmen und ihre Strategien usw. • Wirkungsstärke: tiefgreifende, mehrdimensionale Umwälzungen aller gesellschaftlichen Teilsysteme (politisch, sozial und wirtschaftlich). Ihre spezifischen Ausprägungen unterscheiden sich von Region zu Region. Nachhaltige Wirkung.
Metatrends[279]	Zusammenfassung von mehreren Trends/Megatrends
Störfaktor[280] **(Trendbruch)**	• werden auch als Unsicherheiten/Wild Cards bezeichnet • plötzlicher Bruch innerhalb der Trendentwicklung • wenig wahrscheinlich, haben aber weitreichende Wirkung • Beispiele: Fall der Mauer 1989 und die Attentate auf das World Trade Center vom 11.09.2001

Tabelle 12: Erläuterung von Trendbegriffen

[273] Vgl. Pillkahn (2007), S. 121
[274] Vgl. Pillkahn (2007), S. 127
[275] Vgl. Müller u.a. (2013), S. 6 und Pillkahn (2007), S. 127
[276] Vgl. Müller u.a. (2013), S. 6
[277] Müller u.a. (2013), S. 6
[278] Vgl. Z_punkt GmbH (2013), S. 3
[279] Vgl. Pillkahn (2007), S. 127
[280] Vgl. Pillkahn (2007), S. 127

Analog zur Einteilung des Unternehmensumfeldes in Mikro- und Makroumfeld aus Abschnitt 2.4.1 können Trends ebenfalls dieser Systematisierung folgen (siehe Tabelle 13 und 14).[281]

Trends im Mikroumfeld	Erläuterung
Kunden	Innerhalb dieses Mikrotrends können neue Kundenstrukturen entstehen, Kunden ihre Interessen ändern und sich damit auch ihre Bedürfnisse verschieben. Z.B. Carsharing, Onlinekauf.
Mitarbeiter	Unter Mitarbeitertrends können Aktivitäten verstanden werden, um Mitarbeiter zu binden und weiterzubilden. Z.B. neue Generation 50+, Work-Life-Balance.
Wettbewerber/ Lieferanten	Veränderungen im Wettbewerb können zu anderen Teilnehmern und Produkten oder auch Konsolidierung führen. Z.B. Outsourcing.
Markt	Markttrends werden zumeist durch eine hohe Nachfrage nach Produkten usw. durch Umsatzzahlen ausgedrückt. Z.B. Smartphones, Smart TVs.
Produkt/ Dienstleistungen	Bei den Produkt- und Dienstleistungstrends spielen Eigenschaften wie Schnelligkeit, Garantie, Nachhaltigkeit usw. eine Rolle. Z.B. vegane Lebensmittel, Onlinebanking.

Tabelle 13: Trends im Mikroumfeld[282]

Trends im Mikroumfeld	Erläuterung
Gesellschaft/ Werte	Innerhalb von gesellschaftlichen Gruppierungen können Spannungen auftreten oder es können sich Wertvorstellungen ändern. Z.B. Individualisierung, Social Media.
Recht	Durch neue Patente, Standards usw. könnte sich die aktuelle Lage von Unternehmen nachhaltig ändern. Z.B. Patent für schnellere Datenanalyse in einer Cloud-Umgebung.
Politik	Neue politische Entscheidungen und Tendenzen können bestehende Gesetze beeinflussen. Z.B. Safe Harbor[283], USA Patriot Act.
Wirtschaft	Durch Änderungen in der Art der Wertschöpfung und der Geschäftsabläufe können sich Unternehmensstrategien und Geschäftsmodelle ändern. Z.B. E-Business, Outsourcing.
Wissenschaft/ Technologie	Neue Technologien werden entwickelt, um bestehende oder nicht bekannte Kundenbedürfnisse zu befriedigen. Z.B. Cloud-Computing als Alternative für die eigene Unternehmens-IT, LED als Lichtalternative.
Umwelt	Hierbei finden Veränderungen in Natur und Umwelt statt. Z.B. Klimawandel.

Tabelle 14: Trends im Makroumfeld[284]

281 Vgl. Pillkahn (2007), S. 128

282 Vgl. Pillkahn (2007), S. 128 f.

283 Bei der Safe Harbor Vereinbarung handelt es sich um eine Entscheidung der Europäischen Kommission, in der in Anbetracht der europäischen Datenschutzrichtlinie Daten aus der Europäischen Union in die USA übermittelt werden können. Allerdings hebelte der USA Patriot Act die Safe Harbor Vereinbarung faktisch aus, da seit 2001 die US-Strafverfolgung auch ohne der Kontrolle von Gerichten Zugriffsrechte auf Daten in europäischen Rechenzentren bekommt, wenn die Unternehmen ihren Firmensitz in den USA haben. Safe Harbour wurde am 6. Oktober 2015 für ungültig erklärt.

284 Vgl. Pillkahn (2007), S. 128 f.

Allerdings können die Trends im Mikroumfeld um Markt- und Produkttrends ergänzt werden.[285] Durch diese Unterteilung können Trends inhaltlich abgegrenzt werden. Beispielsweise kann eine Unterscheidung hinsichtlich technologischer und gesellschaftlicher Trends erfolgen. Diese Unterteilung kann auch bei der Entwicklung von Szenarien nützlich sein, da dadurch eine stimmige Abgrenzung erfolgen kann.

Für die Bewertung von Trends müssen in erster Linie viele Informationen über die Trends vorliegen und es muss ein einheitliches Verständnis herrschen. Vor allem erfolgt eine Bewertung immer aus der Sicht des Unternehmens mit der Frage: Welchen Einfluss hat ein Trend auf das Unternehmen/Geschäft?[286] Mit der Bewertung werden vorrangig zwei Ziele erfolgt: zum einen die Priorisierung der Trends und zum anderen die Wechselwirkungen zwischen den Trends zu erkennen. Nach Pillkahn (2007) und Gausemeier und Plass (2014) können zwei Bewertungsmatrizen verwendet werden: „Wahrscheinlichkeit der Entwicklung vs. Auswirkung auf das Unternehmen“ und „Wahrscheinlichkeit des Eintritts vs. Einfluss auf die Geschäftsidee“.[287] Weiterhin kann nach dem Zeithorizont unterschieden werden.[288]

Die Einteilung nach dem **Zeithorizont** sagt aus, wie lange der Trend voraussichtlich noch anhält: kurzfristig (bis zu drei Jahren), mittelfristig (drei bis zehn Jahre) oder langfristig (zehn bis fünfzehn Jahre). Die **Wirkungsstärke** besagt, ob der Trend Auswirkungen und damit einen höheren Einfluss auf andere Trends hat: stark, mittel oder gering. Bei der **Eintrittswahrscheinlichkeit** von Trends wird unterschieden, ob ein Trend im weiteren Verlauf der Analyse Potenzial hat: stark, mittel oder gering.

Müller-Stewens und Lechner (2011) sehen bezüglich der Unsicherheit bei den kommenden Veränderungen der Unternehmensumwelt und damit der Einflussnahme auf das Unternehmen und dessen Geschäftsmodell nur die Möglichkeit, die Zukunft treffend vorherzusagen.[289] Anhand der beschriebenen Ausführungen kann dem Coporate Foresight und Trends diese Zukunftsfähigkeit bescheinigt werden. Damit werden Trends nicht nur als Werkzeug der Zukunftsforschung angesehen, sondern können auch für die Gestaltung von Geschäftsmodellen genutzt werden.[290] Außerdem haben starke Trends einen Einfluss auf die Wahrscheinlichkeit des Erfolges eines Produktes

[285] Vgl. Pillkahn (2007), S. 129
[286] Vgl. Pillkahn (2007), S. 139 f.
[287] Vgl. Pillkahn (2007), S. 140 f. und Gausemeier und Plass (2014), S. 96 f.
[288] Vgl. Steinmüller und Schulz-Montag (2003), S. 11
[289] Vgl. Müller-Stewens und Lechner (2011), S. 190
[290] Vgl. Gausemeier und Plass (2014), S. 96 und Osterwalder und Pigneur (2011), S. 204 ff.

und somit auch auf das Unternehmen und auf das Geschäftsmodell.[291] Die Auswahl einer geeigneten Technik (z.B. Brainstorming, Szenarioanalyse)[292], um zukunftsorientierte Geschäftsmodelle entwickeln zu können, erfolgt auf Basis der gerade ermittelten Anforderungen in Kapitel 4.3.

2.4.3 Implikationen für die Methode

Innerhalb der Kapitel 2.4.1 und 2.4.2 wurde Corporate Foresight ausführlich beschrieben und dabei Merkmale herausgearbeitet, die für die Entwicklung einer Methode für Geschäftsmodelle wesentlich sind. Anhand dieser Merkmale können folgende relevanten Anforderungen abgeleitet werden:

Anforderung 1: Umfeldorientierung

Neben einer Technologiefokussierung sollen bei der Geschäftsmodellentwicklung auch gesellschaftliche, ökonomische und politische Einflüsse betrachtet werden (siehe Abschnitt 2.4.1).

Anforderung 2: Berücksichtigung von Trends

Die Berücksichtigung von Trends ist für die Entwicklung von zukunftsorientierten Geschäftsmodellen essentiell (siehe Kapitel 2.4.2). Trends können Geschäftsmodelle beeinflussen und eine Orientierung liefern, wie diese die nächsten Jahre gestaltet werden können. Die Bewertung von Trends kann durch die Unterteilung in Zeithorizont, Wirkungsstärke und Eintrittswahrscheinlichkeit erfolgen (siehe Kapitel 2.4.2).

Anforderung 3: Berücksichtigung von Szenarien

Szenarien dienen der Beschreibung von zukünftigen Situationen.[293] Durch die Betrachtung von Szenarien können konkrete zukünftige Annahmen entstehen, mit denen Geschäftsmodelle entwickelt werden können.

2.5 Anforderungsanalyse und Anforderungsmanagement

Das Anforderungsmanagement (englisch Requirements Management) und die Anforderungsanalyse (englisch Requirements Analysis) sind beides Teil des Requirements Engineering. Das Requirements Engineering wird zwar meistens in der Pro-

[291] Vgl. Kotler u.a. (2007), S. 232 ff.
[292] Vgl. Pillkahn (2007), S. 197
[293] Vgl. von Reibnitz (1992), S. 14

duktverbesserung und im Softwareentwicklungsprozess verwendet, allerdings liegt der Fokus der vorliegenden Betrachtung nicht auf der Entwicklung von Produkten und Software, sondern auf der Entwicklung von Geschäftsmodellen. Daher werden im Folgenden Anforderungsmanagement und Anforderungsanalyse vorgestellt, um daraus Anforderungen für die Methode ableiten zu können. Für ein Verständnis der Thematik ist es zunächst erforderlich zu erörtern, was unter einer Anforderung zu verstehen ist.

„Eine Anforderung ist:

1. Eine Bedingung oder Fähigkeit, die von einem Benutzer (Person oder System) zur Lösung eines Problems oder zur Erreichung eines Ziels benötigt wird.
2. Eine Bedingung oder Fähigkeit, die ein System oder Teilsystem erfüllen oder besitzen muss, um einen Vertrag, eine Norm, eine Spezifikation oder andere, formell vorgegebene Dokumente zu erfüllen.
3. Eine dokumentierte Repräsentation einer Bedingung oder Eigenschaft gemäß (1) oder (2).“[294]

Es können zwei Arten von Anforderungen unterschieden werden: Funktionale Anforderung: „Eine funktionale Anforderung ist eine Anforderung bezüglich des Ergebnisses eines Verhaltens, das von einer Funktion des Systems bereitgestellt werden soll.“[295] und Qualitätsanforderung: „Eine Qualitätsanforderung ist eine Anforderung, die sich auf ein Qualitätsmerkmal bezieht, das nicht durch funktionale Anforderungen abgedeckt wird.“[296]

Neben der groben Einteilung von Anforderungsarten können noch weitere Anforderungen je nach Verwendungszweck angewendet werden, z.B. technologische Anforderungen, Produktanforderungen, Anforderungen an die Benutzeroberfläche, Anforderungen an durchzuführende Tätigkeiten und rechtliche Anforderungen.[297]

---

[294] Pohl und Rupp (2015), S. 3
[295] Pohl und Rupp (2015), S. 8
[296] Pohl und Rupp (2015), S. 9
[297] Vgl. Rupp und SOPHISTen (2014), S. 17. Weitere Arten von Anforderungen können z.B. nachgeschlagen werden bei Partsch (2010), S. 26 ff. und Ebert (2014), S. 21 ff.

2.5.1 Definition und Abgrenzung

Umfangreiche und komplexe Projekte sind zumeist mit technischen und wirtschaftlichen Risiken und Problemen (siehe Tabelle 15) verbunden, die zum Teil auf mangelhaftes Requirements Engineering zurückzuführen sind.[298]

Risiken	Probleme
Kunden sind unzureichend repräsentiert	unklare Zielvorgaben
Fehlende und falsche Anforderungen	enthaltene Komplexität
Nur funktionale Anforderungen werden berücksichtigt	Kommunikationsprobleme
Unkontrollierte Änderungen von Anforderungen	
Unvollständige Anforderungen	
Anforderungen werden nicht geprüft	

Tabelle 15: Risiken und Probleme in Projekten[299]

Requirements Engineering wird im Softwareentwicklungsprozess verwendet, um die Anforderungen der Stakeholder zu ermitteln, zu dokumentieren, zu überprüfen und abzustimmen sowie die Anforderungen über den Softwarelebenszyklus zu verwalten.[300] Requirements Engineering wird als Kerndisziplin aller Ingenieurwissenschaften und somit auch der Systemtechnik und der Softwaretechnik eingeordnet.[301] Mittels des Requirements Engineering kann in der Entwicklung des Softwarelebenszyklus die Auswahl geeigneter Anforderungen zu einer höheren Qualität des Produktes und einer verbesserten Termineinhaltung[302] von Projekten führen.[303]

Die Anforderungsanalyse umfasst in erster Linie Ermitteln, Dokumentieren sowie Prüfen und Abstimmen von Anforderungen an ein IT-System. Im Anforderungsmanagement finden Nachvollziehbarkeit, Priorisierung und Änderungsmanagement statt (siehe Abbildung 22).[304] Die beiden Bestandteile werden im folgenden Abschnitt näher beschrieben, um relevante Inhalte zu identifizieren und diese für die Übertragbarkeit von Anforderungen auf die Methode nutzen zu können.

298 Vgl. z.B. Partsch (2010), S. 5 und Pohl und Rupp (2015), S. 1
299 Vgl. Ebert (2014), S. 3 ff. und Partsch (2010), S. 5 f.
300 Vgl. Pohl und Rupp (2015), S. 4 und Herzwurm und Pietsch (2009), S. 49
301 Vgl. Ebert (2014), S. 33
302 Vgl. Ebert (2014), S. 33 ff.
303 Vgl. Hull u.a. (2011), S. 9 ff.
304 Vgl. Ebert (2014), S. 243 ff., Peine (2014), S. 135 f. und Rupp und SOPHISTen (2014), S. 365 ff.

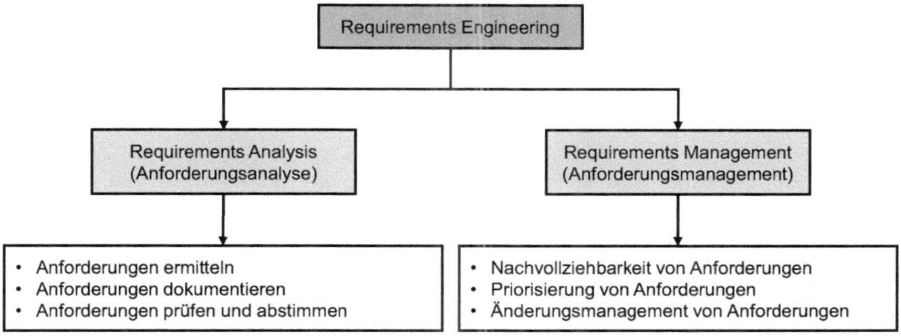

Abbildung 22: Bestandteile des Requirements Engineering[305]

Anforderungsanalyse

In der Anforderungsanalyse ist eine wichtige Aktivität die Ermittlung von Anforderungen. Anforderungen werden durch Stakeholder, Dokumente und Systeme im Betrieb erhoben.[306] Diese drei Arten von Anforderungsquellen werden im Folgenden beschrieben.

Für die Ermittlung von **Stakeholdern** können u.a. Stakeholder-Analysen[307] und Stakeholder-Radars[308] verwendet werden. Im Requirements Engineering werden Personen oder Organisationen als Stakeholder bezeichnet, die einen internen oder externen Einfluss auf die Anforderungen haben.[309] Tabelle 16 zeigt beispielhafte interne und externe Stakeholder im IT-Bereich auf.

Interne Stakeholder	Externe Stakeholder
Eigentümer, Unternehmensleitung, Aktionäre, Fach- und Entwicklungsabteilung, Management, Mitarbeiter	Fremdkapitalgeber, Lieferanten, Gewerkschaften, Banken, Kunden, Konkurrenz, Staat & Gesellschaft

Tabelle 16: Beispiele für interne und externe Stakeholder[310]

Je nach Umfeld, in dem sich die Produkt- und Softwareentwicklung befindet, sind auch andere branchenspezifische Stakeholder relevant. Beispielsweise werden im Medizinbereich speziell Patienten, Ärzte usw. als Stakeholder identifiziert. In der Pro-

305 Vgl. Rupp und SOPHISTen (2014), S. 14, Pohl und Rupp (2015), S. 21-118 und Pohl (2008), S. 495-560
306 Vgl. Pohl und Rupp (2015), S. 21
307 Vgl. z.B. Fink und Siebe (2006), S. 179 ff. und Müller-Stewens und Lechner (2011), S. 154 ff.
308 Vgl. Fink und Siebe (2006), S. 180 und Gausemeier und Plass (2014), S. 151
309 Vgl. Pohl und Rupp (2015), S. 21
310 Vgl. z.B. Pohl und Rupp (2015), S. 21, Rupp und SOPHISTen (2014), S. 79 ff. und ISO/DIS 16355-1 (2015), S. 8

dukt- und Softwareentwicklung zeigt sich in den letzten Jahren verstärkt, dass vor allem die Kundenzufriedenheit durch eine erhöhte Kundenorientierung im Mittelpunkt stehen sollte.[311] Als wichtigster Stakeholder können somit die Kunden identifiziert werden.

Innerhalb von **Dokumenten** können auch Informationen gefunden werden, aus denen Anforderungen gewonnen werden können. Beispiele dafür sind Normen/Standards, Gesetzestexte sowie Dokumente aus bisherigen Analysen (z.B. Fehlerberichte, Anforderungsdokumente). Bei den **Systemen im Betrieb** handelt es sich um Vorgängersysteme oder Konkurrenzsysteme, die für die Stakeholder als Bestandssystem zum Ausprobieren zur Verfügung gestellt werden.[312]

Für die Ermittlung von Anforderungen werden verschiedene Ermittlungstechniken eingesetzt (siehe Abbildung 23).[313] Ermittlungstechniken können Befragungstechniken (z.B. Interview, Fragebogen), Kreativtechniken (z.B. Brainstorming, Morphologischer Kasten), Beobachtungstechniken (z.B. Feldbeobachtung, Apprenticing), dokumentenzentrierte Techniken bzw. Dokumentenstudium (z.B. perspektivenbasiertes Lesen, Wiederverwendung) und Paneldatenstudium[314] (z.B. Verbraucherpanel, Handelspanel oder Spezialpanel) sein.[315] Als ergänzende Techniken können die unterstützenden Techniken (z.B. Mindmapping, Workshops) verwendet werden.[316] Die Techniken können in informale, semiformale und formale Techniken unterschieden werden (siehe Abbildung 23). Nach Pohl und Rupp soll eine „situationsangepasste Nutzung von Ermittlungstechniken“ verwendet werden, um „vollständige Anforderungen zu erhalten“.[317] Weiterhin ist es zielführend, wenn eine Kombination von Anforderungstechniken angewendet wird.[318]

311 Vgl. Herzwurm u.a. (1997), S. 1 ff. und BITKOM (2010b), S. 5 ff.
312 Vgl. Pohl und Rupp (2015), S. 21 und Rupp und SOPHISTen (2014), S. 77
313 Vgl. Pohl (2008), S. 323 ff., Pohl und Rupp (2015), S. 26 ff. und Herzwurm (2000), S. 205 ff.
314 Vgl. Schütz (2007), S. 1-46
315 Vgl. Pohl und Rupp (2015), S. 26 ff., Pohl (2008), S. 323 ff. und Kaya (2009), S. 60 ff.
316 Vgl. Pohl und Rupp (2015), S. 32
317 Pohl und Rupp (2015), S. 26
318 Vgl. Pohl und Rupp (2015), S. 27 und Baumöl (2008), S. 149

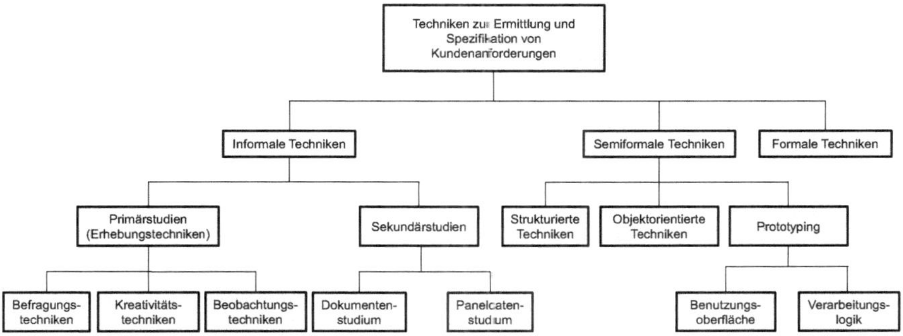

Abbildung 23: Systematische Darstellung von Requirements-Engineering-Techniken[319]

In der Praxis kommen zur Entwicklung von Geschäftsmodellen meistens Kreativitätstechniken (siehe Tabelle 17) wie klassisches Brainstorming, Morphologischer Kasten, Methode 635 und Synektik zum Einsatz.[320]

Vorgehen	Ideenauslösendes Prinzip		
	Assoziation/Abwandlung		Konfrontation
Verstärkung durch Intuition	Brain-storming	• Klassisches Brainstorming • Schwachstellen-Brainstorming • Parallel-Brainstorming	• Reizwortanalyse • Synektik • Bildmappen – Brainwriting • Visuelle Konfrontation in der Gruppe • Semantische Intuition
	Brainwriting	• Methode 635 • Ringtauschtechnik • Brainwriting-Pool • Kartenumlauftechnik • Galeriemethode • Ideen-Delphi • Ideen-Notizbuch-Austausch	
Systematisch-analytisches Vorgehen	• Morphologischer Kasten • Sequentielle Morphologie • Modifizierung (Attribute Listing) • Progressive Abstraktion		• Morphologische Matrix • TILMAG • Systematische Reizobjektermittlung

Tabelle 17: Beispiele von Kreativitätstechniken[321]

Die ermittelten Anforderungen müssen anschließend zur Nachprüfbarkeit geeignet dokumentiert werden. Die Dokumentation kann in Prosa, in strukturierter Prosa oder anhand formaler Techniken (z.B. Use-Case-Diagramme, UML-Aktivitätsdiagramme)

319 Vgl. Herzwurm (2000), S. 205 und Pohl und Rupp (2015), S. 26 ff.
320 Vgl. Wirtz (2013), S. 239 und Hauschildt und Salomo (2011), S. 279 ff.
321 Vgl. Wirtz (2013), S. 239 und Geschka und Yildiz (1990), S. 37

erfolgen. Anschließend sollen die dokumentierten Anforderungen anhand von festgelegten Qualitätskriterien (z.B. Korrektheit) überprüft und abgestimmt werden.

Anforderungsmanagement

Im Anforderungsmanagement kann in drei mögliche Aktivitäten eingeteilt werden: Nachvollziehbarkeit von Anforderungen, Priorisierung von Anforderungen und Änderungsmanagement von Anforderungen.

Für die **Nachvollziehbarkeit von Anforderungen** werden die Anforderungen vom Ursprung bis zur Verwendung in allen nachgelagerten Bereichen verfolgt.[322] Damit kann genau nachvollzogen werden, wann welche Anforderung entstanden ist, wann Anforderungen entfernt wurden und wie sich Anforderungen verändert haben.[323] Mittels einer Versionierung von Anforderungen können Änderungsstände einzelner Anforderungen dokumentiert werden.[324]

Das **Priorisierung von Anforderungen** wird als eine wichtige Aufgabe im Anforderungsmanagement angesehen.[325] Nach Pohl ist die Priorisierung von Anforderungen sogar in allen Requirements-Engineering-Aktivitäten (z.B. Ermittlung, Dokumentation) erforderlich.[326]

Für die Priorisierung sind verschiedene Vorbereitungsaktivitäten nötig. Zunächst werden Stakeholder bestimmt, die die Priorisierung vornehmen sollen. Dann erfolgt die Festlegung der zu bewertenden Artefakte. Damit soll ein einheitliches Abstraktionsniveau von Anforderungen festgelegt werden, damit alle Stakeholder die gleiche Basis zur Bewertung vorliegen haben (z.B. liegt das „Ziel“ auf einem anderen Abstraktionsniveau als lösungsorientierte Anforderungen). In der nächsten Aktivität erfolgt die Auswahl der Priorisierungskriterien, Beispiele hierfür sind Wichtigkeit, Kosten, Schaden, Zeitdauer, Risiko und Volatilität. Anschließend können die Anforderungen anhand einer geeigneten Technik priorisiert werden. Die Techniken (z.B. Kano-Klassifikation, QFD) unterscheiden sich hinsichtlich der Anzahl der zu überprüfenden Anforderungen und der Komplexität der Priorisierung (z.B. durch eine hohe Anzahl von Stakeholdern).[327] Um eine geeignete Technik für die Methode auszuwählen, werden diese in Kapitel 4.4 vorgestellt und diskutiert.

---

322 Vgl. Pohl (2008), S. 505
323 Vgl. Pohl und Rupp (2015), S. 136
324 Vgl. Pohl und Rupp (2015), S. 136 ff.
325 Vgl. Peine (2014), S. 136 und Bebensee u.a. (2010), S. 67
326 Vgl. Pohl (2008), S. 527
327 Vgl. Pohl (2008), S. 527-544

Ziel des **Änderungsmanagements** ist „das Management der Evolution der Anforderungen sowie die Sicherstellung der Zugreifbarkeit auf einzelne Evolutionsstufen der Anforderungsartefakte."[328] Ursachen für Änderungen von Anforderungen können aus dem Fehlverhalten eines Systems oder aus dem Kontext eines Systems entstehen.[329] Damit die entwickelte Methode auf sich ändernde Anforderungen reagieren kann, soll die Methode über eine schnelle Anpassbarkeit verfügen. Gerade Cloud-Computing und Geschäftsmodelle sind einem ständigen Wandel unterzogen, wodurch sich auch Änderungen im Bereich der Anforderungen ergeben.

2.5.2 Abgleich der Anforderungen

Anhand der bisher beschriebenen Ausführungen zu den entstehenden Problemen und Risiken bei fehlendem Requirements Engineering und den darauf aufbauenden Lösungsmöglichkeiten durch die Bestandteile der Anforderungsanalyse und des Anforderungsmanagements können im Folgenden Empfehlungen zur Lösung gegeben werden.

Um diesen Risiken und Problemen zu begegnen, existiert eine Vielzahl von Empfehlungen, die durch das Requirements Engineering abgedeckt werden sollen: stärkere Einbeziehung aller Stakeholder, klare Trennung von Belangen und Zuständigkeiten, Verwendung einer geeigneten Vorgehensweise für die Ermittlung vollständiger Anforderungen, Identifikation der wesentlichen Anforderungen, qualitätssichernde Prüfmaßnahmen und Berücksichtigung des gesamten Entwicklungsprozesses.[330] Aus diesen Empfehlungen können die Anforderungen an die zu entwickelnde Methode abgeleitet werden (siehe Tabelle 18).

Empfehlungen für die Planung und Durchführung von Projekten	Bestandteile des Requirements Engineering	Vorhandene Anforderungen	Abgeleitete Anforderungen
Stärkere Einbeziehung aller Stakeholder	-	• Strategiekonform[331]	-
Klare Trennung von Belangen und Zuständigkeiten	-	• Systematisches Vorgehen[332]	-
Verwendung einer geeigneten Vorge-	• Anforderungen ermitteln	-	• Anforderungen ermitteln

328 Pohl (2008), S. 545
329 Vgl. Pohl (2008), S. 549
330 Vgl. Partsch (2010), S. 7
331 Allgemeine Anforderungen (siehe Kapitel 1.2)
332 Allgemeine Anforderungen (siehe Kapitel 1.2)

Empfehlungen für die Planung und Durchführung von Projekten	Bestandteile des Requirements Engineering	Vorhandene Anforderungen	Abgeleitete Anforderungen
hensweise für die Ermittlung vollständiger Anforderungen	• Anforderungen dokumentieren		• Anforderungen dokumentieren
Identifikation der wesentlichen Anforderungen	• Priorisierung von Anforderungen	-	• Priorisierung von Anforderungen
Qualitätssichernde Prüfmaßnahmen	• Anforderungen prüfen und abstimmen • Änderungsmanagement von Anforderungen • Nachvollziehbarkeit von Anforderungen	-	• Schnelle Anpassbarkeit
Berücksichtigung des gesamten Entwicklungsprozesses	-	-	• Kompaktes Vorgehen

Tabelle 18: Vorhandene und abgeleitete Anforderungen im Requirements Engineering

2.5.3 Implikationen für die Methode

In den Kapiteln 2.5.1 bis 2.5.2 wurden Anforderungsanalyse und Anforderungsmanagement ausführlich beschrieben und Anforderungen herausgearbeitet, die für die Entwicklung einer Methode für Geschäftsmodelle wesentlich sind:

Anforderung 1: Anforderungen ermitteln

Das Ziel der Anforderungsanalyse ist es, die Stimme des Kunden und Experten aufzunehmen, indem Anforderungen ermittelt werden. Die erfassten Anforderungen finden in der Bewertung von Geschäftsmodellausprägungen Anwendung.

Anforderung 2: Priorisierung von Anforderungen

Der Priorisierung von Anforderungen kommt an dieser Stelle eine ganz zentrale Rolle zu. Zum einen ist Priorisierung wichtig, um nichtrelevante Anforderungen herauszufiltern und dadurch fokussierter vorzugehen. Zum anderen sind die Anforderungspriorisierungstechniken für die zu entwickelnde Methode relevant, da Techniken für die Geschäftsmodellentwicklung maßgeblich sind.

Anforderung 3: Anforderungen dokumentieren

Das Dokumentieren von Anforderungen dient innerhalb der zu entwickelnden Methode der Nachvollziehbarkeit und Übersichtlichkeit. Eine lückenlose Dokumentation ist gerade im Falle von Änderungen von Anforderungen wichtig.

Anforderung 4: Schnelle Anpassbarkeit

Die schnelle Anpassbarkeit der Methode wirkt den sich ständig ändernden Anforderungen aufgrund des kontinuierlichen Wandels (z.B. Umwelt, Technologien) entgegen. Gerade disruptive Innovationen wie das Cloud-Computing und damit verbundene Geschäftsmodellinnovationen verlangen nach einer schnellen Anpassbarkeit der Methode.

Anforderung 5: Kompaktes Vorgehen

Bei der Anforderung des kompakten Vorgehens sollen die Methoden eingegrenzt werden, die den gesamten Entwicklungsprozess möglichst zusammenfassend berücksichtigen. Das könnte durch ein verkürztes Vorgehen und durch verschiedene Vorlagen bzw. Templates möglich sein. Dieses Vorgehen soll dynamischer und kürzer gestaltet sein, um auch für die Kunden eine handhabbare und überschaubare Methode zu gewährleisten.

2.6 Schlussfolgerung

In diesem Kapitel wurden die relevanten Grundlagen und Konzepte von Unternehmensanalysen, Geschäftsmodellen, Geschäftsmodellentwicklung, Corporate Foresight und Anforderungsanalyse und Anforderungsmanagement beschrieben. Von den letzten drei Bereichen wurden jeweils relevante Anforderungen an die zu entwickelnde Methode abgeleitet, da diese über Ansätze oder Techniken zur Methodenentwicklung verfügen. Diese abgeleiteten Anforderungen werden in Kapitel 4 bei der Diskussion und Evaluation bestehender Ansätze verwendet, um geeignete Ansätze und Techniken für die zu entwickelnde Methode zu identifizieren. Im Folgenden werden die abgeleiteten Anforderungen zusammenfassend dargestellt und die ermittelten praxisrelevanten Anforderungen beschrieben.

2.6.1 Abgeleitete Anforderungen an die Methode

Die in diesem Kapitel abgeleiteten Anforderungen werden in Tabelle 19 zusammenfassend abgebildet. Bei der Ableitung der Anforderungen wurde darauf geachtet, dass sich diese nicht mit den allgemeinen Anforderungen aus Kapitel 1.2 überschneiden.

Abgeleitete Anforderungen											
Geschäftsmodell-entwicklung (Kapitel 2.3)				**Corporate Foresight (Kapitel 2.4)**			**Anforderungsanalyse und Anforderungsmanagement (Kapitel 2.5)**				
Integriertes Vorgehen	Schrittweises Vorgehen	Reihenfolge der Arbeitsschritte	Umsetzungsmaßnahmen	Umfeldorientierung	Berücksichtigung von Trends	Berücksichtigung von Szenarien	Anforderungen ermitteln	Priorisierung von Anforderungen	Anforderungen dokumentieren	Schnelle Anpassbarkeit	Kompaktes Vorgehen

Tabelle 19: Zusammenfassung der abgeleiteten Anforderungen an die Methode

2.6.2 Praxisrelevante Anforderungen an die Methode

Die praxisrelevanten Anforderungen an die Methode konnten jeweils aus den Expertenworkshops gewonnen werden (siehe Kapitel 6). Dazu wurden vor den Expertenworkshops teilstandardisierte Fragebögen ausgegeben (siehe **Anhang D**). Auf den Fragebögen wurden praxisrelevante Anforderungen aus der Literatur[333] verwendet, aber es gab auch die Möglichkeit, weitere Anforderungen in einem Textfeld zu vermerken (siehe Tabelle 20). Zu der Anforderung wurden außerdem Items (Aussagesatz) formuliert, die für die Evaluation der Methode in Kapitel 6.5 relevant sind. Die gestellte Aufforderung lautete: „Bitte bewerten Sie die folgenden Anforderungen, die an die Methode zur Entwicklung zukunftsfähiger Geschäftsmodelle im Cloud-Computing gestellt sind." Die Experten sollten die Anforderungen durch die Bewertung in eine Skala von 1 = völlige Zustimmung bis 5 = völlige Ablehnung vornehmen.

[333] Vgl. Seel (2010), S. 74 ff. und Wagner u.a. (2015), S. 1305

Unternehmen		highQ Computerlösungen GmbH	netlas	myjobz.com	T-Systems International GmbH	IBM Deutschland GmbH	Alle
Kategorien	**Anforderungen**	Ø				Ø	**Ø**
Konsistenz	Entscheider und Nutzen(versprechen) als Treiber der Geschäftsmodellentwicklung	1,5	1	1	2	2	**1,5**
	Integration von Entscheidern	2	2	3	1	2,5	**2,1**
	Komponenten-/Ausprägungen-basierte Geschäftsmodellentwicklung (inkrementell)	2	2	1	2	2,5	**1,9**
	Kontinuierliche Geschäftsmodellentwicklung	2,5	2	1	3	2	**2,1**
	Trends sind Bestandteil zukunftsorientierter Geschäftsmodelle	2,5	1	1	3	2	**1,9**
Praktikabilität	Usability der Methode	1,5	1	3	1	1	**1,7**
	Passgenauigkeit der Methode	2	2	3	3	2	**2,4**
	Visualisierbarkeit der Methode	2,5	2	3	2	2,5	**2,4**
	Dokumentation zur Nachvollziehbarkeit	1	3	4	4	2	**2,8**

Tabelle 20: Praxisrelevante Anforderungen an die Methode

Im ersten Workshop wurde die Anforderung der „Dokumentation zur Nachvollziehbarkeit“ als aufzunehmende Anforderung von den Experten vorgeschlagen und für die weiteren Expertenworkshops übernommen.

Die Anforderungen wurden im Nachhinein zur Übersichtlichkeit in zwei Kategorien eingruppiert. Die erste Kategorie beinhaltet Anforderungen, die zur **Konsistenz** beitragen sollen, und die zweite Kategorie soll die **Praktikabilität** der Methode verdeutlichen.

Es kann konstituiert werden, dass bei der Bewertung vor allem die Anforderungen

- Entscheider und Nutzen(versprechen) als Treiber der Geschäftsmodellentwicklung und
- Usability der Methode

mit „sehr gut“ bewertet wurden. Gleichzeitig kann aber auch der Anforderung

- Dokumentation zur Nachvollziehbarkeit

attestiert werden, dass diese für die Praxis nicht sehr relevant ist.

Zusammenfassend ergibt sich daraus die Aussage, dass zwar alle Anforderungen innerhalb der Kategorie **Konsistenz** als wichtig gewertet wurden, allerdings innerhalb der Kategorie **Praktikabilität** die Anforderung „Dokumentation zur Nachvollziehbarkeit“ nicht so sehr entscheidend für die Geschäftsmodellentwicklung ist. Außerdem wurden von den Experten die Anforderung „Entscheider und Nutzen(versprechen) als Treiber der Geschäftsmodellentwicklung“ sowie „Usability der Methode“ als wichtigste praxisrelevante Anforderungen identifiziert.

3. Cloud-Computing

Für die Einleitung ins Cloud-Computing wird zunächst die historische Entwicklung mit den technologischen Vorgängern von Cloud-Computing in **Abschnitt 3.1** beschrieben. Auf diesen technologischen Grundlagen aufbauend, kann anschließend Cloud-Computing detailliert hinsichtlich der Ebenen, Organisationsformen und Eigenschaften in **Abschnitt 3.2** dargestellt werden. Eine Erweiterung der Cloud-Eigenschaften mittels eines Reifegradmodells und eine abgeleitete Cloud-Definition finden ebenfalls statt. Die Abgrenzung von Cloud-Computing zum IT-Outsourcing erfolgt in **Abschnitt 3.3.** Auf das Wertschöpfungsnetzwerk von Cloud-Anbietern wird in **Abschnitt 3.4** eingegangen. Abschließend werden die Ergebnisse in **Abschnitt 3.5** zusammengefasst.

3.1 Historische Entwicklung

Die Technologie, die im Cloud-Computing verwendet wird, ist nicht vollständig neu, sondern wurde bereits in angrenzenden Technologien eingesetzt.[334] Allerdings wird Cloud-Computing auf Unternehmensebene als „Revolution" bezeichnet.[335] Durch Cloud-Computing wird nicht nur eine neue Generation von Produkten und Dienstleistungen geschaffen, sondern auch neuartige Geschäftsmodelle.[336]

Cloud-Computing wurde das erste Mal im Jahr 1996 von Mitarbeitern der Firma Compaq[337] bei einer Diskussion über die Zukunft des Internetgeschäfts erwähnt.[338] Allerdings wurden bereits im Jahr 1960 erste Überlegungen dahingehend angestellt, dass große Berechnungsprobleme besser gelöst werden, wenn diese in viele kleine Teile zerlegt und parallel berechnet werden. Die Idee war damals, sich von einem großen Supercomputer weg und hin zu vielen kleinen parallel rechnenden Computern[339] zu entwickeln. Mit dieser Idee war der Weg dazu geebnet, ein verteiltes System zu erschaffen.[340]

334 Vgl. Appelrath u.a. (2014), S. 18
335 Vgl. BITKOM (2009), S. 13 ff.
336 Vgl. BITKOM (2013), S.12 ff.
337 Aufgekauft im Jahr 2002 durch die Hewlett-Packard Development Company, L.P.
338 http://www.technologyreview.com/news/425970/who-coined-cloud-computing, Abruf: 20.01.2016.
339 Darunter kann hier ein Teilsystem verstanden werden, das auch als Knoten bezeichnet wird. Vgl. Vossen u.a. (2012), S. 13
340 Vgl. Vossen u.a. (2012), S. 13 ff.

Eines der ersten verteilten Systeme war das **Cluster**. Im Jahr 1970 wurden zahlreiche identische Knoten über ein Hochgeschwindigkeitsnetz verbunden. Durch den Einsatz einer hohen Anzahl an Knoten wurde eine bis zu diesem Zeitpunkt unbekannte Verfügbarkeit und Leistungsfähigkeit erreicht. Im Vergleich zu einzelnen Großrechnern war diese Lösung auch noch deutlich günstiger. Heutzutage werden die meisten Supercomputer immer noch als Cluster organisiert und sind vor allem in der Wissenschaft zur Berechnung von Simulationen oder zur Modellierung zu finden.[341]

Ein weiteres verteiltes System ist das **Grid Computing**, das ca. im Jahr 2002 seine ersten größeren Anwendungen fand. Das Konzept von Grid Computing besteht darin, dass möglichst viele Personen ihre Rechenleistungen in Form von PCs zur Verfügung stellen, um rechenintensive Probleme zu lösen. Der Unterschied zum Cluster Computing besteht in der Möglichkeit der Heterogenität der Hard- und Software sowie der Anbindung an das System. Außerdem können sich die Knoten zu jeder Zeit ein- oder ausklinken. Heutzutage setzen viele Forschungsinstitute diese Möglichkeit ein, da zum einen die Rechenleistung vieler Computer nicht vollständig genutzt wird und zum anderen der Bezug dieser hohen Leistung sehr teuer wäre. Somit können Rechenkapazitäten über Grenzen hinweg (Standorte oder Organisationseinheiten) zu einem virtuellen Hochleistungscomputer gebündelt werden. Ein Beispiel für Grid Computing ist das World Community Grid[342].[343]

Im Jahr 1997 wurde eine weitere Technologie, die der IT-Infrastrukturebene zugeordnet werden kann, bekannt, das **Network Computing**. Beim Network Computing sollten die im Unternehmen bisherig eingesetzten langsamen Desktop-Rechner durch schlanke Terminals ersetzt werden. Das langwierige Installieren von Programmen sollte damit entfallen und die Software würde über das Internet betrieben werden.[344]

Das IT-Konzept des Network Computings beruht auf leistungsfähiger IT-Infrastruktur und schnellen Rechnernetzen, jedoch waren diese zur damaligen Zeit noch nicht vorhanden.[345]

[341] Vgl. Vossen u.a. (2012), S. 15
[342] Geforscht wurde bisher zu Krankheiten wie Malaria, HIV/Aids, SARS oder Krebs. http://www.worldcommunitygrid.org/
[343] Vgl. Repschläger u.a. (2010), S. 7 und Vossen u.a. (2012), S. 15 f.
[344] Vgl. Revett u.a. (1997), S. 172
[345] Ein ähnliches Konzept wird heutzutage von Google angeboten: Auf Notebooks mit reduzierter Hardware (sogenannten Chromebooks) ist ein spezielles Betriebssystem installiert (Chrome OS),

Das IT-Konzept des **Utility Computings** aus den Jahren 2004 und 2005 beinhaltet, dass IT-Services über das Internet (extern) bezogen und ähnlich wie Strom, Gas, Wasser und Telefon verbrauchsabhängig abgerechnet werden. Unter IT-Services werden z.B. Speicherplatz, Rechenleistung subsumiert.[346] Auch Utility Computing wird als Vorgänger von Cloud-Computing angesehen, da es schon verschiedene Eigenschaften davon (z.B. Skalierbarkeit, Virtualisierung und nutzungsabhängige Abrechnung) aufweisen kann.[347]

Neben den bisher beschriebenen vier Technologien, die der IT-Infrastrukturebene zugeordnet werden können, wurde ca. im Jahr 2001 zum ersten Mal das **Application Service Providing** (ASP) angewendet.[348] ASP wird auf der Anwendungsebene als technologischer Vorgänger von Cloud-Computing betrachtet.[349] ASP wurde konzipiert, um vorwiegend nur Softwarestandardlösungen über das Internet mit einem geringen Individualisierungsgrad anzubieten, und basiert auf dem Single-Tenant-Ansatz.[350] Bei der Single-Tenant-Architektur bekommt jeder Kunde seine eigene, physisch getrennte Infrastruktur bereitgestellt. Nachteilig ist, dass dieser Ansatz neben den sehr hohen Infrastrukturkosten auch lange Bereitstellungszeiträume verursachte. Die Bereitstellung dieser einzelnen Server in großen Rechenzentren (Installation der Betriebssysteme, Datenbanken, Netzwerke usw.) dauert meist mehrere Tage bis Wochen. Im Gegensatz dazu wird im Cloud-Computing der Multi-Tenant-Ansatz eingesetzt. Dieser Ansatz ermöglicht durch die Virtualisierung verschiedene Instanzen auf physischer Infrastruktur anzubieten.

In der klassischen Unterteilung von IT-Systemen wurden bisher nur die Infrastruktur- und Anwendungsebenen unterschieden.[351] Cloud-Computing greift die gerade erläuterten Konzepte und dahinterliegenden Technologien innerhalb der Applikations- und Infrastrukturebene mit auf und vereint die beschriebenen Vorteile für die Entstehung des neuen Paradigmas Cloud-Computing.[352] Diese Erweiterungen ermöglichen es Cloud-Computing um eine weitere Ebene, die Plattformebene, zu erweitern.[353] In Ab-

auf dem Webanwendungen (im Internetbrowser Chrome) laufen, die nicht installiert werden müssen. Diese Webanwendungen werden über das Internet bereitgestellt und aktualisiert.

346 Vgl. Vossen u.a. (2012), S. 19
347 Vgl. Lissen u.a. (2014), S. 12 f.
348 Vgl. Kunesch u.a. (2008), S. 4
349 Vgl. Benlian u.a. (2009), S. 414
350 Vgl. Spindler (2010), S. 32
351 Vgl. Kunesch u.a. (2008), S. 4
352 Vgl. Weiss (2007), S. 25 und Weinhardt u.a. (2009), S. 456
353 Vgl. Pelzl u.a. (2012), S. 561

bildung 24 werden die verschiedenen technologischen Vorgänger im zeitlichen Vergleich dargestellt.

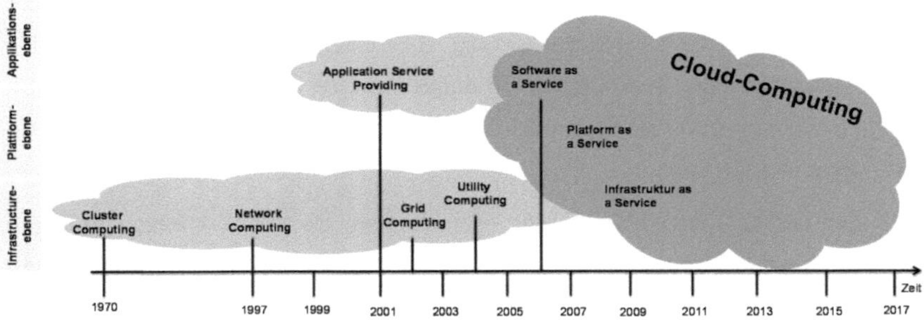

Abbildung 24: Einordnung von Cloud-Computing im Kontext technologischer Vorgänger[354]

3.2 Beschreibung und Definition

Cloud-Computing erscheint seit dem Jahr 2008 im Hype Cycle for Emerging Technologies von Gartner. Im aktuellen Hype Cycle von 2015 ist Cloud-Computing dagegen nicht mehr vorhanden. Das zeigt, dass Cloud-Computing den Hype hinter sich gelassen hat und im Bereich des realen und produktiven Einsatzes in Unternehmen angekommen ist.[355] Cloud-Computing wird als disruptive Innovation[356] angesehen, in der Technologiebündel zur Bereitstellung von individuell konfigurierbaren IT-Services angeboten werden.[357] Für eine Beschreibung von Cloud-Computing und deren Ausprägungen ist es zunächst relevant, verschiedene Definitionen von Cloud-Computing zu betrachten. In Tabelle 21 werden exemplarisch verschiedene Definitionen aus der Wissenschaft, von Instituten, Ministerien und Verbänden aufgezeigt.

Autor(en)	Cloud-Computing-Definitionen
Appelrath u.a., 2014	„Die Grundidee beim Cloud Computing besteht in der Trennung der Anwendungen und dazu benötigter Informationen von der zugrunde liegenden physischen Infrastruktur und der Art der Bereitstellung (Virtualisierung). Dadurch können benötigte IT-Ressourcen dynamischer und flexibler genutzt werden. Eine Cloud kann als Menge von einfach aufzurufenden Diensten begriffen werden. Über

354 In Anlehnung an Kunesch u.a. (2008), S. 4 und Pelzl u.a. (2012), S. 561

355 http://www.gartner.com/technology/research/hype-cycles/ Allerdings wird noch Hybrid Cloud-Computing aufgeführt.

356 Disruptive Technologien verändern nicht nur das Nutzenversprechen eines ganzen Marktes, sondern verdrängen auch etablierte Technologien von diesem Markt, unabhängig davon, ob das zu erwarten oder zu Beginn beabsichtigt war. Vgl. Christensen (1997), S. 175 und Appelrath u.a. (2014), S. 23

357 Vgl. Appelrath u.a. (2014), S. 23

Autor(en)	Cloud-Computing-Definitionen
	diese Dienste beanspruchte Ressourcen werden dynamisch an einen sich ändernden Bedarf angepasst, sodass die Ressourcen besser ausgenutzt werden können (Skalierbarkeit). Die Abrechnung erfolgt dabei zumeist nach der tatsächlichen Nutzung (Pay-per-Use).“[358]
Baun u.a., 2011	„Unter Ausnutzung virtualisierter Rechen- und Speicherressourcen und moderner Web-Technologien stellt Cloud Computing skalierbare, Netzwerk-zentrierte, abstrahierte IT-Infrastrukturen, Plattformen und Anwendungen als on-demand Dienste zur Verfügung. Die Abrechnung dieser Dienste erfolgt nutzungsabhängig.“[359]
BITKOM, 2010	„Cloud Computing ist eine Form der bedarfsgerechten und flexiblen Nutzung von IT-Leistungen. Diese werden in Echtzeit als Service über das Internet bereitgestellt und nach Nutzung abgerechnet. Damit ermöglicht Cloud Computing den Nutzern eine Umverteilung von Investitions- zu Betriebsaufwand. Die fachliche Auseinandersetzung mit Cloud Computing setzt voraus, dass ein klarer Bezug zu den Ebenen von Cloud Services, den Organisationsformen von Clouds und zur betrachteten Nutzergruppe hergestellt wird. Die Einteilung der Services in die drei Ebenen ‚Infrastructure as a Service‘, ‚Platform as a Service‘ sowie ‚Software as a Service‘ hat sich weitgehend durchgesetzt. Das gilt auch für die Unterscheidung zwischen Public, Private und Hybrid Clouds.“[360]
Böhm u.a., 2009	„Cloud Computing ist ein auf Virtualisierung basierendes IT- Bereitstellungsmodell, bei dem Ressourcen sowohl in Form von Infrastruktur als auch Anwendungen und Daten als verteilter Dienst über das Internet durch einen oder mehrere Leistungserbringer bereitgestellt wird. Diese Dienste sind nach Bedarf flexibel skalierbar und können verbrauchsabhängig abgerechnet werden.“[361]
BSI, o.J.	„Cloud Computing bezeichnet das dynamisch an den Bedarf angepasste Anbieten, Nutzen und Abrechnen von IT-Dienstleistungen über ein Netz. Angebot und Nutzung dieser Dienstleistungen erfolgen dabei ausschließlich über definierte technische Schnittstellen und Protokolle. Die Spannbreite der im Rahmen von Cloud Computing angebotenen Dienstleistungen umfasst das komplette Spektrum der Informationstechnik und beinhaltet unter anderem Infrastruktur (z.B. Rechenleistung, Speicherplatz), Plattformen und Software.“[362]
Buyya u.a., 2008	„A Cloud is a type of parallel and distributed system consisting of a collection of interconnected and virtualised computers that are dynamically provisioned and presented as one or more unified computing resources based on service-level agreements established through negotiation between the service provider and consumers.”[363]
NIST, 2009	„Cloud computing is a model for enabling ubiquitous, convenient, on-demand network access to a shared pool of configurable computing resources (e.g., networks, servers, storage, applications, and services) that can be rapidly provisioned and released with minimal management effort or service provider interaction. This cloud model is composed of five essential characteristics, three service models, and four deployment models.”[364]

Tabelle 21: Auswahl von Cloud-Computing-Definitionen

[358] Appelrath u.a. (2014), S. 19
[359] Baun u.a. (2011), S. 4
[360] BITKOM (2010a), S. 15
[361] Böhm u.a. (2009), S. 8
[362] https://www.bsi.bund.de/DE/Themen/CloudComputing/Grundlagen/Grundlagen_node.html
[363] Buyya u.a. (2008), S. 6
[364] Mell und Grance (2009b), S. 2

Anhand der Ergebnisse der Tabelle 21 wird sichtbar, dass bisher keine einheitliche Definition von Cloud-Computing in der Literatur existiert. Allerdings herrscht in der Literatur Einigkeit darüber, dass sich Cloud-Computing anhand von drei Unterscheidungsmerkmalen charakterisieren lässt: Ebenen, Organisationsformen und Eigenschaften.[365] Daher werden in den folgenden Abschnitten die Unterscheidungsmerkmale herausgearbeitet und abschließend wird eine eigene Cloud-Definition vorgeschlagen.

3.2.1 Cloud-Ebenen

Innerhalb der Ebenen lassen sich wiederum drei Gestaltungsmöglichkeiten differenzieren: Software as a Service (SaaS), Platform as a Service (PaaS) und Infrastructure as a Service (IaaS). Diese Dreiteilung hat sich in Wissenschaft und Praxis in den letzten Jahren durchgesetzt.[366] Manche Autoren unterscheiden noch weitere Ebenen (z.B. Resource as a Service, Communications as a Service, Security as a Service und Anything as a Service). Am weitesten verbreitet ist hierbei noch Business (Process) as a Service (BaaS oder BPaaS).[367]

Auf der untersten Ebene eines IT-Systems befinden sich alle Arten von elektronischen Bauteilen, die für den IT-Betrieb benötigt werden: Server, Speicher, Prozessoren und Netzwerk. Diese Elemente bilden zusammen die Hardware bzw. IT-Infrastruktur eines IT-Systems. Kunden können bei **Infrastructure as a Service** demnach entscheiden, welche von diesen Leistungen (Netzwerkinfrastruktur, Rechenleistung, Speicherleistung) sie über das Internet nutzen möchten. Der Mehrwert, den Cloud-Computing gegenüber den bisherigen Technologien bietet, ist, dass es sich um eine virtualisierte und skalierbare IT-Infrastruktur handelt. Die Kunden können die IT-Ressourcen sehr flexibel (hohe Individualisierung) nutzen, allerdings müssen alle Schichten oberhalb der Virtualisierungsschicht (z.B. Betriebssysteme) selber verwaltet werden.[368] Die Cloud-Services werden in der Regel nutzungsabhängig zur Verfügung gestellt.

---

365 Vgl. z.B. Repschläger u.a. (2010), S. 6 ff., Matros (2012), S. 64 ff. und Spath u.a. (2012), S. 30 ff.

366 Folgende Literatur wurde für den vorliegenden Abschnitt verwendet: Vgl. Repschläger u.a. (2010), S. 6 ff., Matros (2012), S. 64 ff., Spath u.a. (2012), S. 30 ff., Vossen u.a. (2012), S. 28 ff., Mell und Grance (2009b), S. 2 f. und Schneider und Sunyaev (2015), S. 7

367 BaaS wird demnach über den Ebenen von IaaS, PaaS und SaaS angeordnet. Mit BaaS sollen ganze Geschäftsprozesse in der Cloud bearbeitet und überwacht werden können.

368 Vossen u.a. (2012), S. 30

Platform as a Service baut auf der bestehenden Infrastructure as a Service-Ebene auf. Es werden somit nicht nur IT-Infrastruktur-Dienstleistungen angeboten, sondern die Kunden können darüber hinaus auch auf bestehende Werkzeuge und Umgebungen (z.B. Datenbanken, Betriebssysteme) zugreifen, um Cloud-Anwendungen auf diesen Plattformen zu entwickeln und zu erweitern. Typische Nutzer der PaaS-Ebene sind Entwickler. Der Anbieter ist dabei verantwortlich die Lizenzen, z. B. von Datenbanken und Betriebssystemen, zu verwalten. Die Cloud-Services werden, wie bei IaaS, meistens nutzungsabhängig angeboten.

Aufsetzend auf den beiden darunterliegenden Ebenen können Kunden auf der obersten **Software as a Service**-Ebene Software bzw. Anwendungen nutzen, die von Anbietern über das Internet bereitgestellt wurden. Der Anbieter übernimmt dabei sämtliche Leistungen, z.B. Wartung, Updates, Lizenzen, Backups. Diese Ebene bietet die geringsten Möglichkeiten zur Variabilität (hohe Standardisierung) und ist daher auch von Kunden mit wenigen IT-Kenntnissen bedienbar.

In Abbildung 25 werden die einzelnen Ebenen und Inhalte im Vergleich zur traditionellen IT-Infrastruktur dargestellt.

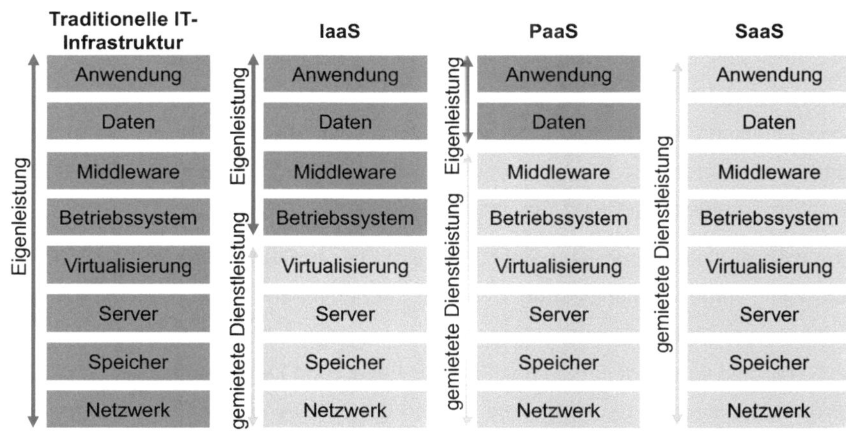

Abbildung 25: Vergleich traditioneller IT-Infrastruktur mit Cloud-Infrastruktur[369]

Anbieter von Cloud-Dienstleistungen fokussieren zunehmend nicht nur eine Ebene, sondern versuchen ebenenübergreifend Dienstleistungen anzubieten, auch um Netzeffekte zu nutzen (hybrides Geschäftsmodell). Im Vergleich zur traditionellen IT-

369 In Anlehnung an Harms und Yamartino (2010), S. 11 und Hild und Bausen (2012), S. 43 ff.

Architektur können im Cloud-Computing aufgrund des Dienstleistungsgedankens mehrere Komponenten entweder selber verwaltet oder an Dienstleister weitergegeben werden.

3.2.2 Klassifikation von Cloud-Services

Dem Nutzer von Cloud-Computing werden **Cloud-Services** in Form von Software, Plattformen und IT-Infrastrukturkapazitäten über das Internet zur Verfügung gestellt. Diese Services werden nach Walterbusch u.a. (2014) integriert mit Dienstleistungen angeboten und zusammen als hybride Services bezeichnet.[370] Bei hybriden Services wird eine zusammengefasste und keine getrennte Sichtweise eingenommen.[371] Diese Sichtweise wird auch in der vorliegenden Arbeit eingenommen und im Folgenden beschrieben. Unter **Dienstleistungen** können im Cloud-Computing Aktivitäten wie Beratung, Support, Implementierung, Updates, Wartung, Migration, Schulungen usw. subsumiert werden.[372] Diese Dienstleistungen werden im Cloud-Computing unweigerlich mit den Cloud-Services (produktbegleitende Dienstleistungen) zusammen angeboten. Bei der Verwendung von Cloud-Services werden grundsätzlich mindestens eine oder mehrere Dienstleistungen von einem oder mehreren Anbietern für einen bestimmten Zeitraum[373] zur Verfügung gestellt und abgerechnet. Aufgrund der Tatsache, dass beispielsweise die IT-Infrastruktur nicht als Produkt gekauft, sondern als gemietet wird, können gerade große Anfangsinvestitionen vermieden werden. Cloud-Computing kann also mit einem kleineren oder einem größeren Dienstleistungsanteil angeboten werden. Die Dienstleistung kann dementsprechend als erste Dimension identifiziert werden, um Cloud-Computing abzugrenzen.

Eine weitere Unterteilung kann nach dem Grad der **Individualisierung** von Cloud-Computing vorgenommen werden. Unter der Individualisierung von IT-Produkten, wie Hardware und Software, wird ein (nach Kundenspezifikationen) individuell konzipiertes IT-Produkt verstanden.[374] Je nach Art der Anpassung kann der Grad der Individualisierung variieren.[375] Beispielsweise können SaaS-Anwendungen für verschiedene Länder und deren spezifische Eigenschaften, wie z.B. Währung und Gewichtseinheiten, individuell angepasst werden. Eine andere Art der Individualisierung kommt bei

370 Vgl. Walterbusch u.a. (2014), S. 157
371 Vgl. Spath und Demuß (2006), S. 464 ff.
372 Vgl. Walterbusch u.a. (2014), S. 158
373 Vgl. Herzwurm u.a. (2013), S. 84
374 Vgl. Herzwurm (2000), S. 77 ff.
375 Vgl. Herzwurm (2000), S. 77 ff.

der Entwicklung branchenspezifischer Software vor. So sind etwa bei der Textil-, Produktions- und Automobilindustrie Anpassungen auf die speziellen Eigenschaften dieser Industrien notwendig. Allerdings schränkt ein zu hoher Grad an Individualisierung die wichtigen Skaleneffekte ein, die Cloud-Computing gerade ausmachen.[376]

Eine weitere Dimension zur Einordnung von Cloud-Computing ist die **Integration** der Cloud-Services. Cloud-Services funktionieren in erster Linie autonom. D. h., die Services benötigen wenig Anpassung an ein Unternehmen oder dessen Geschäftsprozesse.[377] Je individueller ein Cloud-Service abgestimmt wird, desto mehr verzahnen sich die Services ineinander und desto mehr nimmt die Integration zu. Die Integration ist also an den Individualisierungsgrad gekoppelt.

In Abbildung 26 werden die Dimensionen anhand einer beispielhaften Anordnung der Cloud-Computing-Ebenen dargestellt. Die Übergänge zwischen den einzelnen Dimensionen sind fließend.

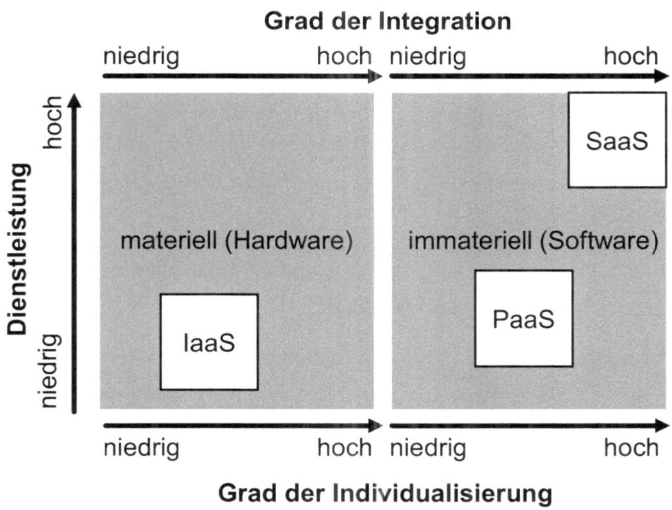

Abbildung 26: Klassifikation von Cloud-Services nach dem Grad der Individualität und Integration sowie der Dienstleistung[378]

---

[376] Vgl. BITKOM (2009), S. 38 ff.
[377] Vgl. Walterbusch u.a. (2014), S. 157 f.
[378] In Anlehnung an Spath und Demuß (2006), S. 470 ff. und Walterbusch u.a. (2014), S. 157 ff.

3.2.3 Klassifikation von Cloud-Organisationsformen

Bei den Organisationsformen können die beiden Urformen private Cloud und public Cloud unterschieden werden. Alle anderen Formen sind entweder verschiedene Kombinationen oder Speziallösungen dieser Urformen.[379] Innerhalb der einzelnen Organisationsformen können im Grunde alle drei Ebenen (SaaS, PaaS und IaaS) angeboten werden.[380] Die Organisationsformen können in Abhängigkeit von der „Sourcing-Dimension" und dem „Eigentümer der Hardware" abgegrenzt werden.[381] Innerhalb der Sourcing-Dimension wird die Bereitstellungsdimension dargestellt, d.h., wie der Betrieb der Cloud (insourced, managed, outsourced) stattfindet. Anhand der Dimension „Eigentümer der Hardware" wird gezeigt, ob der Kunde, ein externer Dienstleister oder beide Eigentümer der Hardware sind (siehe Abbildung 27).

Die **public Cloud**[382] ist ein hochstandardisierter Service, der für jedermann zumeist gegen Bezahlung öffentlich zugänglich ist. Durch die Virtualisierung und Skalierung der Infrastruktur können die Skaleneffekte sehr gut ausgenutzt werden und die Cloud-Services zu einem niedrigen Preis angeboten werden.[383] Im Gegensatz zur public Cloud ist eine **private**[384] **Cloud** nicht für jedermann öffentlich zugänglich. So können sensible Daten mit der private Cloud besser geschützt werden, da die Server und Daten entweder beim Kunden selbst oder bei einem vertraulichen Drittanbieter stehen. Die hohen Skaleneffekte wie bei einer public Cloud können allerdings nicht erreicht werden.[385]

Weitere Organisationsformen sind hybrid Clouds, virtual private Clouds, managed private Clouds und outsourced private Clouds.

Bei der **hybrid Cloud** werden mehrere Clouds kombiniert. In der Regel werden die Vorteile der public Cloud und der private Cloud vereint, indem beide Formen zusammen verwendet werden. Innerhalb der private Cloud erfolgt der Zugang über sichere Verbindungen (z.B. Virtual Private Network (VPN)), so dass vertrauliche Daten auf dem Server des Kunden liegen können. Durch die gleichzeitige Verwendung der

379 Vgl. BITKOM (2010a), S. 16
380 Vgl. BITKOM (2010a), S. 17 und Barton und Münzl (2012), S. 87
381 Vgl. BITKOM (2010a), S. 16 ff.
382 Nach BITKOM kann eine horizontale Cloud auch als public Cloud allerdings nur auf der SaaS-Ebene bezeichnet werden. Vgl. BITKOM (2010a), S. 19
383 Vgl. BITKOM (2010a), S. 43
384 Nach BITKOM kann unter einer private Cloud auch die Community Cloud subsumiert werden. Die Nutzer der Community Cloud kennen sich zumeist oder gehen für eine gewisse Zeit eine Kooperation ein. Vgl. BITKOM (2010a), S. 19
385 Vgl. Barton und Münzl (2012), S. 87 f.

public Cloud können dann unter anderem Infrastrukturen und Anwendungen günstiger (Skaleneffekte) genutzt werden. Der Anteil der hybrid Cloud ist im Verhältnis zu den anderen Cloud-Organisationsformen in den letzten Jahren aufgrund des günstigen Preismodells der public Cloud und des höheren Sicherheitsfaktors der private Cloud stark gewachsen.[386] Die **virtual private Cloud** ist eine Speziallösung der public Cloud. Die Unterschiede liegen in der Möglichkeit, erhöhte Sicherheitsmechanismen durch die Verbindung mittels VPN aufzubauen.[387] Bei der **managed private Cloud** wird der Betrieb der Cloud durch einen externen IT-Dienstleister übernommen. Die Cloud-Infrastruktur und somit auch die Daten bleiben beim Kunden, der in diesem Fall auch Eigentümer der Hardware ist.[388] Bei der **outsourced private Cloud** wird der Betrieb der Cloud durch einen externen IT-Dienstleister übernommen. Die Cloud-Infrastruktur und somit auch die Daten sind bei dem IT-Dienstleister, der in diesem Fall auch Eigentümer der Hardware ist.[389]

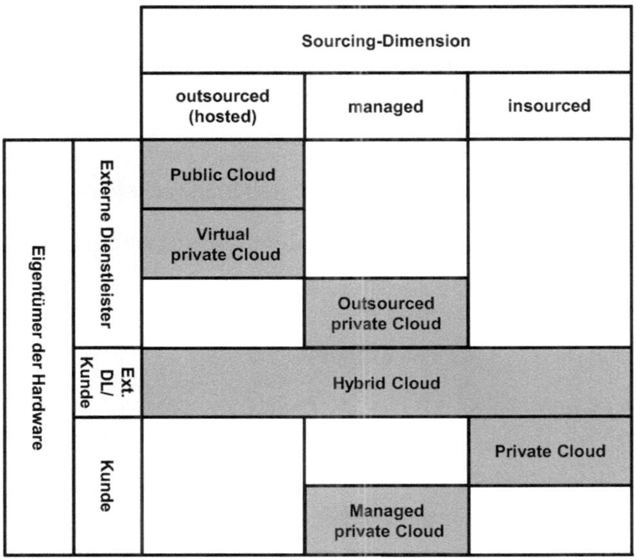

Abbildung 27: Klassifikation von Cloud-Organisationsformen in Abgrenzung von Sourcing-Dimension und Hardware-Eigentümer[390]

[386] Vgl. Vehlow und Golkowsky (2013), S. 11
[387] Vgl. BITKOM (2010a), S. 18 und Barton und Münzl (2012), S. 86 ff.
[388] Vgl. Barton und Münzl (2012), S. 88 f.
[389] Vgl. Barton und Münzl (2012), S. 88 f.
[390] Vgl. Schallmo und Brecht (2010), S. 29 ff. und Münzl u.a. (2009), S. 29 ff.

In Tabelle 22 werden die Einordnung und Abgrenzung zusammengefasst.

Organisationsformen / Eigenschaften	Public Cloud	Virtual private Cloud	Out-sourced private Cloud	Hybrid Cloud	Private Cloud	Managed private Cloud
Eigentümer der HW	Extern DL	Extern DL	Extern DL	Kunde/ Extern DL	Kunde	Kunde
Betrieb	out-sourced	out-sourced	managed	insourced, managed, out-sourced	insourced	managed
Zugriff	Internet	Internet & VPN	Intranet (VPN)	Internet & VPN	Intranet (VPN)	Intranet (VPN)
Sicherheit	Niedrig	Niedrig	Hoch	Hoch	Hoch	Hoch
Standardisierung	Hoch	Hoch	Niedrig	Hoch - Mittel	Niedrig	Niedrig
Unternehmensgröße	Klein	Klein	Eher Groß	Mittel bis Groß	Eher Groß	Eher Groß
Ort der Daten	Unbekannt	Unbekannt	Bekannt	Bekannt (private) & Unbekannt (public)	Bekannt	Bekannt

Tabelle 22: Vergleich der Eigenschaften wichtiger Organisationsformen von Cloud-Computing[391]

3.2.4 Grundlegende und weiterführende Cloud-Eigenschaften

Für eine umfassende Beschreibung von Cloud-Computing bietet es sich zunächst an, auf die Eigenschaften von Cloud-Computing einzugehen. Anschließend werden alle eingeführten Bestandteile von Cloud-Computing in einer Abbildung übersichtlich dargestellt und Vorteile und Herausforderungen betrachtet.

Mit den Cloud-Eigenschaften können Cloud-Services individuell auf Kunden angepasst werden. Die Eigenschaften können in grundlegende und weiterführende Eigenschaften unterschieden werden. Grundlegende Eigenschaften, um Cloud-Computing näher zu beschreiben, wurden dem NIST[392] (National Institute of Standards and Technology) entnommen: On-Demand Self-Service, Broad Network Access, Resource Pooling, Rapid Elasticity und Measured Service. Diese fünf typischen Eigenschaften sind nach dem NIST die grundlegenden Eigenschaften von Cloud-Computing. In der aktuellen Literatur finden diese einen hohen Zuspruch.[393] Unter

[391] Vgl. Schallmo und Brecht (2010), S. 29 ff., Münzl u.a. (2009), S. 29 ff., BITKOM (2010a), S. 16 ff. und Lipsky (2011), S. 21 ff.

[392] Vgl. Mell und Grance (2009b), S. 2 f.

[393] Vgl. z.B. Baun u.a. (2011), S. 5, Fehling u.a. (2014), S. 3 ff. und Zarnekow und Labes (2014), S.

On-Demand Self-Service wird verstanden, dass die verwendeten Ressourcen ohne Interaktionen mit dem Service Provider vom Kunden bei Bedarf selbst verwaltet werden können. Das funktioniert weitestgehend autonom und ohne dass der Anbieter etwas konfigurieren müsste.[394] Beim **Broad Network Access** sollen die Cloud-Services über ein Netzwerk (z.B. Internet) erreichbar sein. Dabei soll auf die Cloud-Services Client-unabhängig zugegriffen werden können. Beispielsweise durch Endgeräte, wie Tablets, PCs, Macs und Smartphones. Die Verbindung der Geräte mit dem Internet muss allerdings eine große Bandbreite aufweisen, um Services sinnvoll nutzen zu können.[395] Unter **Resource Pooling/Virtualization** wird das Multi-Tenant-Modell assoziiert. Hierbei arbeiten alle Kunden auf der gleichen Plattform, denn durch Virtualisierung kann die Hardware und Software für verschiedene Anwendungen aufgeteilt und somit die Leistung erhöht werden. Durch die **Rapid Elasticity** werden Services dynamisch bzw. bedarfsgerecht (Skalierbarkeit) für die Kunden zur Verfügung gestellt. Dies soll vor allem nach oben (bei Lastspitzen), aber auch nach unten möglich sein. Beispielsweise wenn eine hohe Anzahl an Nutzern auf das IT-System zugreift oder rechenintensive Anwendungen durchgeführt werden müssen. Dadurch entfällt ein Vorhalten von Hardware, wodurch zusätzlich Kapital gebunden wäre. Die Lastspitzen können durch die skalierbaren Ressourcen abgefangen werden, wenn es zu saisonalen oder konjunkturellen Schwankungen kommt.[396] Der **Measured Service** beinhaltet das Messen und das Abrechnen der Ressourcennutzung. Cloud-Services werden in der Regel bei IaaS- und PaaS-Leistungen nutzungsabhängig (auch Pay-per-Use genannt) abgerechnet. Dazu können viele Kriterien herangezogen werden, z.B. Festplattenspeicher, Hauptspeicher, CPUs, Instanzen, Benutzer, auch die Anzahl aktiver Geräte, Gebühren pro MB oder GB usw. SaaS-Leistungen werden meist pauschal und damit nutzungsunabhängig pro Benutzer im Monat abgerechnet.[397]

Die in Abschnitt 3.1 beschriebenen technologischen Vorgänger und Konzepte können jetzt, anhand der eingeführten fünf Cloud-Eigenschaften, gegenübergestellt und voneinander abgegrenzt werden (siehe Tabelle 23). Damit werden der zeitliche Verlauf und die beschriebenen Eigenschaften noch deutlicher.

---

180 f.

394 Vgl. Vossen u.a. (2012), S. 23

395 Vgl. Vossen u.a. (2012), S. 24

396 Vgl. Appelrath u.a. (2014), S. 70, Münzl u.a. (2015), S. 18, Haselmann und Vossen (2010), S. 27 und Bräuninger u.a. (2012), S. 12

397 Vgl. Bräuninger u.a. (2012), S. 11 ff. und Buyya u.a. (2013), S. 13 ff.

Technologische Vorgänger / Cloud-Eigenschaften	Cluster Computing	Network Computing	Grid Computing	Utility Computing	Application Service Providing	Cloud-Computing
On-Demand Self-Service	Nein	Ja	Nein	Nein	Ja	Ja
Broad Network Access	Ja	Ja	Ja	Nein	Ja	Ja
Resource Pooling/ Virtualization	Nein	Nein	Nein	Ja	Nein	Ja
Rapid Elasticity	Nein	Nein	Nein	Ja	Nein	Ja
Measured Service	Nein	Nein	Ja	Ja	Ja	Ja

Tabelle 23: Gegenüberstellung der technologischen Vorgänger mit den Cloud-Eigenschaften von NIST[398]

Allerdings wird in Teilen der Literatur argumentiert, dass aufgrund der Komplexität von Cloud-Computing die Eigenschaften vom NIST nicht ausreichend seien, sondern um weitere Eigenschaften ergänzt werden müssten, um eine vollständige Charakterisierung erreichen zu können.[399] Daher werden in der Literatur auch zunehmend Arbeiten gefunden, die Cloud-Computing um weitere Eigenschaften erweitern. Zang u.a. (2010) definieren sieben[400] Eigenschaften, um Cloud-Computing zu beschreiben.[401] Im Grunde handelt es sich dabei um die vom NIST angeführten Eigenschaften, allerdings auf einer anderen Aggregationsstufe. Mell und Grance (2009a) vom NIST nennen zusätzliche weiterführende Eigenschaften[402] von Cloud-Computing, um die grundlegenden Eigenschaften zu erweitern.[403]

Viele Veröffentlichungen zeigen Cloud-Geschäftsmodelle anhand von den drei Cloud-Ebenen, den Cloud-Organisationsformen und groben Geschäftsmodellkomponenten auf.[404] Diese befinden sich allerdings auf einer sehr groben Granularitäts-/Aggregationsebene. Daher werden die Cloud-Eigenschaften anhand eines Reifegradmodells weiter detailliert, damit für die Entwicklung von Geschäftsmodellen eine

398 In Anlehnung an Vossen u.a. (2012), S. 25 f., Appelrath u.a. (2014), S. 20 f. und Lissen u.a. (2014), S. 10 ff.

399 Vgl. z.B. Fehling u.a. (2014), S. 5 ff. und Spath u.a. (2012), S. 30 ff.

400 Diese Eigenschaften umfassen: Multi-Tenancy, Shared Resource Pooling, Geo-Distribution and Ubiquitous Network Access, Service Oriented, Dynamic Resource Provisioning, Self-Organizing und Utility-Based Pricing.

401 Vgl. Zhang u.a. (2010), S. 11

402 Weiterführende Eigenschaften sind Massive Scale, Homogeneity, Virtualization, Low Cost Software, Resilient Computing, Geographic Distribution, Service Orientation und Advanced Security.

403 Vgl. Mell und Grance (2009a), S. 15

404 Vgl. z.B. BITKOM (2013), Spath u.a. (2012) und Gierczak u.a. (2012)

verbesserte Einteilung und Abgrenzung der Cloud-Eigenschaften stattfinden kann. Damit können Cloud-Anbieter ihr eigenes Cloud-Geschäftsmodell besser einschätzen und eventuell verbessern.

Für die Entwicklung und Evaluation eines Reifegradmodells wurde von Pelzl u.a. (2016) das allgemein anwendbare Vorgehensmodell zur Reifegradmodellentwicklung von Becker u.a. (2009) genutzt.[405] Hierzu wurden alle acht relevanten Phasen[406] der Entwicklung eines Reifegradmodells durchlaufen. Neben der Analyse bestehender Cloud-Reifegradmodelle und einer systematischen Literaturanalyse wurde auch die Evaluation durchgeführt. Anhand der Literaturanalyse der Cloud-Eigenschaften konnte neben den verschiedensten Eigenschaften auch eine Vielzahl an Ausprägungen der einzelnen Cloud-Eigenschaften gefunden werden.[407] Ähnlich wie die Komponenten bei einem Geschäftsmodell können auch Cloud-Eigenschaften verschiedene Ausprägungen annehmen. So können in einem Geschäftsmodell Erlöse in direkte und indirekte sowie nutzungsabhängige und nutzungsunabhängige Erlöse unterteilt werden. Auf Cloud-Eigenschaften übertragen bedeutet das, dass für fast alle Eigenschaften Ausprägungen in Form eines Reifegradmodells systematisiert werden können (siehe Tabelle 24). Beispielsweise kann bei der Rapid Elasticity die Skalierbarkeit innerhalb einzelner Ausprägungen immer weiter ansteigen bzw. automatisiert werden.

Ähnlich wie bei der Continuous Representation des Capability Maturity Model Integration (CMMI) und Spice/ISO 15504 wird davon ausgegangen, dass der erreichte Reifegrad der einzelnen Dimensionen (Eigenschaften) prinzipiell unabhängig von den Reifegraden der anderen Dimensionen ist.[408] Das auf dem CMU Capability Maturity Model (CMM) basierende Modell Spice/ISO 15504 definiert die einzelnen Reifegrade (0-5) mit: Level 0: Incomplete, Level 1: Performed, Level 2: Managed, Level 3: Established, Level 4: Predictable, Level 5: Optimizing. Level 0 beinhaltet keine oder nur unvollständige Anforderungen und wird daher nicht näher betrachtet. Die Ausprägungsstufe 1 stellt im Reifegradmodell die absoluten Mindestanforderungen an eine Cloud-Eigenschaft dar, die besteht darin, dass es sich mindestens um eine

405 Vgl. Becker u.a. (2009), S. 249 ff.

406 Diese acht Phasen umfassen die Problemdefinition, den Vergleich bestehender Reifegradmodelle, die Festlegung der Entwicklungsstrategie, die iterative Reifegradmodellentwicklung, die Konzeption von Transfer und Evaluation, die Implementierung der Transfermittel, die Durchführung der Evaluation und das Verwerfen des Reifegradmodells.

407 Vgl. Pelzl u.a. (2016), S. 998

408 Vgl. Paulk u.a. (1993), S. 7 ff.

cloudbasierte Anwendung handeln muss. Der höchste Grad des Reifegradmodells ist die Ausprägungsstufe 5. In dieser wird von einer gewissen Vollständigkeit und Automatisierung der Cloud-Eigenschaft ausgegangen. Pro Cloud-Eigenschaft werden also fünf qualitativ zunehmende Ausprägungsstufen berücksichtigt.[409]

Pelzl u.a. (2016)[410] beschreiben in ihren Ausführungen vier weiterführende Eigenschaften: Sicherheit, Standardisierung, Verfügbarkeit und Service Level Agreements (SLAs). Ziel der **Sicherheit** ist, dass Unternehmensdaten vor fremden Zugriffen geschützt sind. Innerhalb der Cloud-Eigenschaft **Standardisierung** werden die Cloud-Ebenen im Hinblick auf die Individualisierungsgrade unterschieden. Bei der **Verfügbarkeit** kommt es darauf an, dass der Zugriff auf die Daten durch hochverfügbare IT-Komponenten und auch Rechenzentren gewährleistet wird. Die Eigenschaften von NIST und die gerade beschriebenen Eigenschaften werden in einem Vertrag, in sogenannten **Service Level Agreements**, festgehalten.[411]

In Tabelle 24 werden die zusammengefassten Ergebnisse abgebildet.

Stufe	On-Demand Self-Service
1	Möglichkeit der manuellen Erweiterbarkeit durch den Rechenzentrumbetreiber ist gegeben
2	Manuelles Web- und Datenbank Provisioning; Workflow als Anleitung für den Kunden
3	Teilweise automatisierte Prozesse
4	Automatisches Provisioning; Verkürzung der Durchlaufzeit für die Bereitstellung
5	Vollständig automatisiert; verbraucherorientiertes Portal; umfangreiche Reporting- und Analysemöglichkeiten
	Broad Network Access
1	Ausschließliche Verwendung offener Internetprotokolle auf Anwendungsebene
2	Unabhängigkeit in Bezug auf den Browser
3	Unabhängigkeit in Bezug auf den Browser und Endgeräte (Tablets, PCs, Macs und Smartphones); End-to-End-VPN-Tunnel
4	Unabhängigkeit in Bezug auf den Browser und Endgeräte (Tablets, PCs, Macs und Smartphones); UI-Optimierung für verschiedene Endgeräte; Side-to-Side-VPN-Tunnel
5	Alle Browser, Netzwerke, Endgeräte und jegliche Backendstrukturen können verwendet werden; Side-to-Side-VPN-Tunnel
	Resource Pooling/Virtualization
1	Einfache Virtualisierung (eine Schicht, Infrastruktur); z.B. Citrix-Server
2	Wenige Komponenten sind virtualisiert
3	Mehrere Komponenten sind virtualisiert
4	Viele Komponenten sind virtualisiert und automatisiert
5	Vollständig virtualisiertes und automatisiertes Rechenzentrum; alle Komponenten sind virtualisiert; virtualisiertes Management der Komponenten; Software Defined Data Center

[409] Vgl. Pelzl u.a. (2016), S. 998

[410] Die von Pelzl u.a. (2016) ermittelten Cloud-Eigenschaften beziehen sich zwar auf das Cloud-Produktmanagement, können aber ohne weiteres für diese Ausarbeitung genutzt werden.

[411] Vgl. Pelzl u.a. (2016), S. 995

	Rapid Elasticity
1	Einfache horizontale Skalierung möglich; manuelles Downscaling
2	Skalierbarkeit über Anbieter möglich; manuelles Downscaling
3	Manuelle Skalierung durch Auswahl anderer Hardware beim Anbieter; teilweise automatisiertes Downscaling
4	Automatische Skalierung, je nach Bedarf und Auslastung; automatisiertes Downscaling
5	Vollständige, automatische und nahtlose proaktive Skalierung; automatisierte Analyse des Verbrauchs; vollständiges automatisiertes Downscaling; Monitoring in Real-Time
	Measured Services
1	Es findet nur eine Berechnung anhand zur Verfügung gestellter Rechenleistung statt
2	Messung von Leistungsmetriken möglich
3	Messung und Abrechnung von Leistungsmetriken (z.B. Datentransferrate) und auch weitere Metriken wie der Energieverbrauch sind möglich
4	Metriken können anhand von kleinen Parametern gemessen werden; reaktive Abrechnung
5	Performance-Measurement-System vorhanden; der Ressourcenverbrauch wird kontinuierlich gemessen und kontrolliert; proaktive Abrechnung
	Security
1	IT-Sicherheitsziele sind vorhanden
2	Ein wirksames ISMS (Information Security Management System) ist vorhanden; definierte Sicherheitsleistungen durch Security SLAs
3	ISMS vorhanden; Sicherheitsarchitektur vorhanden; weitere Maßnahmen: Identitätsverwaltung, Monitoring und Security Incident Management, Notfallmanagement, Verschlüsselung und Schlüsselmanagement; Zertifizierungen gemäß ISO 27001 oder ISO 20000
4	ISMS vorhanden; Cloud-Zertifizierung sind durchzuführen; erste proaktive Maßnahmen können ergriffen werden
5	Vollständig automatisiertes Sicherheitsmanagement; einzelne Sicherheitsservices können individuell gestaltet werden; fortschrittliche Sicherheitsmaßnahmen und Disaster-Recovery-Mechanismen; vorhandenes Security Dashboard
	Standardization
1	IaaS & PaaS: Standard- bzw. Massenprodukt; SaaS: wenig standardisiert, viele manuelle Arbeiten
2	IaaS & PaaS: Parametrisiertes Produkt; SaaS: etwas mehr standardisiert
3	IaaS & PaaS: Customized Produkt; SaaS: noch mehr standardisiert
4	IaaS & PaaS: Packacking; SaaS: viel mehr standardisiert
5	IaaS & PaaS: Flexibel Individualisierbar; SaaS: vollständige Standardisierung (durch doppelte Angebote/Komponenten)
	SLA
1	SLAs liegen in einer einfachen Version vor
2	SLA-Templates mit vordefinierten, aber unveränderbaren Services (Service Level Objectives)
3	SLAs mit vordefinierten, aber anpassbaren Services
4	SLAs mit vordefinierten, austauschbaren Services
5	Konsistente und einheitlich definierte SLAs (z.B. SLA-Schablone), die im vornherein ganzheitlich festgelegt wurden; nachhaltig orientierte Service Level Agreements (Green SLAs)

Availability	
1	Nur kritische Komponenten stehen hochverfügbar bereit; andere sind normal verfügbar; Rechenzentren mit Tier-1-Level (keine Redundanz gefordert)
2	Einige kritische Komponenten stehen hochverfügbar bereit; Rechenzentren mit Tier-1-Level (keine Redundanz gefordert)
3	Mehrere kritische Komponenten stehen hochverfügbar bereit; Rechenzentren mit Tier-2-Level (Verwendung von redundanten Komponenten)
4	Viele kritische Komponenten stehen hochverfügbar bereit; Rechenzentren mit Tier-3-Level (es existieren mehrfache aktive und passive Versorgungswege)
5	Alle Komponenten sind hochverfügbar, Rechenzentren mit Tier-4-Level (komplette Redundanz mit doppelten Versorgungswegen)

Tabelle 24: Cloud-Computing-Reifegradmodell[412]

Mittels des entstandenen Reifegradmodells können sich Unternehmen innerhalb der Geschäftsmodellentwicklung einordnen und ihr Geschäftsmodell anhand der Cloud-Eigenschaften optimieren. Zu beachten hierbei ist, dass ein höherer Reifegrad zwar fortgeschrittener, aber für einen bestimmten Anwendungsfall nicht unbedingt notwendig ist und gegebenenfalls zu höheren Kosten führt. Folglich ist abzuwägen, in welchem Anwendungsfall welche Reifegrade für die verschiedenen Dimensionen (Eigenschaften) Anwendung finden könnten. So könnte ein Unternehmen als Entscheidungskriterium, welchen Cloud-Anbieter es für seine Anforderungen benötigt, beispielsweise berücksichtigen, dass ein Teil der Anbieter die Funktionalität bereitstellt, eine manuelle Skalierbarkeit in eine automatische Skalierbarkeit für seinen Cloud-Service umzuwandeln.

In der Abbildung 28 werden die technischen Unterscheidungsmerkmale zusammenhängend veranschaulicht.

[412] Vgl. Pelzl u.a. (2016), S. 998 ff.

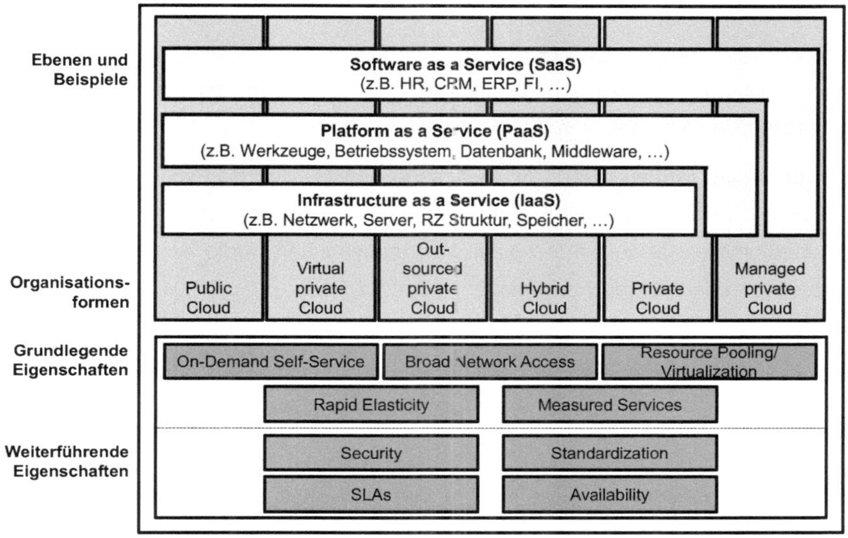

Abbildung 28: Beschreibung von Cloud-Computing[413]

Um ein umfassendes Bild von Cloud-Computing zu erhalten, werden im Folgenden Vorteile und interne sowie externe Herausforderungen aus der Praxis aufgezeigt:

<u>Vorteile für die Kunden</u>:

Kurze Implementierungszeiten: Da Cloud-Services über das Internet zur Verfügung gestellt werden, können die Cloud-Services praktisch in Echtzeit von den Kunden genutzt werden. Dadurch sind schnelle Implementierungen von neuen Anwendungen möglich.[414]

Kurze Vertragsbindung: Cloud-Services können in Abhängigkeit des Anbieters eine Laufzeit von einen Monat, wenigen Tagen oder sogar nur eine Stunde haben. Im Gegensatz dazu beträgt die Laufzeit bei Outsourcing-Verträgen fünf bis zehn Jahre.[415]

Reduzierung der IT-Gesamtkosten: Cloud-Services werden von vielen Unternehmen in der Regel auf Mietbasis angeboten. Vorteile dabei sind nicht nur der niedrige monatliche Preis und, dass kein Kapital gebunden wird, sondern auch, dass aktuelle

413 In Anlehnung an Herzwurm u.a. (2011), S. 127, Liu u.a. (2011), S. 3 und Pelzl u.a. (2014a), S. 3
414 Vgl. Appelrath u.a. (2014), S. 70
415 Vgl. Matros (2012), S. 59 f.

und leistungsfähige Hardware zur Verfügung gestellt wird.[416] Allerdings stellt sich dabei die Frage, ob für das Unternehmen die niedrigen laufenden Mietkosten[417] auf Dauer günstiger als IT-Investitionen[418] sind. Dabei bietet sich eine Wirtschaftlichkeitsbetrachtung beim Einsatz von Cloud-Computing an.[419]

Bereitstellung und Nutzung von IT-Ressourcen als Service: Neben der Nutzung der aktuellen Hardware werden auch der Betrieb, Wartung und Upgrades vom Anbieter übernommen. Je nachdem was im Vertrag vereinbart wurde, können diese Services hinzu- oder abgebucht werden.[420]

Konzentration auf Kerngeschäft: Cloud-Computing bewirkt durch die Auslagerung von IT-Services, dass sich Unternehmen und ihre personellen Ressourcen wieder verstärkt auf das Kerngeschäft (z.B. Produkt und Dienstleistung) konzentrieren können.[421]

Erhöhte Datensicherheit: Eine erhöhte Datensicherheit der Cloud-Services erwarten Unternehmen vor allem durch höher spezialisiertes Personal bei der Einrichtung und Wartung der IT-Systeme.[422]

Interne Herausforderungen für die Anbieter:[423]

Bei den Anbieter von Cloud-Services sind die größten Herausforderung die Bestimmung der Datenschutz- und Compliance-Anforderungen, die Gewährleistung der Informationssicherheit, größere Interoperabilität mit Diensten Dritter, Integrationsfähigkeit mit Inhouse-Lösungen und die passgenaue Gestaltung der SLAs. Diese Herausforderungen sind in den letzten Jahren stark angestiegen. Vor allem aber auch, da die Erfüllung dieser, die Kundenzufriedenheit stark ansteigen lassen würde.

Externe Herausforderungen für die Anbieter:[424]

Die externen und nicht beeinflussbaren Herausforderungen, sind vor allem Ängste, Widerstände und Zweifel gegenüber Cloud-Computing: Weniger Widerstand gegenüber Cloud-Lösungen in IT-Abteilungen, Klärung der geltenden Rechtslage und regulatorischer Bestimmungen, Verringerung der Ängste der Nutzer vor Datenverlust,

416 Vgl. Appelrath u.a. (2014), S. 70, Münzl u.a. (2015), S. 8 f. und Matros u.a. (2009), S. 14
417 Laufende Betriebsausgaben (operational expenditures - Opex)
418 IT-Investitionen (capital expenditures - Capex)
419 Vgl. Lamberth und Weisbecker (2010), S. 125 ff.
420 Vgl. Münzl u.a. (2015), S. 8 f.
421 Vgl. Bensberg (2014), S. 66 ff.
422 Vgl. Appelrath u.a. (2014), S. 64 und S. 70
423 Vgl. Vehlow und Golkowsky (2013), S. 28 und Appelrath u.a. (2014), S. 70 f.
424 Vgl. Appelrath u.a. (2014), S. 71 f.

bessere Integration mit Inhouse-Lösungen und Beseitigung des generellen Zweifels am Nutzen von Cloud-Computing.

3.2.5 Definition von Cloud-Computing

Aufgrund der bisherigen Herleitungen und Erkenntnisse der vorherigen Abschnitte wird Cloud-Computing folgendermaßen definiert:

Cloud-Computing ist ein IT-Konzept, das auf Basis servicebasierter Paradigmen IT-Ressourcen und -Services (IaaS, PaaS und SaaS) flexibel und einfach skalierbar von Dritten beziehen und mittels der Organisationsformen (public Cloud, private Cloud und weiterer Speziallösungen) anbieten kann. Ebenso ist eine verbrauchsabhängige und verbrauchsunabhängige Abrechnung sowie Bezahlung möglich. Bei entsprechender Ausgestaltung ist ein hohes Datensicherheitsniveau erreichbar. Zudem können das vereinbarte Abrechnungsmodell und die vereinbarten Leistungen (Performance, Latenzzeiten, Verfügbarkeit usw.) mittels Service Level Agreements (SLAs) vereinbart und überprüft werden.[425]

3.3 Abgrenzung zum IT-Outsourcing

Unter IT-Outsourcing wird „die mittel- und langfristige Auslagerung einzelner oder aller bisher innerbetrieblich erfüllter IV-Aufgaben an ein rechtlich unabhängiges Dienstleistungsunternehmen“[426] verstanden. Dabei können verschiedene Unterscheidungsmerkmale (Dimensionen) identifiziert werden. Zum einen existiert der **Grad externen Leistungsbezugs**. Dabei ist zu unterscheiden ob, die gesamte IT (totales Outsourcing/Insourcing) oder nur Teile der IT (selektives Sourcing) ausgelagert werden. Zum anderen kann nach der **finanziellen Abhängigkeit** differenziert werden. Dabei können zwei Varianten der Bereitstellung unterschieden werden. In der ersten Variante befinden sich die auszulagernde Infrastruktur und die Software beim Anbieter (Externes Outsourcing, managed). Bei der zweiten Variante können sich die auszulagernden IT-Services auch beim Kunden befinden (Internes Outsourcing, insourced).[427] Weitere Dimensionen sind **strategische Aspekte** (Value-added Outsourcing, Transformational Outsourcing, Transitional Outsourcing und Co-Sourcing), **zeitliche Ordnung** (Backsourcing, Outsourcing und Insourcing), **Anzahl Leis-**

[425] Vgl. Pelzl u.a. (2014a), S. 3
[426] Mertens und Knolmayer (1998), S. 17
[427] https://www.bsi.bund.de/DE/Themen/CloudComputing/Grundlagen/Grundlagen_node.html

tungsersteller (Multi-Sourcing, Double-Sourcing und Single-Sourcing), **Standort** (Global Sourcing, Offshore Sourcing, Nearshore Sourcing, Onshore Sourcing und Onsite Sourcing) und der **Grad der Geschäftsorientierung** (Knowledge Process Outsourcing, Business Process Outsourcing, Application Management Outsourcing und IT-Infrastructure Outsourcing).[428] Anhand des Grades der Geschäftsorientierung können im Folgenden die Cloud-Ebenen zugeordnet werden. Wie beim Cloud-Computing lässt sich auch die Bereitstellung von IT-Services im IT-Outsourcing in drei Ebenen darstellen: Infrastruktur-/Technologie-, Anwendungs- und Geschäftsprozessebene.[429]

Innerhalb der **Technologieebene** wird in Bezug auf Cloud-Computing das Infrastructure as a Service angeordnet. Im Gegensatz zum IT-Infrastructure Outsourcing, Housing/Co Location und Hosting, bei dem ein Teil der IT-Landschaft oder eine ganze IT-Organisation individuell outgesourct werden, werden beim IaaS aufgrund der Virtualisierung und Skalierbarkeit standardisierte IT-Ressourcen outgesourct.

Bei der **Anwendungsebene** werden der Anwendungsbetrieb und die Anwendungsentwicklung unterschieden. Bei der Anwendungsentwicklung werden im klassischen Outsourcing beispielsweise personelle Ressourcen oder einzelne Phasen ausgelagert, um Software extern entwickeln zu lassen. Platform as a Service bietet dagegen die Möglichkeit, dass die Kunden selber ihre Software auf einer bereitgestellten Plattform entwickeln und betreiben können.

Der Anwendungsbetrieb von Software as a Service zeichnet sich im Gegensatz zum Outsourcing vor allem durch den hohen Grad an Standardisierung aus, unter anderem durch die schnelle Inbetriebnahme von Softwareanwendungen.

Auf der **Geschäftsprozessebene** soll es möglich sein, spezielle standardisierte Geschäftsprozesse zu nutzen.

Auf den beiden Achsen in der folgenden Abbildung 29 werden der Grad der Individualisierung und der Grad der Strategie innerhalb eines Unternehmens angegeben.

---

[428] Vgl. von Jouanne-Diedrich (2004), S. 126 ff. und von Jouanne-Diedrich (2015), S. 1

[429] Die folgenden Ausführungen beziehen sich auf Repschläger und Zarnekow (2011), S. 8

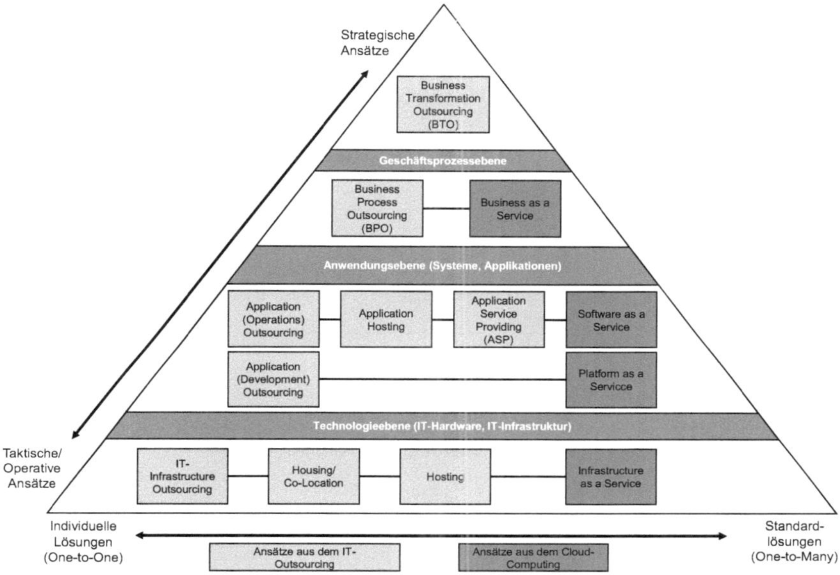

Abbildung 29: Einordnung von IT-Outsourcing und Cloud-Computing[430]

Falkner (2011) fasst die Unterscheidung zwischen Outsourcing und Cloud-Computing zusammen: „Was Cloud Computing von bisherigen Outsourcing-Modellen unterscheidet, ist die elastische Skalierung der Ressourcen und Dienste sowie die Abrechnung auf Basis der tatsächlichen Nutzung (Pay-per-Use).“[431] Auf dieser Basis werden in der folgenden Tabelle 25 bereits beschriebene und weiterführende Eigenschaften gegenübergestellt, mit denen das Geschäftsmodell des traditionellen IT-Outsourcings mit dem des Cloud-Computings verglichen werden kann. Neben technischen Merkmalen werden hier auch geschäftsbezogene bzw. wirtschaftliche Merkmale beschrieben.

	Traditionelles IT-Outsourcing	**Cloud-Computing**
Leistungsangebot	Individuelle Leistung	Standardisierte Produkte, aber anpassbar
Standardisierung externer Schnittstellen	Niedrig bzw. nicht erforderlich	Offene Standards für den Leistungszugang
Bereitstellung	Zugang nur über proprietäre Netze	Zugang über das Internet

[430] Vgl. Repschläger und Zarnekow (2011), S. 8 ff.
[431] Falkner (2011), S. 1

	Traditionelles IT-Outsourcing	Cloud-Computing
Standardisierung der Vertragsbestandteile	Wenig ausgeprägt bzw. Ausprägung frei verhandelbar	Orientierung an anerkannten Standards bzw. Frameworks
Fixierung der Vertragsbestandteile	Keine Fixierung bzw. Elemente frei verhandelbar	SLAs werden fixiert und standardisiert angeboten
Vertragslaufzeit	Individuell verhandelbar, im Mittel drei bis fünf Jahre	Sehr gering, z.B. ein Monat, eine Stunde, eine Minute
Vertragsvolumen	Individuell verhandelbar, meist sehr hoch	Sehr gering, Transaktion kostet wenige Cents, aber meist Mindestbestellmenge
Automatische Skalierung	Meist nicht möglich, nur über Rahmenvertrag	Sehr ausgeprägt
Self-Management	Nicht möglich bzw. nur über Kundenbetreuer	Sehr ausgeprägt
Preismodell	Individuell	Standardisiert (z B. Pay-per-Use)

Tabelle 25: Gegenüberstellung von IT-Outsourcing und Cloud-Computing[432]

3.4 Cloud-Wertschöpfungsnetzwerk

Der Begriff der Wertschöpfungskette wurde von Porter (1985)[433] geprägt und ist das verbreitetste Modell, in dem wertsteigernde Aktivitäten für den Geschäftserfolg erklärt werden.[434] Die Wertschöpfungskette kann als Managementkonzept angesehen werden, mit dessen Hilfe die zur Erzeugung des Kundennutzens notwendigen Aktivitäten beschrieben und einzelnen Akteuren zugeordnet werden können. In der Wertschöpfungskette werden alle Aktivitäten eines Unternehmens betrachtet, die direkt oder indirekt zur Herstellung eines physischen Produktes oder einer Dienstleistung benötigt werden. Es wird zwischen primären und unterstützenden Aktivitäten unterschieden. Die unterstützenden Aktivitäten (z.B. Unternehmensinfrastruktur, Technologieentwicklung) beeinflussen den Geschäftserfolg nicht direkt, sondern schaffen die Grundlagen bzw. die materiellen Voraussetzungen für die Durchführung der primären Aktivitäten (z.B. Produktion, Kundenservice). Im Cloud-Computing werden die Leistungen nicht nur in digitaler Form (elektronische Wertschöpfungskette) erbracht, sondern es findet auch eine Kooperation statt, wodurch zahlreiche Geschäftsfelder für Partner und spezialisierte Dienstleister geschaffen werden. Aufgrund der hohen Vernetzung zwischen den beteiligten Unternehmen und Kundengruppen wird im Cloud-

[432] Vgl. Matros (2012), S. 47 ff., Lipsky (2011), S. 13 ff. und Thorenz und Zacher (2012), S. 32
[433] Vgl. Porter (1985), S. 33 ff.
[434] Vgl. Pelzl u.a. (2014a), S. 5

Computing nicht von linearen Wertschöpfungsketten, sondern von Wertschöpfungsnetzwerken bzw. vom Cloud-Ökosystem[435] gesprochen.[436]

Für eine effiziente Koordination und evolutionäre Anpassung des Netzwerkes wird die Entwicklung von Standards auf den verschiedenen Ebenen des Cloud-Computings gesehen.[437]

Grundsätzlich können Akteure und ihre Handlungen in einem Cloud-Wertschöpfungsnetzwerk (siehe Abbildung 30) folgendermaßen unterteilt werden:[438]

Zulieferer: *Independent Software Vendors* (ISV) sind Softwarehersteller, die Software auf der SaaS-Ebene unabhängig von großen Software-Plattformen entwickeln, testen und pflegen. Für die Bereitstellung der physischen Cloud-Infrastruktur sind *Cloud Infrastructure Provider* (CIP) verantwortlich. Die Leistungen werden entweder in eigenen hochverfügbaren Rechenzentren zur Verfügung gestellt oder bei externen Anbietern (Housing/Colocation) angemietet.

Original Equipment Manufacturer (OEM)[439]: Cloud Service Provider (CSP) offerieren Unternehmen und Endkunden Cloud-Services in Form von SaaS, PaaS und IaaS an. Beim *IaaS-CSP* werden vor allem verschiedene virtuelle IT-Infrastruktur-Services verwaltet, aber auch Dienstleistungen wie Datensicherung und Datenwiederherstellung übernommen. *PaaS-CSPs* stellen Laufzeit- und Entwicklungsumgebung zur Verfügung und betreiben, pflegen und offerieren diese. *SaaS-CSPs* bieten Software-Services im Cloud-Computing an.

Value Added Reseller (VAR)[440]: Ein VAR tritt im Cloud-Computing als sog. *Cloud-Aggregator* bzw. Cloud-Broker auf. Dieser versteht sich als Veredler von Cloud-Produkten und -Services, indem diese neu kombiniert oder angereichert werden. Die entstehenden verschiedenen Bundles können dann mit einem Aufschlag verkauft werden.

Vertriebskanal: Der *Marktplatz* katalogisiert Cloud-Services und tritt als Vertriebsplattform, auf der Cloud-Services angeboten werden, auf. Auf *Softwareplattformen* werden die Leistungen Dritter angeboten. Durch sogenannte Komplementoren wer-

435 Vgl. Spath u.a. (2012), S. 32 ff.
436 Vgl. Pelzl u.a. (2014a), S. 5
437 Vgl. BMWi (2010), S. 14 f.
438 Die folgenden Ausführungen beziehen sich auf Pelzl u.a. (2013), S. 43 f.
439 OEMs verwenden die Produkte der Hersteller und bieten diese in ihren eigenen Produkten an.
440 Unter einem VAR werden Unternehmen verstanden, die fertigen Produkten durch Anreicherungen von Funktionen und/oder Dienstleistungen einen Mehrwert verleihen.

den kundenindividuelle Produkte und Dienstleistungen (z.B. Branchenlösungen oder Beratungsleistungen) offeriert.

Kundenservice: Der *Consultant* begleitet die Einführung (z.B. Kosten-Nutzen-Analyse) und Auswahl (z.B. Auswahl des Anbieters, Software) von Cloud-Services beim Kunden. Die Aufgaben des *Integrators* umfassen: Integration der Cloud-Services ins Unternehmen (IT-Landschaft) und Migration sowie Export von On-Premise-Daten in die Cloud. Der *Helpdesk* dient in erster Linie als primärer Ansprechpartner für den Kunden, indem Kundenanfragen bearbeitet werden.

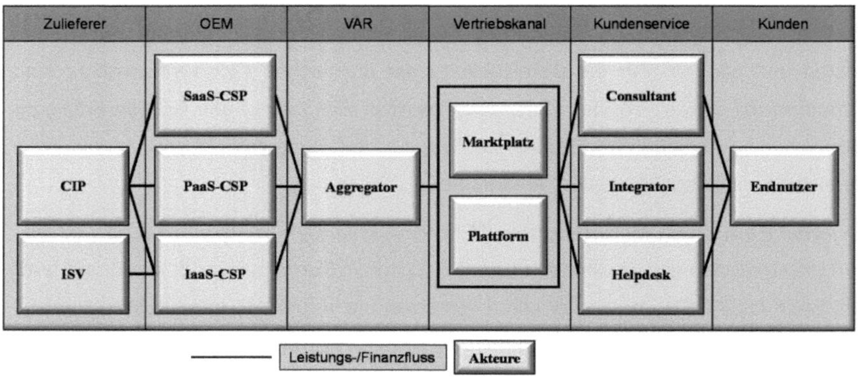

Abbildung 30: Cloud-Wertschöpfungsnetzwerk[441]

Unternehmen können anhand der von Pelzl u.a. (2013) vorgeschlagenen Systematik Verbesserungsmöglichkeiten innerhalb eines Wertschöpfungsnetzwerkes erzielen.[442] Das kann durch die Abbildbarkeit des eigenen, des Wettbewerbsunternehmens in dieser Systematik geschehen oder durch die von Pelzl u.a. (2013) veröffentlichten Ergebnisse, in denen anhand eines Clusterverfahrens idealtypische Wertschöpfungsausprägungen von 80 Unternehmen aus dem Cloud-Computing errechnet wurden. Unternehmen, die die bisherige Ausrichtung innerhalb ihres Cloud-Wertschöpfungsnetzwerks wechseln möchten, indem sie sich auf die Kernaktivitäten fokussieren oder Aktivitäten an Partner weitergeben möchten, können sich an den vier idealtypischen Wertschöpfungsarchitekturen nach Heuskel (1999)[443] orientieren.

[441] Vgl. Pelzl u.a. (2013), S. 45
[442] Vgl. Pelzl u.a. (2013), S. 48
[443] Vgl. Heuskel (1999), S. 34 ff.

Die Wertschöpfungsarchitekturen eines Unternehmens kann in vier Typen[444] unterteilt werden: Layer-Player (Schichtenspezialist), Orchestrator, Integrator und Market-Maker (Pionier)[445].

Layer-Player spezialisieren sich auf nur eine oder wenige Aktivitäten der Wertschöpfungskette, um diese in den Mittelpunkt des Geschäftsbetriebs (Spezialisierung) zu stellen. Damit können diese Aktivitäten herausgelöst und horizontal in andere Märkte und Industrien expandiert werden. Cloud-Anbieter können dadurch Skaleneffekte, Eigentumsrechte und ein gegenüber der Konkurrenz überlegenes Know-how aufbauen. Zum Beispiel kann die eigene Softwareentwicklung im Cloud-Computing auch für andere Unternehmen angeboten werden.

Im **Orchestrator**-Modell liegt der Fokus auf einzelnen Elementen der Wertkettenarchitekturen. Schwerpunkte sind die Koordination der Wertschöpfungsaktivitäten und die Vernetzung der Teilnehmer. Unternehmen, die sich am Orchestrator-Modell orientieren, müssen abwägen und entscheiden, ob bestimmte Aktivitäten besser selber durchgeführt werden oder von strategischen Partnern erfüllt werden könnten. Im Cloud-Computing könnte zum Beispiel die Beratung von Partnern übernommen werden.

Integratoren kontrollieren in der Regel alle Wertschöpfungsaktivitäten selbst. Das bedeutet, alle Aktivitäten werden von dem Unternehmen selber durchgeführt und keine ausgelagert.

Der **Market-Maker** „erfindet“ neue Märkte, indem er weitere Wertschöpfungsaktivitäten in die bestehende Wertschöpfungsarchitektur einführt. Market-Maker kommen dementsprechend für alle Cloud-Ebenen in Betracht.

Unternehmen sollten sich einer der vier Typen annähern, um eine optimale Wettbewerbsstrategie zu besitzen.[446] Das kann durch sechs generische Optionen zur Neukonfiguration des Wertschöpfungsnetzwerks führen: koordinieren, fokussieren, integrieren, expandieren, neukonstruieren und komprimieren (siehe Tabelle 26). Weitere Ausführungen dazu können bei Pelzl u.a. (2013) nachgelesen werden.[447]

---

444 Vgl. Heuskel (1999), S. 34 ff.
445 Die folgenden Ausführungen beziehen sich auf Pelzl u.a. (2013), S. 43 f.
446 Vgl. Porter (1985), S. 16 ff. und Heuskel (1999), S. 56 ff.
447 Vgl. Pelzl u.a. (2013), S. 47 ff.

Option zur Neukonfiguration / Cloud-Computing-Ebenen	Wertschöpfungsarchitekturen (Zielkonfiguration)	Optionen zur Neukonfiguration der Wertschöpfungsarchitekturen	Optionen zur Neukonfiguration des Wertschöpfungsnetzwerks
SaaS, IaaS	Layer-Player (Schichtenspezialist)	fokussieren, integrieren	koordinieren, fokussieren, integrieren, expandieren, neukonstruieren, komprimieren
PaaS	Orchestrator	koordinieren	
IaaS & SaaS	Integrator	integrieren	
SaaS, PaaS, IaaS	Market-Maker (Pionier)	expandieren, neu konstruieren	

Tabelle 26: Optionen zur Neukonfiguration der Wertschöpfung[448]

3.5 Zusammenfassung

In der Literatur wurden anfangs Geschäftsmodelle im Cloud-Computing häufig nur anhand der Cloud-Ebenen oder der Cloud-Eigenschaften beschrieben.[449] Mittlerweile sind erste Ansätze zu finden, in denen nicht nur die Cloud-Unterscheidungsmerkmale, sondern auch allgemeine Geschäftsmodellkomponenten Anwendung finden.[450] Die vorliegende Arbeit und dieses Kapitel greifen diese Überlegungen auf und gehen durch die Erarbeitung weiterer spezifischer Eigenschaften und Unterscheidungsmerkmale erstmalig über diese Möglichkeit hinaus.

Dazu wurden in diesem Kapitel die Grundlagen gelegt. Zunächst wurden die technologischen Vorgänger von Cloud-Computing anhand einer zeitlichen Einordnung abgegrenzt. Anschließend wurde Cloud-Computing anhand der drei Unterscheidungsmerkmale (Ebenen, Organisationsformen und Eigenschaften) detailliert beschrieben sowie neue weiterführende Eigenschaften anhand eines Cloud-Reifegradmodells erarbeitet. Damit konnte eine eigene Definition von Cloud-Computing hergeleitet werden. Weiterhin erfolgten die Abgrenzung zum IT-Outsourcing und die Ableitung eines Cloud-Wertschöpfungsnetzwerkes.

Die erarbeiteten technischen Cloud-Geschäftsmodellkomponenten werden im folgenden Kapitel 4.2 mit den allgemeinen Cloud-Geschäftsmodellkomponenten zusammenfassend abgebildet, damit diese als Vorlage für die zu entwickelnde Methode dienen können.

---

448 Vgl. Pelzl u.a. (2013), S. 48
449 Vgl. z.B. Weinhardt u.a. (2009), S. 457, Jaekel und Luhn (2009), S. 8 und BITKOM (2010a), S. 16
450 Vgl. z.B. BITKOM (2013), S. 12 ff., Spath u.a. (2012), S. 20 ff. und 80 ff. und Labes u.a. (2013b), S. 42

4. Evaluation und Diskussion bestehender Ansätze

Teil der Methodenentwicklung ist die Diskussion und Evaluation bestehender Ansätze, Techniken, Varianten und Methoden. Zunächst werden in **Abschnitt 4.1** Ansätze zur Geschäftsmodellentwicklung vorgestellt. Im darauf folgenden **Abschnitt 4.2** werden Geschäftsmodellkomponenten und Ausprägungen beschrieben. In **Abschnitt 4.3** erfolgt die Betrachtung von Corporate-Foresight-Ansätzen. Anschließend werden in **Abschnitt 4.4** Techniken zur Anforderungspriorisierung dargestellt. Diese Ansätze und Techniken werden zunächst aus der Literatur abgeleitet, dann den Anforderungen gegenübergestellt und evaluiert. Danach werden die identifizierten Ansätze beschrieben und wird ein angepasstes Vorgehen oder ein Ansatz ausgewählt. Das Kapitel 4 schließt in **Abschnitt 4.5** mit einer Zusammenfassung der bearbeiteten Themen.

4.1 Geschäftsmodellentwicklungsansätze

Für die Auswahl eines geeigneten Geschäftsmodellentwicklungsansatzes für die zu entwickelnde Methode werden zunächst Ansätze, die durch eine systematische Literaturanalyse ermittelt wurden, in Abschnitt 4.1.1 aufgezeigt. Diese werden in Abschnitt 4.1.2 den abgeleiteten, allgemeinen und praxisrelevanten Anforderungen gegenübergestellt und bewertet. Darauf aufbauend erfolgen die Ableitung eines Vorgehensmodells zur Geschäftsmodellentwicklung (siehe Abschnitt 4.1.3) und die detaillierte Beschreibung der relevantesten Ansätze (siehe Abschnitt 4.1.4) als mögliche Vorlagen für die Methodenentwicklung im Kapitel 5.

4.1.1 Literaturanalyse bestehender Geschäftsmodellentwicklungsansätze

Für einen aktuellen Überblick relevanter Literatur zur Geschäftsmodellentwicklung wurde eine systematische Literaturanalyse durchgeführt. „Eine systematische Literaturanalyse dient dem Zwecke der Sammlung, Selektion, Bewertung, Interpretation und Darstellung der verfügbaren Veröffentlichungen, um einen Themenbereich zu erfassen, von anderen Bereichen abzugrenzen und die Nachvollziehbarkeit der Analyse sicherzustellen.“[451] Die systematische Literaturanalyse wurde nach vom Brocke u.a.[452] innerhalb von Onlineliteraturdatenbanken im Bereich der Wirtschaftsinformatik

[451] Peine (2014), S. 95 zitiert nach Kitchenham und Charters (2007), S. 3
[452] Vgl. vom Brocke u.a. (2009), S. 2206–2217

von Knackstedt und Winkelmann[453] durchgeführt. Folgende Publikationsarten sind in der Literaturanalyse enthalten: Zeitschriftenartikel, Arbeitsberichte, Bücher, Forschungsberichte, Konferenzbeiträge, Studien, E-Journal-Artikel und Dissertationen. Die Literaturanalyse betrachtete den Zeitraum von 2000 bis 2015. Folgende Begriffe wurden dabei analysiert: „Geschäftsmodellentwicklung", „Geschäftsmodell Entwicklung", „Geschäftsmodelle entwickeln", „business model strategy", „business model innovation" und „business model development". Insgesamt konnten 150 Beiträge identifiziert werden, von denen 10 Beiträge nach der qualitativen Durchsicht als relevant eingestuft wurden (siehe Tabelle 27). Bei der qualitativen Betrachtung wurde der Fokus auf die Abbildbarkeit von Phasen und Schritten innerhalb der Geschäftsmodellentwicklung und auf den Bezug zur IT, SaaS und Cloud-Computing gelegt.

Autor(en)	Titel
Bensel, 2009	Geschäftsmodelle von Logistikdienstleistern im Umfeld des Ubiquitous Computing
Bucherer, 2010	Business Model Innovation: Guidelines for a Structured Approach
Eurich u.a., 2014	A Six-Step Approach to Business Model Innovation
Gassmann u.a., 2013	Geschäftsmodelle entwickeln: 55 innovative Konzepte mit dem St. Galler Business Model Navigator
Köster, 2014	Systematik zur Entwicklung von Geschäftsmodellen in der Produktentstehung
Osterwalder und Pigneur, 2011	Business Model Generation: Ein Handbuch für Visionäre, Spielveränderer und Herausforderer
Schallmo, 2013	Geschäftsmodell-Innovation – Grundlagen, bestehende Ansätze, methodisches Vorgehen und B2B-Geschäftsmodelle
Weiner u.a., 2010a	Geschäftsmodelle im Internet der Dienste – Trends und Entwicklungen auf dem deutschen IT-Markt
Weiner u.a., 2012	Neue Geschäftsmodelle für die Cloud entwickeln: Methoden, Modelle und Erfahrungen für „Software-as-a-Service" im Unternehmen. Artikel: Die Entwicklung von Geschäftsmodellen für Anbieter von Cloud-Anwendungen
Wirtz, 2013	Business Model Management: Design – Instrumente – Erfolgsfaktoren von Geschäftsmodellen

Tabelle 27: Ansätze der Geschäftsmodellentwicklung

Wirtz und Thomas sehen in vielen ihrer betrachteten Ansätze neben einem oft verkürzten Prozessverlauf erhebliche Defizite bei einer möglichen praxisorientierten Umsetzung.[454] Weiner bemerkt, dass für die schrittweise Entwicklung von Ge-

[453] Vgl. Knackstedt und Winkelmann (2006), S. 47-59
[454] Vgl. Wirtz und Thomas (2014), S. 47

schäftsmodellen kein einheitliches Vorgehen existiert.[455] Ähnliche Erkenntnisse spiegelt auch die vorliegende Auswertung wider. Viele Ansätze aus Tabelle 27 benutzen zwar Begriffe wie Arbeitsschritte, diese werden aber zumeist äußerst grob auf einer anderen Abstraktionsebene beschrieben, ohne detailliert auf einzelne Aktivitäten einzugehen. Außerdem handelt es sich bei den meisten der zehn Beiträge um generische Modelle, die für die Ziele dieser Arbeit nur angepasst übernommen werden könnten. Für die weitere Auseinandersetzung mit den Ansätzen werden diese folgend kurz beschrieben.

Bensel (2009) schildert detailliert vier Phasen zur Geschäftsmodellentwicklung. Diese Phasen werden sechs Partialmodellen (z.B. Wertbeitrag, Leistungserstellung) von Geschäftsmodellen gegenübergestellt. Auf der Basis von Fallstudien konnte Bensel Methoden recherchieren, um diese in einer Matrix einzusetzen.[456]

Bucherer (2010) definiert vier Phasen als Prozessmodell für Geschäftsmodellinnovationen. Jede der vier Phasen beinhaltet Aktivitäten und diese können jeweils durch Iterationen auf die vorgelagerte Phase zurückgreifen. In diesem Modell werden verschiedene Methoden den Aktivitäten zugeordnet. Allerdings findet auch hier keine Anleitung bzw. kein schrittweises Vorgehen statt, um ein Geschäftsmodell konzipieren zu können.[457]

Eurich u.a. (2014) entwickeln ein Vorgehen zur Geschäftsmodellentwicklung bestehend aus sechs Phasen. Als Besonderheit im Vergleich zu den anderen Ansätzen gehen Eurich u.a. auf Zukunftsszenarien ein. Eine detaillierte Vorgehensweise zur praxisnahen Anwendung kann nicht herausgelesen werden. Die Geschäftsmodellentwicklung bleibt damit auf einem übergeordneten Abstraktionsniveau.[458]

Gassmann u.a. (2013) subsumieren vier Schritte zur Geschäftsmodellentwicklung im Business Model Navigator. Diese Anleitung soll es jedem Unternehmen ermöglichen das eigene Geschäftsmodell zu innovieren. Die Ableitung von 55 übergreifenden Geschäftsmodellen (Mustern) soll als Vorlage für neue Ideen stehen. Gassmann u.a. integrieren verschiedene iterative Zyklen innerhalb und zwischen den vier Schritten zur Geschäftsmodellentwicklung. Nachteil des Vorgehens ist, dass wenige bis gar

[455] Vgl. Weiner u.a. (2012), S. 86
[456] Vgl. Bensel (2009), S. 177 ff.
[457] Vgl. Bucherer (2010), S. 57 ff.
[458] Vgl. Eurich u.a. (2014), S. 10 ff.

keine Vorgehensweisen und Methoden für die einzelnen Schritte erarbeitet werden.[459]

Köster (2014) hat ein Vorgehen zur Geschäftsmodellentwicklung für die frühen Phasen der Produktentstehung entwickelt. Das Vorgehen wird anhand eines Acht-Phasen-Meilenstein-Diagramms dargestellt und anhand eines Beispiels aus dem Bereich der elektrischen Verbindungstechnik (Automatisierung des Schaltschrankbaus) beschrieben. Köster geht in seinem Modell detailliert auf einzelne Schritte ein und gibt damit eine nachvollziehbare Handlungsanleitung im Bereich der Produktentstehung.[460]

Osterwalder und Pigneur (2011) entwickelten neben dem Analysewerkzeug von Geschäftsmodellen (CANVAS) ein generisches Vorgehen zur Geschäftsmodellentwicklung, welches an die jeweiligen Unternehmen angepasst werden muss. Es werden zwar verschiedene Aktivitäten innerhalb des Schrittes „Gestalten“ definiert, sie legen sich aber nicht auf eine bestimmte Reihenfolge oder ein schrittweises Vorgehen für die Geschäftsmodellentwicklung fest. Positiv ist die Visualisierung der Herangehensweise.[461]

Schallmo (2013) erläutert ein generisches Modell zur Geschäftsmodellinnovation durch ein prozedurales Modell und eine Geschäftsmodell-Roadmap. Insgesamt werden dabei sechs Phasen geschildert, die nacheinander durchlaufen werden sollten. Das Modell beschreibt pro Phase einzelne Methoden und Instrumente, die angewendet werden können. Die Darstellung erfolgt sehr detailliert, es findet allerdings auch hier nur ein teilweise schrittweises Vorgehen statt.[462]

Weiner u.a. (2010a) bilden ihr Modell in drei Phasen ab: Entwicklung des Nutzenversprechens, Geschäftsmodellentwicklung und Formulierung eines Unternehmensplans. Die Autoren identifizieren als Einzige das Nutzenversprechen als eigenständiges Element in der Geschäftsmodellentwicklung. Viele andere integrieren es in der Ideenfindung. Innerhalb des Modells werden auch vereinzelt Methoden genannt, diese aber kaum erläutert. Die Autoren gehen insgesamt wenig auf einzelne Arbeitsschritte und Aktivitäten ein.[463]

---

[459] Vgl. Gassmann u.a. (2013), S. 15 ff.
[460] Vgl. Köster (2013), S. 85 ff.
[461] Vgl. Osterwalder und Pigneur (2011), S. 258
[462] Vgl. Schallmo (2012), S. 138 ff.
[463] Vgl. Weiner u.a. (2010a), S. 52 ff.

Weiner u.a. (2012) schlagen ein fünfstufiges generisches Vorgehen für die Entwicklung von Geschäftsmodellen vor: Geschäftsmodellidee, Entwurf von Geschäftsmodellalternativen, Bewertung von Geschäftsmodellalternativen, Umsetzung des präferierten Geschäftsmodells und operative Nutzung und Verbesserung des Geschäftsmodells. Stellenweise werden Methoden dazu genannt; wie diese genau aussehen und verwendet werden sowie wie ein konkretes Beispiel dazu aussieht, wird indes nicht näher erläutert.[464]

Wirtz (2013) beschreibt auch einen generischen Ansatz zur Geschäftsmodellentwicklung anhand eines sechsstufigen Designprozesses. Aufgrund der umfangreichen Vorarbeiten in diesem Buch gelingt es, viele interessante Aspekte und Methoden zu integrieren. Dieser Vorteil könnte allerdings für viele Praktiker auch ein Nachteil sein. Ein schrittweises Vorgehen oder eine Reihenfolge zur Geschäftsmodellentwicklung wird allerdings nicht detailliert aufgezeigt.[465]

4.1.2 Anforderungen an die Geschäftsmodellentwicklung

Die in Kapitel 2.3 abgeleiteten Anforderungen an die Geschäftsmodellentwicklung, die in Kapitel 1.2 beschriebenen allgemeinen Anforderungen und die in Kapitel 2.6 geschilderten praxisrelevanten Anforderungen werden an dieser Stelle den identifizierten Ansätzen zur Geschäftsmodellentwicklung gegenübergestellt (siehe Tabelle 28).

Wie sich zeigt, gibt es keinen Ansatz, der alle Anforderungen erfüllt. Die praxisrelevanten Anforderungen werden von allen teilweise erfüllt. Vor allem kann kein Ansatz ein integriertes Vorgehen leisten. Auch bei dem schrittweisen Vorgehen und der Reihenfolge der Arbeitsschritte konnten nur bei drei Autoren teilweise Übereinstimmungen identifiziert werden. Die Ansätze von Bensel (2009), Köster (2014) und Schallmo (2013) kommen der Erfüllung der Anforderungen am nächsten.

[464] Vgl. Weiner u.a. (2012), S. 80 ff.
[465] Vgl. Wirtz (2013), S. 214 ff.

	Anforderungen										
	Abgeleitet				Allgemein					Praxisrelevant	
Anforderung: - nicht erfüllt (x) teilweise erfüllt x erfüllt	Integriertes Vorgehen	Schrittweises Vorgehen	Reihenfolge der Arbeitsschritte	Umsetzungsmaßnahmen	Strategiekonform	Zukunftsorientiert	Iteratives Vorgehen	Systematisches Vorgehen	Visualisierbarkeit	Praktikabilität	Konsistenz
Bensel, 2009	-	(x)	(x)	x	x	(x)	x	x	x	(x)	(x)
Bucherer, 2010	-	-	-	x	x	x	x	x	x	(x)	(x)
Eurich u.a., 2014	-	-	-	x	x	x	x	x	x	(x)	(x)
Gassmann u.a., 2013	-	-	-	x	x	x	x	x	x	(x)	(x)
Köster, 2014	-	(x)	(x)	x	x	x	x	x	x	(x)	(x)
Osterwalder und Pigneur, 2011	-	-	-	x	x	x	x	x	x	(x)	(x)
Schallmo, 2013	-	(x)	(x)	x	x	x	(x)	x	x	(x)	(x)
Weiner u.a., 2010a	-	-	-	-	x	-	-	x	x	(x)	(x)
Weiner u.a., 2012	-	-	-	x	x	-	-	x	x	(x)	(x)
Wirtz, 2013	-	-	-	x	x	x	-	x	x	(x)	(x)

Tabelle 28: Gegenüberstellung der Anforderungen mit Ansätzen der Geschäftsmodellentwicklung

4.1.3 Ableitung eines Vorgehensmodells zur Geschäftsmodellentwicklung

Zunächst werden die im Rahmen der Literaturanalyse identifizierten Beiträge nach den einzelnen passenden Phasen und Schritten der Geschäftsmodellentwicklung einander gegenübergestellt. Bei der Gegenüberstellung der Anforderungen mit den Ansätzen zur Geschäftsmodellentwicklung ist eine Anforderung unerfüllt geblieben, das integrierte Vorgehen. Aber gerade das integrierte Vorgehen unterstützt auch die Erfüllung anderer Anforderungen wie der Praktikabilität und der abgestimmten Reihenfolge der Phasen und Schritte, die essentiell sind, da diese nicht nur aus der

Theorie, sondern auch aus der Praxis abgeleitet wurden. Unter einem integrierten Vorgehen kann das Zusammenfügen verschiedener Schritte bzw. Aktivitäten zu einem übergeordneten Ganzen verstanden werden. Im Gegensatz dazu werden in den meisten Beiträgen Vorgehen gezeigt, die nacheinander und stellenweise unabhängig und isoliert voneinander ablaufen. Mit dem integrierten Vorgehen ist es möglich, eine in sich abgestimmte Konstruktion einer Geschäftsmodellentwicklung zu bestimmen.

Für die Erstellung eines integrierten Ansatzes zur Geschäftsmodellentwicklung sind drei Anforderungen zu beachten: Die zu entwickelnde Struktur muss alle relevanten Phasen einer Geschäftsmodellentwicklung beinhalten, innerhalb der einzelnen Phasen sollten Handlungsempfehlungen enthalten sein und die Struktur muss außerdem sowohl für Neugründungs- als auch Weiterentwicklungssituationen geeignet sein.[466] Auf dieser Basis werden in Abbildung 31 die idealtypischen Phasen/Schritte für ein **eigenes Vorgehen zur Geschäftsmodellentwicklung** abgeleitet.

In den ersten Phasen werden bei vielen Ansätzen die Wettbewerber, das Umfeld oder auch die Machbarkeit analysiert. Die einzelnen Phasen/Schritte werden als **Analyse der Ist-Situation des Unternehmens** subsumiert.

In der zweiten Phase wird die **Geschäftsmodellnutzengewinnung** durch das Nutzenversprechen erarbeitet. Viele Autoren integrieren die Nutzengewinnung teilweise in der Geschäftsmodellentwicklung, daher ist eine stringente Zuordnung nicht immer möglich (siehe gestrichelter Pfeil in Abbildung 31).

Die dritte Phase integriert die meisten Phasen aus der Literatur. Es werden die Ideengenerierung, Visionen, Prototypen, Alternativen und die Entwicklung von Geschäftsmodellen zur einheitlichen Phase der **Geschäftsmodellentwicklung** zusammengefasst. Aufgrund der allgemeinen und abgeleiteten Anforderungen kann diese Phase zusätzlich in Trendanalyse, Geschäftsmodellanalyse und Matching sowie Entwicklungsphase unterteilt werden. Damit werden die Anforderungen Zukunftsorientiertheit, systematisches Vorgehen, Visualisierbarkeit und integriertes Vorgehen sowie Integration von Umsetzungsmaßnahmen erfüllt.

466 Vgl. Wirtz und Thomas (2014), S. 44

Autor(en)	Einteilung der Geschäftsmodellentwicklung nach Phasen/Schritten →								
Bensel, 2009				Ideen-suche und -bewertung	Analyse-phase	Konzeptions-phase	Testphase		
Bucherer, 2010	Analyse				Design			Implemen-tation	Control
Eurich u.a., 2014	Determination of the mission and business environment		Analysis of interdependencies		Deter-mination and analysis of design alternatives	Creation of business model design alternatives	Selection of one business model innovation	Test and realization of the business model	
Gassmann u.a., 2013	Initiierung			Ideen-findung			Integration	Implementie-rung	
Köster, 2014	Handlungs-felder analysieren	Wett-bewerbs-arena analysieren	Umfeld analysieren	Geschäfts-idee ermitteln	Geschäfts-idee analysieren	Geschäfts-modell-alternativen bilden	Geschäfts-modell-alternativen bewerten	Implementie-rung planen	
Osterwalder und Pigneur, 2011				Mobilisieren	Verstehen		Gestalten	Implementie-ren	Durchführen
Schallmo, 2013				Geschäfts-modell-Ideen-Gewinnung	Geschäfts-modell-Visions-Entwicklung	Geschäfts-modell-Prototyp-Entwicklung	Geschäfts-modell-Entwicklung	Geschäfts-modell-Implementie-rung	Geschäfts-modell-Erweiterung
Weiner u.a., 2010a				Entwicklung des Nutzenver-sprechens			Geschäfts-modell-Entwicklung		Formu-lierung eines Unterneh-mensplans
Weiner u.a., 2012				Geschäfts-modellidee		Entwurf v. Geschäfts-modell-alternativen	Bewertung v. Geschäfts-modell-alternativen	Umsetzung d. präferierten Geschäfts-modells	Op. Nutzung u. Verbes-serung d. Geschäfts-modells
Wirtz, 2013	Machbarkeitsanalyse			Ideen-generierung		Prototyping	Entschei-dungs-findung	Implementie-rung	Monitoring und Controlling

Analyse der Ist-Situation des Unternehmens	Geschäfts-modell-nutzen-gewinnung	Geschäftsmodellentwicklung			Geschäftsmodell-bewertung & -umsetzung
		Trend-analyse	Geschäfts-modell-analyse + Matching	Entwick-lungs-phase	

Abbildung 31: Übertragung der Anforderungen auf ausgewählte Geschäftsmodellentwicklungsansätze und Auswahl eines eigenen Vorgehens

Anhand Abbildung 32 wird gezeigt, dass die Schritte innerhalb der Phase der Geschäftsmodellentwicklung zusammenhängen und sich stark überlappen.

Innerhalb der letzten Phase findet eine **Geschäftsmodellbewertung und -umsetzung** statt. Es werden die bisher ermittelten Ergebnisse interpretiert und weitere Lösungsvorschläge diskutiert.

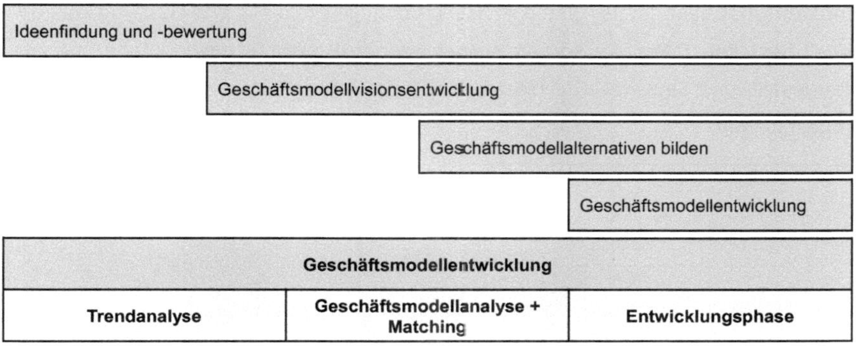

Abbildung 32: Integriertes Vorgehen zur Geschäftsmodellentwicklung

Da die Integration der Arbeitsschritte für die Methode entscheidend ist, werden im Folgenden nur die relevantesten Vorgehensweisen (siehe Tabelle 28 und Abbildung 31) von Bensel (2009), Köster (2014) und Schallmo (2013) genauer beschrieben, um damit die inhaltliche Struktur für die eigene Methode abzuleiten (siehe dazu Kapitel 5).

4.1.4 Ausgewählte Methoden zur Geschäftsmodellentwicklung

4.1.4.1 Vorgehensmodell der Geschäftsmodellentwicklung nach Bensel

Bensel entwickelt ein Vorgehen zur Geschäftsmodellentwicklung im Ubiquitous Computing. Das Vorgehen beinhaltet vier Phasen (siehe Abbildung 33). Im Folgenden werden die einzelnen Phasen und das Vorgehensmodell dargestellt.

Ideenfindung und -bewertung: In der ersten Phase erfolgen zunächst die Strategieformulierung und die Entwicklung von Ideen. Innerhalb der Ideenfindung sollen die Kundenwünsche durch Befragungen, Kundengespräche und Workshops identifiziert werden. Weiter sollen auch innovative Technologien durch verschiedene Methoden betrachtet werden. In einem zweiten Schritt werden anschließend die Ideen bewertet und priorisiert.

Analysephase: Im ersten Schritt der Analysephase werden Prozessstrukturen analysiert und Partner ausgewählt. Anschließend wird die Gewinnrealisierung konkretisiert und das Risiko bewertet.

Konzeptionsphase: In der dritten Phase werden die Prozesse und Systeme konzeptionell gestaltet. Dabei werden die verschiedenen Konzepte ausgearbeitet, gegenübergestellt und bewertet. Für die monetäre Bewertung wird ein Scoring-Verfahren vorgeschlagen.

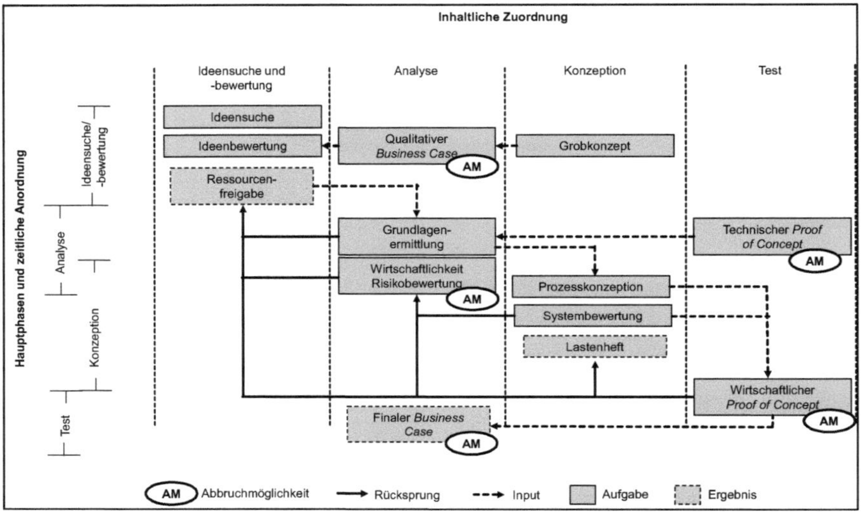

Abbildung 33: Vorgehensmodell der Geschäftsmodellentwicklung nach Bensel[467]

Testphase: Das Vorgehen innerhalb der Testphase kann in einen technischen und einen wirtschaftlichen Teil (Proof of Concept) gegliedert werden. Vor allem Machbarkeitstests spielen dabei eine wichtige Rolle.

Bewertung: Bensel beschreibt ein detailliertes Vorgehen zur Geschäftsmodellentwicklung im Umfeld des Ubiquitous Computing. Dabei stehen vor allem der technische Charakter und die Fallstudienbetrachtung im Vordergrund. Innovative Technologien werden zwar betrachtet, aber auf Trends oder Ähnliches wird nicht eingegangen. Im Gegensatz dazu werden zwar Anforderungen behandelt, aber wie diese ermittelt oder priorisiert werden sollen, wird nicht expliziert erläutert. Ein schrittweises Vorgehen ist erkennbar, allerdings werden die einzelnen Schritte nicht sehr detailliert dargestellt. Beispielsweise werden zwar Workshops vorgeschlagen, aber wie genau diese ausgestaltet sein sollten, wird nicht weiter erwähnt.

[467] Vgl. Bensel (2009), S. 206

4.1.4.2 Methode der Geschäftsmodellinnovation nach Schallmo

Schallmo schildert einen generischen Ansatz zur Geschäftsmodellinnovation durch ein prozedurales Modell und eine Geschäftsmodell-Roadmap. Insgesamt werden dabei sechs Phasen beschrieben, die nacheinander durchlaufen werden sollten (siehe Abbildung 34).

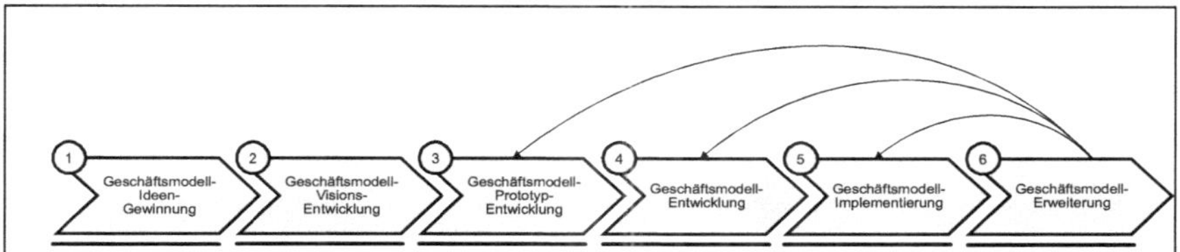

	Geschäftsmodell-Ideen-Gewinnung	Geschäftsmodell-Visions-Entwicklung	Geschäftsmodell-Prototyp-Entwicklung	Geschäftsmodell-Entwicklung	Geschäftsmodell-Implementierung	Geschäftsmodell-Erweiterung
Ziele	• Ideen-Gewinnung für innovative Geschäftsmodelle	• Kunden-, Technologie- und Zukunftsorientierung des Geschäftsmodells	• Erstellung von • Geschäftsmodell-Prototypen	• Konkretisierung des Geschäftsmodells • Entwicklung des Führungsinstruments	• Realisierung des Geschäftsmodells • Sammlung von Erfahrungen	• Inhaltliche Anpassung des Geschäftsmodells • Erhöhung der Reichweite des Geschäftsmodells
Aktivitäten	• Gewinnung und Beschreibung von Geschäftsmodell-Ideen	• Integration von Geschäftsmodell-Ideen • Analyse von Kundenbedürfnissen, technologischen und generellen Trends • Formulierung von Geschäftsmodell-Visionen	• Integration von Geschäftsmodell-Visionen in die Geschäftsmodell-Protoypen • Analyse von Geschäftsmodellen der Industrie und von generischen Geschäftsmodellen aus Literatur • Erstellung von Geschäftsmodell-Prototypen	• Ausgestaltung der Geschäftsmodell-Dimensionen • Erstellung der Verzeichnisse • Ausgestaltung des Führungsinstruments	• Erstellung des Realisierungsplans • Implementierung des Geschäftsmodells	• Beobachtung des Geschäftsmodells • Anpassung des Geschäftsmodell • Übertragung des Geschäftsmodell
Ergebnisse	• beschriebene Geschäftsmodell-Ideen • erfolgversprechende Geschäftsmodell-Ideen	• Geschäftsmodell-Visionen mit Eckpfeilern eines Geschäftsmodells	• erfolgversprechender Geschäftsmodell-Prototyp	• Verzeichnisse Geschäftsmodell-Elemente • Führungsinstrument mit kritischen Erfolgsfaktoren und Führungsgrößen	• Implementiertes Geschäftsmodell	• angepasstes Geschäftsmodell • Anpassungsplan neuer Markt

Abbildung 34: Vorgehensmodell zur Geschäftsmodellentwicklung nach Schallmo[468]

Geschäftsmodellideengewinnung: Die erste Phase hat das Ziel der innovativen Ausgestaltung von Geschäftsmodellen und der Gewinnung von Ideen für neue Geschäftsmodelle. Die Ziele sollen durch die Aktivitäten Gewinnung, Beschreibung und Bewertung von Geschäftsmodellideen erreicht werden.

Geschäftsmodellvisionsentwicklung: Innerhalb der zweiten Phase erfolgen die Orientierung an potenziellen Kunden, die Integration neuer Technologien, die Ausrichtung in der Zukunft und die Weiterentwicklung und Absicherung des Geschäftsmodells. Die Visionsentwicklung soll durch die Integration der ersten Phase, Analyse von Kundenbedürfnissen, Erhebung von Trends und Formulierung von Geschäftsmodellvisionen erreicht werden.

[468] Vgl. Schallmo (2012), S. 155

Geschäftsmodellprototypentwicklung: Bei der Prototypentwicklung wird auf der Grundlage von Ideen eine Kombination von Geschäftsmodellelementen erstellt und bewertet (Prototypen). Dazu erfolgen wiederum die Integration der vorgelagerten Phase, die Berücksichtigung existierender Geschäftsmodelle sowie die Erstellung und Bewertung von Geschäftsmodellprototypen.

Geschäftsmodellentwicklung: In dieser Phase findet die Ausgestaltung eines Geschäftsmodells statt. Weiter werden kritische Erfolgsfaktoren abgeleitet und wird ein Führungsinstrument entwickelt. Diese Ziele sollen durch die Konkretisierung der sieben Geschäftsmodellelemente (Kunden-, Nutzen,- Wertschöpfung-, Partner-, Finanzdimension, Erstellung von Verzeichnissen und des Führungsinstruments) erreicht werden.

Geschäftsmodellimplementierung: Die vorletzte Phase umfasst die Realisierung und Umsetzbarkeit des Geschäftsmodells durch die Erstellung eines Realisierungsplans und die Implementierung des Geschäftsmodells.

Geschäftsmodellerweiterung: Innerhalb der letzten Phase sollen eine inhaltliche Anpassung (z.B. durch Erfahrungen) und eine Erhöhung der Reichweite (andere Märkte bzw. Regionen) des Geschäftsmodells stattfinden.

Bewertung: Schallmo beschreibt ein allgemeingültiges Modell der Geschäftsmodellinnovation anhand von sechs Phasen. Das Modell wurde durch die Integration von verschiedenen Fallstudien aus der Praxis entwickelt. Weiter werden in der Dissertation sieben generische Geschäftsmodelle für B2B-Märkte erarbeitet. Die einzelnen Phasen werden detailliert mit vorgeschlagenen Methoden zum Erkenntnisgewinn beschrieben. Trends und Kunden werden bei Schallmo betrachtet. Jedoch findet auch hier kein sehr detailliertes schrittweises Vorgehen statt, an dem sich Kunden orientieren könnten, um eine Geschäftsmodellentwicklung durchzuführen. Aufgrund der Allgemeingültigkeit der Methode konnten nur wenige Erkenntnisse für Cloud-Geschäftsmodelle gewonnen werden.

4.1.4.3 Systematik zur Geschäftsmodellentwicklung nach Köster

Köster hat ein Vorgehen zur Geschäftsmodellentwicklung für die frühe Phase der Produktentstehung entwickelt. Das Vorgehen wird anhand eines Acht-Phasen-Meilenstein-Diagramms und eines Beispiels aus dem Bereich der elektrischen Verbindungstechnik (Automatisierung des Schaltschrankbaus) dargestellt. In Abbildung 35 ist die Systematik veranschaulicht.

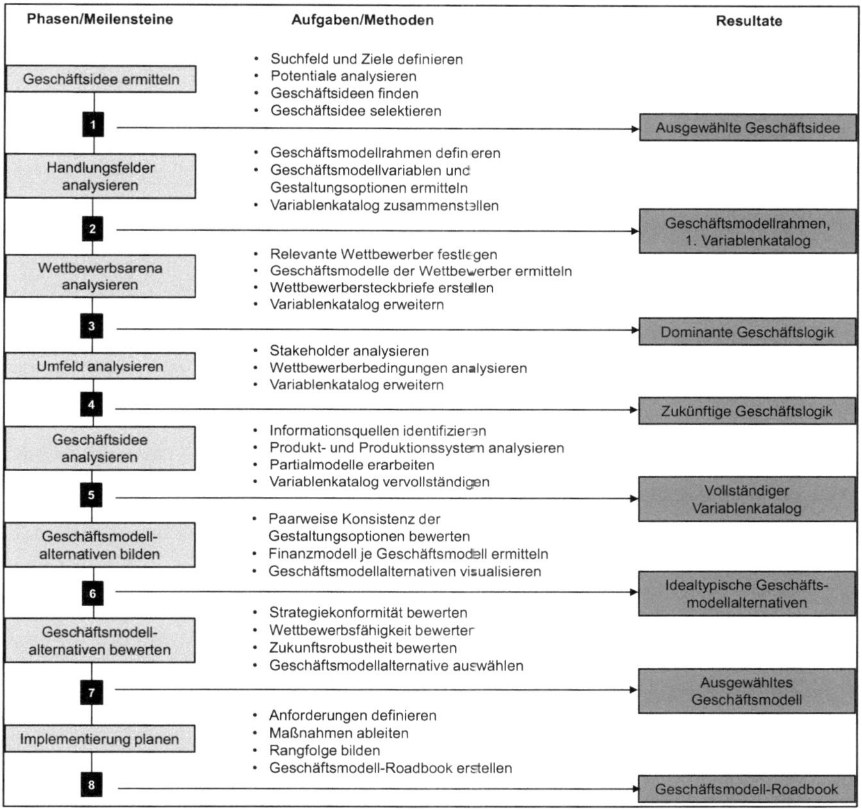

Abbildung 35: Systematik zur Geschäftsmodellentwicklung nach Köster[469]

Geschäftsidee ermitteln: Innerhalb der ersten Phase werden Ziele und das Suchfeld identifiziert. Mittels einer Szenarioanalyse sollen zukünftige Potenziale ermittelt werden, um die Geschäftsidee zu finden und zu selektieren.

Handlungsfelder analysieren: In der zweiten Phase werden Geschäftsmodellelemente in einem Geschäftsmodellrahmen zusammengefasst. Diese dienen anschließend zur Ermittlung von Handlungsalternativen.

[469] Vgl. Köster (2013), S. 86

Wettbewerbsarena analysieren: In dieser Phase werden die Konkurrenten genau betrachtet, da diese auch als Inspirationsquelle für die Entwicklung von Geschäftsmodellen dienen können.

Umfeld analysieren: Die Analyse des Umfeldes beruht auf der Analyse zukünftiger Bedürfnisse und Wünsche relevanter Stakeholder. Außerdem können in dieser Phase die Veränderungen der Wettbewerbsbedingungen durch Trends betrachtet werden.

Geschäftsidee analysieren: Zunächst werden unternehmensinterne Informationsquellen identifiziert, um Anforderungen und Restriktionen für das Produkt- und Produktionssystemkonzept aufzustellen. Anschließend wird die Bearbeitungsreihenfolge festgelegt und das Modell für Angebote, Kunden und Wertschöpfung ausgearbeitet. Die entstehenden Dokumente bilden die Informationsgrundlage zur Geschäftsmodellentwicklung.

Geschäftsmodellalternativen bilden: In dieser Phase werden die Gestaltungsoptionen zu verschiedenen konsistenten Geschäftsmodellen kombiniert. Dazu werden die Konsistenzanalyse und die Clusteranalyse aus der Szenariotechnik eingesetzt. Für die Stakeholder sind damit idealtypische Geschäftsmodellalternativen entstanden.

Geschäftsmodellalternativen bewerten: In der siebten Phase soll die Geschäftsmodellalternative ausgewählt werden, die das größte Potenzial hat. Dazu werden Bewertungsmethoden und -kriterien festgelegt und die Geschäftsmodellalternativen bewertet.

Implementierung planen: Für die Implementierung wird ein Leitfaden entworfen, der die konkreten Anforderungen zur Realisierung des Geschäftsmodells beinhaltet.

Bewertung: Köster erläutert ein umfassendes Vorgehen zur Geschäftsmodellentwicklung innerhalb der Produktentstehung, das durch Beispiele aus Validierungsprojekten angereichert wird. Die acht Phasen werden detailliert und nachvollziehbar beschrieben. Aufgrund der sehr technischen Ausrichtung ist aber eine Übertragung auf andere Geschäftsmodellentwicklungen nicht oder nur teilweise gegeben. Die Betrachtung von Trends ist hervorzuheben, auch wenn diese nicht direkt auf die Geschäftsmodellkomponenten oder Ausprägungen übertragen, sondern nur global auf die gesamte Geschäftsidee bezogen werden. Ein schrittweises Vorgehen ist erkennbar, es wird allerdings nicht deutlich, wie die einzelnen Schritte zusammenhängen.

4.2 Geschäftsmodellkomponentenansätze

Um passende Geschäftsmodellkomponenten für Cloud-Geschäftsmodelle zu identifizieren, werden im **Abschnitt 4.2.1** verschiedene Herangehensweisen und Ergebnisse aus der Literatur diskutiert. In **Abschnitt 4.2.2** werden die Anforderungen für die Geschäftsmodellkomponenten festgelegt. Die identifizierten allgemeinen und technischen Cloud-Geschäftsmodellkomponenten werden in **Abschnitt 4.2.3** und **Abschnitt 4.2.4** beschrieben. Eine zusammenfassende Darstellung erfolgt in **Abschnitt 4.2.5**.

4.2.1 Geschäftsmodellkomponenten – Auswahl und Beschreibung

Zur Ermittlung von Geschäftsmodellkomponenten und -ausprägungen[470] werden neben einer Analyse der aktuellen Geschäftsmodellliteratur[471] auch die Erkenntnisse aus den Expertenworkshops berücksichtigt. Der Fokus der Literaturanalyse liegt dabei auf der Ermittlung von Bestandteilen von Geschäftsmodellen. Dabei wird neben aktueller Geschäftsmodellliteratur insbesondere Cloud-Computing-Literatur betrachtet, um cloud-spezifische Geschäftsmodellkomponenten und -ausprägungen zu identifizieren. In der betrachteten Literatur werden die entsprechenden Komponenten hinsichtlich der domänenspezifischen Ausrichtung, des Detaillierungsgrads oder auch der Häufigkeit der Nennung unterschieden.[472] Viele Arbeiten in der letzten Zeit versuchen ähnliche Geschäftsmodellkomponenten (auch für Cloud-Computing) durch Frameworks, Klassifikationen, Rahmenmodelle und Kombinationsmuster zu definieren.[473] Den meisten dieser Abhandlungen gelingt es auch, damit Geschäftsmodelle von Unternehmen zu beschreiben, zu dokumentieren, abzubilden oder einzuordnen. Eine solche Herangehensweise ist aber bei der Entwicklung von Geschäftsmodellen im Cloud-Computing eher ungeeignet, da hier vielmehr die Kreativität der Beteiligten angeregt werden soll. Somit besteht das Ziel des folgenden Kapitels nicht darin,

470 Im weiteren Verlauf der Arbeit werden Geschäftsmodellkomponenten und -ausprägungen auch als Geschäftsmodellelemente verwendet.

471 Eine besondere Orientierung fand an den Ausarbeitungen von Osterwalder und Pigneur (2011), Schallmo (2012), Labes u.a. (2013a), S. 4, Schief (2013) und BITKOM (2013), S. 14 statt.

472 Vgl. Breitschwerdt und Heß (2014), S. 228 f. und Bensel (2009), S. 26

473 Vgl. Labes u.a. (2013b), S. 34 ff., Labes und Zarnekow (2013), S. 23 ff., Zarnekow und Labes (2014), S. 179 ff. und Schief (2013), S. 71

möglichst viele Komponenten zu identifizieren und zu beschreiben, sondern nur die relevantesten[474] Geschäftsmodellkomponenten zu analysieren, die als Inspirationsquelle für die Entwicklung von Geschäftsmodellen im Cloud-Computing dienen können.

Geschäftsmodellkomponenten im Cloud-Computing unterscheiden sich im Allgemeinen kaum von Geschäftsmodellkomponenten für IT-Geschäftsmodelle. Es sind vielmehr deren Ausprägungen, die hierbei den Unterschied ausmachen. So differieren unter anderem die Akteure deutlich voneinander, da im Cloud-Computing andere Rahmenbedingungen und Märkte entstanden sind. In der vorliegenden Arbeit wird der Ansatz verfolgt, sich nicht nur auf generische Geschäftsmodellkonzepte oder Cloud-Computing-Geschäftsmodellkonzepte zu beschränken, sondern einen kombinierten Ansatz zu verwenden, um eine ganzheitliche Betrachtung zu ermöglichen. Dazu werden die generischen Geschäftsmodellkomponenten an die spezifischen (technischen) Cloud-Eigenschaften angepasst.

4.2.2 Anforderungen an Geschäftsmodellkomponenten

Die Anforderungen zur Auswahl von Geschäftsmodellkomponenten und -ausprägungen stammen aus der Literatur und den durchgeführten Expertenworkshops:

- **Überschneidungsfreie Anordnung**: Die überschneidungsfreie Anordnung soll die klare Abgrenzung der Geschäftsmodellelemente untereinander gewährleisten.[475]
- **Kategorisierbarkeit**: Die einzelnen Geschäftsmodellausprägungen sollen zu einer übergeordneten Komponente zuordenbar sein, damit diese übersichtlicher zusammengefasst werden können.
- **Vollständigkeit der Elemente**: Für eine umfassende Betrachtung des Geschäftsmodells sollten die Geschäftsmodellelemente vollständig vorhanden sein.[476]
- **Ganzheitliches Modell**: Die Geschäftsmodellelemente sollen neben der leichten Anwendbarkeit auch allgemein nutzbar, im Sinne auf viele Cloud-

[474] Hierbei wurden die einzelnen Geschäftsmodellkomponenten und -ausprägungen auch durch die Expertenworkshops nochmals überprüft.

[475] Vgl. Stilianidis (2015), S. 199

[476] Ein gewisser Grad an Vollständigkeit soll durch die Analyse der Literatur und durch die Expertenworkshops gewährleistet werden.

Geschäftsmodelle verwendbar, sein. Damit soll ein ganzheitliches Modell entstehen, das situationsabhängig benutzt werden kann (siehe Kapitel 1.5).[477]

- **Visuelle und abstrahierende Darstellung eines Geschäftsmodells**: Die visuelle Darstellung der Geschäftsmodellelemente soll innerhalb der Expertenworkshops helfen, die Geschäftsmodellergebnisse vergleichend zu betrachten.[478]
- **Abbildung von Zusammenhängen**: Die Abbildung von Zusammenhängen zwischen den einzelnen Geschäftsmodellelementen soll die Anwender dabei unterstützen, die Beziehungen der Elemente untereinander zu verstehen und entsprechende Auswirkungen auf andere Elemente erfassen zu können.[479]

Diese Anforderungen werden in den nächsten beiden Abschnitten bei der Identifizierung und Beschreibung der allgemeinen und technischen Cloud-Geschäftsmodellkomponenten berücksichtigt und umgesetzt.

4.2.3 Allgemeine Cloud-Geschäftsmodellkomponenten

Die Geschäftsmodellkomponenten werden in zwei Kategorien eingeteilt: zum einen generische Geschäftsmodellkomponenten und zum anderen Cloud-Geschäftsmodellkomponenten, da der Fokus der Arbeit auf Cloud-Computing liegt. In diesem Abschnitt werden zunächst die generischen Geschäftsmodellkomponenten beschrieben, ehe im anschließenden Kapitel auf die Cloud-Geschäftsmodellkomponenten eingegangen wird.

Die **Beschreibung jeder Komponente** erfolgt jeweils nach der gleichen Struktur. Zuerst werden die einzelnen Komponenten inhaltlich beschrieben. Nachfolgend werden die einzelnen Ausprägungen der Komponenten detailliert betrachtet und, falls vorhanden, wird ein Cloud-Computing-Bezug[480] hergestellt und es werden treffende Beispiele zum weiteren Verständnis genannt. Anschließend geschieht die Darstellung der Komponente und der dazugehörigen Ausprägungen in tabellarischer Form, um diese später in einer Übersicht zusammenzufassen. Abschließend werden zielführende Fragen[481] formuliert, die das Verständnis der Anwender innerhalb des me-

---

[477] Vgl. Gassmann u.a. (2013), S. 5, Wirtz (2013), S. 121 und Loos (2003), S. 34

[478] Vgl. Loos (2003), S. 34

[479] Vgl. Stilianidis (2015), S. 199 und Wirtz (2013), S. 83

[480] In jedem Fall, sollten die Geschäftsmodellausprägungen auf IT-Produkte übertragbar sein und somit für Cloud-Computing-Geschäftsmodelle als Ideenratgeber dienen können.

[481] Vgl. Wirtz (2013), S. 247 f., Schallmo (2012), S. 120-123, Bieger und Reinhold (2011), S. 34-56, Gassmann u.a. (2013), S. 23 f., Osterwalder und Pigneur (2011), S. 224-227, Spath u.a. (2012), S. 89-172 und Labes u.a. (2013b), S. 34-60

thodischen Vorgehens fördern und ihnen Anregungen bei der Geschäftsmodellentwicklung geben sollen.

Globale Strategie

Innerhalb der Strategie eines Unternehmens werden die strategische Ausrichtung, die übergeordneten mittel- bis langfristigen Unternehmensziele und Aktivitäten festgelegt, damit das Unternehmen am Markt[482] bestehen kann.[483] Nach Porter[484] orientiert sich jedes Unternehmen an einer für es optimalen Wettbewerbsstrategie. Für eine gesamte Marktabdeckung kommen drei grundlegende Wettbewerbsstrategien infrage: Kostenführerschaft, Differenzierung und Nischenstrategie. Würde dagegen eine andere oder eine Mischstrategie Anwendung finden, dann würde dies zu einer geringeren Rentabilität mit nur mittelgroßem Marktanteil führen („stuck in the middle"). Auf dem Weg zur heutigen Informationsökonomie[485] können insgesamt fünf Markterfolgsfaktoren für die **globale Strategie** eines Unternehmens und somit auch für Produkte und Dienstleistungen als Geschäftsmodellausprägungen unterschieden werden.

Kostenführerschaft: Im Rahmen der Kostenführerschaft sollen die Produkte oder Dienstleistungen mit einem Kostenvorteil gegenüber den Wettbewerbern produziert und eingekauft werden. Quellen, um solche Kostenvorteile zu erzielen, sind beispielsweise Skaleneffekte, proprietäre Technologien und Zugang zu Rohstoffen. Die Kostenführerschaft schafft meistens auch die Möglichkeit für eine Preisführerschaft.[486]

Qualitätsführerschaft: Bei der Qualitätsführerschaft ist das Unternehmen in der Lage, durch eine höhere Serviceleistung (Beratung, Integrationsleistungen usw.) und/oder Produktqualität (mehr Funktionen, Schnittstellen usw.) höhere Preise als die Wettbewerber durchzusetzen.

---

482 Im strategischen Management werden zwei grundlegende Denkweisen unterschieden: der marktorientierte Ansatz (Market-based View) und der ressourcenorientierte Ansatz (Resource-based View). Im Market-based View werden Erfolgskriterien aus der Umwelt bzw. dem Markt abgeleitet, von „außen nach innen". Ein bekannter Vertreter ist hierbei Porter, der den Ansatz in den 80er Jahren weiterentwickelte. Der Resource-based View wurde aufbauend auf dem Market-based View konzipiert. Hierbei wird der Unternehmenserfolg anhand von eigenen, internen Ressourcen (z.B. Schlüsselressourcen) geschaffen. Heutzutage werden beide Ansätze als komplementär angesehen. Weitere aufbauende Ansätze sind z.B. der wissensbasierte Ansatz (Knowledge-based View) und der fähigkeitsorientierte Ansatz (Capability-based View). Siehe dazu z.B. Hungenberg (2014), S. 59 ff.

483 Vgl. Wirtz (2013), S. 125 ff.

484 Vgl. Porter (1985), S. 33 ff.

485 Vgl. Weiber und Kollmann (1997), S. 519 und Kollmann (2013), S. 36 f.

486 Vgl. Porter (1985), S. 12 ff.

Verfügbarkeitsführerschaft: Die Verfügbarkeitsführerschaft beinhaltet, dass die Leistung „zu einem bestimmten Zeitpunkt an einem bestimmten Ort“[487] angeboten werden kann. Beispielsweise kann hier für ein Produkt eine Verfügbarkeitsgarantie gegeben werden.[488]

Bedarfsführerschaft: Hierbei kommt es darauf an, „bei wichtigen Merkmalen des Produktes eine kundenorientierte Differenzierung vorzunehmen.“[489] Je nach Bedarf des Kunden soll eine hohe Flexibilität des Anbieters vorhanden sein.

Informationsführerschaft: Innerhalb der Informationsführerschaft soll eine gewisse Wissens- und Informationsüberlegenheit gegenüber der Konkurrenz geschaffen werden.

Die fünf beschriebenen Markterfolgsfaktoren werden allgemein betrachtet, ohne einen Cloud-Computing-Bezug.

Globale Strategie				
Kosten-führerschaft	Qualitäts-führerschaft	Verfügbarkeits-führerschaft	Bedarfs-führerschaft	Informations-führerschaft

Tabelle 29: Bestandteile der globalen Strategie

Zielführende Fragen:

- Welche globale Strategie setzen Sie momentan in Ihrem Unternehmen ein?
- Welche globale Strategie würde der Zielerreichung Ihres Unternehmens am nächsten kommen?
- Setzen Sie für mehrere Produkte unterschiedliche globale Strategien ein?
- Warum favorisieren Sie diese Strategie für das vorliegende Produkt?

Preispolitische Strategien

Preispolitische Strategien können nach Meffert u.a. über Flexibilität, Wirkungsstärke, Wirkungsgeschwindigkeit und schwere Revidierbarkeit charakterisiert werden.[490]

- Flexibilität, da diese Entscheidungen kurzfristig variabel sind.
- Wirkungsstärke, da eine Preisänderung alle anderen Vorteile der angebotenen Leistung zunichtemachen kann.

[487] Kollmann (2013), S. 44
[488] Vgl. Gassmann u.a. (2013), S. 141
[489] Kollmann (2013), S. 44
[490] Vgl. Meffert u.a. (2015), S. 437 f.

- Wirkungsgeschwindigkeit, da sich eine Preisänderung sofort auf Absatz, Umsatz und Gewinn auswirkt.
- Schwere Revidierbarkeit, da Änderungen sofort und nachhaltig wahrgenommen werden.

Im Folgenden werden die wichtigsten preispolitischen Strategien und Einnahmequellen vorgestellt.[491]

Bei der Betrachtung der **Preispositionierung** kann grundsätzlich zwischen drei[492] relevanten Preisstrategien unterschieden werden. Vor der Wahl einer entsprechenden Strategie sollten aber grundsätzlich die Produkt- bzw. Dienstleistungsqualität, der Support usw. in die Überlegung miteinfließen, da ein hoher Preis zumeist eine sehr hohe Qualität (oder Leistung) voraussetzt. Hierbei handelt es sich dann um eine **Hochpreisstrategie** (Premiumstrategie). Eine etwas niedrigere Qualität würde zu einem geringeren Preis und somit zu einer **Mittelpreisstrategie** führen. Ein niedriger Preis kann im Umkehrschluss mit einer niedrigen Leistung erzielt werden, die sogenannte **Niedrigpreisstrategie**.

Für Cloud-Produkte würde das bedeuten, dass verschiedene Cloud-Services mit unterschiedlichen Cloud-Eigenschaften (Verfügbarkeit, Skalierbarkeit usw.) angeboten werden und dementsprechend unterschiedliche Preise dafür verlangt werden können.

Zielführende Fragen:

- Welche Preispositionierung könnte für das Produkt in Frage kommen?
- Wie lässt sich das mit dem Produktportfolio (z.B. Abgrenzung zu anderen Produkten) vereinbaren?

Meffert u.a. (2015) unterscheiden bei den **Preisdifferenzierungsformen** grob in drei Ausprägungen: **Preisdifferenzierung**[493] (zeitlich, Mengen, Leistung, räumlich, perso-

---

[491] Vgl. Meffert u.a. (2015), S. 461 ff.

[492] In der Literatur existieren noch zwei weitere Strategien, die allerdings hier keine Anwendung finden: Eine weitere, aber seltenere Preispositionierung besteht z.B. darin, bei nahezu gleichbleibendem Preis die Leistungsqualität zu erhöhen, eine sogenannte Discountstrategie. Bei dieser Strategie werden durch den Verzicht auf Service die Geschäftsprozesse gestrafft, dadurch können Preise reduziert werden und kann die Absatzmenge erhöht werden (z.B. Aldi, Lidl, Selbstbedienungs-Backläden). Die sogenannte Übervorteilungsstrategie (hoher Preis bei niedriger Qualität) tritt nur bei fehlenden Alternativen und mangelnden Informationen auf. Vgl. Meffert u.a. (2015), S. 461 ff.

[493] Vgl. Lehmann und Buxmann (2009), S. 519 ff.

nell, Mehr-Personen-Preisbildung und quantitativ), **Preisbündelung** und **Revenue Management**.[494]

Preisdifferenzierungsstrategien sind gerade bei digitalen Produkten sehr gut geeignet.[495] Bei der **zeitlichen Preisdifferenzierung** können Preise in Abhängigkeit vom Kaufzeitpunkt festgelegt werden. Eine solche Unterscheidung findet beispielsweise nach unterschiedlichen Tageszeiten (z.B. Telefongebühren), Wochentagen (z.B. Hotels), Saisonverkäufen (z.B. Obst und Gemüse), Jahren und Lebenszyklen statt. Bei der **mengenbezogenen** Preisdifferenzierung ändert sich der Preis je Einheit durch die Veränderung der abgenommenen Menge (z.B. Flatrates). Eine **leistungsbezogene** Preisdifferenzierung liegt dagegen vor, wenn Produktvarianten mit relativ geringfügiger Änderung im Leistungsumfang bzw. in der Leistungsqualität zu unterschiedlichen Preisen angeboten werden. Bei der **räumlichen** Preisdifferenzierung kann zwischen geografisch abgetrennten Märkten (Stadtteile, Städte, Regionen, Länder) differenziert werden. Die internationale Preisdifferenzierung stellt aufgrund der Anpassung der Preise an die Kaufkraft und Wettbewerbssituation des jeweiligen Landes einen Sonderfall dar. Sogenannte Arbitragen können in diesem Zusammenhang entstehen, wenn Preisunterschiede bei gleichen Waren auf internationaler Ebene ausgenutzt werden. Der Gewinn kann durch den zusätzlichen Aufwand (z.B. Steuern, Zölle) nicht geringer ausfallen als der Preisunterschied. Bei der **personellen** Preisdifferenzierung wird die gleiche Leistung verschiedenen Nachfragern mit unterschiedlichen Preisen angeboten. Die Kriterien für unterschiedliche Preise sind beispielsweise Alter, Geschlecht, Einkommen und Beruf. Aber auch bei Banken, Sportveranstaltungen oder Friseuren sind unterschiedliche Preisniveaus für die gleiche Leistung vorhanden. Wenn eine Leistung in der Regel von mehreren Personen in Anspruch genommen wird, handelt es sich um eine **Mehr-Personen-Preisbildung**. Beispiele dafür finden sich zumeist im Tourismus und in der Gastronomie. Innerhalb der quantitativen Preisdifferenzierung werden geringere Preise in Abhängigkeit von größeren Stückzahlen festgelegt. Ausgehend von der Betrachtung der drei Ebenen des Cloud-Computings (IaaS, PaaS, SaaS) können und werden diese entweder einzeln oder zusammen abgerechnet.[496] Übertragen auf Anwendungen im Cloud-Computing können personelle Preisdifferenzierungen z.B. zwischen Start-ups und regulären Unternehmen vorgenommen werden.

[494] Vgl. Meffert u.a. (2015), S. 470 ff.
[495] Vgl. Helferich (2010), S. 163 f.
[496] Vgl. Lehmann und Buxmann (2009), S. 519 ff.

Innerhalb der **Preisbündelung** werden mehrere Produkte aggregiert und zusammen verkauft. Diese Form erhöht die Zahlungsbereitschaft der Kunden und verhindert gleichzeitig durch die damit einhergehende undurchsichtige Preispolitik einen objektiven Preisvergleich. **Cross-Selling** (auch Kreuzverkauf genannt) wird ebenfalls der Preisbündelung zugerechnet, es bezeichnet im Marketing den Verkauf von sich ergänzenden Produkten oder Dienstleistungen.[497]

Beim **Revenue Management** (auch Yield Management) wird eine Preisdifferenzierung in Abhängigkeit von den ausgelasteten Kapazitäten vorgenommen. Beispielsweise sind Flugtickets zu einer bestimmten Jahreszeit günstiger. Werden diese außerdem mit einem gewissen Vorlauf gebucht, können sich aufgrund der noch freien Kapazitäten die Flugpreise weiter reduzieren.[498]

Zielführende Fragen:

- Welche Preisdifferenzierungen sind für Ihr Unternehmen sinnvoll?
- Welche Preisdifferenzierungen setzen Sie aktuell in Ihrem Unternehmen bereits ein und welche könnten es zukünftig sein?

Innerhalb der **lebenszyklusorientierten Preispolitik** werden folgende Ausprägungen unterschieden: Abschöpfungsstrategie, Penetrationspreisstrategie, Follow-the-free- bzw. Freemium-Strategie, Metered Model sowie Customer Loyalty und Geld-zurück-Garantie.

Die Penetrationspreis- und die Skimmingpreisstrategie werden in der Regel bei der Einführung von neuen Produkten angewendet.[499] Bei der **Penetrationspreisstrategie** führt das Unternehmen ein Produkt mit einem sehr niedrigen Preis ein, um beispielsweise schnell hohe Marktanteile und Wettbewerbsvorteile zu erzielen. Im Gegensatz zur Niedrigpreisstrategie werden bei der Penetrationspreisstrategie die Preise nach und nach erhöht.

So werden im Cloud-Computing zumeist Basisfunktionalitäten zu einem günstigen Preis angeboten. Sollte der Kunde weitere Funktionalitäten verlangen, kann in das nächst höhere Paket mit einem höheren Preis gewechselt werden.

Innerhalb der **Abschöpfungsstrategie** (auch Skimmingpreisstrategie) verhält sich die Preisfestsetzung genau umgekehrt. Beginnend mit einem hohen Preis wird dieser

---

497 Vgl. Meffert u.a. (2015), S. 474 ff. und Gassmann u.a. (2013), S. 96
498 Vgl. Meffert u.a. (2015), S. 476 ff.
499 Vgl. Meffert u.a. (2015), S. 463 ff.

z.B. in Abhängigkeit vom Konkurrenzdruck nach und nach gesenkt. Diese Preispolitik wird in der Softwareindustrie jedoch kaum angewendet.[500]

Bei der **Follow-the-free**- bzw. Freemium-Strategie wird zunächst das Produkt kostenfrei an Kunden vergeben. Damit wird das Ziel verfolgt, zunächst einen sogenannten Netzeffekt zu erzeugen, indem viele Anwender das Produkt nutzen. Mit dieser Kundenbindung wird der sogenannte Lock-in-Effekt erzeugt, der hohe Wechselkosten verursachen würde. Anschließend werden durch kostenpflichtige Versionen oder Premiumversionen die Umsätze erzeugt.

Beispielsweise ist es im Cloud-Computing möglich, dass ein Softwareprodukt kostenfrei angeboten wird, aber die dazugehörigen Services wie Installation, Customizing, Updates, Speicherplatz usw. anschließend kostenpflichtig sind.[501] So sind etwa bei Dropbox[502] die ersten 2 GB kostenfrei. Wird der Service regelmäßig genutzt und auch weiterempfohlen (größere Verbreitung), entsteht eine gewisse Abhängigkeit von dem Anbieter. Eine Erhöhung des Speicherplatzes geht dann nur mit einem anderen Tarifmodell, indem Speicherplatz erworben werden muss.

Brandstetter und Schmalhofer[503] beschreiben in ihrer Ausarbeitung die **Metered-Model-Strategie**. Diese Strategie wird bisher in erster Linie bei Onlinezeitungen (z.B. New York Times und Welt.de) eingesetzt. Dahinter verbirgt sich das Prinzip, dass die ersten ca. 10 bis 20 Artikel im Monat kostenfrei gelesen werden dürfen, bevor anschließend ein Abonnement oder ein anderes Bezahlmodell abgeschlossen werden muss.

Übertragen auf Anwendungen im Cloud-Computing ist es vorstellbar, dass die ersten Transaktionen, Nutzer usw. kostenfrei sind und anschließend für weitere Aktivitäten Beträge verlangt werden. Damit können Anbieter ihre Entwicklung (z.B. im PaaS) zeigen und Anwender auf neue Funktionen aufmerksam machen. Dadurch können sogenannte „In-App“[504]-Käufe innerhalb des Cloud-Computings für die Anbieter relevant werden.

[500] Vgl. Lehmann und Buxmann (2009), S. 525
[501] Vgl. Lehmann und Buxmann (2009), S. 525
[502] Das Unternehmen Dropbox Inc. bietet Speicherplatz an, um darauf Dateien, Fotos usw. abzulegen und weltweit über das Internet abzurufen.
[503] Vgl. Brandstetter und Schmalhofer (2014), S. 1 ff.
[504] Bei „In-App“-Angeboten werden innerhalb von Programmen (Apps) zusätzliche Funktionen nur durch den Zukauf ermöglicht.

Customer Loyalty[505] **und Geld-zurück-Garantie**: Durch ein Bonusprogramm kann die Kundentreue belohnt werden, indem eine Prämienleistung geboten wird. Bei der Geld-zurück-Garantie wird bei Unzufriedenheit innerhalb einer zeitlichen Frist das Geld zurückgezahlt.

Zielführende Fragen:

- Welche Erfahrungen haben Sie bereits mit der lebenszyklusorientierten Preispolitik gemacht?
- Wie kann diese in das übrige Geschäftsmodell integriert werden?

Preispolitische Strategien											
Preispositionierung			Preisdifferenzierung			Lebenszyklusorientierte Preispolitik					
Hochpreisstrategie	Mittelpreisstrategie	Niedrigpreisstrategie	Preisdifferenzierung	Preisbündelung	Revenue Management	Abschöpfungsstrategie	Penetrationspreis-strategie	Follow-the-free bzw. Freemium	Metered Model	Customer Loyalty u. Geld-zurück-Garantie	

Tabelle 30: Bestandteile der preispolitischen Strategien

Preisgestaltung

Bei der Preisgestaltung wird das Preismodell festgelegt, indem eine Kombination von verschiedenen Parametern (Ausprägungen) verwendet wird.[506] Die Preisgestaltung unterteilt sich in **Erlösquellen** und **Erlösmodelle**.

In diesem Abschnitt werden **Erlösquellen** eines Unternehmens beschrieben. Jedes Unternehmen verfolgt wenigstens eine oder mehrere kombinierte Erlösquellen.[507] Welche genauen Ausprägungen die Erlösquellen annehmen können, wird im folgenden Abschnitt verdeutlicht.

Produkt: Zu den Produkten zählen On-Premise-Angebote und die cloud-basierten On-demand-Angebote. Einige Anbieter erzielen mit dem traditionellen Lizenzgeschäft nach wie vor starke Umsätze und sehen Cloud-Computing deshalb noch als Investi-

505 Vgl. Gassmann u.a. (2013), S. 106
506 Vgl. Lehmann u.a. (2010), S. 157
507 Vgl. Osterwalder und Pigneur (2011), S. 34 ff.

tionsgeschäft. Im Gegensatz dazu stehen die reinen Cloud-Anbieter, die sich einzig auf On-demand-Angebote konzentrieren und damit bereits profitabel sind.[508]

Dienstleistungen: Beispielsweise können Beratung, Support, Implementierung, Updates und Schulungen (siehe Kapitel 3.2.2) als produktbezogene Dienstleistung offeriert werden. Diese Dienstleistungen können aber auch entkoppelt vom eigentlichen Produkt extern Kunden angeboten werden. Zum Beispiel können das erworbene Wissen oder überschüssige Kapazitäten extern vermarktet werden und intern dazu dienen, neue Expertisen aufzubauen und innerbetriebliche Abläufe zu verbessern.[509]

Add-on: Das Kernprodukt wird meistens sehr günstig angeboten, während Zusatzoptionen und Extras nur gegen einen hohen Aufpreis zu kaufen sind oder vom Kunden selbst erbracht werden müssen. Meistens bezahlt der Kunde damit mehr, als er erwartet hatte.[510]

Auf Cloud-Computing übertragen wäre das vergleichbar mit dem Packaging von Produkten und Dienstleistungen. Beispielsweise können drei verschiedene Packages angeboten werden: Bronze, Silber und Gold. Das Package Bronze enthält dann etwa Basisfunktionalitäten zu einem niedrigen Preis. Die Produkte werden also in einer reduzierten Form angeboten, indem der Leistungsumfang reduziert wird.[511] Silber beinhaltet dann neben den Basisfunktionalitäten erweiterte Funktionalitäten zu einem höheren Preis usw.

Vermittlungsgebühren: Einnahmen kommen aus Vermittlungsdienstleistungen von Zwischenhändlern, z.B. Kreditkartenanbietern, Brokern, Maklern, Aggregatoren.

Zwischenhändler können durch ihre Mittlerfunktion zwischen Anbietern und Nachfragern Nutzen stiften.[512] Von ihnen werden Informationen gebündelt und auch aufbereitet, um diese entweder für die Anbieter oder den Nachfrager an die entsprechende Gegenpartei weiterzuverkaufen. Aggregatoren sind Vermittler zwischen Anbieter und Kunden – sie unterstützen Kunden beispielsweise bei der Produktauswahl und Preisfestlegung.[513] Zudem vereinen sie unterschiedliche Cloud-Services zu einem einzigen mehrwertbietenden Cloud-Dienst, welcher wiederum den Kunden angeboten wird.[514]

---

[508] Vgl. Spath u.a. (2012), S. 146
[509] Vgl. Gassmann u.a. (2013), S. 170
[510] Vgl. Gassmann u.a. (2013), S. 76
[511] Vgl. Gassmann u.a. (2013), S. 176
[512] Vgl. Lipsky (2012), S. 7
[513] Vgl. Tapscott u.a. (2000), S. 73
[514] Vgl. Pelzl u.a. (2014a), S. 6

Werbung: Einnahmen werden durch das Bewerben von Produkten, von Dienstleistungen oder von Marken generiert. Kostenlose Dienstleistungen wie z.B. Google Mail oder Facebook finanzieren sich durch Werbung.

Für Cloud-Computing-Geschäftsmodelle kommen alle beschriebenen Arten der Erlösquellen in Betracht.

Preisgestaltung				
Erlösquellen				
Produkt	Dienstleistung	Add-on	Vermittlung	Werbung

Tabelle 31: Bestandteile der Erlösquellen

Zielführende Fragen:

- Welche Erlösquelle ist momentan vorstellbar?
- Welche Erlösquelle funktioniert zurzeit bei der Konkurrenz?
- Für welche Leistungen (Produkte und Dienstleistungen) sind die Kunden bereit zu bezahlen?
- Welche Kombination von Leistungen und Erlösmodellen ist vorstellbar?
- Können auch andere Erlösquellen die bisherigen ablösen?
- Gibt es Cross-Selling-Möglichkeiten?

<u>Erlösmodelle</u>

Buxmann u.a.[515] konstatieren, dass für Cloud-Computing-Preismodelle drei Parameter in Frage kommen: **Struktur des Zahlungsstroms, Bemessungsgrundlage und Preisdifferenzierung**. Die **Preisdifferenzierung** wurde bereits bei den preispolitischen Strategien ausführlich beschreiben, daher werden im Folgenden die **Struktur des Zahlungsstroms und die Bemessungsgrundlage** vorgestellt. Bei der **Struktur des Zahlungsstroms** können grundsätzlich drei Varianten unterschieden werden. Eine **Einmalzahlung** von Cloud-Computing-Services beinhaltet eine zeitlich unbegrenzte Nutzungsdauer, dies ist vergleichbar mit einer Softwarelizenz. Diese Form wird im Umfeld des Cloud-Computings jedoch äußerst selten verwendet, da gerade die Möglichkeit des flexiblen Hinzu- und Abbestellens von Leistungen eine der interessantesten Eigenschaften von Cloud-Computing ist. **Wiederkehrende Zahlungen**

---

515 Vgl. Buxmann u.a. (2010), S. 23 ff.

werden hingegen bei Cloud-Computing-Services häufig angewendet.[516] Dabei kann zusätzlich zwischen der Frequenz (monatlich, quartalsweise, jährlich) und der Dauer unterschieden werden. Auch eine Kombination aus beiden Varianten, die sogenannte **hybride Form**, ist möglich.

Die **Bemessungsgrundlage** sagt aus, wie der Umsatz aus einer Erlösquelle realisiert wird. Dabei lassen sich die Erlösmodelle in nutzungsunabhängige (transaktionsunabhängige) und nutzungsabhängige (transaktionsabhängige) unterscheiden.[517] **Nutzungsabhängige** Erlöse beziehen sich auf den Umfang einer Leistung. Diese Erlösform wird zuweilen im Bereich von IaaS und PaaS verwendet. Beispielsweise kann hier nach CPU-Zeit, Speicherbedarf, Dauer der Nutzung usw. abgerechnet werden. **Nutzungsunabhängige** Erlöse basieren demgegenüber auf Verträgen, welche Grundgebühren in einer vorgegebenen Zeitperiode festlegen. Dieses Modell wird vor allem bei SaaS-Services verwendet. Somit können z.B. Nutzungsrechte an eine Person oder an eine festgelegte Anzahl von Usern gebunden werden. Bei der **ergebnisabhängigen** Vergütung werden die Erlöse nicht nach dem Wert (z.B. physisch), sondern auf Basis der erbrachten Leistung berechnet.[518]

Preisgestaltung					
Erlösmodelle					
Einmal-zahlung	Regelmäßig wiederkehrende Zahlung (Subscription)	Hybride Zahlung	Nutzungs-abhängig (Pay-per-Use)	Nutzungs-unabhängig	Ergebnis-abhängig

Tabelle 32: Bestandteile der Erlösmodelle

Es ist vorstellbar, dass im Cloud-Computing nach der Anzahl neu gewonnener Kunden oder durchgeführter Transaktionen abgerechnet wird. Die einzelnen Modelle sind nicht als isoliert zu verstehen, sondern können alle miteinander kombiniert werden.[519] Im Cloud-Computing werden zumeist nutzungsunabhängige oder auch eine Kombination aus nutzungsunabhängigen und nutzungsabhängigen Modellen ausgewählt.[520]

516 Vgl. Buxmann u.a. (2010), S. 23 ff.
517 Vgl. Wirtz (2013), S. 142 ff.
518 Vgl. Gassmann u.a. (2013), S. 200 f.
519 Vgl. Appelrath u.a. (2014), S. 39
520 Vgl. Buxmann u.a. (2010), S. 29 f.

Zielführende Fragen:

- Welche Erlösmodelle können Sie sich vorstellen?
- Welche Preisgestaltung kann mit welcher preispolitischen Strategie kombiniert werden?

Schlüsselressourcen

Die Schlüsselressourcen legen fest, welche Ressourcen und Ressourcenkombination benötigt werden, um dem Unternehmen einen Wert/Nutzen zu liefern. Beispielsweise benötigen IT-Unternehmen zumeist IT-basierte Ressourcen, wohingegen für Unternehmen der Softwareentwicklung eher die menschlichen Ressourcen relevant sind.[521] Eine neue oder andere Kombination von Ressourcen kann durchaus einen Wettbewerbsvorteil sichern, wenn die Ressourcen „schwer imitierbar" sind. Mit der Bestimmung der Schlüsselressourcen können Kundenkanäle definiert, Kundenbeziehungen aufgebaut und Einkünfte erzielt werden.[522]

Finanzielle Ressourcen: Finanzielle Ressourcen sind zur Unterstützung von Geschäftsmodellen nötig. So können durch Bargeld, Kredite usw. Investitionen getätigt werden, um beteiligte Partner zu unterstützen oder Mitarbeiter einzustellen.

IT-basierte Ressourcen: Unter IT-basierten Ressourcen werden Software, Plattformen und Hardware zusammengefasst.

Geistige Ressourcen: Geistigen Ressourcen sind z.B. Patente, Marken, Copyright, Daten, Firmenwissen oder Partnerschaften. Geistige Ressourcen haben in den letzten Jahren zunehmend an Bedeutung gewonnen. Einmal entwickelt sind sie schwer imitierbar und können damit der entscheidende Vorteil gegenüber Partnern und Konkurrenten sein.[523]

Menschliche Ressourcen: Menschliche Ressourcen werden in jedem Unternehmen benötigt, aber vor allem in stark kreativen und wissensintensiven Branchen sind die Menschen von entscheidender Bedeutung.[524] Wichtige Differenzierungsmerkmale sind beispielsweise die Qualifikation und die Funktion.

Strukturelle Ressourcen: Zu den strukturellen Ressourcen werden die Aufbau- und die Ablauforganisation eines Unternehmens sowie das Managementsystem gezählt.

---

521 Vgl. Osterwalder und Pigneur (2011), S. 38
522 Vgl. Schallmo (2012), S. 217 und Osterwalder und Pigneur (2011), S. 38
523 Vgl. Osterwalder und Pigneur (2011), S. 39
524 Vgl. Osterwalder und Pigneur (2011), S. 39

Kulturelle Ressourcen: Darunter werden die Unternehmenskultur, Bildung und Kompetenzen verstanden.

Eine weitere strategische Entscheidung in Bezug auf die Schlüsselressourcen ist die Make-or-Buy-Frage: Welche Kompetenzen habe ich in meinem Unternehmen, um Produkte, Programme und Funktionen selber zu entwickeln, oder müssen diese extern eingekauft werden? Capron und Mitchell unterscheiden dabei noch den Wert der Ressource für das Unternehmen – bei einem hohen Wert sollte diese zunächst intern entwickelt und erst dann zugekauft werden, bei einem niedrigen Wert sollte das Unternehmen zuerst zukaufen und dann entweder eine Zusammenarbeit eingehen oder eine Akquisition anstreben.[525]

Schlüsselressourcen					
Materielle Ressourcen		Immaterielle Ressourcen			
Finanzielle	IT-basierte	Geistige	Menschliche	Strukturelle	Kulturelle

Tabelle 33: Bestandteile der Schlüsselressourcen[526]

Zielführende Fragen:

- Welche Ressourcen sind für den Wert/Nutzen des Geschäftsmodells notwendig?
- Woher müssen die Schlüsselressourcen organisiert werden?
- Welche Schlüsselressourcen können von Partnern realisiert werden und wie können diese in das Unternehmen integriert werden?

Nutzenversprechen

Das Nutzenversprechen beschreibt die Kombination aus Nutzen (Produkten und Dienstleistungen), die für den Kundenmarkt generiert werden sollen. Das Nutzenversprechen ist der Grund, warum sich Kunden für das Produkt entscheiden, da durch das Nutzenversprechen bei dem Kunden Bedürfnisse befriedigt bzw. Probleme gelöst werden.[527]

Es gilt hierbei, das Optimum zwischen einem möglichst hohen Nutzen für einen großen Kundenmarkt und einer dennoch handhabbaren Leistungserbringung zu fin-

525 Vgl. Capron und Mitchell (2011), S. 87
526 Vgl. Müller-Stewens und Lechner (2011), S. 199
527 Vgl. Osterwalder und Pigneur (2011), S. 26 und Sundelin (2009), S. 1

den.[528] Das Nutzenversprechen kann anhand von vier Leistungsmerkmalen[529] beschrieben werden. Es wird eine Leistung angeboten, die

1. den Kunden aufgrund finanzieller Mittel nicht zur Verfügung steht,
2. bisher nicht öffentlich zugänglich ist,
3. aufgrund mangelnder Kompetenz nicht verwendet wird,
4. bis dato aus Zeitmangel nicht verwendet wird.

Nutzenversprechen können folgende Ausprägungen[530] annehmen:

Neuheit: Neue Bedürfnisse werden erfüllt, derer sich Kunden vorher nicht bewusst waren. Zum Beispiel schufen Handys eine völlig neue Branche im Telekommunikationssektor.

Leistung/Funktion: Verbesserte Produkt-, Serviceleistung oder Funktionen können den Kundennutzen erhöhen, z.B. PC, Prozessoren, Display.[531]

Anpassung: Maßgeschneiderte bzw. individualisierte Produkte und Dienstleistungen wurden in letzter Zeit erheblich nachgefragt. Das Ziel dabei ist, angepasste Produkte, Dienstleistungen oder Funktionen auf Kundenbedürfnisse abzustimmen.

Arbeit erleichtern: Nutzen kann auch dadurch entstehen, dass Kunden die Arbeit erleichtert wird, z.B. können Services übernommen werden.

Design: Bei der Ausprägung Design wird eine visuell attraktive Lösung als Nutzenversprechen verwendet.[532] Bei Cloud-Lösungen kann durchaus auch der Designleitsatz von Louis Sullivan „form follows function" Anwendung finden, was nicht heißt, je komplexer, desto interessanter das Design, sondern eher, weniger ist mehr im Bezug zu einer gewissen Schlichtheit des Designs. Dabei tritt die Komplexität zugunsten einer gewissen Schlichtheit des Designs in den Hintergrund.

Marke/Status: Bei der Marke/Status werden Unternehmen und ihre Wahrnehmung durch Dritte betrachtet, z.B. ihre Spenden, sozialen Projekte usw.[533]

Preis: Ein Preisvorteil kann für die Kunden erreicht werden, indem vergleichbare Produkte zu einem geringeren Preis angeboten werden, z.B. preiswertes Smartphone mit den gleichen Funktionen.[534]

528 Vgl. Müller-Stewens und Lechner (2011), S. 378
529 Vgl. Müller-Stewens und Lechner (2011), S. 378
530 Vgl. Osterwalder und Pigneur (2011), S. 26 ff.
531 Vgl. Osterwalder und Pigneur (2011), S. 27 und Homburg und Krohmer (2006), S. 515
532 Vgl. Schief (2013), S. 71
533 Vgl. Osterwalder und Pigneur (2011), S. 28 und Schief (2013), S. 70
534 Vgl. Osterwalder und Pigneur (2011), S. 28 und Schief (2013), S. 72

Kostenreduktion: Hinter der Kostenreduktion steht der Nutzen, Kunden dabei zu helfen, die Kosten zu reduzieren, z.B. Salesforce On-demand- statt On-premise-Lösung.

Risikominderung: Risiken sollen bei der Miete und dem Kauf von Produkten und Dienstleistungen reduziert werden, z.B. durch Gewährleistung und Garantien.

Verfügbarkeit: Die schnelle oder direkte Verfügbarkeit von Produkten und Dienstleistungen von etwas, das vorher sehr teuer oder unmöglich war, z.B. Support, Softwarenutzung usw.

Sozialer Nutzen: Soziale Anerkennung und Bewunderung von Unternehmen und ihren Produkten oder Dienstleistungen entstehen innerhalb eines sozialen Umfeldes, z.B. kostenfreie Funktionen für Minderheiten.[535]

Usability: Die Usability oder auch Benutzerfreundlichkeit kann ein entscheidendes Kriterium sein, wenn es um den Kauf von Software geht. Denn je höher die Usability ist, umso höher kann die Arbeitsproduktivität sein.[536] „Usability ist das Ausmaß, in dem ein Produkt durch bestimmte Benutzer in einem bestimmten Nutzungskontext genutzt werden kann, um bestimmte Ziele effektiv, effizient und zufriedenstellend zu erreichen.“[537]

Nutzenversprechen					
Neuheit	Leistung/ Funktion	Anpassung	Arbeit erleichtern	Design	Marke/ Status
Preis	Kosten-reduktion	Risiko-minderung	Verfügbarkeit	Sozial	Usability

Tabelle 34: Bestandteile des Nutzenversprechens

Zielführende Fragen:

- Welcher Nutzen soll erreicht werden?
- Welche Produkte und Dienstleistungen können zu einem höheren Nutzen beitragen und wie können diese integriert werden?
- Wie können zusätzliche Kundenbedürfnisse erfüllt werden?
- Können Ergänzungen oder Zusatzangebote den Nutzen für die Kunden weiter steigern?
- Welcher Nutzen ist für die beteiligten Partner relevant?

---

535 Vgl. Homburg und Krohmer (2006), S. 515
536 Vgl. Schneider und Bräutigam (2011), S. 4
537 EN ISO 9241-11 (1995), S. 1 ff.

- Welche Produkte und Dienstleistungen können miteinander kombiniert werden?

Kundenkanäle

Zur Ausgestaltung dieser vertrieblichen Schnittstelle des Unternehmens gibt es in der Praxis unterschiedliche Möglichkeiten. Entweder bieten Unternehmen nur einen Kanal an oder es werden mehrere Kanäle kombiniert angeboten (Multi-Channel)[538]. Im zweiten Fall ist es wichtig, die richtige Mischung der Kundenkanäle zu finden.[539] Rittinger nennt zwei Erfolgsfaktoren im Multi-Channel-Bereich, um damit einen nachhaltigen Wettbewerbsvorteil zu erzielen.[540] Zum einen sollen die unterschiedlichen Vertriebskanäle für die Kunden nutzenstiftend (Cross-Channel Management) eingesetzt werden[541] und zum anderen soll das Vertriebskanalnetzwerk als einzigartig[542] wahrgenommen (Retail Branding) werden.

Die Durchführung im **direkten Vertrieb** reicht von der Eigenleistung, z.B. in eigenen Filialen, Eigenvertrieb, über das Internet, mobile Geräte und interaktive TV-Sets[543] bis zu eigenen Softwareplattformen[544]. **Indirekte** Möglichkeiten sind der **Vertrieb** durch Partnerfilialen, Großhändler, Fremdvertrieb sowie elektronische Marktplätze[545]. Marktplätze ähneln einer Vertriebsplattform, auf der Cloud-Services angeboten werden.[546] Die Vorteile von Marktplätzen sind die Netzwerkeffekte entlang der gesamten Wertschöpfungskette. Im Cloud-Computing gibt es drei Arten von Marktplätzen.[547] Auf dem klassischen Marktplatz treffen viele Anbieter auf viele Nachfrager und der Vertrag wird zwischen diesen beiden Parteien geschlossen (1). Im zweiten Modell ist dagegen der Marktplatz der Vertragspartner und nicht der Anbieter (2). Der Vorteil für den Kunden besteht bei dieser Variante darin, dass er nur einen Vertragspartner hat (alles aus einer Hand). Im dritten Modell hat der Anbieter selbst einen Marktplatz gegründet (3). Auch hier kann der Kunde alles von einem Vertragspartner bekommen, begibt sich aber auch in eine gewisse Abhängigkeit (siehe Abbildung 36).

---

538 Vgl. Rittinger (2013), S. 3 ff.
539 Vgl. Osterwalder und Pigneur (2011), S. 30 f.
540 Vgl. Rittinger (2013), S. 33
541 Nutzenstiftend im Sinne der Integration und Verknüpfung der Vertriebskanäle untereinander.
542 Einzigartig im Sinne von besonderer Markenstärke des Unternehmens.
543 Vgl. Rittinger (2013), S. 5
544 Softwareplattformen sind „interorganisationale, softwarebasierte Produkte oder Informationssysteme, welche die Basis für die Leistungen und Geschäftstätigkeiten interner und externe Akteure darstellen“ Mautsch (2015), S. 26
545 Vgl. Pelzl und Herzwurm (2010), S. 151 ff.
546 Vgl. Pelzl u.a. (2013), S. 44
547 Vgl. Kunisch (2014), S. 1

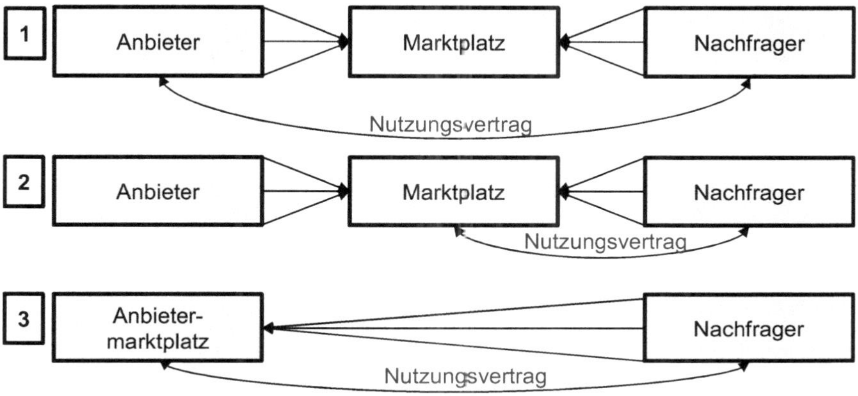

Abbildung 36: Cloud-Marktplatz-Typen[548]

Nach Osterwalder und Pigneur ist die Reichweite zwar bei den indirekten Kanälen größer, dafür ist bei den direkten Kanälen aber die Gewinnspanne größer.[549]

Der Vertrieb von Cloud-Services erfolgt zumeist über mehrere direkte digitale Wege wie Internet, Mobile und Plattformen – aber auch über Marktplätze. Des Weiteren sind aber auch eigene Filialen für die Beratung vor Ort oder über Partner möglich. Beispielsweise werden in den Geschäften der Deutschen Telekom AG auch Auskünfte zu ihren angebotenen Cloud-Produkten gegeben.

Kundenkanäle									
Direkter Vertrieb						Indirekter Vertrieb			
Eigene Filialen	Eigenvertrieb	Internet	Mobil	Interaktive TV-Sets	SW-Plattformen	Partner	Großhändler	Fremdvertrieb	Marktplatz

Tabelle 35: Bestandteile der Kundenkanäle

Zielführende Fragen:

- Wie soll der Kunde angesprochen werden, wo kann er die Leistung beziehen und wie bekommt er sie geliefert?
- Mit welchen Kunden soll zu welchem Zweck über welche Kundenkanäle Kontakt hergestellt werden?

548 Vgl. Kunisch (2014), S. 1 f.
549 Vgl. Osterwalder und Pigneur (2011), S. 31

- Welche Kundenkanäle sind am effizientesten?
- Mit welchen Kundenkanälen kann welcher Kundenmarkt erreicht werden?

Schlüsselaktivitäten

Die Geschäftsmodellkomponente Schlüsselaktivitäten beinhaltet die Aktivitäten, auf die sich ein Unternehmen fokussieren muss, um ein funktionsfähiges Geschäftsmodell zu betreiben. So hat ein Unternehmen etwa die Möglichkeit, sich auf nur eine Aktivität zu konzentrieren (z.B. die Softwareentwicklung) oder auf verschiedene Aktivitäten (z.B. Softwareentwicklung und Beratung).

Porter liefert mit seiner Wertkette ein Instrument zur Abbildung solcher Aktivitäten.[550] Pelzl u.a. untersuchten darüber hinaus Cloud-Wertschöpfungsnetzwerke deutscher Cloud-Anbieter.[551] Auf dieser Grundlage konnten Aktivitäten für die Geschäftsmodellentwicklung abgeleitet werden.

Im Cloud-Computing bietet ein Unternehmen beispielsweise die Kernaktivität „Aggregation“ an. Das heißt, der Aggregator vereinheitlicht verschiedene Cloud-Services zu einem aufeinander abgestimmten Paket und bietet dieses seinen Kunden an. Dabei werden entweder bestehende Cloud-Services kombiniert oder es fließen noch eigene Dienstleistungen in das Angebot mit ein. Weitere Möglichkeiten wurden in Kapitel 3.4 „Cloud-Wertschöpfungsnetzwerk“ beschrieben. Tabelle 36 zeigt mögliche Schlüsselaktivitäten auf.

Schlüsselaktivitäten				
Zulieferer	OEM	VAR	Vertriebskanal	Kundenservice
CIP	SaaS-CSP	Aggregator	Marktplatz	Consultant
ISV	PaaS-CSP		Plattform	Integrator
	IaaS-CSP			Helpdesk

Tabelle 36: Bestandteile der Schlüsselaktivitäten[552]

Zielführende Fragen:

- Welche Schlüsselaktivitäten sind für das Unternehmen relevant?

[550] Vgl. Porter (1985), S. 33

[551] Vgl. Pelzl u.a. (2013), S. 43 ff.

[552] Die Schlüsselaktivität des „Endnutzers“ macht an dieser Stelle keinen Sinn und wird deshalb nicht dargestellt. Vgl. Pelzl u.a. (2013), S. 45

- Welche Schlüsselaktivitäten sind einzigartig und welche sollten weiter ausgebaut werden?
- Wie können Schlüsselaktivitäten von Partnern realisiert und integriert werden?

Crowdsourcing

Crowdsourcing ist eine Strategie des Auslagerns von Aufgaben an externe Akteure. Der Aufruf zur Teilnahme an einem Crowdsourcing-Projekt erfolgt typischerweise auf speziellen Onlineplattformen und richtet sich an alle interessierten Internetnutzer. Crowdsourcing hat direkte Auswirkungen auf das Nutzenversprechen und kann die enthaltenen Ausprägungen unterstützen oder verändern. Es kann zwischen verschiedenen Ansätzen unterschieden werden:

Crowdwisdom: Das Prinzip von Crowdwisdom besteht darin, die kollektive Intelligenz bzw. Schwarmintelligenz vieler Personen auszunutzen, wodurch Probleme effektiver gelöst werden können als von einer Einzelperson.[553] Über das Internet können sich Millionen von Menschen vereinen und damit eine große Reichweite erzielen.

Crowdcreation: Im Crowdcreation können die beteiligten Personen durch ihre Ideen helfen, neue Produkte, Designs, Verbesserungen usw. entstehen zu lassen.[554] Sie dürfen sozusagen am Entstehungsprozess mitwirken und haben dadurch Einfluss auf die Unternehmen bzw. die Unternehmen wünschen sich diesen kundenorientierten Einfluss, um ihre Produkte besser vermarkten zu können. Beispielsweise werden unter dem Deckmantel von kreativen Gewinnspielen Innovationskraft, Werbung und Verbreitung durch die zukünftigen Kunden selber und freiwillig übernommen.

Crowdfunding: Beim Crowdfunding schließen sich viele Einzelpersonen zusammen, um Projekte, Produkte und Dienstleistungen zu fördern, in die sonst wahrscheinlich niemand investiert hätte.[555] Hierbei sind die Reichweitenvorteile über das Internet von Vorteil. In letzter Zeit ist diese Art der Kapitalbeschaffung vor allem auch für Start-up-Unternehmen interessant geworden. Mittlerweile existieren auch Plattformen, die Provisionen dafür erhalten, dass Unternehmen darauf ihre potenziellen Projekte vorstellen dürfen. Weitere Finanzierungsmöglichkeiten sind z.B. Venture-Capital, Business Angels und Förderprogramme.[556]

---

[553] Vgl. Surowiecki (2004), S. 4
[554] Vgl. Leimeister (2012), S. 389 f.
[555] Vgl. Leimeister (2012), S. 389
[556] Vgl. Spath u.a. (2012), S. 168

Crowdvoting: Crowdvoting nutzt die Masse an Menschen, damit diese Bewertungen, Abstimmungen, Meinungen oder Empfehlungen abgeben. Beispielsweise können hier Amazon und iTunes genannt werden.[557]

Auch für Start-up-Unternehmen aus dem Bereich des Cloud-Computing können diese Möglichkeiten relevant sein. So könnte durch Crowdcreation neue Funktionen durch beteiligte Nutzer entstehen, durch Crowdvoting über diese Funktionen abgestimmt werden und durch Crowdfunding das Vorhaben finanziert werden.

Crowdsourcing			
Crowdwisdom	Crowdcreation	Crowdfunding	Crowdvoting

Tabelle 37: Bestandteile des Crowdsourcings

Zielführende Fragen:

- Welche Crowdsourcing-Arten könnten relevant sein?
- Könnte die Beteiligung im Sinne von Crowdcreation neben der Öffentlichkeitswirkung auch neue Innovationen fördern?

Zielkunden

Zielkunden von Unternehmen sind eine der wichtigsten Komponenten bei der Betrachtung eines Geschäftsmodells.[558] Die Einteilung bzw. Zuordnung des Produktes zu einem oder mehreren Zielkunden kann eine ganze Reihe von Veränderungen nach sich ziehen (z.B. Änderung der Kundenkanäle, Anpassung der Schlüsselaktivitäten). Eine in der Literatur typische Abgrenzung ist Dreiteilung von Unternehmen zu Privatpersonen, Business-to-Consumer (B2C), zu Unternehmen, Business-to-Business (B2B), und zum öffentlichen Sektor, Business-to-Administration (B2A).[559] Zielkunden können nach Labes u.a.[560] in Großunternehmen, KMU, Start-ups, den öffentlichen Sektor und Endverbrauchern unterteilt werden:

Großunternehmen: Zu den großen Kapitalgesellschaften werden nach der Europäischen Union (EU) Unternehmen gezählt, die mehr als 250 Mitarbeiter beschäftigen

557 Vgl. Leimeister (2012), S. 389
558 Vgl. Labes u.a. (2013b), S. 47
559 Vgl. Wirtz (2016), S. 23 ff.
560 Vgl. Labes u.a. (2013b), S. 42

und entweder einen Jahresumsatz von mehr als 50 Mio. Euro erwirtschaften oder eine Jahresbilanzsumme von mindestens 43 Mio. Euro aufweisen.[561]

Kleine und mittlere Unternehmen (KMU): KMU werden nach der EU so definiert, dass diese weniger als 250 Mitarbeiter beschäftigen und entweder einen Jahresumsatz von höchstens 50 Mio. Euro erwirtschaften oder eine Jahresbilanzsumme von höchstens 43 Mio. Euro aufweisen.[562]

Start-ups: „Ein Startup ist ein junges, innovatives und noch nicht etabliertes Unternehmen auf der Suche nach einem nachhaltigen, skalierbaren Geschäftsmodell."[563]

B2B-Unternehmen können nach folgenden Kriterien[564] unterteilt werden:

- organisatorische Merkmale (z.B. Unternehmensgröße, Unternehmensstandort, Marktanteil, bestehende Beziehungen zu anderen Unternehmen)
- ökonomische Merkmale (z.B. Finanzierungsart, Liquidität, Bestände)
- Kaufverhalten (z.B. Early Adopter, Lieferantentreue, Kaufzeitpunkt, Risikobereitschaft)
- Charakteristika der Entscheidungsträger (z.B. Dringlichkeit, innovatives Unternehmen)

Öffentlicher Sektor: Unter dem öffentlichen Sektor können Bund, Land, Kommunen, Behörden und öffentliche Einrichtungen (Krankenhäuser, Pflegeeinrichtungen usw.) subsumiert werden.[565]

Endverbraucher: „Verbraucher ist jede natürliche Person, die ein Rechtsgeschäft zu Zwecken abschließt, die überwiegend weder ihrer gewerblichen noch ihrer selbständigen beruflichen Tätigkeit zugerechnet werden können."[566] Meffert u.a. segmentieren den Endverbrauchermarkt anhand von folgenden Kriterien:[567]

- Geografische Kriterien: Diese Kriterien geben einen Hinweis auf den Abnehmermarkt, z.B. makrogeografische Merkmale (Bundesländer, Stadt usw.) und mikrogeografische Merkmale (Ortsteile, Wohngebiete usw.).

---

561 Vgl. Definition der Europäischen Union - Empfehlung der Kommission vom 6. Mai 2003 betreffend die Definition der Kleinstunternehmen sowie der kleinen und mittleren Unternehmen - Aktenzeichen K(2003) 1422
562 Ebenda
563 Carstens und Schramm (2014), S. 11
564 Vgl. Hassler (2015), S. 327
565 Vgl. Hoch u.a. (2005), S. 221 f.
566 § 13 BGB
567 Vgl. Meffert u.a. (2015), S. 181 ff.

- Soziodemografische Kriterien: Die soziodemografischen Kriterien gliedern sich in demografische Merkmale (Alter, Geschlecht usw.) und sozioökonomische Merkmale (Beruf, Ausbildung usw.).
- Psychografische Kriterien: Diese Kriterien dienen dazu, nicht direkt beobachtbare Konstrukte des Kaufverhaltens zu berücksichtigen, z.B. allgemeine Persönlichkeitsmerkmale (Aktivitäten, Interessen usw.) und produktspezifische Merkmale (Motive, Nutzenvorstellung usw.).
- Verhaltensorientierte Kriterien: Diese dienen den psychografischen Kriterien als Bestimmungsfaktor des Kaufverhaltens, z.B. Preisverhalten (Preisklasse, Sonderangebote usw.), Mediennutzung (Anzahl, Intensität usw.), Einkaufsstättenwahl (Betriebsform, Geschäftstreue usw.) und Produktwahl (Käufer, Nichtkäufer usw.).

In den letzten Jahren haben sich auch weitere Zielgruppen herausgebildet, die als Lifestyle-Typologien Verbreitung finden. Zum Beispiel steht DINK für kinderlose Doppelverdiener (Double Income No Kids) oder LOHAS für eine Gruppe, die einen gesunden und nachhaltigen Lebensstil bevorzugt (Lifestyle of Health and Sustainability).[568]

Im Cloud-Computing sind alle fünf beschriebenen Zielgruppen relevant und somit mögliche Bestandteile von Geschäftsmodellen.

Zielkunden				
B2A	B2B			B2C
Öffentlicher Sektor	Großunternehmen	KMU	Start-ups	Verbraucher

Tabelle 38: Bestandteile der Zielkunden

Zielführende Fragen:

- Welche Zielkunden können für das Geschäftsmodell relevant sein?
- Kann eine weitere, verfeinerte Einteilung der Zielkunden Sinn machen?

Kundenmarkt

Innerhalb des Kundenmarktes werden relevante Gruppen von Kunden oder Organisationen definiert, die für das zukünftige Geschäftsmodell relevant sein können.[569]

568 Weitere Zielgruppen können z.B. nachgeschlagen werden bei Mattmüller (2012), S. 224

569 Vgl. Osterwalder und Pigneur (2011), S. 24 f. und Porter (1998), S. 137 ff.

Massenmarkt: An diesen Kundenmarkt richtet sich an eine große Gruppe von Kunden mit ähnlichen Bedürfnissen und Problemen. Ein Massenmarkt zeichnet sich durch eine hohe Nachfrage und hohe Konkurrenz aus.[570] In der Regel ergibt sich daraus ein hohes Umsatzvolumen, aber ein niedriger Gewinn.

Nischenmarkt: Geschäftsmodelle, die sich auf Nischenmärkte konzentrieren, richten sich an spezifische und eingegrenzte Kundengruppen oder Märkte. Nischenmärkte entstehen, wenn bisher existierende Produkte keine Kundenbedürfnisse befriedigen.[571]

Differenzierung: Im Differenzierungsmarkt sind Unternehmen bedacht eine branchenweite Einzigartigkeit ihrer Leistung anzubieten und sich damit von den Wettbewerbern zu unterscheiden.[572] Beispielsweise bedient ein Anbieter jeweils andere Kundengruppen durch unterschiedliche Produktkategorien (Premium, Masse) und muss damit einhergehend über verschiedene Absatzkanäle, Erlösmodelle usw. nachdenken.

Diversifikation: Hierbei werden unterschiedliche und nicht zusammenhängende Marktsegmente bedient. Das kann beispielsweise der Fall sein, wenn sich ein Unternehmen zunächst auf einen bestimmten Bereich spezialisiert hat und später einen anderen Bereich (als zusätzlichen Geschäftsbereich) aufkauft. Ein bekanntes Beispiel dafür ist das Unternehmen Amazon, das als E-Shop-Betreiber gestartet ist und mittlerweile auch Cloud-Dienstleistungen an Kunden vertreibt.[573]

Kundenmarkt			
Massenmarkt	Nischenmarkt	Differenzierung	Diversifikation

Tabelle 39: Bestandteile des Kundenmarkts

Zielführende Fragen:

- Wer sind unsere Kunden und warum sind das unsere Kunden?
- Können wir aufgrund unseres Nutzens und unserer Schlüsselressourcen neue Kundenmärkte erschließen?
- Welchen Kundenmarkt sollten wir weiter betrachten und warum?

570 Vgl. Osterwalder und Pigneur (2011), S. 25
571 Vgl. Detroy u.a. (2007), S. 639
572 Vgl. Homburg (2015), S. 225
573 Vgl. Osterwalder und Pigneur (2011), S. 25

Kundenbeziehungen

Innerhalb der Kundenbeziehungen werden Beziehungen beschrieben, die ein Unternehmen mit dem Kunden eingeht. Diese Kontakte reichen von der manuellen Kontaktaufnahme per E-Mail (Support) über den persönlichen Kontakt bis hin zum automatisierten Kontakt im Selbstservice. Folgende Kundenbeziehungen können unterschieden werden:[574]

Persönlicher Kontakt: Sollten Kunden Fragen zu einem Produkt haben oder Support in Anspruch nehmen, gibt es die Möglichkeit, einen Ansprechpartner vor Ort zu kontaktieren und zu besuchen.

Digitaler Kontakt: Die Kontaktaufnahme über das Internet ist über Call-Center, E-Mails, Live Chats und Support-Tickets usw. möglich.

Selbstservice: Der Kunde bekommt die Möglichkeit, seine relevanten Daten in ein Onlineprofil einzugeben und auch selbst zu pflegen. Darüber hinaus kann er z.B. auf seine Vertragsdaten zugreifen und Nutzer-Accounts pflegen.

Communitys: Unternehmen können Communitys anlegen, um eine engere Kundenbindung zu erreichen. Die Kunden können darin Wissen austauschen und Probleme lösen, das Unternehmen kann wiederum interessierte Kunden erreichen und Fragen beantworten.

Support: Support-Dienstleistungen sind in den letzten Jahren immer wichtiger geworden. Aufgrund der schnellen Verbreitung von schlechten Feedbacks (z.B. in sozialen Medien) sind Unternehmen heutzutage sehr darauf bedacht, Onlinehilfen, FAQs, Telefonkontakt, Hotlines usw. anzubieten und möglichst schnell auf Nutzeranfragen zu antworten.

Mitbeteiligung: Unternehmen machen sich die Nachfrage nach Mitbeteiligung zunutze, um dadurch nützliche Informationen zu gewinnen. User können in Portalen Bewertungen schreiben und Feedback geben. Serviceverbesserungen, z.B. in Form der durch das Crowdsourcing gewonnenen Ideen, können von Unternehmen durchgeführt werden (siehe den Abschnitt zum Crowdsourcing).

Im Cloud-Computing können verschiedene Kombinationen der Kundenbeziehungsausprägungen zu einer optimalen Strategie führen. Das Unternehmen soll die For-

[574] Vgl. Osterwalder und Pigneur (2011), S. 32 f.

men der Kundenbeziehungen anbieten können, die es als treffend erachtet, um die Kunden erreichen zu können und erreicht zu werden.

Kundenbeziehungen					
Persönlicher Kontakt	Digitaler Kontakt	Selbstservice	Communitys	Support	Mitbeteiligung

Tabelle 40: Bestandteile der Kundenbeziehungen

Zielführende Fragen:

- Welche Kundenbeziehungen würden wir selber erwarten?
- Welche der Kundenbeziehungen ist besonders erfolgreich?
- Wie können wir bisherige Kundenbeziehungen verbessern?

Wertschöpfungsarchitektur

Mit der Wertschöpfungsarchitektur kann ein Unternehmen entscheiden, welche Kernaktivitäten es fokussiert und welche es beispielsweise an Partner weitergeben kann. Die Wertschöpfungsarchitekturen von Unternehmen können anhand von vier Typen unterschieden werden: Layer-Player (Schichtenspezialist), Orchestrator, Integrator und Market-Maker (Pionier).[575]

Die einzelnen Typen wurden bereits im Kapitel 3.4 beim Cloud-Wertschöpfungsnetzwerk beschrieben. Tabelle 41 zeigt Bestandteile der Wertschöpfungsarchitektur.

Wertschöpfungsarchitektur			
Layer-Player (Schichtenspezialist)	Orchestrator	Integrator	Market-Maker (Pionier)

Tabelle 41: Bestandteile der Wertschöpfungsarchitektur

Zielführende Fragen:

- In welcher Position der Wertschöpfungsarchitektur befindet sich das Unternehmen aktuell?
- Wie werden externe Ressourcen (z.B. Partner) und Aktivitäten in die Wertschöpfungsarchitektur integriert?
- Welche Positionierung kann sich das Unternehmen zukünftig vorstellen?

575 Vgl. Heuskel (1999), S. 34-73

Kundenbranchen

KPMG AG und BITKOM Research GmbH haben 2014 eine Studie[576] durchgeführt, in der 403 Unternehmen anhand folgender Kategorisierung eingeteilt wurden. Daher werden diese Branchen als gängige Kundenbranchen verwendet.

Kundenbranchen								
Automobilbau	IuK	Verkehr und Logistik	Handel	Dienstleistung	Tourismus	Finanzdienstleister	Maschinen- und Anlagenbau	Chemie- und Pharmaindustrie

Tabelle 42: Bestandteile der Kundenbranchen

Zielführende Fragen:

- In welcher Branche sind Sie aktuell tätig und warum?
- Welche Branche könnte vielleicht für das Geschäftsmodell noch interessant sein?
- Könnten wir neue Kundenbranchen bedienen?

Partnernetzwerke

In der Geschäftsmodellkomponente Partnernetzwerke werden Partner (z.B. auch Lieferanten) beschrieben, die einen nützlichen Beitrag zum Geschäftsmodell leisten können.[577] Der jeweilige Nutzen, den die Partner in einem Partnernetzwerk liefern, wird durch die Bereitstellung ihrer Schlüsselressourcen und Schlüsselaktivitäten erzeugt.[578] Wie bereits unter der Komponente Schlüsselaktivitäten und Wertschöpfungsarchitektur erläutert wurde, kann das Unternehmen entscheiden, auf welche Teile der Wertschöpfungskette (Netzwerk) sich das Unternehmen fokussieren möchte und ob es diese selber erbringt oder erbringen lässt. Dieses Prinzip kann auf die Schlüsselressourcen übertragen werden. Hierbei stellt sich die Frage, welche materiellen oder immateriellen Ressourcen sinnvoll und in Kooperation von den Partnern übernommen oder in das Unternehmen von Partnern integriert werden können.

Grundsätzlich können folgende Partnernetzwerkformen unterschieden werden: strategische Allianz, Koopkurrenz, Joint Venture, Käufer-Anbieter-Beziehungen und of-

[576] Vgl. Wallraf und Pols (2014), S. 9
[577] Vgl. Osterwalder und Pigneur (2011), S. 42
[578] Vgl. Osterwalder und Pigneur (2011), S. 43

fene Partnerschaften.[579] Eine **strategische Allianz**[580] ist eine „freiwillige und längerfristige Kooperation zwischen zwei oder mehreren Unternehmen [...], die dem gemeinsamen Ziel dient, sich zusammen Wettbewerbsvorteile zu sichern bzw. sie zu verbessern."[581] Unter **Koopkurrenz**[582] wird eine Kooperation mehrerer Anbieter verstanden, die in anderen Konstellationen in einem konkurrierenden Verhältnis zueinander stehen.[583] In solch einem Fall arbeiten Unternehmen in einer Partnerschaft für eine gewisse Zeit zusammen, gleichzeitig konkurrieren sie aber auf anderen Gebieten. Beispielsweise kann beim Geschäftsmodell von Amazon[584] oder auch zwischen Samsung und Apple von Koopkurrenz gesprochen werden, denn zum einen kooperieren die Unternehmen miteinander – Samsung entwickelt Chips, Mobilprozessoren usw. für Apple – und zum anderen konkurrieren die Unternehmen in Bezug auf Marktanteil, Umsatz etc. miteinander. Bei einem **Joint Venture** handelt es sich um eine Kooperationsform, bei der zwei oder mehr Partnerunternehmen (außerhalb des Vertrages) als unabhängige Unternehmen handeln, aber gemeinsam das finanzielle Risiko und die Führungsverantwortung für das Joint Venture-Projekt übernehmen.[585] **Käufer-Anbieter-Beziehungen** sind Kooperationen, die eine zuverlässige Versorgung von Produkten und Dienstleistungen gewährleisten sollen, jedoch nur kurz existieren. **Offene Partnerschaften** bzw. offene Geschäftsmodelle beziehen sich auf Akteuren, die von außerhalb des Unternehmens in den geschlossenen Bereich der Leistungserstellung des Unternehmens (z.B. Forschung und Entwicklung) integriert werden.[586] Das Ziel dieses Modells ist es, sich Anteile auf neu entstehenden Märkten zu sichern und dadurch die eigene Effizienz zu erhöhen.[587]

Partnerschaften werden zumeist nur dann eingegangen, wenn sich beide Seiten davon Vorteile versprechen. Drei Gründe können für den Aufbau von Partnerschaften sprechen: Optimierung und Mengenvorteil von Ressourcen und Aktivitäten, Minderung von Risiken und Unsicherheiten sowie Akquise bestimmter Ressourcen und Aktivitäten.[588] Ein allgemeines Motiv für solche Partnerschaften ist es, Schlüsselakti-

---

579 Vgl. Osterwalder und Pigneur (2011), S. 42
580 Im Gegensatz zu strategischen Allianzen arbeiten bei strategischen Netzwerken auch Gruppen miteinander zusammen. Vgl. Müller-Stewens und Lechner (2011), S. 306
581 Müller-Stewens und Lechner (2011), S. 304
582 Weiterführende Informationen finden sich beispielsweise bei Bernecker (2005), S. 123 ff.
583 Vgl. Brandenburger und Nalebuff (1998), S. 11 ff.
584 Vgl. Ritala u.a. (2014), S. 236-249
585 Vgl. Zentes u.a. (2005), S. 107 ff.
586 Vgl. Gassmann u.a. (2013), S. 180
587 Vgl. Gassmann u.a. (2013), S. 180
588 Vgl. Osterwalder und Pigneur (2011), S. 43

vitäten und Schlüsselressourcen optimal verteilt einzusetzen, um Kostenvorteile durch Skaleneffekte zu erzielen. Im Cloud-Computing kann z.B. Infrastruktur ausgegliedert oder geteilt werden. Es können aber auch externe Berater für ein zeit- oder kostenintensives Projekt eingestellt werden. Für ein Unternehmen, das in einem starken Wettbewerbsumfeld agiert, können Partnerschaften ein wichtiger Erfolgsfaktor sein. Denn dadurch können Risiken und Unsicherheiten reduziert oder sogar vermieden werden. Beispielsweise haben sich VMware und Google in einer Partnerschaft zusammengeschlossen, um gemeinsam gegen die Cloud-Services von Amazon bestehen zu können. Sie wollen ihre Cloud-Services jeweils beim anderen Unternehmen integrieren, damit die Reichweite und die Funktionalität deutlich erhöht werden.[589] Unternehmen stützen sich in ihrem Geschäftsmodell oft nicht vollständig auf ihre eigenen Ressourcen oder Aktivitäten, sondern akquirieren diese bei anderen Firmen, um dadurch die eigenen Kapazitäten zu erhöhen. Zum Beispiel entwickeln einige Smartphone-Hersteller das Betriebssystem zum Gerät nicht selber, sondern zahlen stattdessen eine Lizenz an den Softwarehersteller.

Partnernetzwerke				
Strategische Allianz	Koopkurrenz	Joint Ventures	Käufer-Anbieter-Beziehungen	Offene Partnerschaft

Tabelle 43: Bestandteile des Partnernetzwerkes

Pelzl u.a. (2013) beschreiben verschiedene Akteure, die in einem Cloud-Partnernetzwerk vorkommen können.[590] Diese Akteure können in einem Geschäftsmodell Schlüsselaktivitäten übernehmen. Beispielsweise können Aggregatoren, Marktplätze und Plattformen, aber auch Zertifizierungsinstanzen und IT-Berater für Partnernetzwerke in Frage kommen.[591] Die folgenden Entscheidungsmatrizen können bei der Entscheidung über das Eingehen von Partnerschaften helfen.[592]

589 http://www.vdi-nachrichten.com/Technik-Wirtschaft/VM-Ware-Google-gemeinsam-Amazons-Cloud
590 Vgl. Pelzl u.a. (2013), S. 6 f.
591 Vgl. Pelzl u.a. (2013), S. 6 f. und Spath u.a. (2012), S. 106
592 Vgl. Stricker u.a. (2011), S. 20

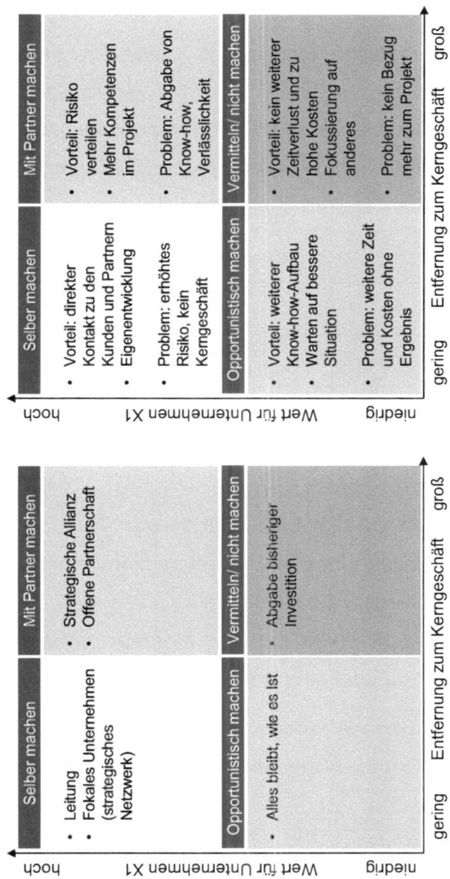

Abbildung 37: Entscheidungsmatrix zur Partnerschaft

Zielführende Fragen:

- Welche Partner sind für das Geschäftsmodell nötig?
- Welche materiellen oder immateriellen Ressourcen und Aktivitäten können sinnvoll und in Kooperation von den Partnern übernommen oder auch in das Unternehmen integriert werden?
- Welche Vorteile bietet ein Partnernetzwerk?
- Wie können Partner die Kundenkanäle und das Nutzenversprechen von meinem Unternehmen entsprechend unterstützen?

4.2.4 Technische Cloud-Geschäftsmodellkomponenten

Die im Folgenden behandelten technischen Cloud-Geschäftsmodellkomponenten wurden aus den Grundlagen zu Cloud-Computing (siehe Kapitel 3) und der Literatur[593] entnommen. Die Cloud-Geschäftsmodellkomponenten können nach den Cloud-Ebenen, Cloud-Organisationsformen, Cloud-Eigenschaften und Cloud-Anwendungen unterschieden werden. Die Cloud-Ebenen unterteilen sich in IaaS, PaaS und SaaS.

Cloud-Ebenen					
IaaS			PaaS		SaaS
Speicher	Computing	Netzwerk	Entw.-Umgebung	Entw.-Werkzeug	Software

Tabelle 44: Bestandteile der Cloud-Ebenen

Zielführende Fragen:

- Welche Ebenen sind für uns relevant und warum?
- Können andere Ebenen für uns relevant sein und welche Auswirkungen hätte das auf die Cloud-Organisationsformen?
- Könnte mein Nutzen erhöht und ein möglicherweise einzigartiges Produkt durch einen Wechsel oder eine Kombination der Ebenen erreicht werden?

Die vorgestellten Cloud-Ebenen können jeder Cloud-Organisationsform zugeordnet werden. Bei den Cloud-Organisationsformen werden insgesamt sechs verschiedene Ausprägungen unterschieden.

Cloud-Organisationsformen					
Public Cloud	Virtual private Cloud	Outsourced private Cloud	Hybrid Cloud	Private Cloud	Managed private Cloud

Tabelle 45: Bestandteile der Cloud-Organisationsformen

Zielführende Fragen:

- Welche Organisationsformen sind für uns relevant und warum sind sie das?
- Sollen die Cloud-Services von mir selber oder von einem Dritten gemanagt oder extern gehostet werden?
- Sollten wir für verschiedene Zielkunden und Kundenmärkte unterschiedliche Organisationsformen anbieten?

593 Vgl. Labes u.a. (2013a), S. 4 und Appelrath u.a. (2014), S. 37-47

Die Cloud-Eigenschaften setzen sich zum einen aus den fünf Merkmalen des NIST zusammen: On-Demand Self-Service, Resource Pooling, Rapid Elasticity, Broad Network Access und Measured Service, und zum anderen aus bereits identifizierten Merkmalen: Standardization, Availability, Security und SLA. Diese neun Cloud-Eigenschaften können weiter innerhalb eines Reifegradmodells in fünf Stufen abgegrenzt werden (siehe Kapitel 3.2.4).

Cloud-Eigenschaften				
On-Demand Self-Service	Resource Pooling	Rapid Elasticity	Broad Network Access	Measured Service
Standardization	Availability	Security	SLA	-

Tabelle 46: Bestandteile der Cloud-Eigenschaften

Zielführende Fragen:

- Welche Stufen der Eigenschaften werden von uns oder von Partnern angeboten?
- Wie könnte ein höherer Reifegrad der Cloud-Eigenschaften erreicht werden?
- Welche Reifegradstufen würden einen höheren Nutzen für die Kunden bedeuten und sind diese auch realisierbar (auch im Hinblick auf die Kosten)?

Cloud-Anwendungen sind Unternehmenssoftwareanwendungen (Backend) und E-Business-Anwendungen (Frontend) sowie zukünftige Industrie-4.0-Anwendungen.[594] Cloud-Computing ermöglicht jegliche Anwendungen zu betreiben und zu nutzen.

Art der Anwendung							
ERP	SCM	SRM	CRM	HR	BI	E-Shops	Alle
Production	Office	Mail	Collaboration	Content Mngt.	E-Procurement	E-Payments	Industrie 4.0

Tabelle 47: Bestandteile der Art der Cloud-Anwendungen

Zielführende Fragen:

- Warum sind wir mit dieser Art der Anwendung am Markt aktiv?
- Welche anderen Anwendungen könnten unseren Nutzen weiter erhöhen?
- Welche Anwendungen könnten mit Partner weiter- oder mitentwickelt werden?

[594] Vgl. z.B. Gronau (2014), S. 11 und Wirtz (2016), S. 397 ff. und S. 581 ff.

4.2.5 Zusammenfassung der Cloud-Geschäftsmodellkomponenten

Die beschriebene Identifikation und Eingrenzung der Geschäftsmodellelemente erfüllt nicht alle Anforderungen vollständig. So kann die Überschneidungsfreiheit nicht vollkommen gewährleistet werden, z.B. kommt die Geschäftsmodellausprägung Partner und Marktplatz (Kundenkanäle und Schlüsselaktivitäten) mehrfach vor. Um dieser Problematik entgegenzuwirken, erfolgt ein Hinweis in den Expertenworkshops, damit die Experten keine doppelte Wertung vornehmen.

Die allgemeinen und technischen Cloud-Computing-Geschäftsmodellkomponenten können anhand der Kategorien Strategie, Kunden, Wertschöpfung und Cloud-Computing gruppiert werden, um eine bessere Übersicht zu schaffen. Es werden insgesamt 18 Geschäftsmodellkomponenten[595] mit 144 Geschäftsmodellausprägungen identifiziert. Die neun Cloud-Eigenschaften könnten anhand der fünf Stufen des Reifegradmodells noch weiter verfeinert und abgegrenzt werden. In Abbildung 38 wurde die Darstellungsform des Morphologischen Kastens nach Zwicky[596] gewählt. In der ursprünglichen Abbildung des Morphologischen Kastens können pro Parameter verschiedene Ausprägungen dargestellt werden. Die betrachteten Geschäftsmodellkomponenten enthalten jedoch auch Unterausprägungen, so dass der Morphologische Kasten entsprechend erweitert wurde.

Strategiemodell											
Globale Strategie	Kostenführerschaft	Qualitätsführerschaft	Verfügbarkeitsführerschaft	Bedarfsführerschaft	Informationsführerschaft						
Preispolitische Strategien	Preispositionierung	Preisdifferenzierung	Lebenszyklusorientierte Preispolitik								
	Hochpreisstrategie	Mittelpreisstrategie	Niedrigpreisstrategie	Preisdifferenzierung	Preisbündelung	Revenue Management	Abschöpfungsstrategie	Penetrationsstrategie	Follow-the-free	Metered Model	Customer Loyalty u. Geld-zurück
Preisgestaltung	Erlösquellen	Erlösmodelle									
	Produkt	Dienstleistung	Add-on	Vermittlung	Werbung	Einmalzahlung	Wiederkehrende Zahlung	Hybride Zahlung	Nutzungsabhängig	Nutzungsunabhängig	Ergebnisabhängig
Nutzenversprechen	Neuheit	Leistung/ Funktion	Anpassung	Arbeit erleichtern	Design	Marke/Status					
	Preis	Kostenreduktion	Risikominderung	Verfügbarkeit	Sozial	Usability					

595 Zu den 18 Geschäftsmodellkomponenten werden auch die einzelnen Cloud-Komponenten mitgezählt.

596 Vgl. Zwicky (1966), S. 126 ff.

Kundenmodell										
Kundenkanäle	Direkter Vertrieb						Indirekter Vertrieb			
	Eigene Filialen	Eigenvertrieb	Internet	Mobil	Interaktive TV-Sets	Softwareplattformen	Partner	Großhändler	Fremdvertrieb	Marktplatz
Zielkunden	B2A	B2B					B2C			
	Öffentlicher Sektor	Großunternehmen	KMU	Start-up	Verbraucher					
Kundenmarkt	Massenmarkt	Nischenmarkt	Differenzierung	Diversifikation						
Kundenbeziehungen	Persönlicher Kontakt	Digitaler Kontakt	Selbstservice	Communitys	Support	Mitbeteiligung				
Kundenbranchen	Automobilbau	IuK	Verkehr und Logistik	Handel	Dienstleistung	Tourismus	Finanzdienstleister	Maschinen- und Anlagenbau	Chemie- und Pharmaindustrie	
Wertschöpfungsmodell										
Schlüsselressourcen	Materielle Ressourcen	Immaterielle Ressourcen								
	Finanzielle	IT-basierte	Geistige	Menschliche	Strukturelle	Kulturelle				
Schlüsselaktivitäten	Zulieferer	OEM	VAR	Vertriebskanal	Kundenservice					
	CIP	SaaS-CSP	Aggregator	Marktplatz	Consultant					
	ISV	PaaS-CSP	-	Plattform	Integrator					
	-	IaaS-CSP	-	-	Helpdesk					
Wertschöpfungsarchitektur	Layer-Player	Orchestrator	Integrator	Market-Maker						
Partnernetzwerke	Strategische Allianz	Koopkurrenz	Joint Ventures	Käufer-Anbieter-Bez.	Offene Partnerschaft					
Crowdsourcing	Crowdwisdom	Crowdcreation	Crowdfunding	Crowdvoting						
Cloud-Modell										
Cloud-Ebenen	IaaS	PaaS	SaaS							
	Speicher	Computing	Netzwerk	Entw. Umgebung	Entw. Werkzeug	Software				
Cloud-Organisationsformen	Public Cloud	Virtual private Cloud	Outsourced private Cloud	Hybrid Cloud	Private Cloud	Managed private Cloud				
Cloud-Eigenschaften	On-Demand Self-Service	Resource Pooling	Rapid Elasticity	Broad Network Access	Measured Service					
	Standardization	Availability	Security	SLA	-					
Art der Anwendung	ERP	SCM	SRM	CRM	HR	BI	E-Shops	Alle		
	Production	Office	Mail	Collaboration	Content Management	E-Procurement	E-Payments	Industrie 4.0		

Abbildung 38: Morphologischer Kasten von Cloud-Computing-Geschäftsmodellelementen

4.3 Corporate-Foresight-Ansätze

Zur Auswahl einer geeigneten Corporate-Foresight-Technik für die zu entwickelnde Methode werden in **Abschnitt 4.3.1** zunächst relevante Corporate-Foresight-Ansätze aufgezeigt. Anschließend werden in **Abschnitt 4.3.2** die Corporate-Foresight-Ansätze den abgeleiteten, allgemeinen und praxisrelevanten Anforderungen gegenübergestellt und bewertet. In **Abschnitt 4.3.3** wird die ausgewählte Technik dargestellt und die passende Variante ausgewählt sowie detailliert beschrieben.

4.3.1 Corporate-Foresight-Techniken

Corporate-Foresight-Ansätze aggregieren viele Techniken und Ansätze, die aus dem Bereich der Kreativität kommen und transparent sowie ergebnisorientiert sein sollten.[597] In Tabelle 48 werden die bedeutendsten[598] Foresight-Techniken beschrieben, bevor sie anhand der identifizierten Anforderungen bewertet werden.

Corporate-Foresight-Techniken	Kurzbeschreibung
Umfeldanalyse	Bei der Umfeldanalyse wird zwischen dem näheren (Kunden, Lieferanten usw.) und weiteren (Wirtschaft, Politik usw.) Umfeld des Unternehmens unterschieden. Dieses Umfeld gilt es ständig im Hinblick auf mögliche Veränderungen zu beobachten und zu analysieren.[599]
Trendanalyse	Die Trendanalyse untersucht Trends im Hinblick auf Einflussfaktoren, Abhängigkeiten und Laufzeiten. Dabei kann auf Trenddatenbanken zurückgegriffen werden, die mittel- und langfristige Trends abbilden und bewerten.[600]
Szenarioanalyse	„Unter Szenario-Methode versteht man eine Planungstechnik, die in der Regel zwei sich deutlich unterscheidende, aber in sich konsistente Szenarien (Zukunftsbilder) entwickelt und hieraus Konsequenzen für das Unternehmen, einen Bereich oder eine Einzelperson ableitet.“[601]
Expertenbefragungen	Innerhalb einer Expertenbefragung werden offene Fragen, unterstützt durch einen Interviewleitfaden, an die Experten gestellt.[602]
Delphi-Methode	Mit der Delphi-Methode soll auf strukturiertem Wege eine Meinungsübereinstimmung unter Experten erreicht werden.[603] „In den Wiederholungsrunden der Befragung sollten die Befragten ihre früheren Einschätzungen – in Kenntnis der Gruppenmeinung – noch einmal überdenken und möglicherweise revidieren.“[604]

[597] Vgl. Burmeister u.a. (2004), S. 37
[598] Vgl. Burmeister u.a. (2004), S. 37, Schwarz (2009), S. 246 ff. und Van der Duin (2006), S. 40
[599] Vgl. Burmeister u.a. (2004), S. 39 ff.
[600] Vgl. z.B. Burmeister u.a. (2004), S. 41 ff.
[601] von Reibnitz (1992), S. 14
[602] Vgl. z.B. Kühl u.a. (2009), S. 32 ff.
[603] Vgl. Kühl u.a. (2009), S. 459
[604] Kühl u.a. (2009), S. 459

Corporate-Foresight-Techniken	Kurzbeschreibung
Brainstorming	Beim Brainstorming sammeln die Teilnehmer innerhalb einer Gruppe Ideen zu einem Thema. Diese Ideen liegen zunächst unstrukturiert vor, werden anschließend aber priorisiert.[605]

Tabelle 48: Corporate-Foresight-Techniken

4.3.2 Anforderungen an Corporate-Foresight-Techniken

Die in Kapitel 2.4 beschriebenen abgeleiteten Anforderungen an Corporate-Foresight-Ansätze, die in Kapitel 1.2 geschilderten allgemeinen Anforderungen und die ermittelten praxisrelevanten Anforderungen aus den Expertenworkshops (siehe Kapitel 2.6) werden an dieser Stelle den Techniken des Corporate-Foresight gegenübergestellt. Die Ergebnisse zeigen auf, inwieweit die Corporate-Foresight-Techniken die Anforderungen für die Methode zur Geschäftsmodellentwicklung erfüllen.

	Anforderungen									
	Abgeleitet			Allgemein					Praxisrelevant	
Anforderung: - nicht erfüllt (x) teilweise erfüllt x erfüllt	Umfeldorientierung	Berücksichtigung von Trends	Berücksichtigung von Szenarien	Strategiekonform	Zukunftsorientiert	Iteratives Vorgehen	Systematisches Vorgehen	Visualisierbarkeit	Praktikabilität	Konsistenz
Umfeldanalyse	x	-	-	-	-	(x)	-	-	-	(x)
Trendanalyse	x	x	-	-	x	(x)	-	-	(x)	(x)
Szenarioanalyse	x	(x)	x	x	(x)	x	x	x	x	x
Experten-befragungen	-	-	-	-	-	(x)	x	-	(x)	(x)
Delphi-Methode	-	x	-	-	x	x	x	x	(x)	(x)
Brainstorming	-	-	-	-	-	x	x	-	-	(x)

Tabelle 49: Gegenüberstellung der Anforderungen mit den Corporate-Foresight-Ansätze

605 Vgl. z.B. Schawel und Billing (2014), S. 43

Wie Tabelle 49 zeigt, werden vor allem die abgeleiteten Anforderungen zu einem großen Teil von den Corporate-Foresight-Ansätzen nicht erfüllt. Auch die allgemeinen Anforderungen wie die Strategiekonformität und die Visualisierbarkeit werden nahezu nur von der Szenarioanalyse eingehalten. Die Szenarioanalyse erfüllt fast alle abgeleiteten, allgemeinen und praxisrelevanten Anforderungen an die Methode. Deswegen wird die Szenarioanalyse gewählt, um die Methode im Hinblick auf die Umfeldorientierung sowie die Berücksichtigung von Trends und Szenarien anzureichern. Lediglich die Integration von Trends und die damit einhergehende Zukunftsorientierung werden nur teilweise von der Szenarioanalyse eingehalten.

Im Folgenden werden zunächst verschiedene Varianten der Szenarioanalyse beschrieben und ihre Unterschiede herausgearbeitet. Auf dieser Basis wird anschließend die Variante ausgewählt, die zukünftige Trends und Zukunftsorientierung am besten in das Vorgehen integriert.

4.3.3 Die Szenarioanalyse

4.3.3.1 Grundlagen der Szenarioanalyse

Der Begriff Szenario kommt ursprünglich aus der griechischen Sprache.[606] „Skene" bedeutet so viel wie Szene; damit wird ein Schauplatz einer Handlung oder eine Szenenfolge bezeichnet.[607] Die Begriffe Szenario und Szenariomethode werden in der wissenschaftlichen Literatur von vielen Autoren unterschiedlich definiert und systematisiert.[608] Der Begriff der Szenarioanalyse[609] wurde von Kahn und Wiener 1968 vorgestellt.[610] Diese entnahmen ihn aus dem militärischen Bereich der strategischen Kriegsführung und übertrugen ihn in den gesellschaftlichen Anwendungskontext zur strategischen Planung von Unternehmen. Von Reibnitz u.a. wird die Verbreitung und Bekanntmachung der Szenarioanalyse zugeschrieben. Bereits ca. 1980 haben sie diese Technik mitentwickelt und verbreitet. Für die vorliegende Arbeit werden die Definitionen von Ute von Reibnitz verwendet:

„Unter einem Szenario versteht man die Beschreibung einer zukünftigen Situation und die Entwicklung bzw. Darstellung des Weges, der aus dem Heute in die Zukunft

---

606 Vgl. Fink u.a. (2001), S. 59 und Götze (1993), S. 36

607 Vgl. http://www.duden.de/suchen/dudenonline/Szene

608 Vgl. z.B. von Reibnitz (1992), S. 14, Götze (1993), S. 36 und Mietzner (2009), S. 25

609 Szenariomethode, Szenariotechnik und Szenarioanalyse können als Synonyme betrachtet werden. Vgl. Mietzner (2009), S. 117

610 Vgl. Kahn und Wiener (1968), S. 17-21

hineinführt. Unter Szenario-Methode versteht man eine Planungstechnik, die in der Regel zwei sich deutlich unterscheidende, aber in sich konsistente Szenarien (Zukunftsbilder) entwickelt und hieraus Konsequenzen für das Unternehmen, einen Bereich oder eine Einzelperson ableitet"[611] (siehe Abbildung 39).

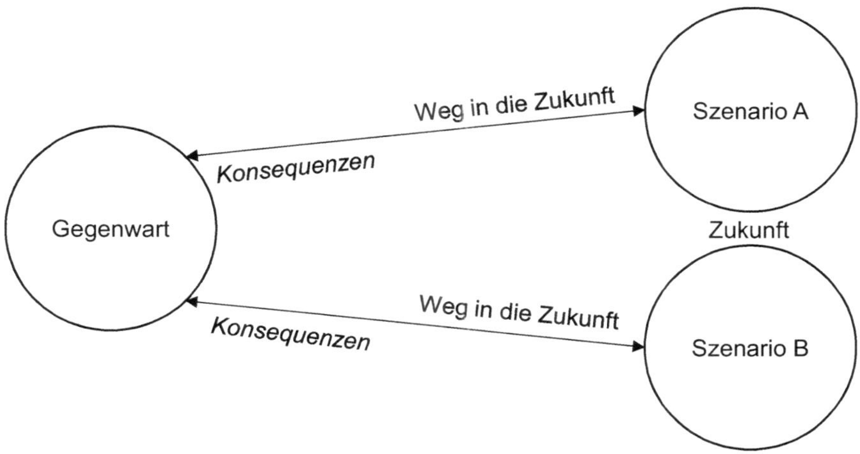

Abbildung 39: Szenario-Grundidee[612]

Mittels der Szenarioanalyse können verschiedene Zukunftszustände simuliert werden. Diese können grafisch mithilfe des Szenariotrichters dargestellt werden (siehe Abbildung 40). Der Szenariotrichter zeigt Zukunftszustände (z.B. Trends) von der Gegenwart bis in die Zukunft an. Je weiter in die Zukunft geblickt wird, desto unsicherer werden die Zustände und somit auch die sich bildenden Szenarien, visualisiert durch einen immer breiter werdenden Trichter.

[611] von Reibnitz (1992), S. 14
[612] In Anlehnung an von Reibnitz (1992), S. 14 und Götze (1993), S. 37

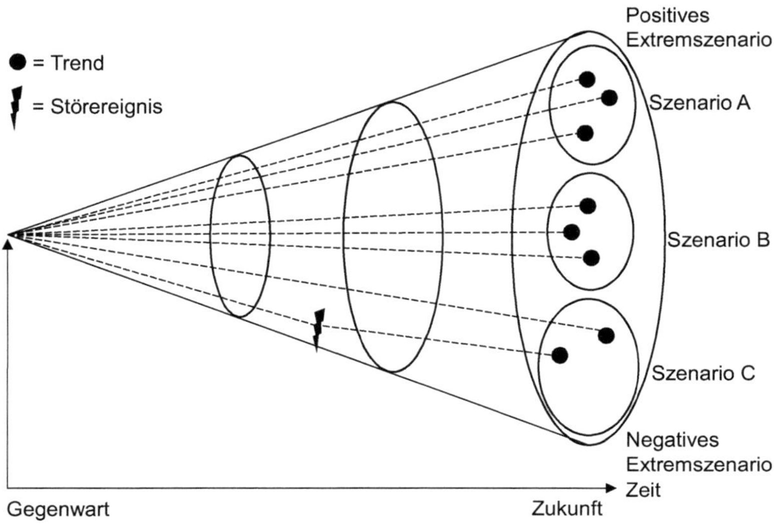

Abbildung 40: Szenariotrichter mit Trends[613]

Die Szenarioanalyse ist ein gängiges Verfahren, um vorausschauend in die Zukunft zu blicken.[614] Vor allem die Kombinationsmöglichkeit von verschiedenen Methoden und Prozessen (z.B. Einflussanalyse, Kreativitätstechniken, Delphi-Methode) bescheinigen eine hohe Relevanz.[615] Die Szenarioanalyse kann idealtypisch in acht Schritte unterteilt werden, diese können nach Steinmüller u.a.[616] zum Teil rekursiv[617] durchlaufen werden: 1. Problemanalyse, 2. Szenariofeldbestimmung, 3. Projektionen, 4. Konsistenzprüfung, 5. Szenariobild, 6. Störereignisanalyse, 7. Wirkungsanalyse und 8. Szenariotransfer.[618]

Von Reibnitz definiert die Anforderungen an die zu entwickelnden Szenarien: größtmögliche Stimmigkeit, Konsistenz, Widerspruchsfreiheit, Stabilität gegen Störfaktoren und zwischen den Szenarien soll eine große Unterschiedlichkeit bestehen.[619] Die Szenarioentwicklung kann durch vier Grundeigenschaften[620] beschrieben werden:

---

613 Vgl. von Reibnitz (1992), S. 27 und Kosow und Gaßner (2008), S. 13
614 Vgl. Pillkahn (2007), S. 197
615 Vgl. Pillkahn (2007), S. 199
616 Vgl. Steinmüller u.a. (2003), S. 53 f.
617 Eine Rekursion bedeutet, dass sich eine Methode immer wieder aufruft, bis eine definierte Abbruchbedingung eintritt.
618 Vgl. Steinmüller und Schulz-Montag (2003), S. 14
619 Vgl. von Reibnitz (1992), S. 28
620 Die folgenden Ausführungen beziehen sich auf Fink u.a. (2001), S. 61 ff. und Gausemeier u.a.

- **Ausgangspunkt der Szenarioentwicklung**

Beim Ausgangspunkt der Szenarioentwicklung wird zwischen explorativen Szenarien und antizipativen Szenarien unterschieden (siehe Abbildung 41). Bei den explorativen Szenarien wird von einem konkreten Ist-Zustand ausgegangen, von dem es mehrere Entwicklungsmöglichkeiten gibt. Bei den antizipativen Szenarien wird von einem konkreten zukünftigen Zustand ausgegangen und es wird nach Entwicklungsverläufen gefragt. Das Ziel ist die Ermittlung von Entwicklungsverläufen aus der Gegenwart, die zu diesem zukünftigen Zustand führen könnten.

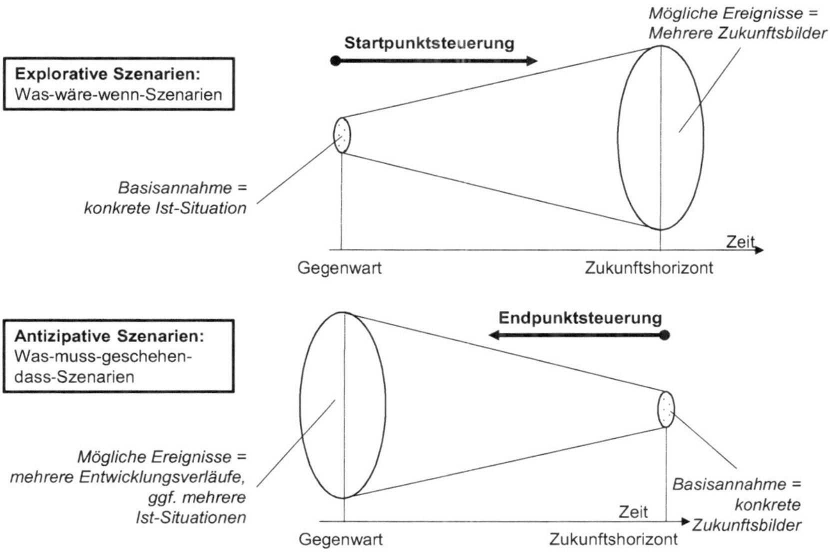

Abbildung 41: Explorative und antizipative Szenarien[621]

- **Richtung der Szenarioentwicklung**

Bei der induktiven Szenarioentwicklung werden Szenarien durch die systematisch entwickelte Verknüpfung von Schlüsselfaktoren (z.B. Trends) ermittelt. Im Gegensatz dazu wird bei der deduktiven Szenarioentwicklung ein Rahmen für jedes Szenario vorgegeben. Werden Szenarien inkrementell entwickelt, wird als Ausgangspunkt die

(1996), S. 107 ff.

621 Vgl. Fink u.a. (2001), S. 61 ff. und Gausemeier u.a. (1996), S. 107 ff.

wahrscheinlichste Zukunft angenommen. Von da aus werden dann verschiedene Varianten entwickelt.

- **Zielgerichtetheit der Szenarioentwicklung**

Bei der Entwicklung von Szenarien wird ein bestimmtes Ziel verfolgt, welches sich aber nicht automatisch in den Szenarien wiederfinden lassen muss. Deskriptive Szenarien können unabhängig von der späteren Zielvorstellung erstellt werden. Wenn die Ziele des Anwenders in die Szenarien miteinfließen, handelt es sich um präskriptive Szenarien.

- **Techniken der Szenarioentwicklung**

Die Erstellung von Szenarien kann durch drei verschiedene, methodische Ansätze durchgeführt werden. Beim trendbasierten Ansatz werden mittels quantitativer oder qualitativer Trendanalysen Trendextrapolationen berechnet oder beschrieben, um die identifizierten Trends in die Zukunft zu projizieren.[622] Bei der modellgestützten Szenarioentwicklung werden mathematische Algorithmen verwendet. Die intuitive Szenarioentwicklung verzichtet im Gegensatz dazu auf mathematische Algorithmen und greift stattdessen auf Bewertungen durch einzelnen Personen oder Gruppen zurück.[623] Diese Dreiteilung entspricht einer schematischen Gegenüberstellung von Idealtypen. In der Praxis werden diese Idealtypen oft vermischt und der entsprechende Inhalt und das Vorgehen an die jeweilige Situation angepasst.

In Abbildung 42 sind die beschriebenen Elemente dargestellt und die für die vorliegende Arbeit jeweils relevanten Elemente grau gekennzeichnet.

Müller (2009) konstatiert auf Basis verschiedener Studien drei grundlegende aktuelle Entwicklungen im Bereich der Zukunftsforschung: Unternehmen setzen verstärkt qualitative Methoden ein, es kommt zu einem vermehrten Einsatz der Szenarioanalyse in Unternehmen und eine der größten Herausforderungen ist es, bestehende und meist bekannte Methoden organisationsspezifisch anzupassen und zu implementieren.[624]

---

622 Vgl. Kosow und Gaßner (2008), S. 33
623 Vgl. Fink u.a. (2001), S. 61 ff. und Kosow und Gaßner (2008), S. 32 ff.
624 Vgl. Müller (2009), S. 56 f.

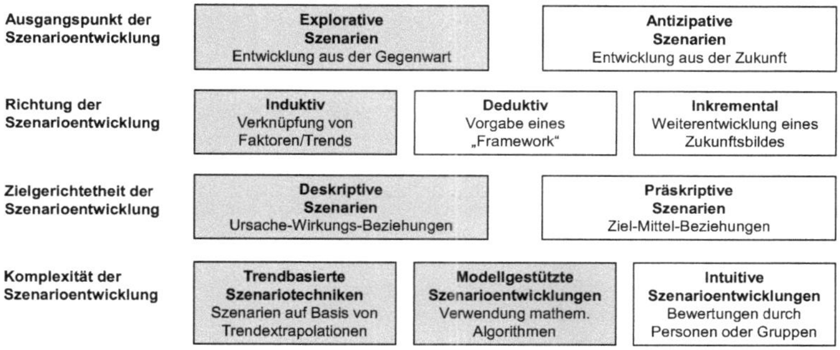

Abbildung 42: Formen der Szenarioentwicklung[625]

Für das weitere Verständnis der Szenarioanalyse werden in Tabelle 50 die grundsätzlichen Vor- und Nachteile dargestellt.

Vorteile der Szenarioanalyse
Erarbeitung einer Strategie auf Basis von Alternativen
Miteinbeziehung von Störfaktoren bzw. Trendbrüchen
Erhöhung der Transparenz hochkomplexer Systeme
Verbesserung der Kommunikationsfähigkeit und somit Erhöhung der Konsensfähigkeit unter den Beteiligten
Einbezug von quantitativen und qualitativen Daten und Größen
Einsetzbar mit weiteren Methoden als Methodenverbund (z.B. Kreativitätstechniken, Delphi-Methode)
Flexibilität der Methode je nach Anforderungen
Nachteile der Szenarioanalyse
Abhängigkeit von subjektiven Einschätzungen und Meinungen der am Szenarioprozess beteiligten Akteure
Qualität der Ergebnisse von Szenarioanalysen hängt von der fachlichen Qualifikation der durchführenden Personen, deren Fähigkeit zu vernetztem Denken und der Güte der eingesetzten Techniken ab
Akzeptanzprobleme, wenn Entscheider nicht an der Szenariomethode beteiligt sind
Beteiligung von Entscheidungsträgern kann hinderlich sein, weil sie Szenarien möglicherweise vorbestimmen wollen
Zu hohe Erwartungshaltung gegenüber den Möglichkeiten einer Szenariomethode
Hoher Zeit- und Ressourcenaufwand

Tabelle 50: Vor- und Nachteile von Szenarioanalysen[626]

[625] Eine Unterscheidung in einen kontinentaleuropäischen und einen angloamerikanischen Ansatz der Szenarioentwicklung ist bei Fink u.a. (2001), S. 63 zu finden.

4.3.3.2 Überblick verschiedener Szenarioanalysen und Auswahl

Innerhalb der modellgestützten Szenarioanalyse werden in der Literatur fünf verschiedene Ansätze unterschieden.[627] Diese werden in Tabelle 51 beschrieben.

Arten bzw. Autoren	Beschreibung
von Reibnitz u.a. (1992)	Die Szenariotechnik nach von Reibnitz besteht aus acht Schritten zur Entwicklung von einem positiven und einem negatives Extremszenario. 1. Analysierung des Untersuchungsfeldes 2. Analyse der wichtigsten Einflussbereiche 3. Projektionen 4. Bildung von konsistenten Annahmebündeln 5. Interpretation der Szenarien 6. Analyse der Konsequenzen 7. Analyse von möglichen Strukturbrüchen/Störereignissen 8. Transferierung der Szenarien in die Unternehmensstrategie
Gausemeier u.a. (1996)	Gausemeier u.a. unterscheiden in ihrem Ansatz insgesamt fünf Schritte.[628] 1. Szenariovorbereitung 2. Szenariofeldanalyse 3. Szenarioprognostik 4. Szenariobildung 5. Szenariotransfer
Z_punkt-Methodik (2004)	Burmeister u.a. (2004) und Steinmüller und Schulz-Montag (2005) von der Z_punkt GmbH bauen auf den bisherigen Ansätzen von von Reibnitz u.a. (1992) und Gausemeier u.a. (1996) mit einer aus acht Schritten umfassenden Szenarioanalyse auf. Sie fokussieren besonders am Anfang der Szenarioanalyse Trends und Akteure in und außerhalb von Unternehmen. 1. Vorbereitende Umfrage 2. Konzentrische Fokussierung 3. Schlüsselfaktorenanalyse 4. Konsistenzanalyse 5. Inhaltliche Anreicherung 6. Störereignisanalyse und ergänzende Miniaturszenarien 7. Risiken und Chancen 8. Szenariotransfer
La Prospective (2001)	Der Ansatz „La Prospective" von Berger und de Jouvenel wurde von Godet weiterentwickelt und umfasst neun Schritte. Hierbei werden verschiedene Analysetechniken verwendet und das gesamte Unternehmen (z.B. Kompetenzen, Produkte, Strategien) in die Analyse eingebunden.[629] 1. The problem formulated 2. Diagnosis of firm 3. Key variables internal-external 4. Dynamics of firm in relation to its environment 5. Environment scenarios 6. From identity to visions and projects 7. Evaluation of strategic options 8. From project to strategic choices

626 Vgl. z.B. Gausemeier 1996 S. 14 und 83 ff., Kosow und Gaßner (2008), S. 18 ff. und Mietzner (2009), S. 156 ff.

627 Vgl. Mietzner (2009), S. 117-140

628 Vgl. Gausemeier u.a. (1996), S. 100 ff.

629 Vgl. Godet (2001), S. 82

Arten bzw. Autoren	Beschreibung
	9. Plan of action and implementation
Der wahrscheinlichkeitstheoretische Ansatz (1994)	Beim wahrscheinlichkeitstheoretischen Ansatz handelt es sich um die Zusammenfassung zweier verschiedener Techniken: Trend-Impact-Analyse (TIA)[630] und Cross-Impact-Analyse (CIA)[631]. Mit der TIA können einfache Trendanalysen gestaltet werden. Mit der CIA können Zusammenhänge dargestellt und Eintrittswahrscheinlichkeiten berechnet werden.

Tabelle 51: Übersicht von modellgestützten Szenarioanalysen

Im Folgenden werden die fünf Ansätze miteinander verglichen. So zeigt sich, dass lediglich die Z_punkt-Methodik auch die beiden bisher nur teilweise eingehaltenen Anforderungen der Trendbasiertheit und Zukunftsorientiertheit erfüllt (siehe Tabelle 52). Somit wird der Ansatz von Z_punkt ausgewählt und im Weiteren detailliert beschrieben.

Anforderung: - nicht erfüllt (x) teilweise erfüllt x erfüllt	Berücksichtigung von Trends	Zukunftsorientiert
von Reibnitz u.a., 1992	-	x
Gausemeier u.a., 1996	-	x
Z_punkt-Methodik, 2004	x	x
La Prospective, 2001	(x)	(x)
Der wahrscheinlichkeitstheoretische Ansatz, 1994	-	(x)

Tabelle 52: Bewertung der Szenarioanalysen mit den bestehenden Anforderungen

4.3.3.3 Trendbasierte Szenarioanalyse nach Z_punkt[632]

Die trendbasierte Szenarioanalyse (siehe Abbildung 43) orientiert sich an den acht Schritten des idealtypischen Szenarioprozesses (siehe Abschnitt 4.3.3.1) und den

630 Vgl. Gordon (1994b), S. 1

631 Vgl. Gordon (1994a), S. 4

632 Die Z_punkt GmbH ist ein Unternehmen aus Köln, das vertreten durch Burmeister u.a. (2004) die trendbasierte Szenarioanalyse entwickelte.

Ausführungen von von Reibnitz u.a. (1992) sowie Gausemeier u.a. (1996). Dabei folgt der Prozess grundlegenden Philosophien[633]:

- **Angepasstes Design**: Der Szenarioprozess soll auf die individuellen Bedürfnisse und Rahmenbedingungen abgestimmt werden.
- **Partizipation**: Der Szenarioprozess soll als ein sozialer Prozess wahrgenommen werden, indem die Beteiligten in den Prozess integriert werden.
- **Transparenz**: Der Szenarioprozess soll gerade im Hinblick auf die verwendeten Instrumente ein Maximum an Transparenz in den Arbeitsschritten aufweisen.
- **Keep it simple**: In dem Szenarioprozess sollen die eingesetzten Instrumente angemessen (einfach und robust) sein.
- **Umsetzbarkeit**: Für die optimale Kommunikation mit dem Auftraggeber sollen die Ergebnisse möglichst früh dokumentiert werden, z.B. in Multimediapräsentationen.

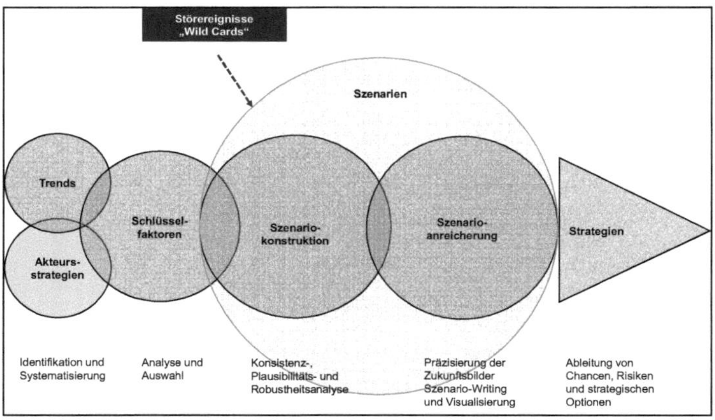

Abbildung 43: Trendbasierter Szenarioprozess nach Burmeister u.a.[634]

Vor allem fokussiert diese Methode Schlüsselfaktoren und empirisch fundierte Trendentwicklungen.[635] Die einzelnen Schritte, Beschreibung und Spezifika der trendbasierten Szenarioanalyse von Burmeister u.a. (2004) sowie Steinmüller und Schulz-Montag (2005) werden in folgender Tabelle 53 dargestellt.

633 Vgl. Burmeister u.a. (2004), S. 48
634 Vgl. Burmeister u.a. (2004), S. 48 und Steinmüller und Schulz-Montag (2005), S. 14
635 Vgl. Steinmüller und Schulz-Montag (2003), S. 40

Nr.	Schritte	Beschreibung	Techniken
1.	Vorbereitende Umfrage	Per E-Mail wird ein Fragebogen an das Unternehmen versendet. Damit werden Informationen gesammelt und wird eine bessere Anpassung an die Bedürfnisse des Kunden erwartet.	• Vorbereitende Umfrage per E-Mail
2.	Konzentrische Fokussierung	In diesem Schritt wird eine zentripetale Vorgehensweise eingesetzt, d.h. von den externen Rahmenbedingungen hin zum Kern (der Branche, dem Produkt, der anstehenden Entscheidung). Die zu ermittelnden Einflussfaktoren werden den Kategorien Trends, Akteure und Störereignisse zugeordnet.	• „Zooming-in" der Faktoren • Ranking der Einflussfaktoren in einem Workshop
3.	Schlüsselfaktorenanalyse	Die Identifikation der Schlüsselfaktoren erfolgt entweder durch ein intuitives Ranking nach ausführlicher Diskussion oder per Einflussmatrix.	• Nutzung der Trenddatenbank
4.	Konsistenzanalyse	Um die Konsistenz der verschiedenen Trends untereinander zu analysieren, kann entweder die Konsistenzmatrix oder – bei weniger komplexen Problemen – der Morphologische Kasten verwendet werden.	• Wechselwirkungsmatrix; Arbeit mit dem Morphologischen Kasten
5.	Inhaltliche Anreicherung	Im Rahmen der Szenariobildung erfolgt das Szenario-Writing, indem die Szenarien abgestimmt und beschrieben werden.	• Inhaltliche Anreicherung und Feintuning mit Auftraggeber
6.	Störereignisanalyse und ergänzende Miniaturszenarien	Mittels der Störereignisanalyse werden die Szenarien auf Robustheit getestet. Außerdem können dadurch störereignisgetriebene Miniaturszenarien erzeugt werden, damit zusätzlich technologische, soziale und andere Aspekte betrachtet werden können.	• Katalog von Wild Cards • Zusätzliche Miniaturszenarien
7.	Risiken und Chancen	Innerhalb der Risiken-und-Chancen-Phase wird die Bedeutung einzelnen Szenarien für die Branche, das Produkt usw. diskutiert.	• Fokus auf Chancen und Risiken in den Szenarien
8.	Szenariotransfer	Die Szenarien sollten den Auftraggeber „erreichen". Das kann durch Trickfilmanimationen oder (multimediale) Umsetzungen gelingen.	• Robuste Maßnahmen • Fokus auf gute Kommunizierbarkeit der Szenarien (Strategiebildung beim Auftraggeber)

Tabelle 53: Vorgehensweise der trendbasierten Szenarioanalyse[636]

[636] Vgl. Burmeister u.a. (2004), S. 48 und Steinmüller und Schulz-Montag (2003), S. 39-42

4.3.3.4 Vorgehensschritte bei der GM-Szenarioanalyse

In Anlehnung an die Schritte der idealtypischen Szenarioanalyse[637] und der trendbasierten Szenarioanalyse von Burmeister u.a. (2004) sowie Steinmüller und Schulz-Montag (2005) wird auf Basis der Anforderungen eine für die zu entwickelnde Methode passende Szenarioanalyse abgeleitet. Diese wird im folgenden **Geschäftsmodell-Szenarioanalyse (GM-Szenarioanalyse)** genannt. Neben den Schritten der beiden Szenarioanalysen werden auch die Techniken der Z_Punkt-Methodik betrachtet, da diese auch Trends berücksichtigen (siehe Tabelle 54). Somit werden der modellgestützte Ansatz und der trendbasierte Ansatz kombiniert.

Nr.	Idealtypische Szenario-analyse – Schritte	Z_punkt-Methodik – Schritte	Z_punkt-Methodik – Techniken	GM-Szenarioanalyse
1.	• Problem-analyse	• Vorbereitende Um-frage	• Vorbereitende Um-frage per E-Mail	• Projektplanung und -vorbereitung
2.	• Szenariofeld-bestimmung	• Konzentrische Fokussierung	• „Zooming-in“ der Faktoren • Ranking in einem Workshop	• Szenariofeld-bestimmung • Trends ermitteln • Beschreibung und Kategorisierung von Trends
3.	• Projektionen	• Schlüsselfaktoren-analyse	• Nutzung der Trend-datenbank	• Trends untereinan-der vergleichen • Darstellung inner-halb eines System-Grids • Schlüsselfaktoren identifizieren
4.	• Konsistenz-prüfung	• Konsistenzanalyse	• Wechselwirkungs-matrix; Arbeit mit dem Morphologi-schen Kasten	• Ausprägungen für Schlüsselfaktoren festlegen • Eintrittswahrschein-lichkeiten festlegen • Konsistenzmatrix bewerten
5.	• Szenario-bildung	• Inhaltliche Anreicherung	• Inhaltliche Anrei-cherung und Fein-tuning mit Auftrag-geber	• Störereignisanalyse
6.	• Störereignis-analyse	• Störereignisanalyse und ergänzende Miniaturszenarien	• Katalog von Wild Cards • Zusätzliche Minia-turszenarien	• Rohszenario erstel-len

637 Vgl. Steinmüller und Schulz-Montag (2003), S. 14

Nr.	Idealtypische Szenario-analyse – Schritte	Z_punkt-Methodik – Schritte	Z_punkt-Methodik – Techniken	GM-Szenarioanalyse
7.	• Wirkungs-analyse	• Risiken und Chancen	• Fokus auf Chancen und Risiken in den Szenarien	Eine Betrachtung der Chancen und Risiken findet in der Diskussion um die resultierenden Szenarien statt.
8.	• Szenario-transfer	• Szenariotransfer	• Robuste Maßnahmen • Fokus auf gute Kommunizierbarkeit der Szenarien (Strategiebildung beim Auftraggeber)	Die Szenarien werden mittels eines passenden und aussagekräftigen Namens beschrieben.

Tabelle 54: Ableitung des Vorgehens zur GM-Szenarioanalyse

4.4 Anforderungspriorisierungsansätze

Zur Auswahl einer passenden Anforderungspriorisierungstechnik für die zu entwickelnde Methode werden in **Abschnitt 4.4.1** zunächst relevante Anforderungspriorisierungstechniken aufgezeigt. Anschließend werden in **Abschnitt 4.4.2** die Anforderungspriorisierungstechniken den abgeleiteten, allgemeinen und praxisrelevanten Anforderungen gegenübergestellt und bewertet. In **Abschnitt 4.4.3** wird die ausgewählte Technik dargestellt und die passende Variante ausgewählt sowie detailliert beschrieben.

4.4.1 Anforderungspriorisierungstechniken

Es gibt eine Vielzahl von Techniken zur Unterstützung der Anforderungspriorisierung. Ziel dabei ist es, die Anforderungen anhand von Kriterien in eine Rangfolge zu bringen. Auf deren Basis können anschließend unternehmensrelevante Entscheidungen getroffen werden. Pohl[638], Pohl und Rupp[639] sowie auch der QFD-ISO-Standard (ISO/TC 69/SC 8/WG 2) beschränken sich auf acht relevante Techniken, die im Folgenden kurz dargestellt werden (siehe Tabelle 55).

---

638 Vgl. Pohl (2008), S. 532

639 Vgl. Pohl und Rupp (2015), S. 26 ff.

Anforderungs-priorisierungstechnik	Beschreibung
Analytic Hierarchy Process (AHP)	AHP wurde von Thomas Lorie Saaty entwickelt und ist eine Methode, um Bewertungsobjekte wie z.B. Anforderungen mittels einer hierarchischen Struktur anzuordnen und zu verwalten. Dazu werden zwei Bewertungsobjekte paarweise miteinander verglichen und ihr relatives Verhältnis zueinander dargestellt.[640]
Kosten-Wert-Analyse	Mittels eines paarweisen Vergleichs werden die relativen Kosten und relativen Werte der Anforderungen ermittelt. Anschließend werden die Ergebnisse zur besseren Veranschaulichung in ein Portfolio eingetragen.[641]
Quality Function Deployment (QFD)	QFD wird der Qualitätsplanung zugeordnet und ist eine Methode, um Kundenanforderungen zu priorisieren und in technische Lösungen umzusetzen.[642]
Ranking	Beim Ranking legen beteiligte Stakeholder anhand eines bestimmten Kriteriums die Rangfolge von Anforderungen fest.[643]
Top-Ten-Technik	Für eine vorher festgelegte Anzahl n werden für das betrachtete Kriterium die n wichtigsten Anforderungen identifiziert und in eine Rangfolge gebracht.[644]
Ein-Kriterium-Klassifikation	Innerhalb der Ein-Kriterium-Klassifikation wird jede Anforderung einer der drei Prioritätsklassen Mandatory, Optional oder Nice-to-have zugeordnet.[645]
Wiegers'sche Priorisierungsmatrix	Mittels der Wiegers'schen Priorisierungsmatrix können Prioritäten von Anforderungen systematisch bestimmt werden. Sie nutzt mehrere Kriterien wie z.B. Nutzen, Kosten, um die Anforderungen zu gewichten. [646]
Kano-Klassifikation	Mit dem Kano-Modell werden unterschiedliche Kundenbedürfnisse und damit Kundenanforderungen analysiert. Es werden dazu die Anforderungen meist mit einem Fragebogen aufgenommen. Innerhalb des Kano-Modells werden drei Kategorien von Zufriedenheitsfaktoren für Produkte und Dienstleistungen abgebildet: Basisfaktoren, Leistungsfaktoren und begeisternde Faktoren (siehe dazu auch Kapitel 5.3.2).[647]

Tabelle 55: Anforderungspriorisierungstechniken

4.4.2 Anforderungen an Anforderungspriorisierungstechniken

Die in Kapitel 2.5 abgeleiteten Anforderungen an die Anforderungsanalyse und das Anforderungsmanagement werden im Folgenden für die Auswahl der Anforderungspriorisierungstechniken verwendet. Weiter werden die in Kapitel 1.2 beschriebenen allgemeinen Anforderungen und die ermittelten praxisrelevanten Anforderungen aus den Expertenworkshops (siehe Kapitel 2.6) den Techniken der Anforderungspriorisierung gegenübergestellt (siehe Tabelle 56). Die Ergebnisse zeigen auf, inwieweit die

[640] Vgl. z.B. Saaty (1980), S. 54 ff. und Saaty und Vargas (1982), S. 14 ff.
[641] Vgl. Zehnter u.a. (2012), S. 28 f. und Karlsson und Ryan (1997), S. 67-74
[642] Vgl. Akao (1990), S. 3
[643] Vgl. z.B. Pohl (2008), S. 533
[644] Vgl. z.B. Pohl (2008), S. 533
[645] Vgl. z.B. Pohl (2008), S. 533
[646] Vgl. Wiegers und Beatty (2013), S. 313 ff. und Pohl (2008), S. 539
[647] Vgl. Bailom u.a. (1996), S. 117 ff. und Saatweber (2011), S. 82

Anforderungspriorisierungstechniken die erhobenen Anforderungen für die Methode zur Geschäftsmodellentwicklung erfüllen.

	Anforderungen											
	Abgeleitet					Allgemein					Praxisrelevant	
Anforderung: - nicht erfüllt (x) teilweise erfüllt x erfüllt	Anforderungen ermitteln	Priorisierung von Anforderungen	Anforderungen dokumentieren	Schnelle Anpassbarkeit	Kompaktes Vorgehen	Strategiekonform	Zukunftsorientiert	Iteratives Vorgehen	Systematisches Vorgehen	Visualisierbarkeit	Praktikabilität	Konsistenz
AHP	-	x	-	x	x	x	-	-	-	x	x	-
Kosten-Wert-Analyse	-	x	-	-	-	-	-	-	-	-	-	-
QFD	x	x	x	(x)	(x)	x	(x)	x	x	x	x	x
Ranking	-	x	-	x	x	-	-	-	-	-	-	-
Top-Ten-Techniken	-	x	-	-	x	-	-	-	-	-	-	-
Ein-Kriterium-Klassifikation	-	x	-	-	x	-	-	-	-	-	-	-
Wiegers'sche Priorisierungsmatrix	-	x	-	x	-	x	x	-	x	x	(x)	-
Kano-Klassifikation	-	x	-	-	-	-	(x)	-	x	x	(x)	(x)

Tabelle 56: Gegenüberstellung der Anforderungen mit den Anforderungspriorisierungstechniken

Die Ergebnisse in Tabelle 56 zeigen, dass viele der acht relevanten Anforderungspriorisierungstechniken keine Anforderungen ermitteln und dokumentieren können sowie kein iteratives Vorgehen beinhalten. Einzig QFD erfüllt nahezu alle abgeleiteten, allgemeinen und praxisrelevanten Anforderungen an die Methode. Daher wird die QFD-Analyse als geeignete Vorgehensweise im Folgenden weiter betrachtet. Allerdings werden die Anforderungen schnelle Anpassbarkeit, kompaktes Vorgehen und zukunftsorientiert nicht von allen QFD-Ansätzen unterstützt. Im nächsten Kapitel werden deswegen verschiedene QFD-Ansätze gegenübergestellt, um daraufhin den passenden Ansatz auszuwählen.

4.4.3 QFD

4.4.3.1 Grundlagen von QFD

QFD wurde Mitte der 60er Jahre des 20. Jahrhunderts durch Yoji Akao in Japan als Qualitätskontrollmethode entwickelt und zuerst im Schiffsbau und im Automobilbau eingesetzt.[648] Danach wurde QFD ca. 1980 in den USA und 1987 in Deutschland bekannt.[649] Der Einsatzbereich erweiterte sich und so wird QFD heutzutage bei der Neu- und Weiterentwicklung von Produkten, Prozessen und Dienstleistungen in den verschiedensten Branchen benutzt, z.B. im Gesundheitswesen sowie in der Tourismus-, Versicherungs- und Softwarebranche.[650] Unter QFD wird eine kundenorientierte Methode verstanden, bei der in moderierten Gruppensitzungen Kundenbedürfnisse in Anforderungen übersetzt und möglichen Produktmerkmalen (Lösungen) gegenübergestellt werden.[651] Nach Saatweber kann QFD im weitesten Sinne als Unternehmensplanungsinstrument mit Vorgehensempfehlungen angesehen werden.[652] Dieses Vorgehen stellt die Kundenanforderungen in den Mittelpunkt der Betrachtung. Dabei sollen allerdings nur die von den Kunden gewünschten Merkmale („fitness for use") und nicht alle möglichen Merkmale identifiziert werden.[653] Grundsätzlich soll der größte Aufwand in die Anforderungen / die Bedürfnisse fließen, bei denen der größte Kundennutzen erzeugt wird.[654]

Das bekannteste Instrument innerhalb von QFD ist das sogenannte House of Quality (HoQ). Beim HoQ handelt es sich um eine erweiterte Priorisierungsmatrix, in der Kundenforderungen mit Produktmerkmale (Lösungen) gegenübergestellt und bewertet werden. Außerdem werden die ermittelten Daten ausgewertet und dokumentiert. Das HoQ besteht aus sechs verschiedenen Räumen (siehe Abbildung 44), die mit dezidierten Fragen verbunden sind: So wird mittels der Gegenüberstellung der Anforderungen (WAS wollen die Kunden?) und der Lösungen (WIE erfüllen wir die Anforderungen?) die Frage WAS zu WIE abgebildet. Innerhalb des sogenannten Dachs des HoQ werden die Abhängigkeiten der Lösungsmöglichkeiten untereinander mit der Frage WIE zu WIE analysiert. Weiter werden die Kundenanforderungen durch die

---

[648] Vgl. Akao und Chan (2011), S. 1 ff., Chan u.a. (2013), S. 1 ff. und Saatweber (2011), S. 29 ff.
[649] Vgl. Chan u.a. (2013), S. 1 ff.
[650] Vgl. Saatweber (2011), S. 47 und Helferich (2010), S. 208
[651] Vgl. Akao (1990), S. 3 und Herzwurm (2000), S. 42
[652] Vgl. Saatweber (2011), S. 32 f.
[653] Vgl. Herzwurm (2000), S. 222
[654] Vgl. Herzwurm (2000), S. 222

Fragestellung WARUM verbessern wir? bewertet und ebenso die Produktmerkmale durch die Frage: WIE VIEL wollen wir erreichen? [655]

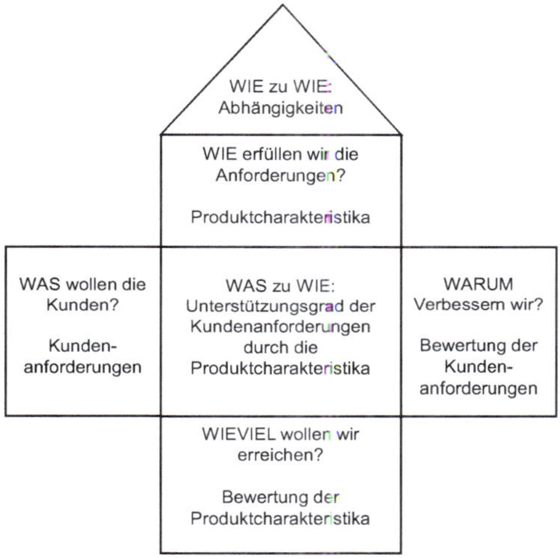

Abbildung 44: Schematische Darstellung des House of Quality[656]

Das HoQ ist die wichtigste Matrix, die oft als Grundlage für weitere Aktivitäten verwendet wird, aber es ist nur eine Matrix unter vielen anderen (siehe dazu die weiteren Ausführungen in Kapitel 4.4.3.2 „Überblick verschiedener QFD-Methoden und Auswahl"). [657]

Zusammenfassend beschreibt Helferich in seinen Ausführungen, dass QFD seine volle Wirkung erst bei der Kombination von verschiedenen Techniken und Methoden entfaltet.[658] Jovanov u.a. konstatieren weiter, dass durch QFD Innovationen gefördert werden können, da eine strikte Kundenorientierung auf Basis einer teamorientierten Ausrichtung aller Beteiligten erfolgt.[659]

4.4.3.2 Überblick verschiedener QFD-Methoden und Auswahl

In der Literatur werden mehrere Ansätze von QFD beschrieben und im Folgenden kurz dargestellt (siehe Tabelle 57).[660]

655 Vgl. Herzwurm (2000), S. 223
656 Vgl. Cohen (1995), S. 12
657 Vgl. Herzwurm (2000), S. 225
658 Vgl. Helferich (2010), S. 212
659 Vgl. Jovanov u.a. (2011), S. 65 ff.
660 Z.B. Saatweber (2011), S. 61 ff. und Herzwurm u.a. (1997), S. 45 ff.

Arten/ Autoren	Beschreibung
Akao	Akao ist der Erfinder von QFD. Das von Akao entwickelte Comprehensive QFD ist ein ganzheitlicher bzw. unternehmensweiter Ansatz. Innerhalb des QFD-Prozesses werden neben der Qualitätsentwicklung auch die Technologieentwicklung, Kostenentwicklung und Zuverlässigkeitsentwicklung (in sogenannten Deployments) betrachtet. Der Ansatz kann bis zu 150 unterschiedliche Matrizen und Tabellen umfassen.[661]
King	Kings Ansatz baut auf dem von Akao auf.[662] Er vereinfacht den Ansatz, indem er diesen auf 30 Matrizen reduziert und Pughs neue Konzeptionsselektionsmethode hinzufügt. Kings Ansatz kann als eine Art Kochbuch interpretiert werden, durch das Unternehmen ihren spezifischen Baukasten zur Planung der Qualität, der Technologie, der Kosten und der Zuverlässigkeit nach Bedarf zusammenstellen können.[663]
American Supplier Institute (ASI)	In diesem Ansatz werden die vier Deployments von Akao aufgegriffen und zusammen durch vier Matrizen abgebildet. Die vier Phasen sind: Produktplanung, Komponentenplanung, Prozessplanung und Produktionsplanung[664]. Der Fokus liegt hierbei vor allem auf der ersten Matrix, dem Quality Deployment. In der ersten Matrix wird das HoQ durchgeführt, in dem die Kundenanforderungen in Qualitätsmerkmale transformiert werden.[665]
Saatweber	Saatweber greift den Ansatz von ASI auf, da dieser projektorientiert und leicht erlernbar ist, und erweitert die vier Phasen um eine vorgelagerte Phase (Phase 0: Informationsbeschaffung) und eine nachgelagerten Phase (Phase 5: Kundenbefragung/Feedback).[666]
Blitz-QFD	Mit Blitz-QFD nach Zultner[667] soll ein schneller Einstieg in die QFD-Methodik gelingen, indem ein (eingeschränktes) Ergebnis in Form eines „Maximum Value Table" erzielt wird.[668] Das gelingt dadurch, dass der Schwerpunkt der Analyse fast ausschließlich auf der Ermittlung und Priorisierung der Kundenwünsche und Kundenanforderungen liegt.[669]
PriFo-QFD	PriFo-QFD (**pri**orisierendes und **fo**kussiertes QFD) wurde von Herzwurm u.a. für Softwareanwendungen entwickelt. Im Vordergrund stehen die priorisierten Kundenanforderungen (Stimme der Kunden), die sowohl im klassischen als auch im Software-HoQ bei der Gegenüberstellung mit den Produktmerkmalen (Stimme des Entwicklers) zur Ableitung von konkreten Entwicklungsvorgaben dienen.[670]
C-QFD	C-(Continous-)QFD ist eine Weiterentwicklung von PriFo-QFD von Herzwurm u.a. C-QFD wurde entwickelt, da Produktplanungsmethoden aktuell auf immer kürzere Innovations- und Produktlebenszyklen reagieren müssen. [671] Dazu sollten erste Ergebnisse schnellstmöglich zur Verfügung stehen, damit Kundenfeedback sofort in den Entwicklungsprozess mitaufgenommen werden kann.

Tabelle 57: Übersicht bekannter QFD-Methoden

661 Vgl. Akao (1990), S. 1 ff.
662 Vgl. Saatweber (2011), S. 63
663 Vgl. Saatweber (2011), S. 63
664 Vgl. ASI (1989), S. 57 ff.
665 Vgl. Herzwurm u.a. (1997), S. 46
666 Vgl. Saatweber (2011), S. 64
667 Vgl. Zultner (1995), S. 24-36
668 Vgl. Saatweber (2011), S. 63 ff.
669 Vgl. Herzwurm u.a. (1997), S. 51
670 Vgl. Herzwurm u.a. (1997), S. 57 und Herzwurm u.a. (2000), S. 87
671 Vgl. Herzwurm u.a. (2000), S. 89 ff.

Im Folgenden werden die sieben Ansätze miteinander verglichen. So zeigt sich, dass lediglich C-QFD auch die drei bisher nur teilweise eingehaltenen Anforderungen der schnellen Anpassbarkeit, des kompakten Vorgehens und der Zukunftsorientiertheit erfüllt (siehe Tabelle 58).

Anforderung: - nicht erfüllt (x) teilweise erfüllt x erfüllt	Schnelle Anpassbarkeit	Kompaktes Vorgehen	Zukunftsorientiert
Akao	-	-	-
King	-	-	-
American Supplier Institute (ASI)	-	x	-
Saatweber	-	x	-
Blitz-QFD	-	x	-
PriFo-QFD	(x)	x	-
C-QFD	x	x	x

Tabelle 58: Bewertung der QFD-Varianten anhand der übrigen Anforderungen

Somit kann C-QFD als geeignete Methode zur Geschäftsmodellentwicklung (im Cloud-Computing) identifiziert werden.

4.4.3.3 Continuous-QFD

Continuous QFD (C-QFD) wurde entwickelt, um auf kürzere Innovationszyklen, kürzere Markteinführungszeiten sowie kürzere Produktlebenszyklen reagieren zu können.[672] Gerade im Bereich des Cloud-Computings erfolgen in kurzen Abständen neue Technologiesprünge und Funktionserweiterungen (z.B. Updates, Upgrades). Daher ist gerade C-QFD für Cloud-Computing ein geeigneter Ansatz, um auf Innovationen schnell reagieren zu können.[673] C-QFD besitzt folgende Unterschiede zu traditionellen QFD-Methoden (siehe Tabelle 59).

[672] Vgl. Herzwurm u.a. (2000), S. 89 ff.

[673] Vgl. Herzwurm u.a. (2012), S. 1 ff. und Herzwurm u.a. (2013), S. 1 ff.

	Traditioneller QFD-Ansatz	Continuous-QFD
Prozess	Sequentiell	Simultan
Produktumsetzung	Nach Abschluss der Planung	Parallele Planung/Umsetzung
Ergebnisse	Abgeschlossene Meilensteine	Vorläufige Ergebnisse
Planung	Handlungsorientiert	Zeitorientiert
Laufzeit	Definiertes Ende	Fortlaufender Prozess
Änderungen	Ausnahmefälle	Permanent
Umfang	Vollständig gewünscht	Fokus auf Schwerpunkte
Sitzungen	Wenige, lange Sitzungen, in frühen Phasen	Viele, kurze Sitzungen, in allen Phasen
Templates	Nur für Matrixketten	Für Matrixketten und Contents
IT-Support	Dokumentation	Dokumentation/Kommunikation

Tabelle 59: Unterschiede zwischen traditionellem QFD und C-QFD[674]

C-QFD ist eine Weiterentwicklung des klassischen QFD, in erster Linie des PriFo-QFD. So bewirkt C-QFD durch seine kurzen und iterativen Entwicklungsschritte, dass dem Kunden die ersten Ergebnisse sehr früh aufgezeigt werden können. Das erhaltene Kundenfeedback kann dann wiederum sofort in die nächsten Schritte des Entwicklungsprozesses mitaufgenommen werden (siehe Abbildung 45).

Planung und Entwicklung finden im C-QFD aufgrund der kontinuierlichen Anpassung an die veränderten Bedingungen simultan statt. So steht zu jeder Zeit ein Produkt-Release zur Verfügung, das zumindest die wichtigsten Lösungseigenschaften beinhaltet. Die Idee hinter diesem kontinuierlichen Ansatz ist, dass durch die fortlaufende mögliche Anpassung des Produktes an die Kundenanforderungen das Produkt zu jeder Zeit ausgeliefert werden kann. Das Produkt erfüllt zu jedem Zeitpunkt zumindest die wichtigsten identifizierten Anforderungen der Kunden.[675]

Nach Herzwurm u.a.[676] existieren vier Faktoren, die eine effektive Anwendung bei unklaren Aufgaben verhindern. Durch unklare Kundenanforderungen und Produkteigenschaften sind Entwickler, die mit einem neuen Produkt, einer neuen Technologie oder Ähnlichem konfrontiert werden, über die Eigenschaften nur teilweise informiert. Damit einhergehend ändern sich Kundenanforderungen und Produkteigen-

[674] Vgl. Herzwurm u.a. (2002), S. 10 f. und Herzwurm u.a. (2015), S. 36
[675] Vgl. Schockert u.a. (2014), S. 4 ff.
[676] Vgl. Herzwurm u.a. (2000), S. 89 ff.

schaften, da durch die unklare Entwicklungsaufgabe neue Anforderungen entstehen und die Anforderungsliste undurchsichtig erweitern. Zudem herrschen häufig Unsicherheit über die zu erfüllenden Produktfunktionen und Zeitdruck in der Entwicklung.

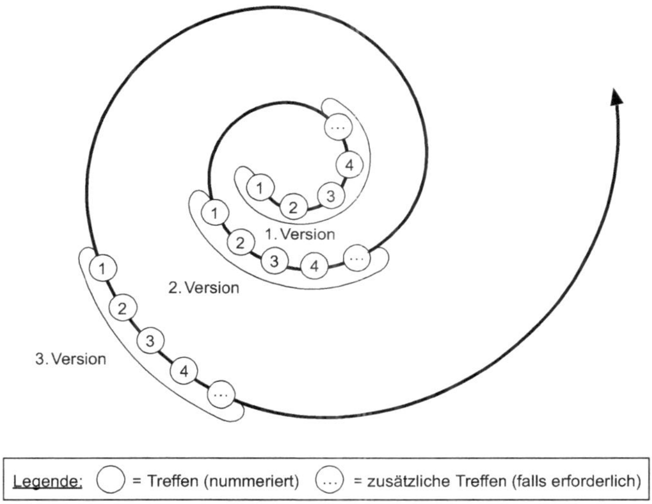

Abbildung 45: Lebenszyklus von C-QFD-Projekten[677]

Aus diesen speziellen Eigenschaften einer unklaren Entwicklungsaufgabe lassen sich folgende Grundelemente für C-QFD ableiten: inkrementelle Planung und regelmäßige Implementierungszyklen, Einsatz von IT und die Verwendung von Templates.[678] Die Aufrechterhaltung einer hohen Kundenzufriedenheit fordert die kontinuierliche Verbesserung und/oder Anpassung des Produktes, solange es auf dem Markt ist. Daher sollte die QFD-Methode so konstruiert sein, dass zu jedem Zeitpunkt alle Elemente in den Matrizen geändert werden können. Das geschieht durch eine inkrementelle Vorgehensweise mit einer höheren Anzahl an kurzen Teamtreffen und einem zunehmenden Detailierungsgrad der Diskussionen und Ergebnisse in den Sitzungen. C-QFD fokussiert neben dem Einsatz von IT auch den Einsatz des Internets. Unabhängig von der Zeit der Treffen und der Orte kann der Moderator die Treffen vorbereiten und die Teilnehmer informieren. Außerdem können die Ausarbeitungen kontinuierlich dokumentiert und allen Teilnehmern zur Verfügung gestellt werden. Als letztes Basiselement wird die Verwendung von Templates vorgeschlagen. Die Temp-

677 In Anlehnung an Herzwurm u.a. (2000), S. 108
678 Vgl. Herzwurm u.a. (2000), S. 93 ff.

lates enthalten standardisierte Elemente wie beispielsweise Kundenanforderungen, Produktmerkmale, Webkomponenten und Technologiepakete. Diese Templates basieren auf bisherigen Projekten und Prozessen und werden jeweils der Situation nach individuell angepasst.[679]

4.4.3.4 Vorgehensschritte beim GM-QFD

Der C-QFD-Prozess besteht ursprünglich aus insgesamt drei Planungsschritten: Konzept-, Komponenten- und Technologieplanung. Für die vorliegende Arbeit werden die drei Planungsschritte zu zwei Schritten zusammengefasst: Geschäftsmodell-Szenarien-Tabelle und Geschäftsmodell-Nutzeffekte-Tabelle. Innerhalb der zwei Planungsschritte werden die Aktivitäten von den Entscheidern der jeweiligen Unternehmen durchgeführt. Die abgeleitete Methode wird im weiteren Verlauf als **Geschäftsmodell-QFD (GM-QFD)** bezeichnet.

Die Vorlagen (Repositorys) enthalten Standardwerte für Geschäftsmodellelemente und Kundenanforderungen. Für jedes Projekt müssen diese Vorlagen neu angepasst werden. Innerhalb der **Geschäftsmodell-Szenarien-Tabelle** (Match-Matrix) werden die Trendszenarien den Geschäftsmodellelementen gegenübergestellt und bewertet, um daraus die wichtigsten Geschäftsmodellelemente zu gewinnen. Anschließend fließen die Ergebnisse in die **Geschäftsmodell-Ergebnis-Tabelle** ein.

In der **Geschäftsmodell-Nutzeffekte-Tabelle** (QFD-Analyse-Matrix) werden die strategischen Nutzeffekte (Expertenanforderungen) den gleichen Geschäftsmodellelementen aus der Geschäftsmodell-Szenarien-Tabelle gegenübergestellt und bewertet. Auch diese Ergebnisse fließen in die **Geschäftsmodell-Ergebnis-Tabelle ein.**

Anhand der Bewertung der Geschäftsmodellelemente aus der Geschäftsmodell-Szenarien-Tabelle und der Geschäftsmodell-Nutzeffekte-Tabelle können jetzt die Geschäftsmodellelemente priorisiert und den möglichen Szenarien zugeordnet werden. In diesem Vorgehen sind zu jeder Zeit die fortlaufenden Anpassungen (Iterationen) der Geschäftsmodellelemente möglich. Die Ergebnisse werden in der Geschäftsmodell-Ergebnis-Tabelle nach den einzelnen **Szenarien** abgebildet (siehe Abbildung 46).

---

679 Vgl. Herzwurm u.a. (2000), S. 93 ff.

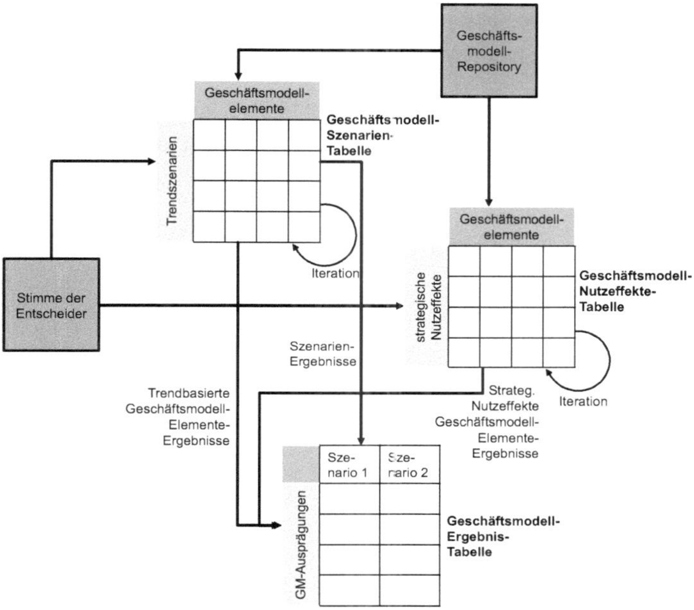

Abbildung 46: Vorgehen beim GM-QFD[680]

4.5 Zusammenfassung

In Abschnitt 4.1 wurde zunächst ein Vorgehensmodell aus bereits existierenden Geschäftsmodellentwicklungen anhand vorher abgeleiteter Anforderungen aus Kapitel 1 und 2 aufgestellt. Dieses Vorgehensmodell beinhaltet die Phasen Analyse der Ist-Situation des Unternehmens, Geschäftsmodell-Nutzen-Gewinnung, Geschäftsmodellentwicklung und Geschäftsmodellbewertung und -umsetzung. Weiter wurden Geschäftsmodellkomponenten und dazugehörige Ausprägungen aus der Literatur für Cloud-Geschäftsmodelle in Abschnitt 4.2 abgeleitet. Anschließend wurden die abgeleiteten Anforderungen aus Kapitel 1 und 2 den relevanten Ansätzen und Techniken des Corporate Foresight und der Anforderungspriorisierung in Abschnitt 4.3 und 4.4 gegenübergestellt und hinsichtlich der Nutzbarkeit für die zu entwickelnde Methode bewertet. Dieser Vergleich zeigte, dass derzeit keine Ansätze und Techniken existieren, die alle relevanten Phasen für Unternehmen abdecken. Daher wurden die identi-

680 In Anlehnung an Herzwurm u.a. (2000), S. 99

fizierten Ansätzen und Techniken entsprechend den Anforderungen angepasst. Dabei wurden die GM-Szenarioanalyse und das GM-QFD identifiziert.

Im nächsten Kapitel erfolgt die Synthese der einzelnen angepassten Ansätze zu einer neuen übergreifenden Methode, indem eine weitere Methode entwickelt wird, um den Übergang zwischen der GM-Szenarioanalyse und dem GM-QFD zu gewährleisten.

5. Methode zur Entwicklung von zukunftsorientierten Geschäftsmodellen im Cloud-Computing

Die Analyse in Kapitel 4 zum Stand aktueller Ansätze zeigt, dass eine Methode, die alle Anforderungen erfüllt und alle Phasen abdeckt, derzeit nicht existiert. Daher wird aus den identifizierten und bereits angepassten Methoden eine übergreifende Methode zur zukunftsorientierten Geschäftsmodellentwicklung im Cloud-Computing entwickelt. Diese Geschäftsmodell-Trend-Methode wird im weiteren Verlauf als GMT-Methode bezeichnet. Hierbei werden auch die unabhängigen Anforderungen für die gesamte Methode berücksichtigt.

Zuerst werden in **Abschnitt 5.1** die Gestaltungsobjekte für das Metamodell der Geschäftsmodellkomponenten dargestellt. In **Abschnitt 5.2** wird die Zuordnung der Rollen und ihrer Qualifikationen innerhalb der zu entwickelnden Methode vorgenommen. In **Abschnitt 5.3** erfolgt zunächst eine Einteilung möglicher Ausgangspunkte zur Geschäftsmodellentwicklung. Anschließend werden durch eine Synthese der bisherigen Techniken eine grobe und detaillierte Darstellung des Vorgehensmodells sowie die übergreifende Beschreibung der einzelnen Schritte abgebildet. Die detaillierte Beschreibung der entwickelten Methode und der enthaltenen Schritte geschieht in **Abschnitt 5.4**. Die wichtigsten Ergebnisse werden in **Abschnitt 5.5** zusammengefasst.

5.1 Metamodell

Ein Metamodell definiert die wichtigsten Objekte einer Methode und deren Beziehungen untereinander.[681] Durch die Beschreibung des Metamodells wird das Begriffssystem transparent abgebildet und werden die Gestaltungsobjekte einer Methode festgelegt.[682] Nach Chen eignet sich das vereinfachte Entity-Relationship-Modell für die Beschreibung eines Metamodells.[683]

In der vorliegenden Arbeit werden Komponenten (Knoten) und Beziehungen (Kanten) unterschieden. Eine Komponente ist hierbei das Gestaltungsobjekt der Methode, z.B. Preisgestaltung oder globale Strategie.[684]

[681] Vgl. Hess und Brecht (1996), S. 4
[682] Vgl. Chen (1976), S. 9 f. und Hess und Brecht (1996), S. 5
[683] Vgl. Chen (1976), S. 10
[684] Vgl. Hess und Brecht (1996), S. 5

Um die Übersichtlichkeit zu gewährleisten, werden anstatt eines großen zusammenhängenden Metamodells zwei kleine Metamodelle entwickelt. Diese Metamodelle beinhalten die wichtigsten Objekte der Methode. Im ersten Metamodell werden die ermittelten Treiber und die Hauptbestandteile der Methode für die Geschäftsmodellentwicklung gezeigt und im zweiten Metamodell erfolgt die Darstellung der Geschäftsmodellkomponenten.

Für das erste Metamodell (siehe Abbildung 47) konnten insgesamt fünf Gestaltungsobjekte (Treiber) für die zukunftsorientierte Geschäftsmodellentwicklung ermittelt werden: Marktumfeld/Wettbewerb, technischer Fortschritt, veränderte Kundenbedingungen, staatliche Regulierungen und Trends (siehe Kapitel 2.2.5 und 2.4.2). Diese Treiber beeinflussen sich jeweils untereinander und alle Treiber beeinflussen auch die Geschäftsmodellkomponenten und die Geschäftsmodellentwicklung (siehe Kapitel 4.1 und 4.2). Jedoch ist eine direkte Einflussnahme auf die Treiber in der Regel nicht möglich.

Aufgrund der unterschiedlichen Arten von Trends im Mikroumfeld (siehe Kapitel 2.4.2) werden die Treiber Marktumfeld/Wettbewerb, technischer Fortschritt und staatliche Regulierungen unter Trends subsumiert. Weiter werden die veränderten Kundenbedürfnisse als Kundenanforderungen (strategische Nutzeffekte) verstanden.

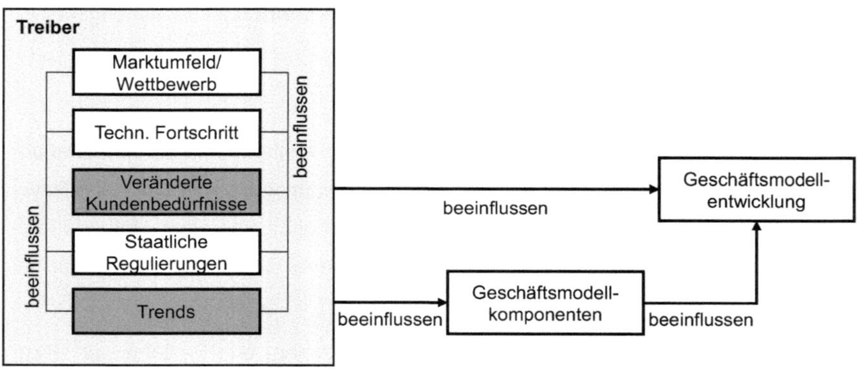

Abbildung 47: Metamodell der Treiber

In Abbildung 48 wird das zweite Metamodell dargestellt. Die Basis hierfür bildet Kapitel 4.2. Insgesamt werden 16 allgemeine Geschäftsmodellkomponenten und der Bezug zu Cloud-Computing durch dieselbe (eine) Komponente dargestellt. Somit konnten dementsprechend 17 Komponenten abgebildet werden.

Da die Abbildung einen Überblick über die Komponenten[685] geben soll, werden auf die Darstellung weiterer Details wie beispielsweise die Ausprägungen verzichtet.

Zusätzlich erfolgt in **Anhang A: Metamodelle** die textuelle Beschreibung aller Gestaltungsobjekte der beiden Metamodelle. Die jeweils enthaltenen Gestaltungsobjekte des Metamodells werden anhand der folgenden spezifischen Struktur[686] beschrieben:

- Bezeichnung: Wie ist die Bezeichnung der Komponente?
- Definition: Wie ist die Komponente definiert?
- Beziehungen: Welche Beziehungen bestehen zwischen den verschiedenen Komponenten?
- Ausprägungen: Welche Ausprägungen enthalten die Komponenten?

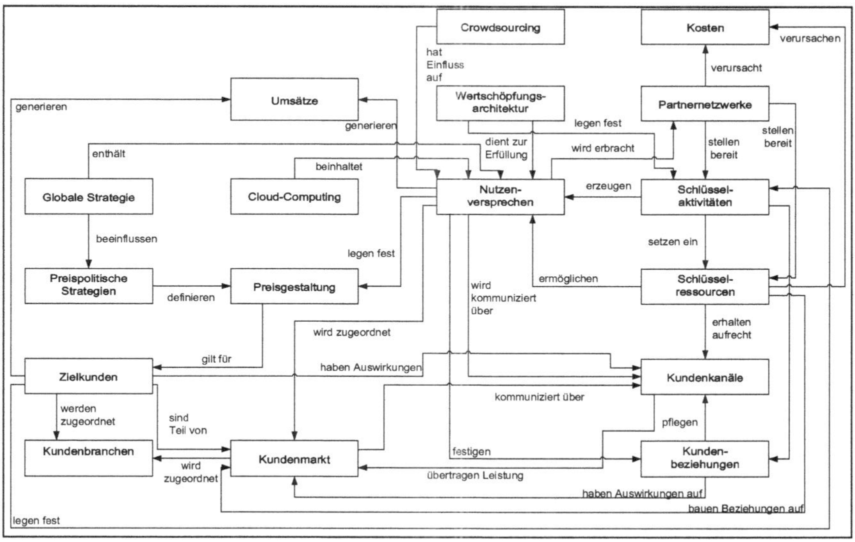

Abbildung 48: Metamodell der Geschäftsmodellkomponenten[687]

[685] Da zur bisherigen Beschreibung des Geschäftsmodells der Begriff *Komponente* verwendet wurde, soll dieser im Folgenden anstatt *Objekt* oder *Entität* weiter benutzt werden.

[686] Vgl. Osterwalder (2004), S. 47

[687] Die Abbildung orientiert sich hauptsächlich an den Ausführungen von Osterwalder und Pigneur (2011), S. 22-45 und Schallmo (2012), S. 124 ff. Der Vollständigkeit halber wurden die Komponenten Kosten und Umsätze mit in die Darstellung aufgenommen, auch wenn sie für die Methode aufgrund der bisherigen Erfahrungen aus den Expertenworkshops zur Geschäftsmodellentwicklung eher nebensächlich sind.

Die Darstellung des Metamodells der Geschäftsmodellkomponenten unterstützt die Betrachtungsweise und das Verständnis von Geschäftsmodellen. Durch die zusammenhängende Betrachtungsweise können Geschäftsmodelle im Ganzen (System) verstanden werden.[688] Dazu passend besagt das Systemdenken in der Systemtheorie, dass Abhängigkeiten und Wechselwirkungen innerhalb eines Systems (Geschäftsmodell) bestehen, weshalb dieses nur als Ganzes verwirklicht werden kann.[689] Das Geschäftsmodell muss sich dementsprechend nach außen hin bewähren und an die Umweltbedingungen anpassen. Auch nach innen ist das Geschäftsmodell zahlreichen Wechselwirkungen ausgesetzt, denn Wechselwirkungen bestehen nicht nur zwischen den Komponenten, sondern auch zwischen den einzelnen Ausprägungen (innerhalb der Komponenten). Es kommt hierbei auf die stimmige Gesamtkonfiguration der Komponenten und Ausprägungen an.[690]

Je nachdem in welchen Unternehmen ein Geschäftsmodell für ein Cloud-Produkt betrachtet wird, ist die Bedeutung der einzelnen Geschäftsmodellkomponenten unterschiedlich groß. So können für ein Start-up-Unternehmen aus dem Dienstleistungssektor andere Komponenten Bedeutung haben als ein Unternehmen aus der IT-Branche.

5.2 Rollenmodell

Zu Beginn jeder Entwicklung ist es erforderlich, die relevanten Stakeholder des zu entwickelnden Produktes zu identifizieren.[691] Dieser Schritt ist für den Erfolg eines Vorhabens zwingend erforderlich, da die Fokussierung auf die falsche Kundengruppe mit hoher Wahrscheinlichkeit zu Produkten mit einem geringeren Markterfolg und höchstens zufällig zu Kundenzufriedenheit führt. Bei der (Weiter-)Entwicklung von Produkten, Software und Dienstleistungen sind neben den externen Endkunden, die das Produkt in ihrer täglichen Arbeit verwenden, vor allem diejenigen Personen einzubeziehen, die intern an der Entwicklung beteiligt sind (z.B. Entwickler, Administratoren, Qualitätssicherer). Die Entwicklung von Geschäftsmodellen im Cloud-Computing erfordert allerdings intern die Fokussierung auf Personengruppen höherer Hierarchieebenen.[692] Da bei der Entwicklung von Geschäftsmodellen unternehmens-

688 Vgl. Weis (2013), S. 70 ff.
689 Vgl. Simon (2014), S. 17
690 Vgl. Zollenkop (2006), S. 6
691 Vgl. z.B. Rupp und SOPHISTen (2014), S. 79 und Pohl und Rupp (2015), S. 21 ff.
692 Vgl. Pelzl u.a. (2014b), S. 83

kritische (Management-)Fragen wie die Ausrichtung des Erlösmodells, Absatzkanäle usw. gestellt werden, die nicht von den Endkunden des Produktes beantwortet werden können und sollen. Diese Fragen können nur von der Geschäftsleitung oder Entscheidern innerhalb des Unternehmens geklärt werden, die dem Unternehmen eine hohe Verantwortlichkeit entgegenbringen. Sie repräsentieren demzufolge die zentrale Zielgruppe einer Geschäftsmodellentwicklung.

In der vorliegenden GMT-Methode werden Entscheider aus dem Management, Trendexperten und Geschäftsmodellexperten benötigt. Tabelle 60 zeigt die verschiedenen Rollen und dazugehörigen Qualifikationen.

Rollen	Qualifikation (Kenntnisse)	Anzahl
Projektleiter (PL)	Moderation, Projektmanagement	1
Experte Management (Geschäftsleitung, Bereichsleitung, Abteilungsleitung)	Wissen über Strategien, Unternehmen, Kunden, Kundenwünsche	1-2
Experte Trends	Wissen über Trends, Auswirkungen auf Trends, Markt, Produkte und Dienstleistungen	1-2
Experte Geschäftsmodell	Wissen über Strategien, Geschäftsmodell, Geschäftsmodellkomponenten	1-2

Tabelle 60: Rollen und Qualifikationen innerhalb der GMT-Methode

Das vorliegende Rollenmodell zeigt Empfehlungen, welche Rollen mit welchen Qualifikationen für die Anwendung der Methode benötigt werden. In dieser Betrachtungsweise ist es außerdem möglich, dass eine Person auch mehrere Rollen einnehmen kann. Eine Zuordnung, innerhalb welcher Phase welche Rollen benötigt werden, findet in Abschnitt 5.4 für die jeweiligen Schritte statt.

5.3 Vorgehensmodell

5.3.1 Ausgangssituation und Planung

Ausgangssituation

Als Ausgangssituation für die Anwendung der zu entwickelnden Methode werden vier Möglichkeiten unterschieden: Zum einen besteht eine Idee von einem Cloud-Produkt oder es existiert bereits ein Cloud-Produkt. Zum anderen besteht eine Idee vom Geschäftsmodell oder es existiert bereits ein Geschäftsmodell. Anhand dieser Ausgangssituationen kommen sechs verschiedene Ausgangspunkte in Betracht (siehe Tabelle 61):

Als **erster Ausgangspunkt** besteht eine bestimmte Produktidee. Das heißt, bevor das Unternehmen das Cloud-Produkt entwickelt, soll das dazugehörige Geschäftsmodell entwickelt werden. Die **zweite Möglichkeit besteht darin,** dass bisher nur die Idee eines Geschäftsmodells existiert und noch kein Produkt. Innerhalb des **dritten Ausgangspunktes** wird gleichermaßen von einer Idee für das Cloud-Produkt und für das Geschäftsmodell ausgegangen. Der **vierte Ausgangspunkt** ist, dass nur ein Cloud-Produkt existiert, aber noch kein Geschäftsmodell. Als **fünfter Ausgangspunkt** besteht bisher nur das Geschäftsmodell, aber kein Cloud-Produkt. In der **sechsten Möglichkeit** existiert bereits ein Geschäftsmodell für ein bestehendes Cloud-Produkt und es soll entweder ein ganz neues Geschäftsmodell entwickelt oder das bestehende angepasst werden.

Ausgangssituation		**Ausgangspunkte**
Cloud-Produkt	**Geschäftsmodell**	
Idee	-	1
-	Idee	2
Idee	Idee	3
Existiert	-	4
-	Existiert	5
Existiert	Existiert	6

Tabelle 61: Geschäftsmodellentwicklung – Ausgangssituation

Projektplanung und -vorbereitung

Das Ziel der Vorbereitungsphase ist es, das Projekt zu planen und vorzubereiten. Dazu sollen insbesondere der Scope (Anwendungsbereich und Umfang) definiert, die Ziele des Einsatzes der Geschäftsmodellentwicklungsmethode geklärt, Teilnehmer ausgewählt (siehe Abschnitt 5.2), Termine für die Workshops festgelegt und die weiteren organisatorischen Vorbereitungen für die Workshops getroffen werden.[693]

Zuerst sollen der Anwendungsbereich und der Umfang festgelegt werden, da der Einsatz der Methode zur Geschäftsmodellentwicklung nicht für jedes Cloud-Produkt

693 Vgl. Herzwurm u.a. (1997), S. 65 ff.

sinnvoll oder möglich ist. Dazu sollten Kenntnisse über das Cloud-Produkt vorhanden sein. Innerhalb der Expertenworkshops konnten Kriterien/Fragen identifiziert werden, die als Voraussetzung erfüllt bzw. beantwortbar sein müssten.

- Können Produkt, Produktidee, Geschäftsmodell, Geschäftsmodellidee oder Nutzen so umfänglich beschrieben werden, dass es von allen Beteiligten verstanden wird?
- Haben die beteiligten Experten den nötigen Einfluss, um mögliche Veränderungen an dem Geschäftsmodell vornehmen zu können?

Anschließend werden die Projektziele festgelegt. Auf Basis der beantworteten Fragen können Ziele für das Projekt definiert werden. Beispiele für Ziele aus den Expertenworkshops sind:

- Anpassung des bestehenden Geschäftsmodells
- Evaluation/Festlegung/Hinterfragen des eigenen Geschäftsmodells
- Zusätzliche Ideen und Denkanstöße für das eigene Geschäftsmodell
- Unterstützung bei der Konzeption von innovativen Produkten und des dazugehörigen Geschäftsmodells

Für den Workshop sollte ein Besprechungsraum für ca. zwei bis fünf Personen zur Verfügung stehen, der mit einem Beamer ausgestattet ist, um die Bewertungen der einzelnen Phasen und Schritte komfortabel vornehmen zu können. Neben dem Aufwand für den Ein- bis Zwei-Tages-Workshop[694] ist auch die Vor- und Nachbereitung zu beachten, welche ein Vielfaches der Dauer des Workshops selbst einnehmen kann. Weiterhin sind an dem Workshop-Tag auch die An- und Abreise der Teilnehmer, Kaffeepausen und Mittagessen einzuplanen, um Pausen für eine kreative Arbeitsatmosphäre zu schaffen.[695]

5.3.2 Überblick

Die Basis des Vorgehensmodells bilden der aus Kapitel 4.1 abgeleitete Ansatz zur Geschäftsmodellentwicklung, die abgestimmten Geschäftsmodellkomponenten und -ausprägungen aus Kapitel 4.2, der angepasste trendbasierte Szenarioansatz aus Kapitel 4.3 und der abgeleitete Ansatz des GM-QFD aus Kapitel 4.4.

---

[694] In **Anhang B** befindet sich eine Vorlage für die Terminierung eines Geschäftsmodellworkshops.
[695] Vgl. Herzwurm u.a. (1997), S. 69 ff.

Diese Ansätze werden durch die Bildung einer Synthese in ein gesamtes Vorgehensmodell (siehe Abbildung 49) miteinander abgestimmt. Der Prozess der zukunftsorientierten Geschäftsmodellentwicklung im Cloud-Computing setzt sich aus fünf Phasen zusammen: Analyse der Ist-Situation des Unternehmens, Geschäftsmodellnutzengewinnung, Geschäftsmodellentwicklung, Geschäftsmodellbewertung und -umsetzung sowie Produktentwicklung.

Als Darstellungsmethode kommt die Objektorientierte Methode zur Geschäftsprozessmodellierung und -analyse (OMEGA) zum Einsatz. Fahrwinkel entwickelte die Methode 1995 auf Basis des Business Process Reengineering.[696] Ziel der Methode ist „die vollständige Modellierung einer Ablauforganisation[697] in einem Modell“[698].

[696] Vgl. Fahrwinkel (1995), S. 62 ff.

[697] Damit sind sowohl die Objekte der Aufbauorganisation als auch die Objekte der Prozessorganisation gemeint. Vgl. Gausemeier und Plass (2014), S. 254

[698] Gausemeier und Plass (2014), S. 254

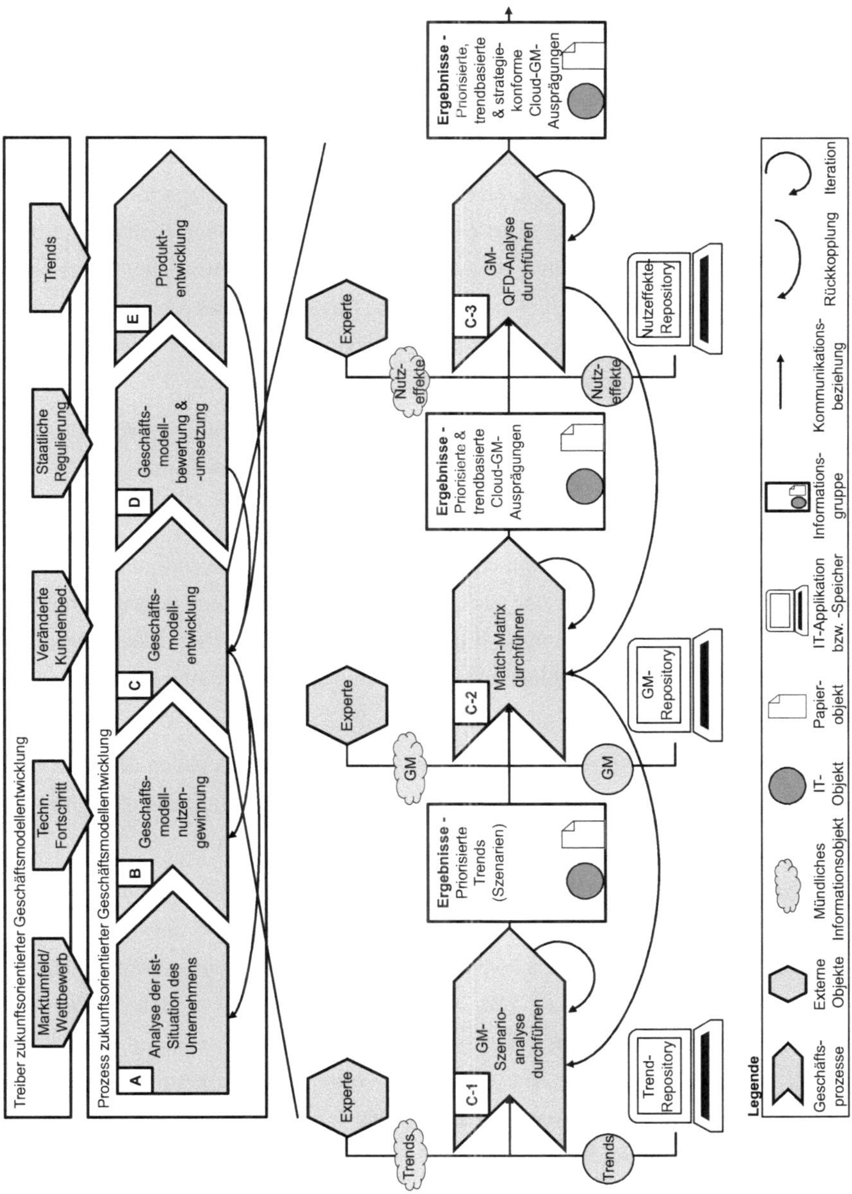

Abbildung 49: Prozedurales Vorgehensmodell der zukunftsorientierten Geschäftsmodellentwicklung im Cloud-Computing mit anschließender Produktentwicklung (GMT-Methode)

Durch die Treiber der zukunftsorientierten Geschäftsmodellentwicklung können innerhalb der Ist-Situation des Unternehmens, der Nutzengewinnung, der Geschäftsmodellentwicklung und der Produktentwicklung Veränderungen stattfinden. Diese situativen Faktoren können sowohl positiv als auch negativ auf das Geschäftsmodell einwirken. Innerhalb des Prozesses der zukunftsorientierten Geschäftsmodellentwicklung bedeutet dies, dass dadurch Rückkopplungen zur vorgelagerten Phase entstehen können. Beispielsweise kann eine neue Technologie einen Einfluss auf das bestehende Geschäftsmodell haben, welches zu einer Anpassung des Nutzenversprechens führen kann. Auch könnte eine neue Technologie das bisherige Nutzenversprechen obsolet machen, so dass das Vorgehen einer Geschäftsmodellentwicklung durch eine neue Nutzengewinnung von vorne stattfinden muss.

In diesem Abschnitt werden die fünf Phasen erläutert, bevor im nachfolgenden Abschnitt detailliert auf die Geschäftsmodellentwicklung eingegangen wird.

A: Analyse der Ist-Situation des Unternehmens

Zu Beginn der Geschäftsmodellentwicklung wird oftmals in der Literatur die Bestimmung der Ausgangslage oder der Ist-Situation des Unternehmens vorgenommen.[699] Dabei wird eine **Situationsanalyse durchgeführt,** das vorhandene **Geschäftsmodell und/oder Produkt analysiert** und es werden die **Kundenbedürfnisse identifiziert**.

Die Analyse des Ist-Zustandes erfordert eine Darstellung der aktuellen Situation des Unternehmens inklusive einer SWOT-Gegenüberstellung. Die Bestandteile einer **Situationsanalyse** wurden in Kapitel 2.1.2 ausführlich beschrieben.

Der Inhalt dieses Abschnittes besteht darin, das **Geschäftsmodell** anhand der entwickelten Struktur aus Kapitel 4.2.5 in der Gruppenarbeit **zu diskutieren** und zu beschreiben. Dabei sollen mögliche Vorzüge wie der Nutzen und die beteiligten Akteure besonders betrachtet werden. Die Analyse des Geschäftsmodells und eine Schwachstellenanalyse schaffen einen gewissen Abstand zum eigenen Geschäftsmodell, um das Unternehmen kritisch zu analysieren.[700] Diese erste Beschreibung (siehe Abbildung 50) kann bereits erste Impulse für mögliche Veränderungen am Geschäftsmodell ergeben.[701]

---

[699] Siehe dazu beispielsweise Wirtz und Thomas (2014), S. 44
[700] Vgl. Gassmann u.a. (2013), S. 32
[701] Vgl. Gassmann u.a. (2013), S. 23

John und Kundisch[702] zeigen in ihrer Veröffentlichung, dass sich die Matrix-Darstellung (competition for attention theory) und eine nähere räumliche Zuordnung zueinander (proximity compatibility principle) besser als andere Darstellungsformen zur Abbildung und Visualisierung von Geschäftsmodellkomponenten eignen.

Abbildung 50: Vorlage für die Analyse eines Geschäftsmodells

Die aktuelle dynamische Wettbewerbssituation fordert eine „höhere“ Zufriedenheit von Produkten und Dienstleistungen, als es die Gewohnheit zulässt. Eine reine Orientierung an dem, was der Kunde aktuell als Bedürfnis äußert, wäre hier sicherlich nicht förderlich, sondern darüber hinaus sollten auch nicht erwartete und begeisternde Faktoren aktiv aufgenommen werden. Frei nach der Aussage von Henry Ford: „Wenn ich auf meine Kunden gehört hätte, hätte ich ihnen ein schnelleres Pferd gegeben“. Mit dem Kano-Modell[703] können unterschiedliche **Kundenbedürfnisse** und damit Kundenanforderungen **analysiert werden**.[704] Innerhalb des Kano-Modells werden drei Zufriedenheitsfaktoren für Produkte und Dienstleistungen abgebildet:

---

[702] Vgl. John und Kundisch (2015), S. 1283-1297
[703] Benannt nach Noriaki Kano. Vgl. Kano u.a. (1984), S. 39 ff.
[704] Vgl. Herzwurm u.a. (1997), S. 28

- Basisfaktoren
- Leistungsfaktoren und
- begeisternde Faktoren

Auf der Abszisse wird der Erfüllungsgrad einer Kundenanforderung durch bestimmte Merkmale von „völlig unzureichend“ bis „vollständig“ angegeben. Auf der Ordinate wird der Zufriedenheitsgrad von „völlig unzufrieden“ bis „sehr zufrieden“ angeführt. Der Erfüllungsgrad hat verschiedene Auswirkungen auf die Zufriedenheit der Kunden.[705] Der dritte Faktor „ist die Zeit, die unaufhaltsam die heutigen begeisternden Faktoren in den Bereich der Leistungsfaktoren und schließlich in das Feld der Basisfaktoren drängt“[706] (siehe Abbildung 51).

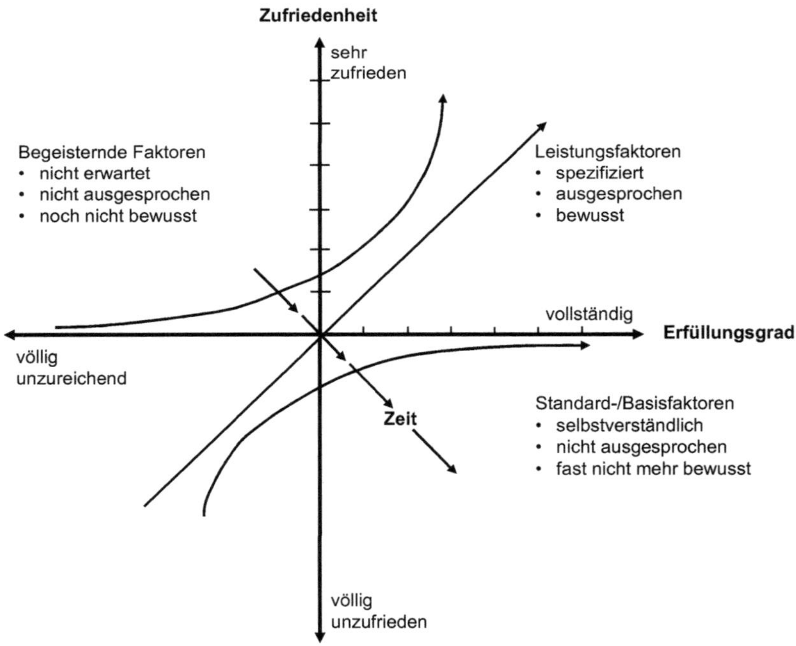

Abbildung 51: Kano-Modell der Kundenzufriedenheit[707]

Das Erfassen der Basisanforderungen und der Leistungsanforderungen ist meist ohne Schwierigkeiten möglich,[708] beispielsweise können sie durch Kundeninterviews

[705] Vgl. Saatweber (2011), S. 81
[706] Saatweber (2011), S. 82
[707] In Anlehnung an Bailom u.a. (1996), S. 117 ff. und Saatweber (2011), S. 82

oder schriftliche Befragungen ermittelt werden. Durch die begeisternden Faktoren können aber im Gegensatz zu den anderen beiden eine hohe Kundenbindung, hoher Marktanteil und ein hoher Gewinn erzielt werden.[709] Die begeisternden Faktoren sind dementsprechend schwieriger zu erheben. Beispiele für ihre Ermittlung sind Gemba Walk, Kundendienststatistiken, Berichte des Beschwerdemanagements, die Analyse von Partnern und Wettbewerbern sowie die Befragung von „Lead Usern".

B: Geschäftsmodellnutzengewinnung

Innerhalb des Vorgehens einer Produkt- oder Geschäftsmodellentwicklung steht an zweiter Stelle nach der Analyse der Ist-Situation des Unternehmens die Idee zur Nutzengewinnung. Diese Idee beinhaltet zumeist einen kleinen technischen Lösungsansatz und das Nutzenversprechen den zukünftigen Kunden gegenüber.[710] Das Nutzenversprechen wird durch die angenommene Bedürfnisbefriedigung beim Kunden als Vorleistung für die Entwicklung eines Produktes gesehen.[711] Daher muss als Voraussetzung für die Anwendung der zu entwickelnden Methode zumeist nicht nur ein Nutzenversprechen den Kunden gegenüber existieren, sondern es muss auch einer der sechs Ausgangspunkte (siehe Abschnitt 5.3.1) existieren, an dem das Geschäftsmodell entlang entwickelt werden kann.

Folgend können **vier** verschiedene Vorgehensweisen an eine mögliche Geschäftsmodellnutzengewinnung konstatiert werden: **Ideengenerierung durch Kreativitätstechniken**, **Ausgangspunkt für die Geschäftsmodellentwicklung**, **Kunden-Nutzen-Karte** und **praxisorientierte Methoden**.

In der Unternehmenspraxis werden mittels **Kreativitätstechniken** verschiedene Geschäftsmodellideen generiert. Eine Auswahl an Kreativtechniken wurde bereits in Kapitel 2.5.1 vorgestellt. Vor allem kommen in der Praxis klassisches Brainstorming, Morphologischer Kasten, Methode 635 und Synektik zum Einsatz.[712] Für den hier anzuwendenden Einsatz zur Entwicklung von Geschäftsmodellen kommt am ehesten der Expertenworkshop in Frage. Im Expertenworkshop werden verschiedene Kreativmethoden miteinander kombiniert. Nach Wirtz erhöht das die Ideenvielfalt und es

[708] Vgl. Saatweber (2011), S. 88
[709] Vgl. Saatweber (2011), S. 88
[710] Vgl. Wirtz (2013), S. 218 und Wirtz und Thomas (2014), S. 41
[711] Vgl. Warg und Rennebach (2013), S. 57
[712] Vgl. Wirtz (2013), S. 238 und Hauschildt und Salomo (2011), S. 279 ff.

werden möglichst viele Ideen kreiert.[713] Für die vorliegen Methode werden Brainstorming, Brainwriting und der Morphologische Kasten verwendet.

Auf Basis der durchgeführten Ist-Analyse (Schritt **„A: Analyse der Ist-Situation des Unternehmens“**) kann anschließend **ein Ausgangspunkt zur Geschäftsmodellentwicklung** und zur damit möglichen Nutzengewinnung bestimmt werden.[714] Der Ausgangspunkt für die Geschäftsmodellentwicklung kann jede der Komponenten aus dem Geschäftsmodellbaukasten sein. Beispielsweise identifizieren Osterwalder und Pigneur insgesamt fünf Ausgangspunkte für die Geschäftsmodellentwicklung: ressourcenbedingter, angebotsbedingter, kundenbedingter, finanzbedingter und durch mehrere Epizentren bedingter Ausgangspunkt. Jeder dieser Ausgangspunkte kann einen Wandel für das Geschäftsmodell nach sich ziehen und auch Auswirkungen auf die anderen Geschäftsmodellkomponenten haben. Beispielsweise könnte eine Änderung der Zielkunden (neben B2C auch Start-up-Unternehmen) Auswirkungen auf das Partnernetzwerk (strategische Allianz oder Koopkurrenz), Wertschöpfungsarchitektur (Orchestrator statt Layer-Player) und Kundenbeziehungen (persönlicher Kontakt statt Selbstservice) haben (siehe Abbildung 52).[715]

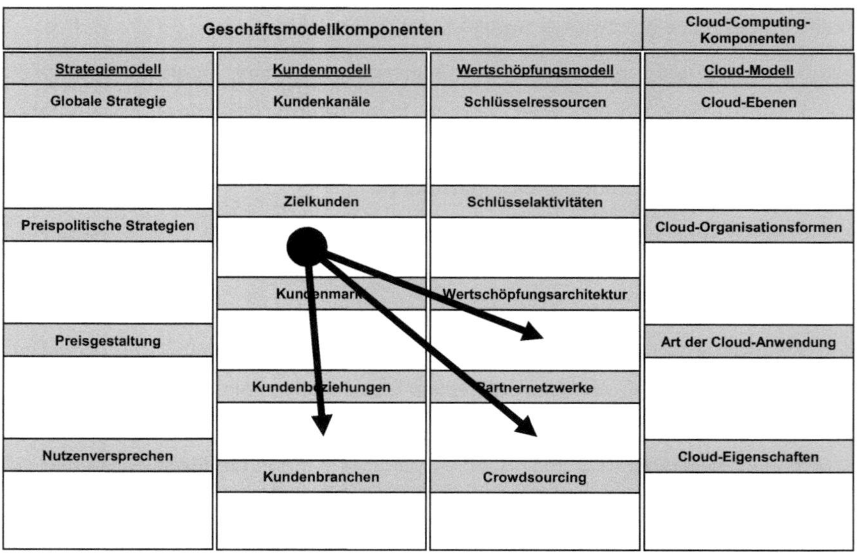

Abbildung 52: Beispielhafte Darstellung für einen kundenbedingten Ausgangspunkt

713 Vgl. Wirtz (2013), S. 239
714 Vgl. Osterwalder und Pigneur (2011), S. 139 ff.
715 Vgl. Osterwalder und Pigneur (2011), S. 142 f.

Köster empfiehlt für die Erarbeitung eines konkreten systematischen Nutzenversprechens die **Kunden-Nutzen-Karte** (siehe Abbildung 53).[716]

Zunächst werden die Aspekte aus der Kundensicht betrachtet. Dazu werden die zu erledigenden Aufgaben eines Kunden festgelegt. Diese Aufgaben kommen erst durch verschiedene Kundenbedürfnisse und Kundenprobleme zustande und müssen als Nächstes ausformuliert werden. Anschließend sollen die identifizierten Probleme den bereits vorher definierten Anforderungen (existierende Marktleistung) und Nutzenpotenzialen zugeordnet werden. Diese sollen in Kundennutzen/Nutzenversprechen übersetzt werden, um eine Bedürfnisbefriedigung oder Problemlösung zu erreichen. Das Nutzenversprechen kann als Gestaltungsoption für die Kundenwünsche (Geschäftsmodellvariable) angesehen werden.[717]

Aspekte der Kundensicht			Nutzenversprechen
Zu erledigende Aufgabe	Bedürfnisse	Anforderungen	Bedürfnisbefriedigung
	Probleme		Problemlösung

Abbildung 53: Kunden-Nutzen-Karte zur Ermittlung des Nutzenversprechens[718]

Weitere Möglichkeiten, um die Kunden und Mitarbeiter dazu zu bringen auf Nutzenideen zu kommen, sind beispielsweise folgende **praxisorientierte Methoden**[719]:

- Unternehmensinterner Pitch Day: Bei einem Pitch Day erhalten die Mitarbeiter Gelegenheit, eigene Ideen, Verbesserungsvorschläge und zukünftige Szenarien vorzustellen. Damit soll internes Wissen erfasst und externalisiert werden
- Gemba Walk: Der Gemba Walk steht für Beobachten, Begleiten und Dokumentieren von Kunden in Unternehmen, um zu verstehen, wie der Kunde arbeitet, um seine Bedürfnisse zu identifizieren.
- Kundenbeirat: Der Kundenbeirat setzt sich aus Kunden des Unternehmens zusammen und gibt regelmäßig Feedback über aktuelle Probleme sowie Verbesserungsvorschläge.

716 Vgl. Köster (2013), S. 124
717 Vgl. Köster (2013), S. 124 ff.
718 Vgl. Köster (2013), S. 124
719 Vgl. Wagner u.a. (2015), S. 1308 ff.

- Externe Gastredner: Externe Gastredner können durch ihre Spezialisierung und übergreifende Erfahrung dem Unternehmen wertvolles Wissen verschaffen.
- Kunden-Empathie-Karte: Mittels der Kunden-Empathie-Karte versuchen Mitarbeiter eines Unternehmens sich in potenzielle Nachfrager hineinzuversetzen.[720]

C: Geschäftsmodellentwicklung

Die Phase der Geschäftsmodellentwicklung besteht aus GM-Szenarioanalyse, Match-Matrix und GM-QFD-Analyse. Im Sinne von C-QFD, als Teil der QFD-Analyse, beinhaltet die zu entwickelnde Methode die Möglichkeit der kontinuierlichen Anpassung an veränderbare Bedingungen, um diese schnell umzusetzen und damit zu jedem Zeitpunkt über ein aktuelles Geschäftsmodell zu verfügen. Dazu wurden in die Methode (siehe Abbildung 49) Iterationen integriert. Beispielsweise können Veränderungen von Trends, Geschäftsmodellelementen und strategischen Nutzeffekte die Iteration der Phase fordern. Dadurch sind auch Rückkopplungen zwischen den Phasen möglich, um die Konsistenz der GMT-Methode zu gewährleisten. Die Phasen der Geschäftsmodellentwicklung werden in Abschnitt 5.4 ausführlich dargestellt.

D: Geschäftsmodellbewertung & -umsetzung

Nach der Phase der Geschäftsmodellentwicklung schließt die Phase für die Bewertung und Umsetzung nahtlos an. Dazu werden Vorschläge zur Ergebnisinterpretation und zur Umsetzung des Geschäftsmodells aufgezeigt. Inhaltlich werden im Folgenden die Rangfolge der Geschäftsmodellausprägungen, neue Geschäftsmodelle im Ist-Soll-Vergleich und die Beziehungen der Ausprägungen untereinander betrachtet.

Als Ergebnis der Geschäftsmodellentwicklung konnten priorisierte, trendbasierte und strategiekonforme **Cloud-Geschäftsmodellausprägungen** ermittelt werden. Die Ausprägungen können anhand der erfassten Werte in eine **Rangfolge** gebracht werden (siehe Tabelle 62). Für eine bessere Übersichtlichkeit ist es möglich diese anhand von Farben und/oder Gruppen einzuteilen und damit abzugrenzen. Die Gruppeneinteilung kann aufgrund der größeren Abstände zwischen den einzelnen Werten erfolgen. Interpretationsmöglichkeiten sind:

[720] Vgl. Osterwalder und Pigneur (2011), S. 130 ff.

- Anhand der Gruppeneinteilung kann eine Priorisierung vorgenommen werden. So könnte der zweiten Gruppe eine höhere Wichtigkeit als der ersten Gruppe zugeteilt werden, da z.B. die zweite Gruppe schneller und/oder kostengünstiger realisiert werden könnte.
- Aufgrund der großen Abstände zwischen den einzelnen Ausprägungen und/oder Gruppen könnte ein stärkerer Fokus auf die vorderen Ausprägungen gelegt werden.

Nummer	Ausprägung	Rang	Wert	
1	Qualitätsführerschaft	1	54	1. Gruppe
2	Persönlicher Kontakt	1	54	
3	Dienstleistung	3	42	
4	nutzungsabhängig	3	42	
5	hybrid	3	42	
6	Mittelpreisstrategie	6	38	
7	Automobil	6	38	2. Gruppe
8	Eigenvertrieb	6	36	
9	geistige	9	36	
10	Großunternehmen	9	36	
11	Bedarfsführerschaft	11	30	
12	Produkt	11	30	
13	strategische Allianz	11	30	3. Gruppe
14	Add-on	14	28	
15	Finanzdienstleister	15	24	
16	Leistung	16	18	
17	Internet	16	18	
18	ISV	16	18	
19	Anpassung	19	16	
20	Marke/Status	19	16	
21	Penetrationsstrategie	21	15	4. Gruppe
22	Verfügbarkeitsführerschaft	22	13,33333333	
23	Kostenführerschaft	23	13	
24	Werbung	24	12	
25	menschliche	24	12	
26	KMU	24	12	
27	regel. wiederkehrende Zahlung	27	9,333333333	
28	Metered Model	28	9	
29	Einmalzahlung	28	9	
30	Design	28	9	

Tabelle 62: Ranking der Geschäftsmodellausprägungen mit Gruppen (Beispiel)

Es existiert keine generelle Vorgabe, welche Darstellungsweise zu verwenden ist. Es kann jede Darstellung gewählt werden, die verdeutlicht, welche Ausprägungen für das Geschäftsmodelle relevant sind, um diese anzuwenden.

Anschließend können die ermittelten Ausprägungen zu einem **neuen Geschäftsmodell** zusammengesetzt werden. Dabei findet eine Orientierung an dem bereits identifizierten aktuellen Geschäftsmodell und dessen Ausprägungen statt (siehe Schritt „**A: Analyse der Ist-Situation des Unternehmens**"). Aufgrund der durchgeführten Expertenworkshops konnten Kriterien für die Anwendbarkeit abgeleitet werden:

- Die wichtigste Ausprägung innerhalb der Geschäftsmodellkomponenten wird als einzige übernommen. Damit wird gewährleistet, dass Ausprägungen, die schlechter gewertet wurden, nicht gleichgestellt betrachtet werden.
- Bei gleicher Platzierung (Wert) werden mehrere Ausprägungen eingefügt.
- Je näher der Wert der Geschäftsmodellausprägung gegen null tendiert, desto eher könnten die vorher definierten Ausprägungen (Ist-Analyse) beibehalten werden. Hierbei wird angenommen, dass die bereits bestehenden Ausprägungen relevanter sind als die entwickelten.

Nach dieser Bewertung können die ermittelten Geschäftsmodellausprägungen in die „Vorlage für die Analyse eines Geschäftsmodells" eingesetzt werden. Anhand der vorher durchgeführten „Analyse der Ist-Situation des Unternehmens" und der damit verbundenen Aufstellung des Ist-Zustandes des Geschäftsmodells können das bisherige und das neue Geschäftsmodell (Änderungen innerhalb der Geschäftsmodellkomponenten sind grau hinterlegt) gegenübergestellt werden. Es findet ein **Ist-Soll-Vergleich** der Geschäftsmodelle statt (siehe Abbildung 54).

Geschäftsmodellkomponenten			**Cloud-Computing-Komponenten**
Strategiemodell	**Kundenmodell**	**Wertschöpfungsmodell**	**Cloudmodell**
Globale Strategie	**Kundenkanäle**	**Schlüsselressourcen**	**Cloud-Ebenen**
-	• Internet • Mobile	• Menschliche Ressourcen: Wissen • Service	• PaaS
Preispolitische Strategien	**Zielkunden**	**Schlüsselaktivitäten**	**Cloud-Organisationsformen**
-	• B2B	• SW-Entwicklung • Managed Service	• PrivateCloud
Preisgestaltung	**Kundenmarkt**	**Wertschöpfungsarchitektur**	**Art der Cloud-Anwendung**
• Nutzungsabhängige Zahlung	• Nischenmarkt	-	• Alle
Nutzenversprechen	**Kundenbeziehungen**	**Partnernetzwerke**	**Cloud-Eigenschaften**
• Einzigartigkeit von Funktionen • Agilität	• Communitys • Support • Pers. Kontakte	• IaaS Partner	• On-demand Self Service, Stufe 5 • Skalierbarkeit, Stufe 5 • SLAs
	Kundenbranchen	**Crowdsourcing**	
	• Alle	-	

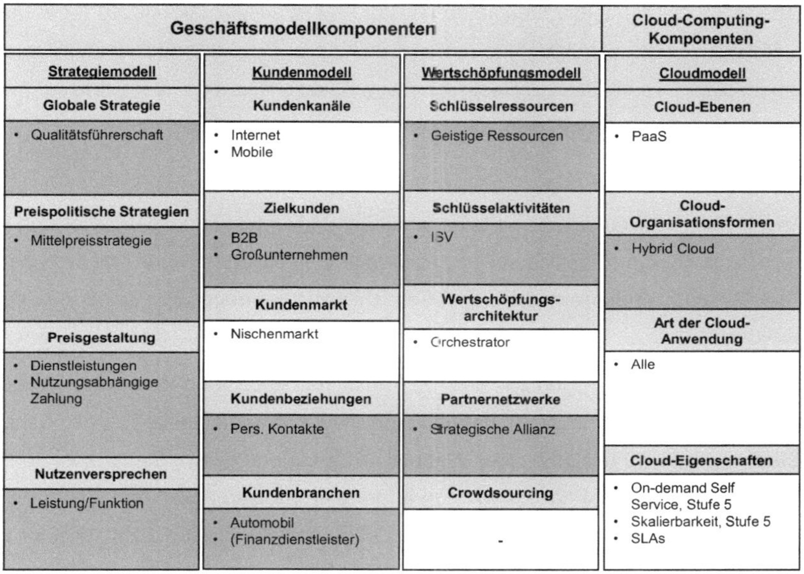

Abbildung 54: Ist-Soll-Vergleich des Geschäftsmodells (Beispiel)

Der Vergleich gibt die ersten Hinweise, welche Geschäftsmodellausprägungen in den nächsten Jahren (jeweils abhängig vom festgelegten Zeitpunkt innerhalb der GM-Szenarioanalyse) relevanter werden. Das Unternehmen kann jetzt sehen, welche Veränderungen vorgenommen werden müssten, um aufgrund der Trends und Szenarien auf die Zukunft vorbereitet zu sein.

Weiterhin können auch die **Beziehungen untereinander** in der Auswertung betrachtet werden. Dazu kann das entwickelte Metamodell der Geschäftsmodellkomponenten aus Kapitel 5.1 herangezogen werden. Zunächst sollten die ermittelten Ausprägungen des neuen Geschäftsmodells den jeweiligen Komponenten zugeordnet werden. Durch die zu betrachtende Änderung können die Komponenten jetzt Auswirkungen auf andere Komponenten besitzen, die durch die Darstellung des Metamodells erkannt werden können.

Für die quantitative Bewertung des Geschäftsmodells können die beschriebenen Controllingkennzahlen aus Kapitel 2.2.6 Verwendung finden.

Nachdem verschiedene Möglichkeiten zur Bewertung vorgestellt wurden, erfolgt als nächstes die **Umsetzung des Geschäftsmodells**. Für die Umsetzung kann auf verschiedene Implementierungsmanagement-Vorgehensweisen zurückgegriffen werden. Beispielsweise schlägt Wirtz[721] ein fünfstufiges Phasenmodell vor: Planung, Kommunikation, Team-Set-up, Realisation sowie Abschluss und Wenzelmann[722] ein Geschäftsmodell-Roadbook, dass als Umsetzungsleitfaden dienen soll.

E: Produktentwicklung

Im Anschluss an die Geschäftsmodellentwicklung und Geschäftsmodellbewertung & -umsetzung können für das Cloud-Produkt bereits identifizierte Trends und Szenarien aus der Geschäftsmodellentwicklung für die Entwicklung neuer Funktionen verwendet werden.[723]

Dazu bietet es sich an, schon bestehende Funktionen des Cloud-Produktes aufzulisten und z.B. anhand der vorher betrachteten Wettbewerbsanalyse aus der Situationsanalyse weitere Funktionen der Wettbewerber zu integrieren. Damit können die Einflüsse der Trends auf die Funktionen in der **Funktionen-Szenarien-Tabelle** betrachtet und bewertet werden. Dieser Schritt kann sowohl durch die Entscheider als auch durch Kunden durchgeführt werden.

Als nächstes kann QFD für die Softwareentwicklung verwendet werden, um die strategischen Nutzeffekte der Kunden den Lösungen (Funktionen) in der **Funktionen-Nutzeffekte-Tabelle** gegenüberzustellen und zu bewerten. In beiden Schritten sind im Sinne von C-QFD die fortlaufenden Anpassungen der Geschäftsmodellelemente zu jeder Zeit gewährleistet. Im Ergebnis können beide Schritte nicht nur zu priorisierten Funktionen für die Weiterentwicklung der Software dienen, sondern durch die Einflussnahme der Trends auch zu neuen, bisher nicht bekannten Funktionen führen (siehe Abbildung 55).

Die Produkt- und die Geschäftsmodellentwicklung müssen nicht zwingend getrennt voneinander ablaufen, sondern könnten auch parallel stattfinden, zumal innerhalb des QFD-Produktentwicklungsprozesses einige Ergebnisse durchaus Parallelen und Überschneidungspunkte zu Geschäftsmodellkomponenten aufweisen. Beispielsweise wird innerhalb der Produktentwicklung mit QFD die Zielgruppe definiert, dies ist auch eine Komponente in der Geschäftsmodellentwicklung.

721 Vgl. Wirtz (2013), S. 260 ff.
722 Vgl. Wenzelmann (2009), S. 140 f.
723 Dies ergab sich aus den Erkenntnissen der durchgeführten Expertenworkshops (siehe dazu Kapitel 6).

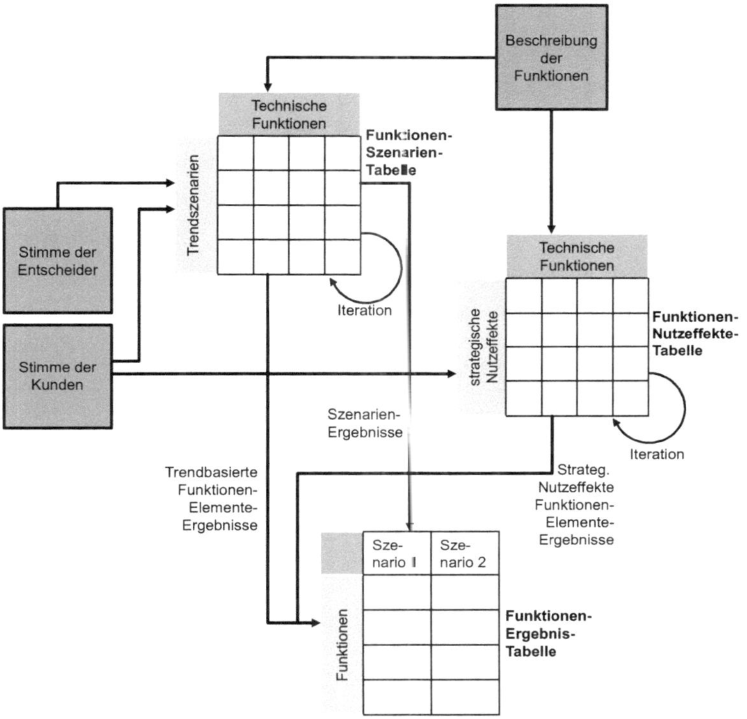

Abbildung 55: Prozess der Produktentwicklung

5.3.3 Detailliert

Auf der Basis der Erkenntnisse der bisherigen Kapitel und der Erfüllung der Anforderungen wird im Weiteren ein detailliertes Vorgehensmodell für die Geschäftsmodellentwicklung im Cloud-Computing abgeleitet. Dazu werden die betrachteten und ausgewählten Methoden miteinander verknüpft. Die Zusammenführung der GM-Szenarioanalyse und der GM-QFD-Analyse mit der Match-Matrix gewährleisten eine integrierte Methode. Die einzelnen Phasen werden durch verschiedene Methoden unterstützt. In den Phasen sind jeweils entwickelte Repositorys integriert, die durch Experteninterviews weiter beeinflusst werden können. Die Repositorys wurden durch umfangreiche Literaturanalysen entwickelt.

Den Ausgangspunkt des Vorgehensmodells zur Geschäftsmodellentwicklung bildet die **GM-Szenarioanalyse**. In dieser ersten Phase werden Trends identifiziert und priorisiert, um daraus Szenarien abzuleiten. In der zweiten Phase werden die ermittelten Szenarien den Geschäftsmodellausprägungen gegenübergestellt. Die **Match-Matrix** überträgt den Einfluss der relevanten Trends auf das Geschäftsmodell. In der dritten Phase, der **GM-QFD-Analyse**, werden die strategischen Nutzeffekte des Unternehmens den Geschäftsmodellausprägungen gegenübergestellt und bewertet. Anschließend werden die priorisierten Trends aus der **Match-Matrix** mit den priorisierten Ergebnissen der **GM-QFD-Analyse** zusammengeführt. Die Ergebnisse zeigen priorisierte, trendbasierte und strategiekonforme Cloud-Geschäftsmodellausprägungen. Das Vorgehen, die verwendeten Methoden und die dazugehörigen Kapitel für die Geschäftsmodellentwicklung werden im Folgenden veranschaulicht.

	Vorgehen	Methode	Kapitel
C-1	**GM-Szenarioanalyse durchführen**	GM-Szenarioanalyse	5.4.1
Inputs	Trend-Repository	Literaturanalyse	5.4.1.2
	Expertenworkshop	Expertenworkshop	
Output	Priorisierte Trends (Szenarien)	-	
C-2	**Match-Matrix durchführen**	Match-Matrix	5.4.2
Inputs	Cloud-Geschäftsmodell-Repository	Literaturanalyse	4.2.5
	Expertenworkshop	Expertenworkshop	5.4.2.2
Output	Priorisierte & trendbasierte Cloud-Geschäftsmodellausprägungen	-	
C-3	**GM-QFD-Analyse durchführen**	GM-QFD-Analyse	5.4.3
Inputs	Strategisches Nutzeffekte-Repository	Literaturanalyse	5.4.3.2
	Expertenworkshop	Expertenworkshop	
Output	Priorisierte, trendbasierte und strategiekonforme Cloud-Geschäftsmodellausprägungen	-	

Tabelle 63: Tabellarische Darstellung des Vorgehens und der Methodiken der zukunftsorientierten Geschäftsmodellentwicklung

Die einzelnen Phasen werden in der Regel nacheinander durchlaufen, um einen übergangsfreien Ablauf und die Übertragbarkeit der Ergebnisse zu gewährleisten. Allerdings können jederzeit Iterationen stattfinden und die Methode müsste erneut durchlaufen werden. Beispielsweise können die Experten jederzeit noch weitere Trends oder strategische Nutzeffekte oder auch Geschäftsmodellausprägungen in die Methode integrieren, das würde indes zu einem Rücksprung zu der jeweils vorgelagerten Phase führen. In den einzelnen Phasen der Methode wird der Ablauf über einzelne Schritte bzw. Aktivitäten dargestellt.

Bei der Darstellungsform der einzelnen Schritte handelt es sich um eine ergebnisorientierte Darstellung, angelehnt an Herzwurm u.a. (1997) und ISO-Norm[724]. Sie zeigt, im Vergleich zur prozessorientierten Darstellung, die abgestimmten Aktivitäten und die zusammenhängenden Ergebnisse übersichtlicher in den verschiedenen Tabellen, Matrizen und Abbildungen (siehe Abbildung 56).

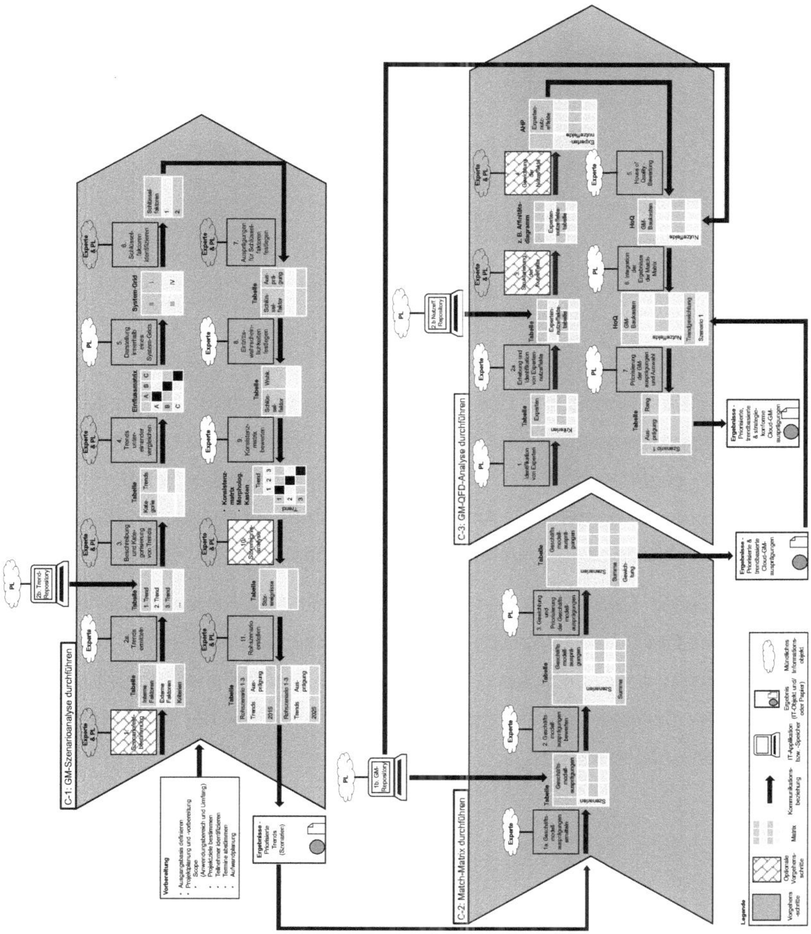

Abbildung 56: Vorgehensmodell detailliert (vergrößert auf den nächsten Seiten)

[724] Vgl. ISO/DIS 16355-1 (2015), S. 52 f. und Herzwurm u.a. (1997), S. 57

5.4 Techniken und Ergebnisse

5.4.1 C-1: GM-Szenarioanalyse

In diesem Abschnitt liegt der Schwerpunkt auf der Beschreibung des ersten Schrittes **C-1: GM-Szenarioanalyse durchführen** innerhalb der Phase der **Geschäftsmodellentwicklung** (siehe Abbildung 57).

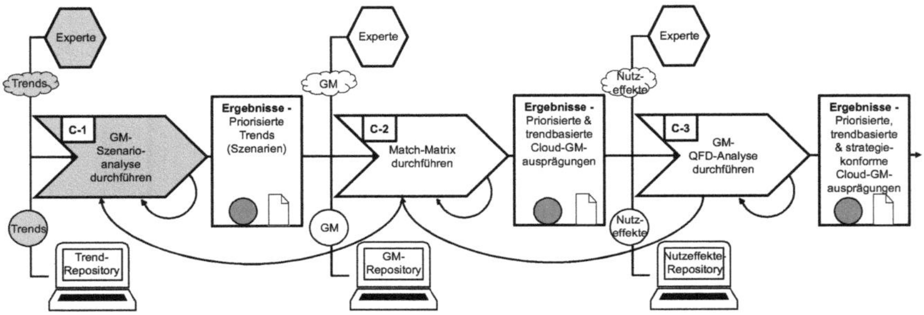

Abbildung 57: Szenarioanalyse im Kontext der entwickelten Methode

5.4.1.1 Übersicht

Die in Kapitel 4.3.3.4 abgeleitete GM-Szenarioanalyse wird aufgrund der Erfahrungen aus den Expertenworkshops auf die Entwicklung von Cloud-Geschäftsmodellen hin abgestimmt. Zunächst wird die GM-Szenarioanalyse detailliert tabellarisch und anschließend grafisch dargestellt. Anschließend werden auch die einzelnen, auf Cloud-Geschäftsmodelle abgestimmten, Schritte ausführlich beschrieben.

In der tabellarischen Darstellung werden den entwickelten Vorgehensschritten die verwendete Aktivitäten, die Werkzeuge und die Rollen zugeordnet (siehe Tabelle 64). Für die grafische Veranschaulichung wird die ergebnisorientierte Darstellung verwendet, um eine bessere Übersichtlichkeit und Benutzbarkeit der Methode zu gewährleisten (siehe Abbildung 58).

Nr.	Schritte	Aktivitäten	Werkzeuge	Rollen
1.	Optional: Szenariofeld-bestimmung	Analyse von internen und externen Faktoren	Tabelle	Experte, Projektleiter
2.	2a. Trends ermitteln	Expertenbefragung	Tabelle	Experte
	2b. Trends ermitteln	Informations-quellen (Trend-Repository)	Tabelle, Literaturrecherche	Projektleiter
3.	Beschreibung und Kate-gorisierung von Trends	Expertenbefragung	Tabelle	Experte, Projektleiter
4.	Trends untereinander vergleichen	Trends gegenüberstellen und vergleichen	Einflussmatrix, AHP	Experte, Projektleiter
5.	Darstellung innerhalb eines System-Grids	Aktiv und passiv Spalte aufbereiten	System-Grid	Projektleiter
6.	Schlüsselfaktoren identifizieren	Expertenbefragung	Tabelle	Experte, Projektleiter
7.	Ausprägungen für Schlüsselfaktoren festlegen	Ausprägungen festlegen	Tabelle	Experte, Projektleiter
8.	Eintrittswahrscheinlichkei-ten für Schlüsselfaktoren festlegen	Eintrittswahrscheinlichkei-ten festlegen	Tabelle	Experte
9.	Konsistenzmatrix bewerten	• Konsistenten der Trends untereinander betrachten • Szenarien ermitteln	• Konsistenzmatrix • Morphologischer Kasten	Experte
10.	Optional: Störereig-nisanalyse	Expertenbefragung	Tabelle	Experte, Projektleiter
11.	Rohszenario erstellen	2-3 Szenarien als Ergebnis für bestimmten Zeithorizont	Tabelle	Experte, Projektleiter
Ergebnis: priorisierte Trends (Szenarien)		Dokumentation	Tabelle	

Tabelle 64: Elf Schritte der GM-Szenarioanalyse für Cloud-Computing-Geschäftsmodelle

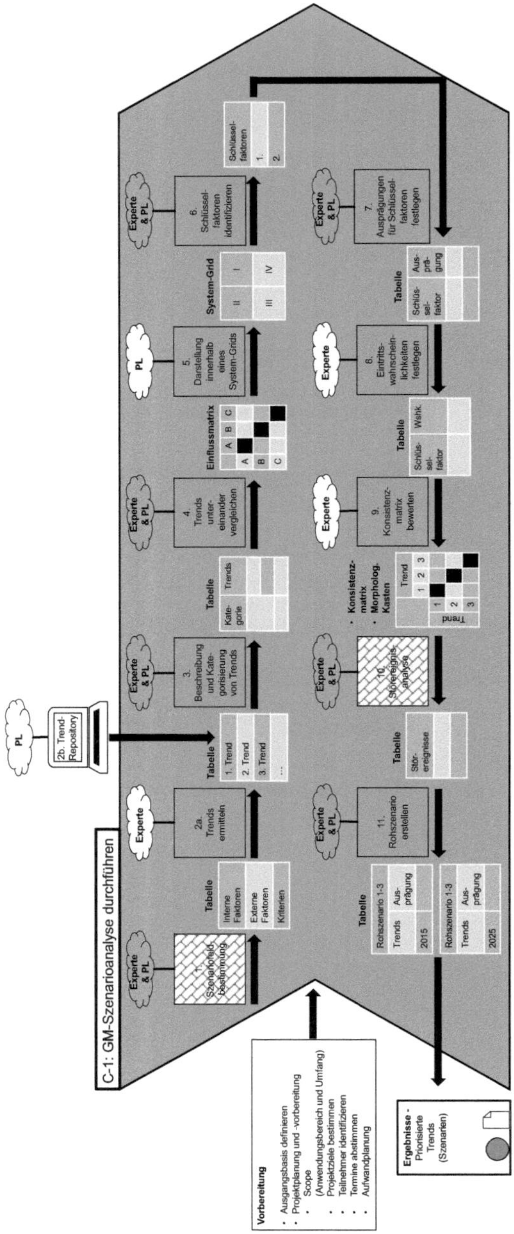

Abbildung 58: Grafische Darstellung der Schritte der GM-Szenarioanalyse für Cloud-Computing Geschäftsmodelle

5.4.1.2 Vorgehensweise

1. Szenariofeldbestimmung (Optional)

Im ersten Schritt der GM-Szenarioanalyse wird das Szenariofeld bestimmt (siehe Tabelle 65). Ziel der Szenariofeldbestimmung ist es, den Untersuchungsgegenstand festzulegen.[725] Interne Faktoren können beispielsweise Unternehmen, Technologie oder auch Produkte sein.[726] Neben diesen internen Faktoren können auch externe Faktoren wie Umwelt, Wirtschaft usw. betrachtet werden. Auch eine Kombination oder Abhängigkeit der internen und externen Faktoren kann relevant sein.[727]

Interne Faktoren	Unternehmen, Technologie, Produkt usw.
Externe Faktoren	Umwelt, Wirtschaft usw.
Kriterien	Leistungsspektrum des Unternehmens Leitbild des Unternehmens Ziele und Strategien des Unternehmens Situationsanalyse des Unternehmens Zeitraum für die Szenariobetrachtung

Tabelle 65: Interne und externe Faktoren sowie Kriterien in der Szenariofeldbestimmung

Folgende Kriterien sollten dabei analysiert werden: das gegenwärtige Leistungsspektrum des Unternehmens, das Leitbild des Unternehmens, Ziele und Strategien des Unternehmens und eine durchgeführte Situationsanalyse (siehe Schritt „**A: Analyse der Ist-Situation des Unternehmens**").[728] Anschließend wird der Zeitraum für die Szenariobetrachtung festgelegt. Für die vorliegende Analyse sind ausschließlich Trends als Einflussgröße relevant. Hierbei muss auf die Mikro- und Makroumfeld des Unternehmens geachtet werden, um den Trendbezug herzustellen. Sowohl der Projektleiter als auch die beteiligten Experten sind in diesem Schritt eingebunden.

2a. + 2b. Trends ermitteln

Das Ziel bei der Ermittlung von Einflussfaktoren ist es, einzelne Faktoren (Trends), die einen Einfluss auf den Gesamtzusammenhang ausüben, zu ermitteln.

Die Ermittlung erfolgt aus zwei verschiedenen Quellen: Zuerst werden Trends aus der Literatur identifiziert und dann den Experten zur Auswahl vorgelegt. Weiter kön-

---

[725] Vgl. Gausemeier u.a. (1996), S. 132, von Reibnitz (1992), S. 30 und Kosow und Gaßner (2008), S. 20

[726] Vgl. von Reibnitz (1992), S. 30

[727] Vgl. Gausemeier u.a. (1996), S. 132 ff.

[728] Vgl. von Reibnitz (1992), S. 31 ff.

nen die Experten auch Trends in die Analyse mitaufnehmen, die ihnen als wichtig erscheinen und bisher nicht in der Literatur erwähnt wurden.

In der Literatur werden verschiedene Möglichkeiten zur Ermittlung von Einflussfaktoren beschrieben. Einflussfaktoren im Umfeld von Unternehmen können Trends, Ereignisse und Veränderungen sein. Bei der Ermittlung von Einflussfaktoren sollte die Suche vergangenheits-, gegenwarts- und zukunftsorientiert durchgeführt werden.[729] Die Einflussfaktoren sind meist in den Einflussbereichen Absatzmarkt (Abnehmer oder Kunden), Beschaffungsmarkt, Wettbewerb, Politik und Gesetzgebung, Technologie, Wirtschaft und Gesellschaft zu finden.[730] Diese Bereiche spiegeln die Makroumwelt eines Unternehmens wider.[731] Für die Ermittlung der Einflussfaktoren können prinzipiell drei Verfahrensweisen verwendet werden: diskursive Verfahren, intuitive Verfahren und weitere Quellen.[732]

- **Diskursive Verfahren**: Die Einflussfaktoren werden über logisch nachvollziehbaren Prozess ermittelt. Bei der „systematischen Ermittlung“ werden die Einflussbereiche als Systeme erfasst und in Unter- bzw. Teilsysteme gegliedert. Beim „cognitive Mapping“ werden Informationen aus verschiedenen Gesprächen (Kongressen usw.) vernetzt und bildlich als Gefüge zusammengesetzt. Innerhalb der „Systemskizze“ werden zeichnerisch bildhafte Skizzen des Betrachtungsbereichs angefertigt.[733]
- **Intuitive Verfahren**: Intuitive Verfahren sind zumeist Kreativitätstechniken, bei denen nicht zusammenhängende Elemente, Aspekte und Erfahrungen zusammengesetzt werden. Diese können beispielsweise Brainstorming, Methode 635 und Expertengespräche sein. Expertengespräche können auch den persönlichen Kontakten (siehe nächsten Punkt: Weitere Quellen) zugeordnet werden.[734]
- **Weitere Quellen**: Als weitere Quellen können Printmedien, digitale Medien und persönliche Kontakte angewendet werden (siehe dazu Tabelle 66). Die Quellen können nach der Priorität zur Identifikation und der Priorität zur Bewertung abgegrenzt werden.

---

[729] Vgl. Götze (1993), S. 106
[730] Vgl. von Reibnitz (1992), S. 33
[731] Vgl. Götze (1993), S. 106
[732] Vgl. Gausemeier u.a. (1996), S. 174 ff.
[733] Vgl. Gausemeier u.a. (1996), S. 174 ff.
[734] Vgl. Gausemeier u.a. (1996), S. 174

Nach Gausemeier sollte eine Kombination der Verfahren ausgewählt werden.[735] Tabelle 66 zeigt einen Ausschnitt möglicher Informationsquellen von Trends.

Art der Quelle	Beispiele	Priorität zur Identifikation	Priorität zur Bewertung
1. Printmedien & digitale Medien			
Wissenschaftlich-technische Primär- und Sekundärliteratur	Bundesverband der Deutschen Industrie e.V., BMWi, VDI/VDE Innovation + Technik GmbH, Fraunhofer IAO	hoch	hoch
Technologiestudien	Beratungsunternehmen (Capgemini, Accenture, Gartner, McKinsey, Deloitte, PwC, Forrester)	mittel	hoch
Tagungs- und Kongressberichte	EICT-Konferenz, Multikonferenz Wirtschaftsinformatik (MKWI)	mittel	gering
Wissenschaftsmagazine	The Scientist, Spektrum der Wiss.	mittel	gering
Zukunftsstudien	Z_punkt GmbH, TrendONE GmbH, 2b AHEAD ThinkTank GmbH	hoch	mittel
Marktforschungsstudien	Smart News Fachverlag GmbH, Deutsches Institut für Marketing	hoch	hoch
Forschungsberichte von Unternehmen	„Pictures of the Future" von der Siemens AG	hoch	hoch
Trenddatenbanken	Z_punkt GmbH, TrendONE GmbH	hoch	hoch
Trend- und Newsletter	Netzwelt.de, TrendONE GmbH	hoch	gering
Newsticker	Handelsblatt GmbH (wiwo.de), Heise Medien GmbH & Co. KG (heise.de)	mittel	gering
Internetrecherchen	(Meta-)Suchmaschinen, Communitys	hoch	hoch
Webportale	http://blog.im-c.de, http://www.megapart.de/blog	gering	hoch
Fach- und Patentdatenbanken	Verbände, Deutsches Patent- und Markenamt	gering	hoch
2. Persönliche Kontakte			
Expertenbefragung	Expertenteam, Pooling-Verfahren, Delphi-Methode, Workshops	mittel	hoch
Persönliche Netzwerken	Beruflich, privat, sozial	mittel	hoch
Auswertung von Workshops, Kongressen, Vorträgen, Konferenzen	Multikonferenz Wirtschaftsinformatik, ECIS, PACIS	hoch	mittel

Tabelle 66: Mögliche Informationsquellen von Trends mit Beispielen[736]

[735] Vgl. Gausemeier u.a. (1996), S. 174

[736] Vgl. Zweck (2013), S. 131 f., Matros (2012), S. 171 f., Burmeister u.a. (2004), S. 141 ff., Götze (1993), S. 117 und Gausemeier u.a. (1996), S. 174 ff.

Außerdem können diese Informationsquellen nach dem Zeithorizont bewertet werden. Beispielsweise werden viele Zukunftsstudien und Trenddatenbanken jährlich herausgegeben, wobei der Zeithorizont aber mehrere Jahre beträgt (siehe **Anhang C**). Marktforschungs- und Beratungsunternehmen geben zwar auch jährlich eine neue Studie heraus, diese haben indes meistens nur einen Zeithorizont von einem Jahr (siehe **Anhang C**).

3. Beschreibung und Kategorisierung von Trends

Jeder identifizierte Trend erhält eine kurze und prägnante Kurzbezeichnung durch den Projektleiter und den Experten, die vier bis fünf Worte nicht übersteigen sollte. Außerdem sollte zu jeder Kurzbezeichnung eine ausführliche Beschreibung verfasst werden. Diese Beschreibung kann auch in Form einer Frage formuliert werden.[737]

Die Trends sollten aufgrund der Übersichtlichkeit den einzelnen Kategorien zugeordnet werden. Dabei ist darauf zu achten, dass bei allen Kategorien ähnlich viele Trends zugeordnet sind, um unbeabsichtigte Schwerpunkte zu vermeiden.[738]

4. Trends untereinander vergleichen

Mithilfe einer sogenannten Einflussmatrix bzw. Vernetzungs- oder Beziehungsmatrix sollen die Einflüsse der einzelnen Trends untereinander ermittelt werden.[739] Dafür werden die bisherigen Trends innerhalb der Einflussmatrix gegenübergestellt und verglichen. Das Ziel der Einflussmatrix ist die Ermittlung derjenigen Trends, die andere Trends am stärksten beeinflussen und auch von anderen Trends am stärksten beeinflusst werden. Dazu wird gefragt: Welchen Einfluss hat A (Zeile) auf B (Spalte)? Für die Bewertung wird in der Regel folgende Bewertungsskala[740] eingesetzt:

0 = **kein Einfluss**

1 = **schwacher Einfluss**

2 = **mittlerer Einfluss**

3 = **starker Einfluss**

Beim Ausfüllen der Einflussmatrix ist es empfehlenswert, die Gruppenteilnehmer (Experten) neben dem Projektleiter miteinzubeziehen.[741] Außerdem sollte bei mehr

[737] Vgl. Gausemeier u.a. (1996), S. 184 ff.
[738] Vgl. Gausemeier u.a. (1996), S. 186
[739] Vgl. von Reibnitz (1992), S. 36
[740] Vgl. z.B. Götze (1993), S. 145 und Fink u.a. (2001), S. 189 f.
[741] Vgl. Götze (1993), S. 145

als 20 Trends versucht werden diese vorher zusammenzufassen. Ansonsten ist der Aufwand beim Ausfüllen der Einflussmatrix sehr groß.[742] Beispielsweise können die Trends in Kategorien eingeordnet oder anhand des AHP[743] strukturiert verglichen werden, um eine zu große und damit zeitintensive Bewertung innerhalb der Einflussmatrix zu vermeiden. Das Anlegen einer Dokumentation beim Ausfüllen der Einflussmatrix kann für die spätere Nachvollziehbarkeit durchaus sinnvoll sein.[744]

Für die Ergebnisanalyse dienen die Zeilen- und Spaltensummen (siehe Tabelle 67).

Trends	A	B	C	D	E	F	G	H	Aktiv-summe
A									
B									
C									
D									
E									
F									
G									
H									
Passiv-summe									

Tabelle 67: Beispielhafte Darstellung einer Einflussmatrix

Werden innerhalb der Zeilen alle einzelnen Trendeinflussfaktoren miteinander addiert, wird von der Aktivsumme gesprochen. Die Aktivsumme sagt aus, wie stark der Einfluss der Trendeinflussfaktoren direkt auf alle anderen Trendeinflussfaktoren wirkt. Werden die einzelnen Trendeinflussfaktoren der Spalten miteinander addiert, wird von einer Passivsumme gesprochen. Die Passivsumme sagt aus, wie stark der Trendeinflussfaktor durch alle übrigen Trendeinflussfaktoren beeinflusst wird.[745] Von der direkten Einflussanalyse wird die indirekte Einflussanalyse unterschieden.[746] Da-

[742] Bei 20 Trends ergibt das 380 mögliche durchzuführende Bewertungen.
[743] Siehe dazu Saaty (1980), S. 54 ff.
[744] Vgl. Götze (1993), S. 145
[745] Vgl. z.B. Götze (1993), S. 145 f., von Reibnitz (1992), S. 36 und Fink u.a. (2001), S. 190
[746] Vgl. Gausemeier u.a. (1996), S. 195 ff.

bei können beispielsweise Trendeinflussfaktoren in einer anderen Zeile indirekt Auswirkungen auf dieselbe Spalte haben. Für die indirekte Einflussanalyse ist zwingend eine Computerunterstützung notwendig[747], so dass dieses Verfahren für die vorliegende Methode, aufgrund des Workshop-Charakters, nicht relevant ist.

Für eine bessere Interpretation der Ergebnisse der Trends durch die Aktiv- und Passivsumme können diese in einem System-Grid grafisch dargestellt werden.

5. Darstellung innerhalb eines System-Grids

Für die Darstellung innerhalb eines System-Grids werden die Passivsumme auf der Abszisse und die Aktivsumme auf der Ordinate abgebildet. Mithilfe der Bildung der durchschnittlichen Aktiv- und Passivsummen kann das System-Grid von dem Projektleiter in vier[748] Felder unterteilt werden (siehe Abbildung 59). Die durchschnittlichen Aktiv- und Passivsummen werden errechnet, indem die Summe durch die Anzahl der Trends geteilt wird.

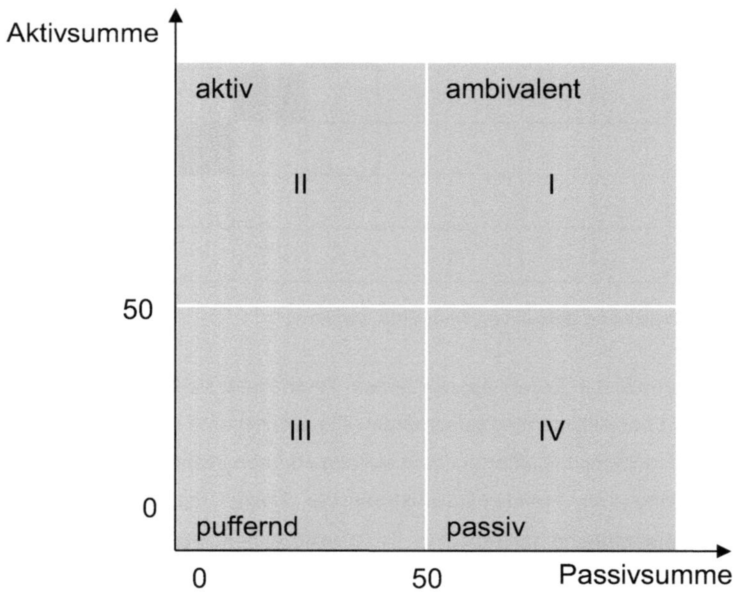

Abbildung 59: Beispielhafte Darstellung eines System-Grids

[747] Vgl. Gausemeier u.a. (1996), S. 197

[748] Zum vertiefenden Verständnis siehe Fink u.a. (2001), S. 192 und Gausemeier u.a. (1996), S. 201. Dort wird der erweiterte System-Grid vorgeschlagen, welcher auch fünf oder acht Quadranten beinhalten kann.

Im Quadranten 1 werden hohe Aktiv- und Passivsummen abgebildet. Die Trends, die in diesem Quadranten zu finden sind, beeinflussen andere Trends sehr stark, werden aber auch ihrerseits durch andere Trends genauso stark beeinflusst (ambivalente Systemelemente). Diese Trends sind im Gesamtsystem extrem stark vernetzt, d.h., Veränderungen dieser Trends führen auch zu Veränderungen im Gesamtsystem. Trends innerhalb des Quadranten 2 beeinflussen alle anderen Trends im System relativ stark (aktive Systemelemente), werden jedoch von anderen Trends relativ wenig beeinflusst. Trends im Quadranten 3 zeichnen sich dadurch aus, dass sie von anderen im System relativ schwach beeinflusst werden und selber nur relativ schwach beeinflussen (puffernde Systemelemente). Trends im Quadranten 4 beeinflussen andere Trends kaum (passive Systemelemente), werden indes ihrerseits durch Trends stark beeinflusst.[749]

Für die Eingrenzung der Trends werden diejenigen ausgewählt, die die größte Verstärkerwirkung erzielen.[750] Danach sind es die Trends aus den Bereichen der aktiven und ambivalenten Systemelemente. Die Trends können anschließend in eine Rangfolge gebracht werden. Dabei werden im Quadranten 2 diejenigen Trends an oberster Stelle in der Rangfolge stehen, die die höchste Aktivsumme aufweisen. Bei der gleichen Aktivsumme entscheidet die niedrigere Passivsumme über die Rangfolge. In der weiteren Reihenfolge sind die Quadranten 1, 4 und 3 zu betrachten.[751]

6. Schlüsselfaktoren identifizieren

Durch die im Schritt fünf ermittelte Rangfolge der Trends wurden die Schlüsselfaktoren[752] eingegrenzt. Schlüsselfaktoren sind diejenigen Trends, die alle anderen Trends relativ stark beeinflussen, aber wenig von anderen Trends beeinflusst werden.[753] Mit dem Begriff des Schlüsselfaktors wird versucht, innerhalb der Vielzahl der Trends eine Wertung und Gewichtung vorzunehmen, um die Komplexität des Problems auf ein handhabbares Maß zu reduzieren.[754] Bei einer sehr geringen Anzahl an Trends, können diese auch sofort als Schlüsselfaktoren übernommen werden. Die genaue Festlegung der Schlüsselfaktoren erfolgt in enger Abstimmung zwischen dem Projektleiter und den Experten.

---

749 Vgl. von Reibnitz (1992), S. 36 ff. und Götze (1993), S. 148
750 Vgl. von Reibnitz (1992), S. 39
751 Vgl. von Reibnitz (1992), S. 38 f.
752 Stellenweise werden in der Literatur Schlüsselfaktoren auch als Deskriptoren bezeichnet. Vgl. z.B. Kosow und Gaßner (2008), S. 21 und Götze (1993), S. 157
753 Vgl. Kosow und Gaßner (2008), S. 21
754 Vgl. Kosow und Gaßner (2008), S. 51 und Burmeister u.a. (2004), S. 48

7. Ausprägungen für Schlüsselfaktoren festlegen

In diesem Schritt werden für die jeweiligen Schlüsselfaktoren Ausprägungen von den Experten und dem Projektleiter festgelegt. Dazu ist es notwendig, dass die Schlüsselfaktoren wertneutral formuliert werden. Das gewährleistet, dass möglichst zwei bis drei Ausprägungen pro Schlüsselfaktor innerhalb der Gruppendiskussion entwickelt werden können.[755] Weiterhin soll es mit den Ausprägungen möglich sein, nicht nur eine Richtung in die Zukunft auszuwählen, sondern verschiedene Zukunftsprojektionen zu gestalten.[756]

8. Eintrittswahrscheinlichkeiten für Schlüsselfaktoren festlegen

Zwei möglicherweise auftretende Probleme können durch die Vergabe der Eintrittswahrscheinlichkeit gelöst werden.

- Zum einen können gleiche Annahmebündel in der Konsistenzmatrix (siehe 9. Schritt) aufgrund der Eintrittswahrscheinlichkeit differenziert werden.
- Zum anderen können damit konkretere Voraussagen über die Eintrittswahrscheinlichkeit von Szenarien gemacht werden.

Die Vergabe von Eintrittswahrscheinlichkeiten erfolgt durch die Plausibilitätsanalyse innerhalb der GM-Szenarioanalyse.[757] Mittels der Eintrittswahrscheinlichkeit können konkretere Voraussagen für die Szenarien getroffen werden.[758] Dazu wird zu den Ausprägungen der Schlüsselfaktoren die Eintrittswahrscheinlichkeit festgelegt und dann können alle Annahmebündel miteinander multipliziert werden.[759] Je größer der Wert, desto höher die Eintrittswahrscheinlichkeit. Auch hierbei bietet sich die Absprache innerhalb einer Gruppendiskussion durch die Experten an. Das Annahmebündel mit dem höchsten Wert besitzt die höchste Eintrittswahrscheinlichkeit.

Neben der Eintrittswahrscheinlichkeit können auch die in Kapitel 2.4.2 beschriebenen Kriterien für die Gruppierung und Systematisierung von Trends als Auswahl für die Ausprägungen der Schlüsselfaktoren dienen. Die Schlüsselfaktoren können demnach nicht nur nach der Eintrittswahrscheinlichkeit, sondern auch nach dem Zeithorizont und der Wirkungsstärke unterschieden werden. Weiterhin ist es möglich, die

---

[755] Vgl. von Reibnitz (1992), S. 45 ff.
[756] Vgl. von Reibnitz (1992), S. 45
[757] Vgl. Gausemeier u.a. (1996), S. 260
[758] Vgl. Gausemeier u.a. (1996), S. 260 ff.
[759] Vgl. Gausemeier u.a. (1996), S. 262 f.

Eintrittswahrscheinlichkeit durch eine Delphi-Befragung zu unterstützen und dadurch Szenarien noch genauer vorauszusagen.[760]

Eine weitere Möglichkeit zur Plausibilitätsanalyse stellt neben der Konsistenzanalyse die Cross-Impact-Analyse dar. Mittels der Cross-Impact-Analyse können die Wechselwirkungen der Ausprägungen untersucht werden. Ähnlich wie bei der Konsistenzanalyse werden die unterschiedlichen Ausprägungen zwar nicht mit einem Konsistenzwert bewertet, sondern die Abhängigkeiten mit einer Anfangswahrscheinlichkeit geschätzt und die Eintrittswahrscheinlichkeit berechnet.[761]

9. Konsistenzmatrix bewerten

Innerhalb der Konsistenzmatrix werden alle Ausprägungen der Schlüsselfaktoren miteinander auf Konsistenz überprüft, um widerspruchsfreie Annahmebündel zu erhalten. Hierbei hilft die Fragestellung „Wie verträgt sich der Trend 1 [ZEILE] mit dem Trend 2 [SPALTE]?“. Dazu werden die Ausprägungen mit sogenannten Konsistenzwerten bewertet:

1 = **Totale Inkonsistenz**: Die beiden Trends schließen sich aus und können nicht gemeinsam in einem Szenario vorkommen.

2 = **Partielle Inkonsistenz**: Die beiden Trends schließen sich teilweise aus und sollten nicht gemeinsam in einem Szenario vorkommen.

3 = **Neutral oder voneinander unabhängig**: Die beiden Trends stehen in keinem Verhältnis zueinander.

4 = **Gegenseitiges Begünstigen**: Die beiden Trends ergänzen sich und sollten in einem Szenario vorkommen.

5 = **Starke gegenseitige Unterstützung**: Die beiden Trends verstärken sich untereinander und sollten daher in einem Szenario vorkommen.

Innerhalb der Matrix (siehe Tabelle 68) ist die Richtung der Beziehungen irrelevant, daher genügt es, eine Hälfte der Matrix auszufüllen, da eine symmetrische[762] Matrix vorliegt. Das Ziel hierbei ist es, die Annahmebündel mit den höchsten Konsistenzwerten zu identifizieren. Dazu wird innerhalb der Ausprägungen diejenige ausgewählt, die den höheren Konsistenzwert erhalten hat, um die optimale Annahmekombination zu erhalten. Die Bündel werden addiert und durch die Anzahl der Ausprägungen dividiert, damit wird der durchschnittliche Konsistenzwert errechnet. Diejenige Annah-

[760] Vgl. Jakob u.a. (2007), S. 11 ff.
[761] Vgl. Kosow und Gaßner (2008), S. 42 ff.
[762] Vgl. Ponn und Lindemann (2011), S. 122

mekombination mit dem höchsten durchschnittlichen Konsistenzwert ist als positives Szenario identifiziert. Das ist dann der Fall, wenn der Konsistenzwert nahe 5 ist. Die Annahmekombination mit dem niedrigsten durchschnittlichen Konsistenzwert ist als negatives Szenario identifiziert und das Bündel mit dem durchschnittlichen Konsistenzwert wird als neutrales Szenario eingestuft.

Konsistenzmatrix **Wie verträgt sich der Schlüsselfaktor (Trend) 1 [ZEILE] mit dem Schlüsselfaktor (Trend) 2 [SPALTE]?** **Bewertungsskala:** **1 = Totale Inkonsistenz** **2 = Partielle Inkonsistenz** **3 = Neutral oder voneinander unabhängig** **4 = Gegenseitiges Begünstigen** **5 = Starke gegenseitige Unterstützung**		Schlüssel-faktor 1		Schlüssel-faktor 2		Schlüssel-faktor...	
		Ausprägung 1	Ausprägung 2	Ausprägung 1	Ausprägung 2	Ausprägung 1	Ausprägung 2
Schlüsselfaktor 1	Ausprägung 1						
	Ausprägung 2						
Schlüsselfaktor 2	Ausprägung 1						
	Ausprägung 2						
Schlüsselfaktor ...	Ausprägung 1						
	Ausprägung 2						

Tabelle 68: Konsistenzmatrix[763]

Die Bewertung der Annahmebündel sollte in Gruppendiskussionen von den Experten erfolgen.[764] Aufgrund der gegebenenfalls sehr hohen Anzahl an Schlüsselfaktoren, Ausprägungen und somit Annahmebündeln bietet sich die Unterstützung durch Softwareprogramme an.[765] Bei wenigen Schlüsselfaktoren und Ausprägungen kann ein Morphologischer Kasten zum Einsatz kommen.[766] Im Morphologischen Kasten werden Schlüsselfaktoren und Ausprägungen tabellarisch angeordnet und es wird in einer Diskussion ein Konsens über mögliche Konsistenzen gesucht (siehe Abbildung 60). Sollte bei verschiedenen Ausprägungen Dissensen vorliegen, können diese für

[763] Vgl. Gausemeier u.a. (1996), S. 256, Kosow und Gaßner (2008), S. 41 f. und von Reibnitz (1992), S. 49 ff.
[764] Vgl. Götze (1993), S. 154
[765] Vgl. Dönitz (2009), S. 17 f. und Steinmüller und Schulz-Montag (2005), S. 26
[766] Vgl. Steinmüller und Schulz-Montag (2005), S. 15 und Götze (1993), S. 94

weitere Szenarien oder für die Störanalyse verwendet werden.[767] Aus den passenden Ausprägungen und somit entstandenen Bündeln werden anschließend die Szenarien erhoben.

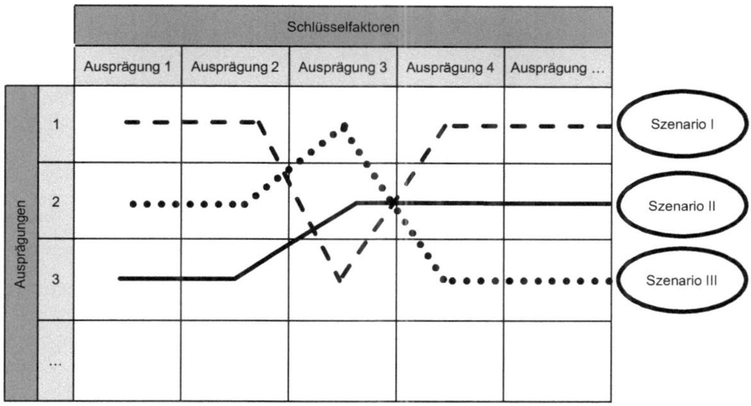

Abbildung 60: Morphologischer Kasten mit Szenarien[768]

Wenn die Konsistenzwerte bei manchen Annahmebündeln gleich sind, kann keine klare Entscheidung für die Auswahl getroffen werden und es kommt zu Entscheidungsproblemen. Mit der Berechnung der Eintrittswahrscheinlichkeiten (siehe 8. Schritt) kann das Problem gelöst werden.

10. Störereignisanalyse (Optional)

Durch die Einbeziehung von Störereignissen können plötzlich auftretende, nicht vorhersehbare und unkalkulierbare Ereignisse in die GM-Szenarioanalyse miteinbezogen werden. Störereignisse können bereits bei der Konsistenzanalyse identifiziert oder in einer Gruppendiskussion mit den Experten und Projektleitern analysiert werden. Störereignisse sind Ereignisse, die einen positiven oder negativen Einfluss auf Trends, Geschäftsmodelle und Cloud-Computing haben. Diese Störereignisse können dann tabellarisch den Rohszenarien gegenübergestellt werden. Beispielsweise kann eine Kategorisierung nach „Unterstützung" und „Hindernis" der Rohszenarien vorgenommen werden. Auch hier könnten die Eintrittswahrscheinlichkeit und die Auswirkungsstärke betrachtet werden.[769]

---

[767] Vgl. Steinmüller und Schulz-Montag (2003), S. 28 f.
[768] Vgl. Steinmüller und Schulz-Montag (2003), S. 28 f. und Z_punkt (2009), S. 1
[769] Vgl. Gausemeier u.a. (1996), S. 333 ff.

11. Rohszenario erstellen

Nach der Konsistenz- und Störanalyse können jetzt die verschiedenen Rohszenarien ermittelt werden. In der Literatur werden mindestens zwei und maximal fünf Szenarien vorgeschlagen.[770] Weiterhin sollte die Anzahl der Szenarien nicht von vornherein festgelegt werden, sondern die Verträglichkeit berücksichtigt werden.[771] Beim Eingrenzen und Abstimmen der Szenarien sollten sowohl die Experten als auch der Projektleiter in den Prozess integriert werden, um auch die Chancen und Risiken der Szenarien zu diskutieren.

In den Expertenworkshops hat es sich als sinnvoll herausgestellt, dass für die einzelnen Szenarien passende und aussagekräftige Namen vergeben werden sollten. Damit können in der nächsten Phase die Szenarien besser den Geschäftsmodellelementen gegenübergestellt und der Einfluss bewertet werden.

5.4.2 C-2: Match-Matrix-Analyse

In diesem Abschnitt liegt der Schwerpunkt auf der Beschreibung des zweiten Schrittes **C-2: Match-Matrix durchführen** innerhalb der Phase der **Geschäftsmodellentwicklung** (siehe Abbildung 61).

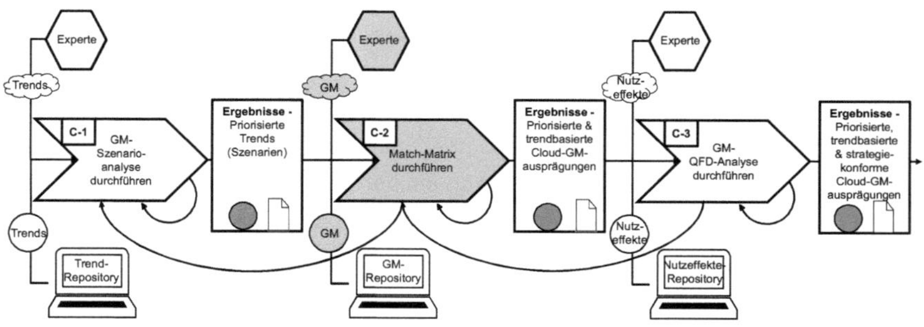

Abbildung 61: Match-Matrix im Kontext der entwickelten Methode

5.4.2.1 Übersicht

Die Match-Matrix ist die einzige der drei Phasen, die nicht aus einer anderen Methode abgeleitet werden konnte. Daher wurde schon in der Vorstudie ermittelt, wie die Trends und die Geschäftsmodellelemente verbunden werden konnten. In Anlehnung

---

770 Vgl. Kosow und Gaßner (2008), S. 21 f. und Gausemeier u.a. (1996), S. 273

771 Vgl. Gausemeier u.a. (1996), S. 273

an QFD werden die Trends und die Geschäftsmodellelemente auch in eine Art „Haus" integriert, da diese in der anschließenden GM-QFD-Analyse möglichst einfach weiterverwendet werden sollten. Die Match-Matrix übernimmt die Aufgabe, die ermittelten Szenarien aus der GM-Szenarioanalyse mit den Geschäftsmodellausprägungen zu „matchen". Die Match-Matrix wird in drei Schritte unterteilt (siehe Tabelle 69). Die dazugehörige grafische Darstellung befindet sich in Abbildung 62.

Nr.	Schritte	Aktivitäten	Werkzeuge	Rollen
1.	1a. Geschäftsmodell-ausprägungen ermitteln	Expertenbefragung	Tabelle	Experte
	1b. Integration bereits existierender Geschäftsmodell-ausprägungen	Informationsquellen (Geschäftsmodell-Repository)	Tabelle, Literatur-recherche	Projektleiter
2.	Geschäftsmodellausprägungen bewerten	Expertengespräche	Tabelle	Experte
3.	Gewichtung und Priorisierung der Geschäftsmodell-ausprägungen	Berechnung durchführen	Tabelle	Projektleiter
Ergebnis: Priorisierte & trendbasierte Cloud-Geschäftsmodell-ausprägungen		Dokumentation	Tabelle	-

Tabelle 69: Drei Schritte der Match-Matrix für Cloud-Computing-Geschäftsmodelle

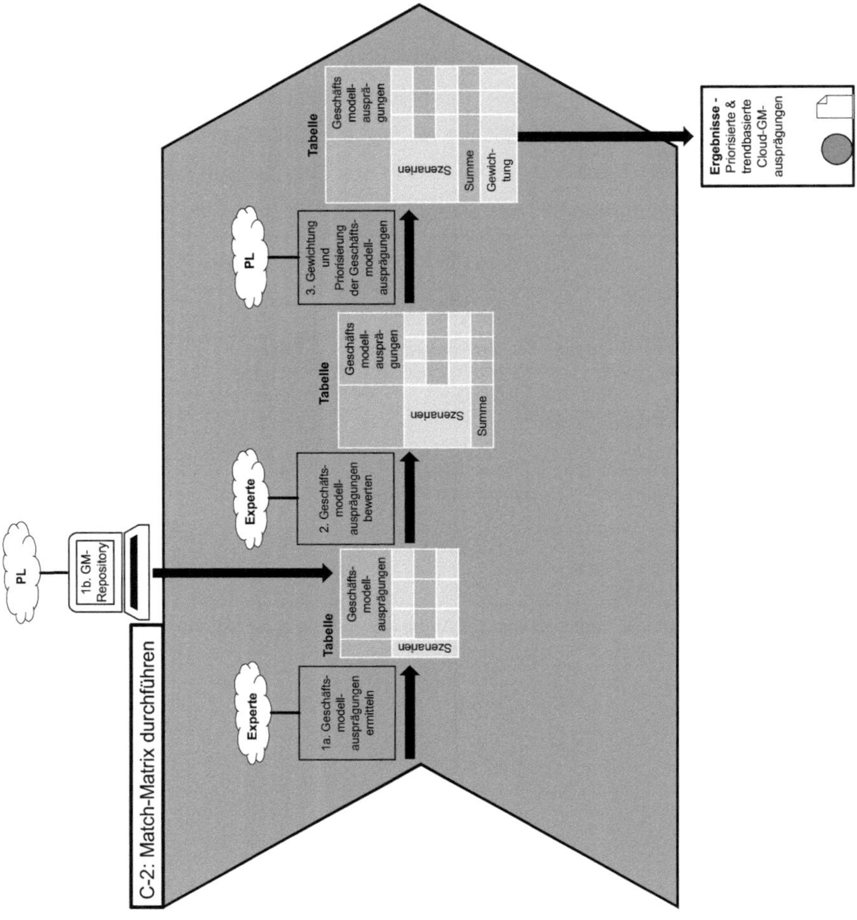

Abbildung 62: Grafische Darstellung der Schritte der Match-Matrix für Cloud-Computing-Geschäftsmodelle

5.4.2.2 Vorgehensweise

1. Geschäftsmodellausprägungen ermitteln

Zuerst werden die ermittelten Szenarien aus der GM-Szenarioanalyse (siehe Kapitel 5.4.1) den vorhandenen Geschäftsmodellkomponenten und -ausprägungen (siehe Kapitel 4.2.5) in der Match-Matrix (Geschäftsmodell-Szenarien-Tabelle, siehe Kapitel 4.4.3) durch den Projektleiter gegenübergestellt. Diese bereits vorhandenen Geschäftsmodellkomponenten und -ausprägungen (1b. GM-Repository) werden folgend im Schritt 1a. durch eine Expertenbefragung um mögliche weitere ergänzt. Dazu werden den Experten die aktuellen Bestandteile des Geschäftsmodell-Repository zur Verfügung gestellt. Die Experten haben somit einen Überblick bekommen und können jetzt mögliche weitere Geschäftsmodellelemente in das Geschäftsmodell-Repository einfließen lassen.

2. Geschäftsmodellausprägungen bewerten

Im zweiten Schritt werden die Geschäftsmodellausprägungen durch die Experten bewertet (siehe Tabelle 70). Die Bewertung in der Matrix erfolgt nach dem Schema 9-3-1-0 mit der Frage: Führt das Szenario [ZEILE] zur verstärkten Nutzung der Geschäftsmodellausprägung [SPALTE]? Je höher der Einfluss des Szenarios (Zeile) auf die Geschäftsmodellausprägung (Spalte) ist, desto höher sind die zu vergebenden Werte. Dabei ist zu beachten, dass auch negative Auswirkungen möglich sind und diese dementsprechend zu bewerten sind.

Führt das Szenario [ZEILE] zur verstärkten Nutzung der Geschäftsmodellausprägung [SPALTE]?	**Werte**
zwingend und erheblich	9
merkbar	3
eventuell/mäßig	1
gar nicht oder nur indirekt	0

Tabelle 70: Bewertungswerte in der Match-Matrix

Zur Unterstützung der Bewertung der verstärkten Nutzung der Geschäftsmodellausprägungen können spezielle Trendzielfragen[772] verwendet werden (siehe Tabelle 71).

Modelle	**Trendzielfragen**
Strategiemodell	• Wie könnte sich meine bisherige Strategie durch die neuen Trends verändern? • Bieten Fortschritte in den Trends neue Verdienstmöglichkeiten? • Welche Schlüsselressourcen und -aktivitäten stellen sich als vorteilhaft heraus, wenn der Trend breite Anwendung findet? • Welche Technologien haben Aussichten, den Nutzen und dadurch die Wettbewerbsfähigkeit in der sich entwickelnden Umgebung zu verbessern?
Kundenmodell	• Wie reagieren Kunden auf neue Technologien/Trends? • Welche Auswirkungen hat ein anderer Fokus (z.B. Kundenmarkt in Schwellenländern) auf die anderen Komponenten? • Welche Zielkunden könnten durch Trends an Relevanz gewinnen?

[772] Vgl. Osterwalder und Pigneur (2011), S. 210 f.

Modelle	Trendzielfragen
Wertschöpfungsmodell	• Welche Partnerschaften werden wichtig(er)? Können bisherige Partner auch zu Konkurrenten werden? • Welcher Wertschöpfungsarchitektur könnte durch die Trends im Jahr 2020 für das Unternehmen X relevant sein?
Cloud-Modell	• Könnten technologische Trends Ebenen oder Organisationsformen von Cloud-Computing verändern? • Welche anderen Anwendungsarten würden durch Trends möglich sein? • Welche Cloud-Eigenschaften würden mehr an Bedeutung gewinnen wenn sich der Trend durchsetzt?

Tabelle 71: Beispiele für Trendzielfragen innerhalb der Match-Matrix

3. Gewichtung und Priorisierung der Geschäftsmodellausprägungen

Die Aufgabe des Projektleiters ist es, die ermittelten Geschäftsmodellausprägungen zu addieren und in Abhängigkeit von allen Ausprägungen zu gewichten (siehe Tabelle 72). Die Gewichtung erfolgt dadurch, dass die möglichen Werte (9, 3, 1, 0) durch den maximalen Wert (9) dividiert und mit eins addiert werden, damit für die spätere Multiplikation in der GM-QFD-Analyse mit Werten, die nicht null betragen, gerechnet werden kann. Die so ermittelten Ergebnisse können priorisiert werden und zeigen, welche Trendszenarien einen hohen Einfluss auf die Geschäftsmodellausprägungen haben. Weiterhin geben sie einen ersten Hinweis darauf, welche Ausprägungen zukünftig relevanter sein könnten.

Match-Matrix **Legende:** **Führt das Szenario [ZEILE] zur verstärkten Nutzung der Geschäftsmodellausprägung [SPALTE]?** **9 : zwingend und erheblich** **3 : merkbar** **1 : eventuell/mäßig** **0 : gar nicht oder nur indirekt**	**Geschäftsmodell-komponente 1**			**Geschäftsmodell-komponente 2**				**...**
	Ausprägung 1	Ausprägung 2	Ausprägung 3	Ausprägung 1	Ausprägung 2	Ausprägung 3	Ausprägung 4	...
Szenario 1								
Szenario 2								
Szenario 3								
...								
Summe								
Gewichtung								

Tabelle 72: Schema der Match-Matrix

5.4.3 C-3: GM-QFD-Analyse

In diesem Abschnitt liegt der Schwerpunkt auf der Beschreibung des dritten Schrittes **C-3: GM-QFD-Analyse durchführen** innerhalb der Phase der **Geschäftsmodellentwicklung** (siehe Abbildung 63).

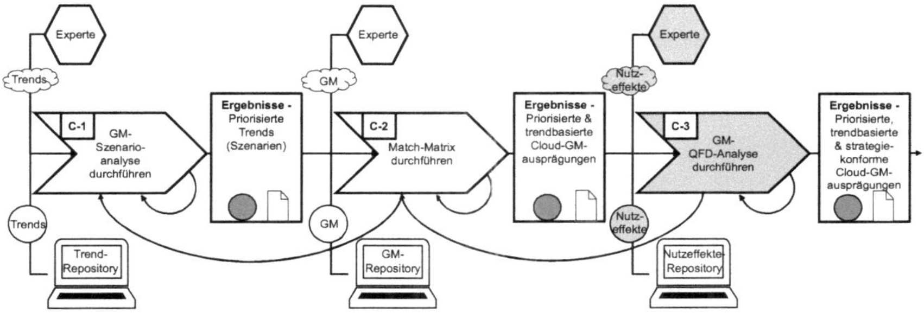

Abbildung 63: QFD-Analyse im Kontext der entwickelten Methode

5.4.3.1 Übersicht

Die in Kapitel 4.4.3.4 abgeleitete GM-QFD-Analyse wird aufgrund der Erfahrungen aus den Expertenworkshops auf die Entwicklung von Cloud-Geschäftsmodellen hin abgestimmt. Zunächst wird die GM-QFD-Analyse detailliert tabellarisch und anschließend grafisch dargestellt. Anschließend werden auch die einzelnen, auf Cloud-Geschäftsmodelle abgestimmten, Schritte ausführlich beschrieben.

In der tabellarischen Darstellung werden den entwickelten Vorgehensschritten die verwendete Aktivitäten, die Werkzeuge und die Rollen zugeordnet (siehe Tabelle 73). Für die grafische Veranschaulichung wird die ergebnisorientierte Darstellung verwendet, um eine bessere Übersichtlichkeit und Benutzbarkeit der Methode zu gewährleisten (siehe Abbildung 64).

Nr.	Schritte	Aktivitäten	Werkzeuge	Rollen
1.	Identifikation von Experten	Experten identifizieren	Tabelle	Projektleiter
2.	2a. Erhebung und Identifikation von Expertennutzeffekte	Expertenbefragung	Tabelle	Experte
	2b. Integration bereits existierender Nutzeffekte	Informationsquellen (strategisches Nutzeffekte Repository)	Tabelle, Literatur-recherche	Projektleiter

Nr.	Schritte	Aktivitäten	Werkzeuge	Rollen
3.	Optional: Strukturierung der Nutzeffekte	Gleiche oder ähnliche strategische Nutzeffekte vereinheitlichen	z.B. Affinitäts-diagramm	Projektleiter, Experte
4.	Optional: Gewichtung der Nutzeffekte	Strategische Nutzeffekte gegenüberstellen	AHP	Projektleiter, Experte
5.	HoQ-Bewertung durchführen (Expertennutzeffekte vs. Geschäftsmodell-komponenten)	Expertennutzeffekte den Geschäftsmodellkomponenten gegenüberstellen und bewerten	HoQ	Experte
6.	Integration der Ergebnisse der Match-Matrix	Ergebnisse der Match-Matrix pro Szenario unterhalb der HoQ-Matrix einfügen	HoQ	Projektleiter
7.	Priorisierung der Geschäftsmodell-komponenten und Auswahl	Reihenfolge der wichtigsten Geschäftsmodell-ausprägungen festlegen	Tabelle	Projektleiter
Ergebnis: Priorisierte, trendbasierte und strategiekonforme Cloud-Geschäftsmodellausprägungen		Dokumentation	Tabelle	-

Tabelle 73: Sieben Schritte im GM-QFD-Ablauf für Cloud-Computing-Geschäftsmodelle

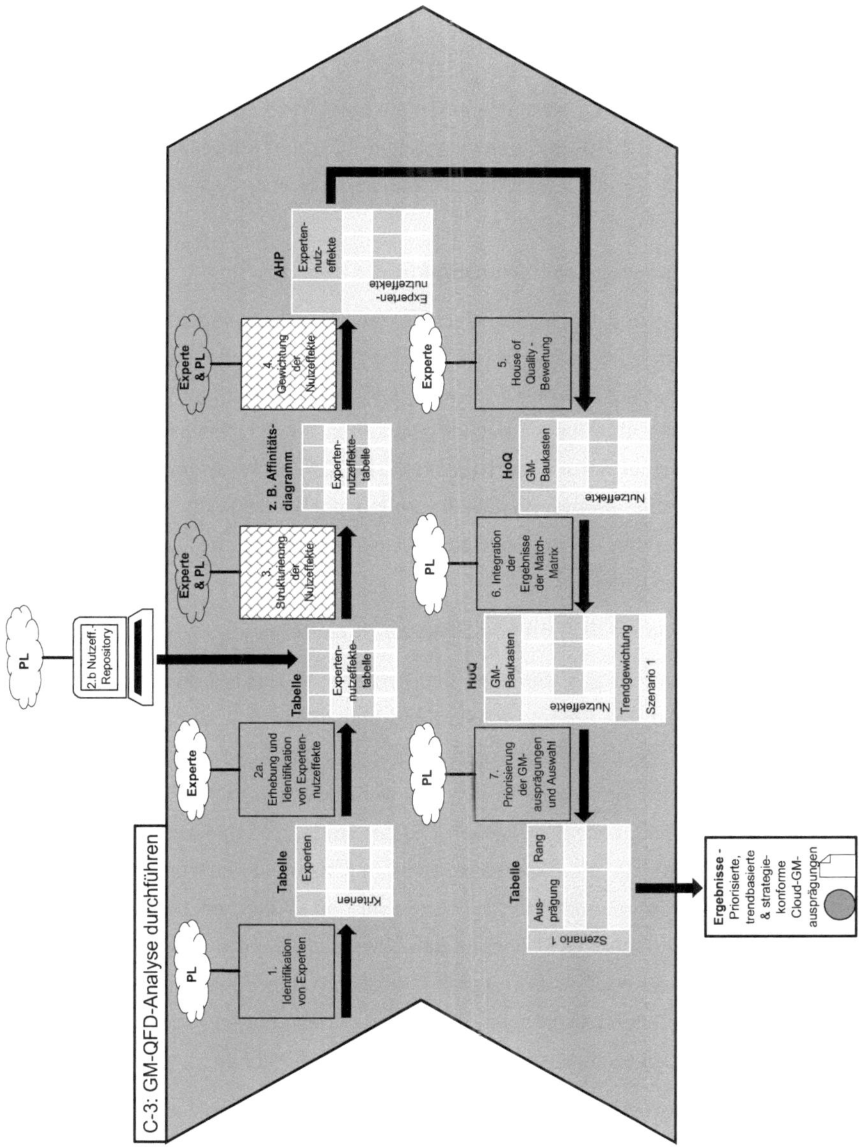

Abbildung 64: Grafische Darstellung der Schritte im GM-QFD-Ablauf für Cloud-Computing-Geschäftsmodelle

5.4.3.2 Vorgehensweise

1. Identifikation von Experten

Bei der Identifikation von Experten, die innerhalb der GM-QFD-Analyse relevant sind, wird auf das Kapitel **5.2 Rollenmodell** verwiesen. Die dort vorgestellten Rollen und Qualifikationen sind für die Methode zur Entwicklung von Geschäftsmodellen im Cloud-Computing relevant.

2. Ermittlung von strategischen Nutzeffekte

Bei der Ermittlung von strategischen Nutzeffekten an Geschäftsmodelle hat es sich bewährt, nicht nur die Zielgruppe (Experten) explizit nach ihren Nutzeffekten zu befragen, sondern auch auf Literatur zurückzugreifen und als Vorgabe bisher nicht bekannte Nutzeffekte in die Analyse miteinfließen zu lassen.[773] Dieser Schritt kann als Besonderheit betrachtet werden, da Nutzeffekte bei QFD normalerweise nur von der Zielgruppe vorgegeben werden.[774] Die Erhebung der Nutzeffekte sollte immer im Hinblick auf die bereits in der GM-Szenarioanalyse festgelegte Zeit (z.B. in den nächsten fünf Jahren) erfolgen.

2a. Erhebung und Identifikation von Expertennutzeffekte

In diesem Schritt werden die Wünsche und Bedürfnisse der Experten (Voice of the Experts – VoEx), die das Produkt erfüllen und befriedigen soll, ermittelt. Mittels der allgemeinen Frage „Welche Forderungen stelle ich an das Geschäftsmodell?“ soll die Zielgruppe (Experten) ihre Ideen äußern. Möglicherweise kann dabei eine Orientierung an vorhandenen Geschäftsmodellen und der strategischen Ausrichtung des Unternehmens erfolgen. Um die Expertenstimmen in Nutzeffekte zu transformieren, soll genau nach weiteren Informationen zu den jeweiligen Wünschen und Bedürfnissen gefragt werden, mit denen die Probleme gelöst werden können. Erst damit kann der genaue Expertennutzen identifiziert werden, der hinter den Expertenstimmen steckt. Neben diesen ermittelten Nutzeffekten werden auch des Öfteren Produkt- und Qualitätsmerkmale von den Experten genannt, diese gilt es zu trennen.[775]

Als Unterstützungswerkzeug für schwierige Nutzeffekte kann die 6W-Tabelle verwendet werden. Innerhalb der Tabelle werden zu den jeweiligen Expertenaussagen sechs Fragen (Wer, Wozu/Was, Warum, Wann, Wo und Wie) gestellt, die die Bezie-

773 Vgl. Pelzl u.a. (2014b), S. 83
774 Vgl. Herzwurm u.a. (1997), S. 82 ff.
775 Vgl. Herzwurm u.a. (1997), S. 80 ff.

hungen zum Nutzen des Produktes begründen. Auf Grundlage der Antworten kann die Expertenaussage in Expertennutzeffekte, Produktmerkmale, Qualitätsmerkmale und sonstige transformiert werden (siehe Tabelle 74).[776]

Experten-aussagen	Experten-nutzeffekte	Produkt-merkmale	Qualitäts-merkmale	Sonstige (Komponenten, Zielwerte etc.)

Tabelle 74: Transformation der Kundenaussage in Expertennutzeffekte

2b. Integration bereits existierender Nutzeffekte

Die in Schritt 2a. enthaltenen Expertennutzeffekte werden in Schritt 2b. um schon in der wissenschaftlichen Literatur bekannte Nutzeffekte ergänzt. Dieser Schritt wird notwendig, um auch bisher nicht genannte Nutzeffekte in die Analyse miteinfließen zu lassen.

In wissenschaftlichen Beiträgen können zwei Extrempositionen zur Entstehung von Unternehmenszielen und damit Geschäftsmodellen unterschieden werden.[777] Im Stakeholder-Ansatz werden alle Anspruchsgruppen gleichrangig betrachtet. Alle Anspruchsgruppen bedeutet dann aber auch, dass eine sehr hohe Anzahl an Zielen erreicht werden muss. Im Shareholder-Ansatz wird dagegen dem Interesse der Eigentümer eine absolute Priorität eingeräumt. Dass Eigentümer erst durch die Unternehmensgründung ein Unternehmen schaffen, begründet das Risiko und liefert damit die Grundlage für den Ansatz. Die Entwicklung von Geschäftsmodellen offenbart ein kapitales Eingreifen in die Geschäftspolitik eines Unternehmens und ist damit dem Shareholder-Ansatz zuzuordnen. Aus den Unternehmenszielen lassen sich unter anderem Marketingziele ableiten.[778] Unternehmens- und Marketingziele sind aufgrund ihrer Langfristigkeit und strategischen Ausrichtung für ein Unternehmen prädestiniert, um Nutzeffekte für ein Cloud-Computing-Geschäftsmodell zu bilden (siehe Tabelle 75). Die ermittelten Nutzeffekte stellen einen Startpunkt dar bzw. legen die grundlegende Leitidee eines Geschäftsmodells fest.[779] Übergeordnete Ziele von Geschäftsmodellen sind neben dem langfristigen Unternehmenserfolg vor allem auch die Nachhaltigkeit von Wettbewerbsvorteilen.[780]

[776] Vgl. Herzwurm u.a. (1997), S. 84 f.
[777] Vgl. Hungenberg (2014), S. 26 ff.
[778] Vgl. Meffert u.a. (2015), S. 226 ff.
[779] Vgl. Köster (2013), S. 60
[780] Vgl. Wirtz (2013), S. 74 f.

Übergeordnete Zielsetzung • Langfristiger Unternehmenserfolg • Nachhaltigkeit von Wettbewerbsvorteilen	
Quantitative Ziele	**Qualitative Ziele**
Hoher Gewinn	Imageverbesserung
Hoher Umsatz	Erhöhung des Bekanntheitsgrades
Wettbewerbsfähige Kosten	Hohe Qualitätsstandards
Marktanteil erhöhen	Hohe Servicestandards
Wachstum beschleunigen	Corporate Identity
Kundenanzahl erhöhen	Kundenbindung
	Zuverlässigkeit (z.B. auch Lieferung)
	Vertrauen
	Kundenzufriedenheit
	Absatzerhöhung
	Wahrgenommenes Preis-Leistungs-Verhältnis
	Einzigartigkeit, schwer substituierbar
	Differenzierung gegenüber Wettbewerbern

Tabelle 75: Unternehmens- und Marketingziele[781]

Geschäftsmodellnutzeffekte können sich auch in Abhängigkeit von der Phase des Geschäftsmodells unterscheiden. Da sich Unternehmen mit ihrem Geschäftsmodell ständig den Umweltbedingungen anpassen müssen, ändern sich auch die Nutzeffekte an ein Geschäftsmodell, je nachdem, in welcher Phase des Geschäftsmodell-Lebenszyklus sich ein Unternehmen befindet.

Ein Geschäftsmodell-Lebenszyklus (siehe Abbildung 65) geht von einer Abfolge von Entwicklungsstufen eines Unternehmens aus, die als Gründungs-, Bestätigungs-, Wachstums-, Reife- und Degenerationsphase bezeichnet werden können. In der Gründungsphase kann das Ziel des Unternehmens darin liegen, seinen Bekanntheitsgrad zu erhöhen. Darauffolgend sollen in der Bestätigungsphase zumeist neue Kunden gewonnen und damit der Marktanteil erhöht werden. Daraus resultierend kann sich auch das Image verbessern. Innerhalb der Wachstumsphase können Ziele darin begründet liegen, Kunden zu binden und das Wachstum zu beschleunigen, um den Umsatz und den Gewinn zu steigern. Die Reifephase eines Geschäftsmodell-Lebenszyklus steht für Kundenzufriedenheit, Vertrauen und Zuverlässigkeit. Damit soll die Profitabilität weiter gesteigert werden. Die Phasen des Wachstums und der

[781] Vgl. Buxmann u.a. (2015), S. 94, Meffert u.a. (2015), S. 812 ff., Hungenberg (2014), S. 26 ff., Wirtz (2013), S. 303 ff. und Schallmo (2012), S. 29

Reife sowie entsprechende Nutzeffekte werden eher auf einem saturierten Markt zu finden sein. In der letzten Phase gibt es zwei Entwicklungsmöglichkeiten. Entweder wird das Geschäftsmodell eingestellt (Desinvestitionsstrategie), weil beispielsweise die Marktanteile zu gering sind, oder das Geschäftsmodell soll weiterbestehen, dann soll es weiterentwickelt werden (Weiterentwicklungsstrategie).[782]

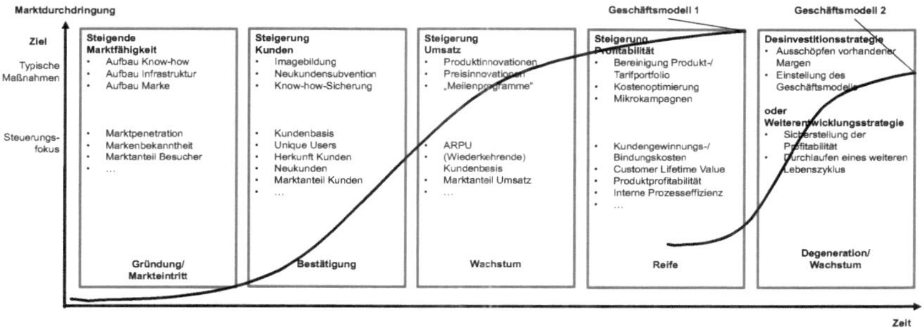

Abbildung 65: Geschäftsmodell-Lebenszyklus[783]

Geschäftsmodelle besitzen eine hohe Bedeutung für den Unternehmenserfolg, da sie unterstützend zur Erreichung unternehmerischer Ziele beitragen.

3. und 4. Strukturierung und Gewichtung der Nutzeffekte (Optional)

Eine Strukturierung oder Gruppierung der Expertennutzeffekte wird an dieser Stelle als nicht sinnvoll erachtet, da die Anzahl der Nutzeffekte an ein Geschäftsmodell, aus der bisherigen Erfahrung der Workshops abgeleitet, auf drei bis fünf begrenzt werden kann.

Auch die Gewichtung der Expertennutzeffekte sowie die Ermittlung der Expertenzufriedenheit können aufgrund der geringeren Anzahl an Nutzeffekte vernachlässigt werden. Sollten es wider Erwarten doch mehr als fünf Nutzeffekte sein, dann sollten diese strukturiert und gewichtet werden. Die Strukturierung und Gewichtung von Expertennutzeffekte sollte jeweils durch den Projektleiter und die Experten erfolgen.

5. HoQ-Bewertung durchführen

In dem Schritt der HoQ-Bewertung werden die Geschäftsmodellkomponenten und deren Ausprägungen den ermittelten Nutzeffekte gegenübergestellt und durch die

---

[782] Vgl. Andersen u.a. (2010), S. 9 f., Zollenkop (2006), S. 141 ff. und Wirtz (2013), S. 231 ff.

[783] In Anlehnung an Andersen u.a. (2010), S. 9 f., Zollenkop (2006), S. 141 ff. und Wirtz (2013), S. 231 ff.

Experten bewertet. Für die Bewertung des Geschäftsmodellbaukastens in Abhängigkeit von den Expertennutzeffekten werden zuerst die Nutzeffekte aus dem zweiten Schritt *„**Erhebung und Identifikation von Expertennutzeffekte**"* in die Zeilen des HoQ (**Geschäftsmodell-Nutzeffekte-Tabelle**) eingefügt. Anschließend können die erarbeiteten Geschäftsmodellkomponenten und -ausprägungen aus Kapitel 4.2.5 in die Spalten des HoQ eingefügt werden. Dadurch stehen die Nutzeffekte den Geschäftsmodellkomponenten und -ausprägungen gegenüber und können jetzt bewertet werden. In der Praxis hat sich die Bewertung 9-3-1-0 bewährt und wird von den meisten QFD-Anwendern aufgrund ihrer besseren Differenzierung benutzt.[784] Wichtig ist hierbei nur, dass es vier Bewertungsstufen geben sollte.[785] Siehe dazu Tabelle 76.

Die verbesserte Umsetzung von Lösung/Ausprägung [SPALTE] führt	Punkte
zwingend und erheblich	9
merkbar	3
eventuell/mäßig	1
gar nicht oder nur indirekt	0
zu höherer Zufriedenheit hinsichtlich der Expertennutzeffekte [ZEILE].	

Tabelle 76: Bewertungswerte für die Geschäftsmodell-Nutzeffekte-Tabelle (HoQ)

Nach diesem Bewertungsschema ist die gesamte Matrix von den Experten auszufüllen. Anhand der folgenden „Checkliste zur Analyse der Geschäftsmodell-Nutzeffekte-Tabelle (HoQ)" können die Ergebnisse in folgender Weise interpretiert werden:

Nr.	Art der Matrixdegeneration	Interpretation
1.	Leere Spalten	Geschäftsmodellausprägungen treffen nicht auf die Nutzeffekte zu
2.	Gleiche Spalten	Geschäftsmodellausprägungen stellen möglicherweise unterschiedliche Erfüllungsgrade dar
3.	Starke Spalten mit vielen Korrelationen	Geschäftsmodellausprägungen passen sehr gut zu den Nutzeffekte

Tabelle 77: Checkliste zur Analyse der Geschäftsmodell-Nutzeffekte-Tabelle (HoQ)[786]

6. Integration der Ergebnisse der Match-Matrix

Die Ergebnisse der bisherigen Bewertung werden in der Summe 1 zusammengefasst (siehe Tabelle 78). Im sechsten Schritt werden die Ergebnisse der Match-Matrix (sie-

[784] Vgl. Lichtenthaler (2008), S. 114 und Al-Debei u.a. (2008), S. 213
[785] Vgl. ISO/DIS 16355-1 (2015), S. 13
[786] Vgl. Herzwurm u.a. (1997), S. 117 f.

he Kapitel 5.4.2.2) mit den Ergebnissen der GM-QFD-Analyse in der Geschäftsmodell-Nutzeffekte-Tabelle (HoQ) zusammengeführt. Es werden die Auswirkungen der Trends bzw. der Szenarien auf die Geschäftsmodellkomponenten und -ausprägungen in die Berechnung integriert, indem die Gewichtung der Trends aus der Match-Matrix übernommen wird. Durch diese Integration werden die bisherigen Ergebnisse durch die Trendszenarien verstärkt. Je nachdem, wie viele Szenarien (positiv, negativ usw.) in der Match-Matrix identifiziert und bewertet wurden, werden diese in das HoQ eingefügt. Die **Summe 1** wird mit der **Trendgewichtung des Szenario 1** multipliziert (aus der Match-Matrix) und die Ergebnisse werden in der **Summe 2** abgebildet (siehe Tabelle 78). Die Übertragung der Ergebnisse ist die Aufgabe des Projektleiters.

Geschäftsmodell-Nutzeffekte-Tabelle (HoQ) **Legende:** **Die verbesserte Umsetzung von Lösung/Ausprägung [SPALTE] führt** **9 : zwingend und erheblich** **3 : merkbar** **1 : eventuell/mäßig** **0 : gar nicht oder nur indirekt** **zu höherer Zufriedenheit hinsichtlich der Kundennutzeffekte [ZEILE].**	**Geschäftsmodell-komponente 1**			**Geschäftsmodell-komponente 2**				...
	Ausprägung 1	Ausprägung 2	Ausprägung 3	Ausprägung 1	Ausprägung 2	Ausprägung 3	Ausprägung 4	...
Nutzeffekte 1								
Nutzeffekte 2								
Nutzeffekte 3								
...								
Summe 1								
Szenario 1 – Trendgewichtung								
Szenario 1 – Summe 2								
Szenario 1 – Rang								

Tabelle 78: Schema der Geschäftsmodell-Nutzeffekte-Tabelle (HoQ)

7. Priorisierung der Geschäftsmodellkomponenten und Auswahl

Anhand der durchgeführten Berechnung in Schritt 6 können die Bewertungen der Ausprägungen durch den Projektleiter in eine Rangfolge (**Szenario 1 – Rang**) gebracht werden (siehe Tabelle 78). Als **Ergebnis** konnten priorisierte, trendbasierte und strategiekonforme Cloud-Geschäftsmodellausprägungen ermittelt werden. Für die ermittelten Geschäftsmodellausprägungen werden im anschließenden Schritt

„D: Geschäftsmodellbewertung & -umsetzung“ Vorschläge für eine Bewertung und Umsetzung unterbreitet (siehe Abschnitt 5.3.2). Beispielsweise können diese in eine Rangfolge gebracht werden. Innerhalb dieser Rangfolge können Kategorien bzw. Gruppen in Abhängigkeit von den ermittelten Werten erstellt werden, um diese besser abgrenzen zu können. Dabei sind auch mögliche Szenarien zu betrachten. Diese können tabellarisch in der **Geschäftsmodell-Ergebnis-Tabelle** (siehe Kapitel 4.4.3) gegenübergestellt und Gemeinsamkeiten und Unterschiede identifiziert werden. Auch kann ein Ist-Soll-Vergleich des bisherigen und des neuen Geschäftsmodells stattfinden, um Erkenntnisse darüber zu erlangen, welche Geschäftsmodellausprägungen für das Geschäftsmodell verändert werden sollten.

5.5 Zusammenfassung

Für die Methodenentwicklung wurde zuerst das Metamodell dargestellt, um die wichtigsten Objekte und Beziehungen innerhalb der Geschäftsmodellentwicklung abzubilden. Das ist vor allem für das einheitliche Verständnis der Begrifflichkeiten wesentlich. Danach wurden relevanten Rollen für die Geschäftsmodellentwicklung erarbeitet. Aufgrund der unternehmenskritischen Fragen wurden Personengruppen höherer Hierarchieebenen vorgeschlagen, wie beispielsweise aus der Geschäftsleitung. Anschließend wurde aufgrund der Vorarbeiten innerhalb des 4. Kapitels das prozedurales Vorgehensmodell der zukunftsorientierten Geschäftsmodellentwicklung im Cloud-Computing mit anschließender Produktentwicklung (GMT-Methode) abgeleitet. Die darin enthaltenen fünf Stufen wurden beschrieben, um daraufhin detailliert die Phase der Geschäftsmodellentwicklung zu erläutern. Die darin vorkommenden Techniken und Ansätze zeigen detailliert auf, wie das Vorgehen innerhalb der Geschäftsmodellentwicklung aussieht. Dazu wurden die GM-Szenarioanalyse und das GM-QFD ausführlich tabellarisch (Schritt für Schritt) als auch grafisch dargestellt. Innerhalb dieser Ausführungen wurde die Match-Matrix als zusammenhängende Methode zwischen der GM-Szenarioanalyse und dem GM-QFD entwickelt, damit eine vollständige und zusammenhängende Methode entstehen konnte. Innerhalb der entwickelten Methode ist es möglich die einzelnen Schritte, Aktivitäten, Werkzeuge und Rollen zu betrachten und auf den jeweiligen Einsatzzweck anzupassen. Damit wird der Gesamtzusammenhang der entwickelten GMT-Methode deutlich.

Die so entwickelte GMT-Methode wird im folgenden Kapitel anhand von Expertenworkshops evaluiert, um damit die Methode weiter zu verbessern und die Anwendbarkeit in der Praxis zu bestätigen.

6. Evaluation der Methode durch Expertenworkshops

Im sechsten Kapitel wird die entwickelte Methode durch Expertenworkshops evaluiert. In **Abschnitt 6.1** wird zunächst die Methodik der Evaluation erläutert, Unternehmen anhand von Auswahlkriterien zugeordnet und der Ausgangssituation zur Geschäftsmodellentwicklung zugeteilt. Das Vorgehen zur Durchführung der Expertenworkshops wird in **Abschnitt 6.2** erläutert. Damit können die Expertenworkshops in einer Vorstudie und verschiedenen Hauptstudien in den **Abschnitten 6.3 und 6.4** betrachtet werden. Die Evaluation der an die Methode gestellten Anforderungen erfolgt in **Abschnitt 6.5.** Die Ergebnisse werden in **Abschnitt 6.6** diskutiert.

6.1 Methodenevaluation

Nach die Entwicklung der GMT-Methode im Kapitel 4 und 5, folgt nach dem Design-Science-Vorgehen die Evaluation der Methode. Die Evaluation der entstandenen GMT-Methode ist ein wichtiger Schritt innerhalb der Entwicklung der Methode. Diese zeigt durch Expertenworkshops auf, ob die Methode nicht nur den theoretischen Anforderungen, sondern auch den praxisorientierten Anforderungen gerecht wird. Für die Evaluation werden zunächst eine explorative Vorstudie und im zweiten Schritt fünf deskriptive Hauptstudien durchgeführt. Dieses Forschungsdesign wurde gewählt, um zu überprüfen, ob die an die Methode gestellten Anforderungen erfüllt werden.[787] Die Evaluation erfolgt durch die Anwendung der Methode im Rahmen von Expertenworkshops und durch die im Nachhinein ausgegebene teilstandardisierten Fragebögen (siehe Abschnitt 6.5). Die Erkenntnisse der Vorstudie werden für die Verbesserungen der GMT-Methode genutzt, um diese dann in die Hauptstudie einfließen zu lassen. Das zweistufige Vorgehen bietet den Nutzen, dass die gewonnenen Erkenntnisse über Inhalt und Anwendung der GMT-Methode anschließend in die Hauptstudie benutzt werden können. Dasselbe Vorgehen wird bei den fünf Hauptstudien angewandt, indem durch das iterative Vorgehen Erkenntnisse, die die GMT-Methode betreffen, in die nachfolgenden Expertenworkshops einfließen. So konnte die GMT-Methode ständig weiter verbessert und optimiert werden.

Für die Vergleichbarkeit und Visibilität der Expertenworkshop-Resultate werden vier Auswahlkriterien definiert:

---

[787] Vgl. Österle u.a. (2010), S. 5

- **Geschäftsmodellentwicklung in Deutschland**: Einige angefragte Großunternehmen entwickeln ihre Produkte und Geschäftsmodelle im Ausland, so dass die relevanten Gesprächspartner nur mit sehr großem zeitlichem Aufwand erreicht werden könnten. Daher sollten die zuständigen Mitarbeiter, die Einfluss auf die Geschäftsmodellentwicklung haben, in Deutschland sitzen.
- **Bedarf zur Änderung des Geschäftsmodells**: Für die Geschäftsmodellentwicklung kommen nur Unternehmen in Frage, die einen Bedarf zur Änderung ihres Geschäftsmodells haben.
- **Hauptsitz in Deutschland**: Einen Hauptsitz in Deutschland verbessert nicht nur die Kommunikation, sondern auch die Möglichkeit eines schnelleren Austausches von Informationen und Daten.
- **Optional**: **Start-up-Unternehmen**: Start-up-Unternehmen sind aufgrund des frühen Stadiums der Entwicklung von Geschäftsmodellen geradezu prädestiniert, um an Expertenworkshops zur Geschäftsmodellentwicklung teilzunehmen.[788]

Nach der Auswahl der Kriterien konnten insgesamt sechs Unternehmen für die Betrachtung gewonnen werden (siehe Tabelle 79).

	Vorstudie	**Hauptstudien**				
Unternehmen	**Apollogic Sp. z o.o.**	**highQ Computerlösungen GmbH**	**netlas**	**myjobz.com**	**T-Systems International GmbH**	**IBM Deutschland GmbH**
Kriterien						
Geschäftsmodellentwicklung in Deutschland	erfüllt	erfüllt	erfüllt	erfüllt	erfüllt	erfüllt
Bedarf zur Änderung des Geschäftsmodells	erfüllt	erfüllt	erfüllt	erfüllt	erfüllt	erfüllt
Hauptsitz in Deutschland	erfüllt (Hamburg)	erfüllt (Freiburg i. Br.)	erfüllt (Stuttgart)	erfüllt (Stuttgart)	erfüllt (Frankfurt am Main)	erfüllt (Ehningen)
Optional: Start-up-Unternehmen	-	-	erfüllt	erfüllt	-	-

Tabelle 79: Auswahlkriterien für die Unternehmen

788 Vgl. Appelrath u.a. (2014), S. 35

Die Unternehmen für die Expertenworkshops können anhand der in Kapitel 5.3.1 beschriebenen Ausgangspunkte eingeordnet werden (siehe Tabelle 80).

Ausgangssituation		Ausgangs-punkte	Unternehmen
Cloud-Produkt	Geschäfts-modell		
Idee	-	1	-
-	Idee	2	-
Idee	Idee	3	• netlas
Existiert	-	4	• Apollogic Sp. z o.o. • highQ Computerlösungen GmbH
-	Existiert	5	• myjobz.com
Existiert	Existiert	6	• T-Systems International GmbH • IBM Deutschland GmbH

Tabelle 80: Zuordnung der Unternehmen zu den Ausgangspunkten

6.2 Durchführung der Expertenworkshops

Wie bereits im einleitenden Kapitel zur Forschungsmethodik beschrieben wurde, bieten sich für die Evaluation der vorliegenden Methode Fallstudien in Form von Expertenworkshops an. Für die Durchführung der Expertenworkshops wird dem vorgeschlagenen Ablauf für Fallstudien aus Kapitel 1.3 Folge geleistet:

1. Planung des Forschungsprozesses

Die in der vorliegenden Arbeit behandelten Unternehmens-Fallstudien in Form von Expertenworkshops wurden nicht zufällig ausgewählt. So wurden Unternehmen aus dem Mittelstand, Großunternehmen und Start-up-Unternehmen ausgewählt, um ein möglichst breites Spektrum an Unternehmen zur Geschäftsmodellentwicklung abzudecken.

2. Datenerhebung

Die Datenerhebung folgt einer einheitlichen vierstufigen Vorgehensweise:

2.1 Kontaktaufnahme ca. zwei bis drei Wochen vor dem Expertenworkshop und Zusendung des Trend-Repositorys

Als Vorbereitung auf die Expertenworkshops hatte es sich in der Vorstudie und der ersten Hauptstudie herausgestellt, dass die Durchführung der gesamten Methode zwei Tage in Anspruch nimmt. Da allerdings die meisten teilnehmenden Unternehmen bzw. Experten nur einen ganzen Tag zur Verfügung stellen konnten, wurde die GMT-Methode entsprechend angepasst. Daher wurde der erste Teil der GMT-Methode (GM-Szenarioanalyse) per E-Mail durchgeführt. Dazu wurde das Trend-Repository den Unternehmen zugesendet mit der Bitte um die Auswahl der relevantesten Trends (ca. 10-15). Anschließend wurden diese in der Einflussmatrix bewertet und im System-Grid gegenübergestellt. Das erfolgte sowohl von dem Unternehmen als auch von dem zuständigen Projektleiter.

2.2 Erneute Kontaktaufnahme ca. eine Woche vor dem Expertenworkshop zur Versendung der ersten Ergebnisse und der Agenda[789]

Eine Woche vor dem Treffen wurden die bisherigen Ergebnisse zusammengefasst und zugesendet. Gleichzeitig wurde den Experten eine Agenda zur Verfügung gestellt, damit der gesamte Ablauf und das Vorgehen bekannt sind.

2.3 Durchführung der Expertenworkshops

Die Durchführung der Expertenworkshops erfolgte entweder in den Räumen der Universität Stuttgart oder bei den Unternehmen selbst. Zu Beginn der Expertenworkshops wurden anhand der vorher zugesendeten Unterlagen der Inhalt des Workshops und die bisherigen Ergebnisse erläutert. Dabei wurden auch relevante Definitionen (z.B. Geschäftsmodell) gezeigt. Außerdem erhielten die Experten sämtliche Unterlagen als Handout zum Nachschlagen. In den Unterlagen waren auch die einzelnen Vorgehensschritte der gesamten Methode enthalten, damit die Experten jederzeit das Vorgehen nachvollziehen konnten. Die Expertenworkshops dauerten ca. fünf bis sieben Stunden. Zusätzlich zu den Materialien wurde ein Kreativwerkzeug in Form eines Würfelpuzzles (siehe Abbildung 66) vorher selbst entworfen, per 3D-Druckverfahren gedruckt und an die Experten verteilt.

[789] Ein Vorschlag für eine mögliche Agenda befindet sich in **Anhang B**.

Abbildung 66: Würfelpuzzle (3D-Prototyp und fertiger Würfel)

Der Würfel sollte durch die Experten zusammengebaut werden. Das Ziel beim Zusammenbauen besteht darin, die relevantesten Geschäftsmodellkomponenten oder -ausprägungen zusammenhängend zu platzieren. Der Würfel soll die Experten dabei unterstützen, das theoretische Konstrukt eines Geschäftsmodells begreifbar bzw. fassbar zu machen. Das Würfelpuzzle besteht aus 24 Teilen, die zu einem einheitlichen Würfel zusammengesetzt werden können. Zum einfacheren Zusammenbauen wurde ein Würfelpuzzle entwickelt, das aus 23 gleichen und einem unterschiedlichen Puzzleteil besteht.

2.4 Wiederholte Kontaktaufnahme ca. eine Woche nach dem Expertenworkshop zur Versendung der umfassenden Ergebnisse

Nachdem die Ergebnisse des Workshops (siehe nachfolgend 3. „Ergebnisanalyse“) vom Projektleiter aufbereitet und interpretiert worden waren, konnten sie den Experten per E-Mail zugesendet werden. In einigen Fällen fand zusätzlich eine telefonische Absprache zur Ergebnisinterpretation statt.

3. Ergebnisanalyse

Die Ergebnisanalyse geschah anhand des nächsten Vorgehensschritts der GMT-Methode „**D: Geschäftsmodellbewertung & -umsetzung**“ (siehe Kapitel 5.3.2).

4. Fallvergleichende Analyse und Interpretation (Multiple-Case Design)

Ein Vergleich der einzelnen Fallstudien untereinander war für die Evaluation der Methode nicht erforderlich, da die jeweiligen Erkenntnisse direkt in die Methodenverbesserung einflossen und dazu nicht die Fallstudien verglichen werden mussten.

Die Beschreibung der Expertenworkshops folgt im anschließenden Kapitel immer demselben Aufbau. Zunächst wird das Unternehmen kurz vorgestellt, indem die Mitarbeiteranzahl, Umsätze (soweit veröffentlicht) und Standorte genannt werden. Danach werden interessante Ergebnisse der jeweiligen Workshops beschrieben. Anschließend werden mögliche Implikationen für die Methode diskutiert und die Evaluation der Items aufgezeigt (die Beschreibung dazu liefert Abschnitt 6.5). Die gesamten Ergebnisse der Evaluation werden dann im Abschnitt 6.5 vorgestellt.

6.3 Vorstudie

Für die Vorstudie[790] wurde ein Expertenworkshop mit dem Unternehmen Apollogic Sp. z o.o. (Apollogic) aus Hamburg durchgeführt. Die Apollogic hat sich in ihrem Kerngeschäft auf die deutschlandweite Beratung der Standardsoftware SAP CRM spezialisiert. Aktuell verfügt das Unternehmen über 50 Mitarbeiter.[791]

Für die eigene Verwaltung benötigt das Unternehmen verschiedenste externe heterogene Softwareprodukte für das Organisieren von Terminen, E-Mails, Abstimmungen usw. Daher haben sich die beiden Geschäftsführer entschlossen eine eigene cloud-basierte CRM-Software zu entwickeln und innerhalb des Unternehmens einzusetzen, um weitere Kosten zu sparen. Außerdem wurde aufgrund einer Marktanalyse schnell deutlich, dass die existierenden Lösungen verschiedene Schwachstellen aufweisen und vor allem eine Gesamtlösung, die die verschiedenen Anforderungen integriert, nicht vorhanden ist. Um diese Software aber zu vermarkten, fehlte noch das richtige Geschäftsmodell. Als Ausgangssituation dient das entwickelte Cloud-Produkt ohne Geschäftsmodell. Daher fand im Mai 2014 ein Zwei-Tages-Workshop statt, um eine neues Geschäftsmodell zu erarbeiten. Am ersten Workshop-Tag sollte die GM-Szenarioanalyse und am zweiten Tag die Match-Matrix und die GM-QFD-Analyse betrachtet werden.

---

790 Die folgenden Ausführungen basieren auf dem Konferenzbeitrag von Pelzl u.a. (2014b), S. 84-89
791 http://apollogic.com

Ergebnisse:

In der Vorstudie mit dem Unternehmen Apollogic wurden als Besonderheit auch Trends identifiziert, die nicht aus dem Trend-Repository kamen. Es handelte sich insgesamt um fünf Trends: Webtechnologien (HTML 5), Datensicherheit im Unternehmen, Integration von beruflichen und privaten Daten (z.B. Kalender), nachhaltiges faires Unternehmen & keine Gewinnmaximierung und vollintegrierte Lösungen. Im nächsten Schritt wurden die identifizierten Trends den Geschäftsmodellausprägungen innerhalb der Match-Matrix gegenübergestellt, bewertet und gewichtet. Es konnte gezeigt werden, dass durch die Einflussnahme der Trends interessanterweise Geschäftsmodellausprägungen relevanter wurden, als es die beiden Geschäftsführer gedacht hätten. Beispielsweise war dem Unternehmen bisher nicht bewusst, dass die Möglichkeit einer hybriden Lösung mit dem Trend „Datensicherheit im Unternehmen“ und dem Trend einer „vollintegrierte Lösung“ einhergeht. Im nächsten Schritt konnten drei strategische Nutzeffekte ausgewählt werden: Kundenanzahl erhöhen, hohe Qualitätsstandards und Kundenzufriedenheit. Nach der Gegenüberstellung und Bewertung mit den Geschäftsmodellausprägungen wurden die ersten fünfzehn Geschäftsmodellausprägungen in drei Gruppen unterteilt (Tabelle 81). Diese Gruppen zeigen eine gewisse Rangfolge der wichtigsten Geschäftsmodellausprägungen.

Nummer	Ausprägung	Rang	Wert	
1	Qualitätsführerschaft	1	54	1. Gruppe
2	Hybrid	2	50	
3	Security	2	50	
4	SaaS	4	42	2. Gruppe
5	Preis	5	41	
6	Private	6	39	
7	Anwenderfreundlich	7	37	
8	Speicher	8	34	3. Gruppe
9	Availability	9	32	
10	Design	10	29	
11	Marketing & Vertrieb	10	29	
12	Kundenservice	10	29	
13	Crowdwisdom	10	29	
14	Crowdcreation	10	29	
15	Persönlicher Kontakt	10	29	

Tabelle 81: Endergebnisse

Auf Basis der identifizierten Geschäftsmodellausprägungen und der im Verlauf des Workshops gewonnenen Erkenntnisse wurden für das Unternehmen Apollogic folgende Ergebnisse ermittelt:

- Es sollte eine Software in hoher Qualität angeboten werden, die sicher, anwenderfreundlich, sehr gut designt und trotzdem preiswert ist.
- Bezüglich der Cloud-Fähigkeiten sollte die Software als hybride und private Form angeboten werden, die nahezu 100 % Verfügbarkeit garantiert (zu realisieren über einen großen bekannten Cloud-Anbieter mit festen Zusagen in den SLAs). Weiter soll die Software auch einen Cloud-Speicher offerieren, um wichtige Dateien der Kunden speichern zu können.
- Es wird der persönliche Kontakt bevorzugt und es soll großer Wert auf eigene Marketing- und Vertriebsmaßnahmen sowie Kundenservice gelegt werden.
- Außerdem sollen die eigenen Mitarbeiter in den Verbesserungsprozess der Software durch Crowdcreation und -wisdom integriert werden.
- Der Vertrieb der Software soll vor allem über das Internet und mobile Endgeräte stattfinden.

Implikationen für die Methode:
Die Geschäftsführer gaben an, dass es durch die hohe Anzahl der Trends zu viele Optionen in den Matrizen (Einfluss- und Konsistenzmatrix) zum Bewerten gab. Dadurch ist es ein langwieriger und nicht ganz so „spannender" Bereich des Workshops gewesen. Als mögliche Lösung kommt hier eine Gruppierung der Trends mittels AHP in Betracht. Damit könnten auf übergeordneter Ebene die Trends bewertet werden und dieser Teil der Methode wäre nicht zu zeitintensiv.

Die Folge dessen war, dass durch die hohe Anzahl an Trends und damit verbundenen Trendausprägungen die Konsistenzmatrix sehr groß und damit zeitintensiv zu bewerten geworden ist. Als Lösungsvorschlag kommen zwei Möglichkeiten in Betracht: Zum einen kann durch die Nutzung eines Morphologischen Kastens (Trends und ihre Ausprägungen gegenüberstellen) die Matrizen etwas gekürzt werden. Zum anderen könnten die Trends nicht einzeln den Geschäftsmodellkomponenten gegenübergestellt werden, sondern als Szenarienbündel (mit einem aussagekräftigen Namen) den Geschäftsmodellkomponenten gegenüberstehen. Die Trends werden dementsprechend zu einem Szenario zusammengefasst. Als weitere positive Auswirkung ist dabei zu nennen, dass durch dieses verkürzte und stringentere Vorgehen innerhalb des HoQ mehrere Szenarien (positiv, negativ usw.) gleichzeitig bewertet werden können. Dadurch können neben den verschiedenen Zeithorizonten auch die verschiedenen Unsicherheiten/Eintrittswahrscheinlichkeiten mitbetrachtet werden.

6.4 Hauptstudien

6.4.1 highQ Computerlösungen GmbH

Die highQ Computerlösungen GmbH (highQ) ist ein Anbieter innovativer IT-Lösungen für den öffentlichen Personennahverkehr (ÖPNV). In diesem Bereich entwickelt highQ vor allem Software und bietet Dienstleistungen (Installation, Service, Wartung usw.), aber auch Kontakte zu abgestimmten Hardwareunternehmen an. Aktuell beschäftigt das Unternehmen ca. 45 Mitarbeiter.[792]

Für den Workshop haben sich zwei leitende Mitarbeiter, die direkt den Geschäftsführern berichten, zur Verfügung gestellt. Bei dem zu betrachtenden Cloud-Produkt handelt es sich um eine SaaS-Lösung, die den multimodalen Betrieb von Mobilitätsdienstleistungen und angrenzenden Leistungen in einem Koopkurrenznetzwerk gewährleisten soll. Als Ausgangssituation existiert das Cloud-Produkt, aber bisher ohne Geschäftsmodell. Für die Konzeption eines zukunftsorientierten Geschäftsmodells fand anstatt eines eintägigen Workshops ein zweitätiger Workshop im März und April 2015 statt.[793]

Ergebnisse:

Zuerst wurde die Unternehmenssituation anhand der Situationsanalyse betrachtet. Dazu wurden eine Marktanalyse, Wettbewerbsanalyse, Umfeldanalyse und Kompetenzen- und Ressourcenanalyse durchgeführt. Die erforderlichen Informationen wurden anhand von Telefonaten, der Website des Unternehmens und weiteren Informationen aus dem Internet recherchiert.

Der Nutzen der Software von highQ besteht aus der Integration möglichst vieler Mobilitätsdienstleister auf eine cloud-basierte Softwareplattform. Der Nutzen für die Verbraucher besteht darin, dass das zu verwendende Medium (z.B. Smart Card) an ver-

---

792 http://www.highq.de

793 Ausgehend von den Informationen der Vorstudie wurde die GMT-Methode so gestrafft, dass der Expertenworkshop für einen Tag konzipiert wurde. Dazu wurden z.B. die Unterlagen weiter ausgearbeitet, Tabellen verbessert usw., um ein stringentes Vorgehen zu gewährleisten. Allerdings nahm die GMT-Methode trotzdem zwei Tage in Anspruch. Erst der Input aus diesem Workshop brachte eine zeitliche Verbesserung.

schiedenen Ausgabestellen erhältlich ist (ÖPNV, Museum, Hotel usw.) und teilnehmende Einrichtungen (ÖPNV, Museum, Hotel usw.) genutzt werden können. Die Abrechnung erfolgt über das Medium in aggregierter Form.

In der GM-Szenarioanalyse konnten elf Trends identifiziert werden, die den Gruppen technologische Trends, gesellschaftliche Trends und sozioökonomische Trends zugeordnet werden konnten. Auf Basis der Einflussmatrix und des Morphologischen Kastens konnten drei Szenarien (bis zum Jahr 2020) für die Match-Matrix abgegrenzt werden:

- Zunahme der integrierten Mobilität und Share Economy
- Dienstleistungsorientiertes Szenario: wenige Marktteilnehmer (Apple und Google)
- Besitzorientiertes Modell: autonom fahrende Autos

Für die GM-QFD-Analyse wurden drei strategische Nutzeffekte aus dem vorhandenen Repository ausgewählt:

- Weiteres Geschäft generieren durch initiale Lieferbeziehungen (verbesserte Kundenbindung, Kundenzugang, Marktanteil erhöhen, Erhöhung des Bekanntheitsgrades)
- Erleichterung der gemeinsamen Dienstleistungserbringung bei highQs B2B-Kunden (Kundenzufriedenheit, Einzigartigkeit, wahrgenommenes Preis-Leistungs-Verhältnis)
- Erleichterung der Dienstleistungsnutzung und des -zugangs beim Endkunden (Kundenzufriedenheit, Einzigartigkeit)

Anschließend konnten die Ergebnisse der GM-QFD-Analyse gerankt und gewichtet werden, um die zukünftig relevantesten Geschäftsmodellausprägungen zu errechnen. Durch das Vorhandensein von drei Szenarien wurden die Werte und Rangfolge erst einzeln errechnet und dann vergleichend gegenübergestellt. Durch den Vergleich kann das Unternehmen mögliche Geschäftsmodellausprägungen erkennen, die im Szenario 1 aktuell relevant sind, aber im Szenario 2 und 3 weiter beobachtet werden müssen, um auf Eventualitäten vorbereitet zu sein.

Im Verlauf des Expertenworkshops entstanden weitere Ideen zu Funktionen und Geschäftsmodellausprägungen, beispielsweise welche Produktvarianten welches Erlösmodell unterstützen sollten oder welche Produktvarianten von highQ selber oder besser von einem Partner durchgeführt werden sollten und mit welcher globalen Strategie für das Cloud-Produkt das einhergehen soll. Dafür wurde eine zusätzliche Abbildung entwickelt, die das Cloud-Geschäftsmodell von highQ in Abhängigkeit von den drei erwähnten Geschäftsmodellkomponenten einteilt (siehe Abbildung 67).

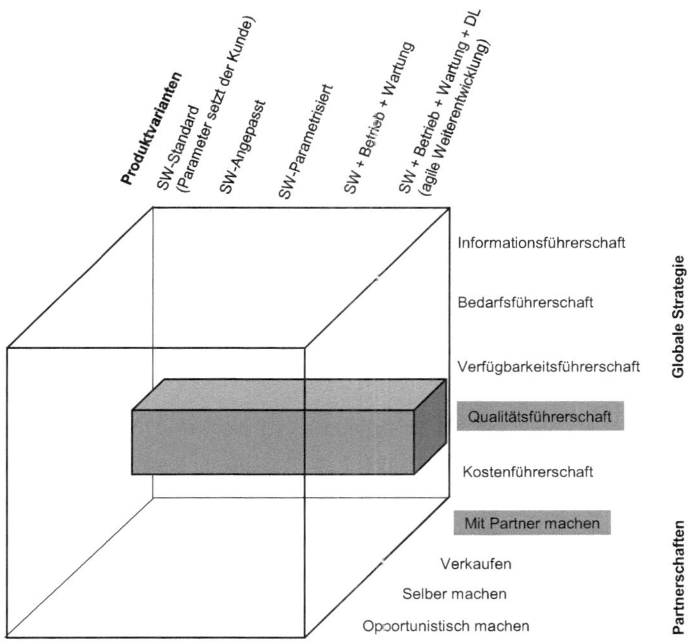

Abbildung 67: Einordnung des Geschäftsmodells von highQ

Implikationen für die Methode:

Während des Expertenworkshops anhand der GMT-Methode konnten zahlreiche Verbesserungen aufgenommen werden.

Das Trend-Repository, aus dem die Trends identifiziert und eingegrenzt werden, war aufgrund der Vielzahl an vorhandenen Studien sehr umfangreich, so dass viele gleiche oder ähnliche Trends abgebildet waren. Für die Experten war es dadurch sehr zeitaufwendig, das gesamte Trend-Repository zu betrachten und Trends auszuwählen. Eine Vielzahl an Trends geht auch mit einer großen Einflussmatrix und Konsistenzmatrix einher. Daher wurde bei der Einflussmatrix darauf geachtet, dass maximal zehn bis fünfzehn Trends ausgewählt wurden und bei der Konsistenzmatrix wurde die Verwendung eines Morphologischen Kastens in Betracht gezogen, um eine zeitintensive Auseinandersetzung bei zu vielen Trends zu vermeiden. Diese Maßnahmen brachten schon einen erheblichen Zeitvorteil. Durch weitere Gespräche im Workshop konnten von einem Teilnehmer vor allem die zeitlichen Aufwendungen aufgrund der komplexen Methode als verbesserungswürdig identifiziert werden. Es lässt sich allerdings argumentieren, dass ein Geschäftsmodell aufgrund der vielen Komponenten und deren Zusammenhänge untereinander zunächst viel Zeit zum Verstehen benötigt, aber gleichzeitig konnte die GM-Szenarioanalyse als Verbesserungspotenzial erkannt werden. Beispielsweise könnte die GM-Szenarioanalyse auch vorab per E-Mail durchgeführt werden. Die Idee wurde weiter ausgearbeitet und in den nächsten Expertenworkshops umgesetzt.

Im Gegensatz zur Vorstudie konnten mit highQ sogar drei Szenarien aus den Trends abgeleitet werden und dadurch die Geschäftsmodellausprägungen bewertet werden. Es konnte also bestätigt werden, dass die Entwicklung von Szenarien aus den Trends möglich und die Vergabe eines klangvollen Szenarionamens vorteilhaft ist.

Zum Workshop-Ende wurden die teilnehmenden Entscheider mittels teilstandardisierter Fragebögen zu der Methode befragt. In Tabelle 82 werden die Bewertungen zusammenfassend dargestellt. Insgesamt gesehen wurde der Methode eine Erfüllbarkeit der meisten Anforderungen attestiert und die Entscheider waren größtenteils mit den Inhalten und dem Vorgehen zufrieden.

1 = völlige Zustimmung, 5 = völlige Ablehnung

Item	**Ø**
In der Methode werden der Einfluss von Entscheidern und der Nutzen verstärkt behandelt.	2
Die Methode integriert Entscheider in die Geschäftsmodellentwicklung.	2
Mit der Methode können Komponenten/Bausteine von Geschäftsmodellen entwickelt werden.	2
In der Methode findet eine kontinuierliche Geschäftsmodellentwicklung statt.	2
Die Methode integriert Trends in die Geschäftsmodellentwicklung.	1,5
Die zeitlichen Aufwendungen für die Methode waren in meinem erwarteten Rahmen.	3,5
Die Methode war für mich verständlich und nachvollziehbar.	2,5
Die Methode lässt sich auf meine Fragestellungen anwenden.	1,5
Ich konnte mich in den Workshop einbringen.	1
Meine Ideen und Vorschläge wurden in die Methode aufgenommen und richtig umgesetzt.	1,5

Item	ø
Die Methode stellt das Vorgehen grafisch dar.	2
Die Teilnahme am Workshop hat mir genützt.	2

Tabelle 82: Evaluation der Entscheider – highQ

6.4.2 netlas

Bei dem Unternehmens netlas handelt es sich um ein Start-up-Unternehmen, zu dem der Gründer und zwei weitere Mitarbeiter gehören. Die Idee des Gründers besteht darin, eine cloud-basierte Software zu entwickeln, um die visuelle Darstellung von Informationen und deren Verbindungen zueinander auf einer Webseite zu veröffentlichen. Das Unternehmen netlas befindet sich aktuell in der Phase der Antragsstellung für ein Gründerstipendium. Für diesen Antrag müssen Unternehmen detaillierte Informationen zum Geschäftsmodell beschreiben. Der Gründer verfügt also bisher nur über eine Idee zu einem Cloud-Produkt und erste lückenhafte Ideen zum Geschäftsmodell. Start-up-Unternehmen und Entrepreneurs können als ideale Unternehmen für eine Analyse von Geschäftsmodellen im Cloud-Computing betrachtet werden, da sie normalerweise über keine eigene IT-Abteilung verfügen und nicht von existierenden IT-Systemen abhängig sind.[794] Vor diesem Hintergrund fand an einem Tag im April 2015 der Workshop mit dem Gründer vom netlas statt.

Ergebnisse:
Innerhalb der GM-Szenarioanalyse konnte nur ein Szenario entwickelt werden, da kein negatives Szenario des Experten als realistisch eingeschätzt wurde. Im Verlauf der Methode wurden vier strategische Nutzeffekte identifiziert: Funktionalität sicherstellen (Usability gewährleisten), Erhöhung des Bekanntheitsgrades (Kundenanzahl erhöhen), Vertrauen, die richtigen Informationen zu finden und Differenzierung gegenüber Wettbewerbern. Als weitere Ergebnisse wurden vor allem Ausprägungen aus den Komponenten Nutzenversprechen, Crowdsourcing und globale Strategie ermittelt, auf die sich das Unternehmen fokussieren sollte.

Da das Geschäftsmodell von netlas erst am Anfang stand, konnten zahlreiche technische Funktionen während des Workshops identifiziert werden. Diese könnten für die GMT-Methode im Schritt **E:Produktentwicklung** sehr relevant sein.

[794] Vgl. Appelrath u.a. (2014), S. 35

Implikationen für die Methode:

Die aus den ersten Workshops identifizierten Verbesserungen wurden eingeführt. Vor allem dass die GM-Szenarioanalyse per E-Mail vorgenommen wurde, kam dem Experten entgegen. Dadurch wurde der Fokus am Workshop-Tag einzig und allein auf die Geschäftsmodellentwicklung gelegt. Die Schwierigkeit besteht allerdings bei der Einigung der relevanten Trends. Öfters wurden mehrere Trends zusammengefasst, so dass diese erst wieder unterscheidbar gemacht werden mussten. Auch überschnitten sich manche Trends, wenn neue selbst hinzugefügt wurden. Diese Änderungen mussten dann dem Entscheider kommuniziert werden.

In den Kommentaren des Experten wurden der Methode ein positiver Umfang und ein damit verbundenes „Sehr gut“ attestiert (siehe Tabelle 83). Weiter wurde vermerkt, dass Unternehmen in der Analyse abgegrenzt bzw. unterschieden werden sollten, z.B. Start-up-Unternehmen. Diese Idee wurde bei der Beschreibung der Geschäftsmodellausprägungen aufgenommen.

1 = völlige Zustimmung, 5 = völlige Ablehnung

Item	
In der Methode werden der Einfluss von Entscheidern und der Nutzen verstärkt behandelt.	2
Die Methode integriert Entscheider in die Geschäftsmodellentwicklung.	1
Mit der Methode können Komponenten/Bausteine von Geschäftsmodellen entwickelt werden.	1
In der Methode findet eine kontinuierliche Geschäftsmodellentwicklung statt.	1
Die Methode integriert Trends in die Geschäftsmodellentwicklung.	1
Die zeitlichen Aufwendungen für die Methode waren in meinem erwarteten Rahmen.	2
Die Methode war für mich verständlich und nachvollziehbar.	1
Die Methode lässt sich auf meine Fragestellungen anwenden.	1
Ich konnte mich in den Workshop einbringen.	1
Meine Ideen und Vorschläge wurden in die Methode aufgenommen und richtig umgesetzt.	1
Die Methode stellt das Vorgehen grafisch dar.	2
Die Teilnahme am Workshop hat mir genützt.	1

Tabelle 83: Evaluation der Entscheider – netlas

6.4.3 myjobz.com

Bei myjobz.com[795] handelt es sich auch um ein Start-up-Unternehmen. Es besteht aus insgesamt drei Gründern – einem Geschäftsführer und zwei Mitarbeitern – die für die technische Umsetzung, IT, Server-Administration und Softwareentwicklung verantwortlich sind. Die Idee des Geschäftsmodells besteht seit 2014 und wurde seitdem ständig weiterentwickelt und verfeinert. Myjobz.com entwickelt eine kostenlose und branchenweite Dienstleistungsplattform für Neben- und Zweitjobs. Die Plattform nutzt PaaS als Basis für die laufende Software. Der Workshop fand im Mai 2015 mit dem Gründer von myjobz.com statt. Bei myjobz.com war zum Zeitpunkt der Geschäftsmodellentwicklung kein fertiges Cloud-Produkt vorhanden, lediglich das Geschäftsmodell bestand (Ausgangssituation). Seit August 2015 ist die Dienstleistungsplattform online zu finden.

Ergebnisse:
Auch im zweiten Start-up-Unternehmen konnte nur ein realistisches Szenario für 2020 entwickelt werden, da kein abweichendes Szenario des Teilnehmers als sinnvoll eingeschätzt wurde. Es konnten insgesamt vier strategische Nutzeffekte an das Geschäftsmodell identifiziert werden: hohe Nutzeranzahl und hohe Dienstleisteranzahl, wahrgenommenes Preis-Leistungs-Verhältnis, Erhöhung des Bekanntheitsgrades und Vertrauen.

Auch bei dieser Geschäftsmodellentwicklung wurden neben den Geschäftsmodellelementen auch weitere Funktionen für das Cloud-Produkt identifiziert. Da die GMT-Methode als Kreativwerkzeug angesehen werden kann, entwickelten sich in den Diskussionen über die Geschäftsmodellausprägungen auch weitere Ideen für neue oder erweiterte Funktionen.

Implikationen für die Methode:

Die Auswertung zeigt, dass die Methode bei fast allen relevanten Items mit „sehr gut" bis „gut" bewertet wurde (siehe Tabelle 84). Einzig das Item „Die Methode lässt sich auf meine Fragestellungen anwenden" wurde als nicht gerade passend bewertet. Das kommt daher, dass es sich bei dem Geschäftsmodell von myjobz.com um ein sogenanntes Free-Geschäftsmodell[796] handelt, das sich einzig über Werbung finanzieren soll. Die Zielkunden bei diesem E-Marketplace sind Nutzer, sogenannte Peer-

[795] https://myjobz.com
[796] Vgl. Osterwalder und Pigneur (2011), S. 92 ff.

to-Peer-Nutzer (P2P). Es liegt also im Gegensatz zu den anderen Unternehmen kein B2B-Verhältnis vor. Dieses Geschäftsmodell nimmt somit eine Sonderform ein. Da auf der Plattform Dienstleistungen angeboten werden und kein eigenes IT-Produkt, müssten manche Kategorien innerhalb der Geschäftsmodellkomponenten angepasst werden. Beispielsweise könnten Nutzerbranchen eingeführt werden, um die Nutzer der Plattform zu kategorisieren und damit weitere Einteilungen vornehmen zu können. Trotz all dieser Einschränkungen konnte der Geschäftsführer eine Reihe von Erkenntnissen für die Geschäftsidee gewinnen.

1 = völlige Zustimmung, 5 = völlige Ablehnung

Item	
In der Methode werden der Einfluss von Entscheidern und der Nutzen verstärkt behandelt.	2
Die Methode integriert Entscheider in die Geschäftsmodellentwicklung.	1
Mit der Methode können Komponenten/Bausteine von Geschäftsmodellen entwickelt werden.	2
In der Methode findet eine kontinuierliche Geschäftsmodellentwicklung statt.	2
Die Methode integriert Trends in die Geschäftsmodellentwicklung.	1
Die zeitlichen Aufwendungen für die Methode waren in meinem erwarteten Rahmen.	2
Die Methode war für mich verständlich und nachvollziehbar.	2
Die Methode lässt sich auf meine Fragestellungen anwenden.	4
Ich konnte mich in den Workshop einbringen.	2
Meine Ideen und Vorschläge wurden in die Methode aufgenommen und richtig umgesetzt.	2
Die Methode stellt das Vorgehen grafisch dar.	1
Die Teilnahme am Workshop hat mir genützt.	2

Tabelle 84: Evaluation der Entscheider – myjobz.com

6.4.4 T-Systems International GmbH

Die T-Systems International GmbH (T-Systems) ist ein internationales Unternehmen und betreibt Informations- und Kommunikationstechnik für multinationale Konzerne und öffentliche Institutionen. T-Systems ist ein hundertprozentiges Tochterunternehmen der Deutschen Telekom AG. Im Jahr 2014 beschäftigte T-Systems ca. 48.000 Mitarbeiter bei einem Umsatz von etwa 8,6 Milliarden Euro.[797]

[797] http://www.t-systems.de

Für den Expertenworkshop konnte ein Verantwortlicher aus dem Bereich Sales & Business Development PaaS gewonnen werden. Bei dem Cloud-Produkt handelte es sich um einen Dienst auf der PaaS-Ebene, der bereits seit 2014 angeboten wird. Das heißt, als Ausgangssituation liegen ein bestehendes Produkt und ein Geschäftsmodell vor. Die Anforderungen des Experten waren, dass das Geschäftsmodell überprüft und neue Möglichkeiten im Hinblick auf Trends betrachtet werden sollten. Der Workshop fand im Juni 2015 statt.

Ergebnisse:

Durch das Trend-Repository konnten insgesamt zehn technologische Trends identifiziert werden. Das anschließende System-Grid und die Konsistenzmatrix anhand des Morphologischen Kastens grenzten die Trends auf sechs ein. Das Cloud-Produkt wird vor allem durch die Zunahme der Trends Digitalisierung, Cloud-Computing und Industrie 4.0 stark beeinflusst. Die beiden letzteren Trends haben Auswirkungen auf die Sicherheit, Big Data und Predictive Analytics. Aus diesen Trends wurde ein positives Szenario abgeleitet. Anhand der strategischen Nutzeffekte Kundenanzahl erhöhen, hoher Umsatz und Kundenbindung wurden die Geschäftsmodellausprägungen berechnet. Als Ergebnis konnten viele Ausprägungen bestätigt werden und es konnte gezeigt werden, wie das Produkt besser ausgerichtet wäre. Beispielsweise wurde eine stärkere Fokussierung auf die Qualitätsführerschaft vorgeschlagen. Außerdem wurden im Hinblick auf die Zielgruppen Live Chats (persönliche Chats), Videoberatung und Rückrufservice empfohlen.

Implikationen für die Methode:

Dem Experten gefielen die Ergebnisse in Teilen sehr gut. Problematisch sah er die Möglichkeit, das Geschäftsmodell zu verändern, da das Cloud-Produkt schon eine Zeitlang auf dem Markt existiert und solche grundlegenden Eingriffe schwierig durchzusetzen sind. Die Geschäftsmodellentwicklung sollte also entweder etwas früher durchgeführt werden, wenn das Cloud-Produkt noch leicht zu verändern ist, oder später, wenn Kundenfeedback entstanden und dadurch eine Umstellung notwendig geworden ist.

Der Experte erwähnte weiter: „Wichtig wäre es daher zu untersuchen, wie die Methode heute angewendet, die Produktrichtung beeinflusst und dann nach zwölf Monaten Verkauf und Marketing des Produktes gewirkt hat.“ Dieser Vergleich ist für eine

Methode unerlässlich, kann allerdings nur in Langezeitbetrachtungen unternommen werden.

Die Darstellungsform der GMT-Methode wurde zwar vom Experten gelobt, da sie sehr detailreich und sehr gut nachvollziehbar ist, gleichzeitig ist es aber eine sehr komplexe Darstellung. Die grafische Darstellung der Vorgehensweise diente dem Experten als Orientierungshilfe bei der Bearbeitung. Für die Durchführung der einzelnen Schritte muss diese allerdings extrem vergrößert werden. Daher existieren in der GMT-Methode auch eine Überblicksform und eine detaillierte Form, um den verschiedenen Ansprüchen gerecht zu werden. Die Evaluation der GMT-Methode zeigt Tabelle 85.

1 = völlige Zustimmung, 5 = völlige Ablehnung

Item	
In der Methode werden der Einfluss von Entscheidern und der Nutzen verstärkt behandelt.	3
Die Methode integriert Entscheider in die Geschäftsmodellentwicklung.	2
Mit der Methode können Komponenten/Bausteine von Geschäftsmodellen entwickelt werden.	2
In der Methode findet eine kontinuierliche Geschäftsmodellentwicklung statt.	3
Die Methode integriert Trends in die Geschäftsmodellentwicklung.	1
Die zeitlichen Aufwendungen für die Methode waren in meinem erwarteten Rahmen.	2
Die Methode war für mich verständlich und nachvollziehbar.	2
Die Methode lässt sich auf meine Fragestellungen anwenden.	2
Ich konnte mich in den Workshop einbringen.	2
Meine Ideen und Vorschläge wurden in die Methode aufgenommen und richtig umgesetzt.	2
Die Methode stellt das Vorgehen grafisch dar.	2
Die Teilnahme am Workshop hat mir genützt.	2

Tabelle 85: Evaluation der Entscheider – T-Systems

6.4.5 IBM Deutschland GmbH

Die International Business Machines Corporation ist ein internationales Großunternehmen aus dem Bereich IT mit Sitz in Armonk, New York. 2014 beschäftigte die IBM Corporation ca. 380.000 Mitarbeiter weltweit und rund 22.000 in Deutschland bei einem Jahresumsatz von 92,8 Milliarden US-Dollar. Die IBM Corporation ist Spezialist für Consulting-, Cloud- und IT-Services sowie die zugehörigen intelligenten IT-Infrastrukturen aus Software und Hardware.[798]

Die International Business Machines Deutschland GmbH (IBM) ist eine Niederlassung der IBM Corporation in Deutschland und nach vier Kernkompetenzen ausgerichtet: Research & Development, Sales & Consulting, Solutions & Services und Management & Business Support. Für den Workshop konnten zwei verantwortliche Mitarbeiter aus dem Cloud Portfolio Management gewonnen werden. Das zu untersuchende Cloud-Produkt wird der PaaS-Ebene zugeordnet und ist seit November 2014 im weltweiten Einsatz. Das heißt, als Ausgangssituation liegt ein existierendes Produkt mit einem existierenden Geschäftsmodell vor. Der Workshop dazu fand im Juli 2015 statt.

Ergebnisse:
Aufgrund der ausgewählten Trends aus der GM-Szenarioanalyse konnten zwei Szenarien identifiziert werden: ein Technologieszenario und ein gesellschaftliches Szenario. Diese wurden in der Match-Matrix den Geschäftsmodellausprägungen gegenübergestellt. Anschließend wurden von den Experten zwei strategische Nutzeffekte identifiziert: Neukunden gewinnen und Nutzenversprechen definieren. Anhand der strategischen Nutzeffekte wurden innerhalb der GM-QFD-Analyse die Geschäftsmodellausprägungen bewertet, die durch die Ergebnisse der Match-Matrix weiter beeinflusst wurden. Als ein Ergebnis wurden zur besseren Einteilung die priorisierten Geschäftsmodellausprägungen den Geschäftsmodellkomponenten Nutzenversprechen und Zielgruppe zugeordnet (siehe Tabelle 86).

Nutzenversprechen	Zielgruppen
Leistung/Funktion	Communitys
Neuheit	Consultant
Arbeit erleichtern	Integrator
Anpassung	KMU
Kostenreduktion	Start-ups
	Partner

Tabelle 86: Identifizierte Nutzenversprechen und Zielgruppen – IBM

[798] http://www.ibm.com

Für die Mitarbeiter von IBM waren die Ergebnisse vielversprechend. Zum einen in der Hinsicht, dass relevante Möglichkeiten bzw. Ausprägungen der Nutzenversprechen und Zielgruppe identifiziert wurden. Zum anderen, dass diese jetzt auch gegenübergestellt werden können, um die Zielgruppen mit dem passenden Nutzenversprechen anzusprechen. Dazu war es in der Ergebnisauswertung nötig, das Nutzenversprechen und die Zielgruppen weiter zu verfeinern.

Die Resonanz zum systematischen Vorgehen und zur Methode mit den erhaltenen Ergebnissen war durchweg positiv. Nach Aussage der Mitarbeiter ist die Methode zwar komplex, beinhaltet aber interessante und relevante Elemente, um am Ende des Workshops auf greifbare Ergebnisse zu kommen.

Implikationen für die Methode:

Durch die Geschäftsmodellentwicklung konnten auch bei IBM noch weitere Verbesserungsmöglichkeiten an der Methode vorgenommen werden. Die Verbesserungen können dem Teil der GM-Szenarioanalyse zugeordnet werden. Nachdem die Auswahl der Trends erfolgt und die Einflussmatrix aufgestellt war, fand die Abbildung des System-Grids statt. Bei IBM wurden neun Trends ausgewählt und grafisch im System-Grid abgebildet. Durch die Bewertung innerhalb der Einflussmatrix konnten von den neun Trends sieben als relevant eingestuft werden. Durch die Abbildung innerhalb des System-Grids konnten zwei Gruppen erkannt werden. Diese Gruppen beinhalteten drei und vier Trends. Diese Möglichkeit kann genutzt werden, um diese Konstellation als Anhaltspunkte für die zu entstehenden Szenarien zu nutzen. Im weiteren Verlauf wurden die Trends in Kategorien eingeteilt. Hierbei erfolgte die Einteilung in zwei Kategorien: technologische Trends und gesellschaftliche Trends. Dadurch, dass es sich nur um zwei Kategorien handelt, können die enthaltenen Trends auch wiederum als Anhaltspunkt für die möglichen Szenarien genommen werden. Die Ergebnisse der Bewertung werden in Tabelle 87 zusammenfassend dargestellt.

1 = völlige Zustimmung, 5 = völlige Ablehnung

Item	Ø
In der Methode werden der Einfluss von Entscheidern und der Nutzen verstärkt behandelt.	2,5
Die Methode integriert Entscheider in die Geschäftsmodellentwicklung.	1,5
Mit der Methode können Komponenten/Bausteine von Geschäftsmodellen entwickelt werden.	2

Item	Ø
In der Methode findet eine kontinuierliche Geschäftsmodellentwicklung statt.	2,5
Die Methode integriert Trends in die Geschäftsmodellentwicklung.	1
Die zeitlichen Aufwendungen für die Methode waren in meinem erwarteten Rahmen.	2
Die Methode war für mich verständlich und nachvollziehbar.	2,5
Die Methode lässt sich auf meine Fragestellungen anwenden.	2
Ich konnte mich in den Workshop einbringen.	1
Meine Ideen und Vorschläge wurden in die Methode aufgenommen und richtig umgesetzt.	1
Die Methode stellt das Vorgehen grafisch dar.	2
Die Teilnahme am Workshop hat mir genützt.[799]	1,5

Tabelle 87: Evaluation der Entscheider – IBM

6.5 Zusammenfassung der Evaluation

Die Evaluation dient neben der Verbesserung des Vorgehens auch zur Prüfung der Methode auf Grundlage der vorher formulierten Anforderungen.[800] Die Methodenevaluation erfolgt auf der Basis von teilstandardisierten Fragebögen, die im Anschluss an die Expertenworkshops der Hauptstudien ausgeteilt wurden (siehe **Anhang D**). Dazu wurden im ersten Teil des Fragebogens Fragen zur Methode, zum Vorgehen, zur Dauer usw. gestellt, im zweiten Teil konnte im Kommentarfeld noch Freitext eingegeben werden und im dritten Teil wurde nach der Gesamteinschätzung der Nützlichkeit der Methode gefragt. Die Experten sollten die Frage: „Inwieweit stimmen Sie den folgenden Aussagen zu?" mit 1 (völlige Zustimmung) bis 5 (völlige Ablehnung) bewerten. Die enthaltenen Items wurden auf Basis der praxisrelevanten Anforderungen aus Kapitel 2.6 abgeleitet. Dadurch nehmen die Items[801] einen eindeutigen Bezug auf die Anforderungen. Die zusammengefassten Ergebnisse der Evaluation aller Expertenworkshops können in Tabelle 88 betrachtet werden.

799 Ein Mitarbeiter nahm die Möglichkeit wahr, „k.A.' = „keine Antwort" anzugeben. Gleichzeitig schrieb er allerdings „sehr gut" darunter, daher wurde die Bewertung nachträglich mit einer 1 aufgeführt.

800 Vgl. Frank (2010), S. 41

801 Mit den Items können auch Zufriedenheitsmessungen durchgeführt werden. Vgl. Herzwurm (2000), S. 263

1 = völlige Zustimmung, 5 = völlige Ablehnung

	Ø-Wertung Hauptstudien					Ø
	1	**2**	**3**	**4**	**5**	**Wert**
In der Methode werden der Einfluss von Entscheidern und der Nutzen verstärkt behandelt.						2,3
Die Methode integriert Entscheider in die Geschäftsmodellentwicklung.						1,5
Mit der Methode können Komponenten/Bausteine von Geschäftsmodellen entwickelt werden.						1,8
In der Methode findet eine kontinuierliche Geschäftsmodellentwicklung statt.						2,1
Die Methode integriert Trends in die Geschäftsmodellentwicklung.						1,1
Die zeitlichen Aufwendungen für die Methode waren in meinem erwarteten Rahmen.						2,3
Die Methode war für mich verständlich und nachvollziehbar.						2,0
Die Methode lässt sich auf meine Fragestellungen anwenden.						2,1
Ich konnte mich in den Workshop einbringen.						1,4
Meine Ideen und Vorschläge wurden in die Methode aufgenommen und richtig umgesetzt.						1,5
Die Methode stellt das Vorgehen grafisch dar.						1,8
Die Teilnahme am Workshop hat mir genützt.						1,7

Tabelle 88: Gesamtevaluation der entwickelten Methode

Insgesamt konnten alle Aussagen und damit die Anforderungen an die Methode bestätigt werden. Vor allem die **Integration von Entscheidern,** die **Integration von Trends**, die **Einbringung von Entscheidern** in den Workshop und die **Umsetzung von Ideen und Vorschlägen** der Entscheider wurden als wichtig für die Methode angesehen und dementsprechend äußerst positiv bewertet. Viele dieser genannten Elemente der Methode werden von vornherein per Konstruktion erfüllt. Die Experten waren einheitlich der Meinung, dass sie als Entscheider die relevanten Stakeholder für die Erstellung einer Methode zur Geschäftsmodellentwicklung sind.

Bei der Aussage, dass die zeitlichen Aufwendungen für die Methode im erwarteten Rahmen waren, gab es verschiedenste Anmerkungen. Einige Experten fanden, dass es für eine Methode zur Geschäftsmodellentwicklung noch mehr Zeit als den einen Workshop-Tag benötigt, um auch die Trends ausgiebig mit zu betrachten. Außerdem konnten bei fast allen Workshops Funktionen für das Cloud-Produkt gefunden werden. Diese Erweiterungen könnten dann in der Phase **E: Produktentwicklung** (siehe Kapitel 5.3.2) aufgegriffen werden, um in einem Extra-Workshop nicht nur noch weitere Funktionen anhand der Trends zu identifizieren, sondern auch die Funktionen den Anforderungen der Kunden gegenüberzustellen und zu priorisieren. Damit umfasst die GMT-Methode nicht nur die Geschäftsmodellentwicklung sondern auch teilweise die Produktentwicklung. Aufgrund der ständigen Wandels sollte dieses Vorgehen alle ca. drei bis sechs Monate wiederholt werden.

Bei der **Gesamtbewertung** der Methode durch die Frage, ob ihnen die Teilnahme am Workshop genützt hat, wurden von den Experten stets positive Aussagen getroffen. Viele waren am Ende des Workshop-Tags überrascht, wie greifbar die Methode und nachvollziehbar die Ergebnisse sind. Somit konnten die Experten mit den jeweiligen Ergebnissen in der Regel immer eine Änderung oder Verbesserung an ihrem Geschäftsmodell vornehmen.

6.6 Schlussfolgerung

Durch die Evaluation der GMT-Methode, anhand von Expertenworkshops, konnte diese nicht nur weiter verbessert und gestrafft werden, sondern es wurden auch die Praktikabilität und die Konsistenz in der Praxis bestätigt. Zudem konnte durch die positiven Bewertungen der Teilnehmer nachgewiesen werden, dass die GMT-Methode relevante Ergebnisse für die Herausforderungen der Experten bzw. Unternehmen im Bereich von Cloud-Geschäftsmodellen erzeugen kann.

Zusammenfassend können folgende Erkenntnisse aus diesem Kapitel gewonnen werden:

- Die meisten der Workshop-Teilnehmer bestätigten, das sich die betrachteten Geschäftsmodelle in den ersten beiden Phasen des Geschäftsmodell-Lebenszyklus befindet – kurz vor der Wachstumsphase. Das kann durchaus als idealer Zeitpunkt für eine Geschäftsmodellentwicklung angesehen werden, da diese jetzt neue Kunden gewinnen und ihren Marktanteil erhöhen wollen.
- Die GMT-Methode zeigt zwar Möglichkeiten und Potenziale für Geschäftsmodelle auf, jedoch muss das Unternehmen auch Änderungen wollen und zulassen. Dazu war es notwendig die relevanten Entscheider in den Geschäftsmodell-Workshop miteinzubeziehen.
- Es müssen nicht zwingend mehrere Szenarien für die GMT-Methode entwickelt werden. Allerdings könnte durch mehrere Szenarien eine bessere Ver-

gleichbarkeit der Ergebnisse erreicht und die zukünftige Ausrichtung des Unternehmens objektiver beurteilt werden.

- Viele Änderungen an der GMT-Methode konnten innerhalb der GM-Szenarioanalyse durchgeführt werden. Das könnte daher begründet sein, dass die trendbasierte Szenarioanalyse viel Spielraum beim Vorgehen zulässt und dadurch sehr individuell an die eigene Methode anzupassen ist.

7. Schlussbetrachtung

7.1 Zusammenfassung der wesentlichen Erkenntnisse

Der ständige Wandel z.B. durch die fortschreitende Globalisierung und die kürzeren Innovationszyklen zwingt Unternehmen dazu, ihre Geschäftsmodelle kontinuierlich weiterzuentwickeln. Diese Tendenz ist vor allem bei IuK-Unternehmen zu beobachten. Die steigenden Anforderungen an immer neue und innovative Ideen, um sich am Markt zu etablieren und von der Konkurrenz abzuheben, setzen viele Unternehmen unter Druck. Um diesem zu begegnen, reicht für die Entwicklung eines Geschäftsmodells eine einfache Analyse des Marktes und der Wettbewerber heutzutage nicht mehr aus.

Daher wurde mittels Literaturanalysen und Praxispartnern, systematisch und in zahlreichen Schritten, eine neue Methode entworfen, die jeweils iterativ verbessert wurde. Hauptanforderungen waren neben der Vollständigkeit auch der Zweckbezug sowie die Konsistenz der Methode, die durch die entwickelte GMT-Methode vollständig abgedeckt werden. Mit der vorliegenden Arbeit sollte kein fertiges Geschäftsmodell entstehen, sondern eine Methode konzipiert werden, die durch Trendszenarien und Expertenfeedback als Handlungsanleitung zur Erstellung von optimalen (zukunfts- und kundenorientierten) Geschäftsmodellen im Cloud-Computing dienen soll. Die GMT-Methode ermöglicht neben der Identifikation auch die Ermittlung der Rangfolge von relevanten Geschäftsmodellausprägungen. Damit können Empfehlungen für die untersuchten Unternehmen gegeben werden um zu sehen, welche Geschäftsmodellausprägungen in den nächsten Jahren aufgrund der Trends und Expertenanforderungen relevanter sein könnten als andere. Diese Zielstellung konnte erreicht werden, indem folgende zentrale Forschungsfrage beantwortet wurde:

Wie muss eine Methode gestaltet sein, um strategiekonforme und zukunftsorientierte Geschäftsmodelle im Cloud-Computing zu entwickeln?

Folgende drei Teilfragen dienen zur Unterstützung der zentralen Forschungsfrage und wurden sehr intensiv betrachtet:

1) Welche Bestandteile von Geschäftsmodellen sind für Cloud-Computing-Geschäftsmodelle relevant?

2) Welche Ansätze eignen sich, um strategiekonforme und zukunftsorientierte Geschäftsmodelle im Cloud-Computing zu entwickeln?

3) Wie können diese Methoden miteinander verknüpft werden?

Für das methodische Vorgehen in der Arbeit wurden der Design-Science-Ansatz nach Hevner u.a. (2004) und das Design-Science-Vorgehen nach Vaishnavi und Kuechler (2004) ausgewählt. Innerhalb dieses Vorgehens wurden die Literaturanalyse, das Methoden-Engineering und die Expertenworkshops angewendet.

Zur Entwicklung einer Methode ist es zuerst erforderlich Anforderungen an diese zu bestimmen. Dazu wurden insgesamt vier Arten von Anforderungen identifiziert: unabhängige (Kapitel 1), allgemeine (Kapitel 1), abgeleitete (Kapitel 2) und praxisrelevante (Kapitel 2.6).

In den Kapiteln 2 und 3 wurden die Grundlagen für eine Auseinandersetzung mit der Thematik dargelegt. Dazu wurden das Unternehmensumfeld, Geschäftsmodelle, Geschäftsmodellentwicklung, Corporate Foresight und Trends sowie Anforderungsanalyse und Anforderungsmanagement näher betrachtet und daraus relevante Anforderungen abgeleitet. Insbesondere wurden die verschiedenen Eigenschaften von Cloud-Computing herausgearbeitet und die grundsätzlichen Erkenntnisse zusammengefasst. Auf dieser Basis wurde die technologische Sichtweise für die Geschäftsmodellentwicklung verstärkt.

In Kapitel 4 wurden zuerst Ansätze aus der Geschäftsmodellentwicklung anhand der definierten Anforderungen eingegrenzt und ein eigener Ansatz daraus abgeleitet. Für die Beantwortung der **ersten Forschungsteilfrage** wurden zunächst die Bestandteile von Geschäftsmodellen identifiziert, indem aus der bestehenden Literatur und aus den Expertenworkshops Geschäftsmodellkomponenten und -ausprägungen ermittelt wurden. Dieser Untersuchung zeigte, dass bereits in einigen Arbeiten verschiedene Cloud-Geschäftsmodellelemente teilweise existieren, diese aber für die vorliegende Abhandlung nicht ausreichend waren und dementsprechend weitere identifiziert werden mussten. Zur Beantwortung der **zweiten Forschungsteilfrage** wurden aus dem Corporate Foresight und der Anforderungspriorisierung als Teil des Anforderungsmanagements relevante Ansätze eingegrenzt. Aus diesen bestehenden Ansätzen konnten aufgrund der Anforderungen spezifische Ansätze für die Methode abgeleitet werden. Die GM-Szenarioanalyse wurde entwickelt, indem die idealtypische Szenarioanalyse mit der trendbasierten Szenarioanalyse so kombiniert wurde, dass diese für die vorliegende GMT-Methode auf Geschäftsmodelle passt. Der GM-QFD-Ansatz wurde konzipiert, indem die QFD-Analyse so angepasst wurde, dass die Anforderungserhebung und Identifikation von Lösungsmerkmalen auf Geschäftsmodelle übertragen werden konnten.

Diese gewonnenen Ergebnisse waren für das Kapitel 5 die Voraussetzung, um die GMT-Methode abzuleiten und die **dritte Forschungsteilfrage** zu beantworten. Dazu wurden zunächst die Beziehungen der Geschäftsmodellkomponenten durch ein Metamodell, beteiligte Akteure in einem Rollenmodell und anschließend der Ablauf der GMT-Methode in einem Vorgehensmodell dargestellt. Das Vorgehensmodell besteht aus fünf Phasen. In der **ersten Phase** wird die Ist-Situation des Unternehmens durch eine Situationsanalyse betrachtet. Durch die Geschäftsmodellnutzengewinnung in der **zweiten Phase** sollen Ideen und Nutzen für das Geschäftsmodell gewonnen werden, wenn diese noch nicht vorhanden sind. Der Hauptfokus der Arbeit lag jedoch auf der **dritten Phase**. Innerhalb der Geschäftsmodellentwicklung werden die Geschäftsmodellausprägungen durch Trendszenarien und Expertenanforderungen identifiziert und priorisiert. In der **vierten Phase** wird auf Grundlage der Ergebnisse die Geschäftsmodellbewertung und -umsetzung vorgenommen. Gegenstand der **fünften Phase** ist die Produktentwicklung, hierbei werden über die Geschäftsmodellentwicklung hinaus Funktionen für das Cloud-Produkt anhand von Trends und Expertenanforderungen identifiziert. Anschließend wurden die einzelnen Bestandteile der GMT-Methode detailliert grafisch und tabellarisch beschrieben. Im Vordergrund bei der Entwicklung der Methode stand, die einzelnen abgeleiteten Methoden aus Kapitel 4 zu einer einheitlichen Methode zusammenzuführen. Dazu war die Verbindung der einzelnen Methoden bzw. die Übertragung der einzelnen Kennzahlen der Methoden wesentlich. Dies wurde durch die Ableitung einer weiteren Methode, der Match-Matrix, realisiert. Somit konnte in Kapitel 5 eine Methode zur Entwicklung von zukunftsorientierten Geschäftsmodellen im Cloud-Computing abgeleitet werden.

In Kapitel 6 wurde die Methodenevaluation durch Fallstudien in Form von Expertenworkshops durchgeführt. Hierbei wurde bestätigt, dass die entwickelte Methode auch unter Realbedingungen Anwendung findet, so wie es innerhalb des Design-Science-Vorgehens (siehe Kapitel 1.3) vorgeschlagen wird. Dazu wurden zuerst der Auswahlprozess der konkreten Unternehmen sowie die Art der Durchführung beschrieben. Zunächst konnten durch eine Vorstudie eine Eingrenzung des Umfangs und erste Tests zur Praktikabilität der Methode gewonnen werden. In den weiteren fünf

Hauptstudien wurde die GMT-Methode angewendet und iterativ immer weiter verbessert. Mit diesem letzten Kapitel zur Methodenentwicklung konnte die **zentrale Forschungsfrage vollumfänglich beantwortet werden.**

Die Erkenntnisse der Arbeit gehen somit weit über die Darstellung von Geschäftsmodellelementen hinaus. Der Nutzen der vorliegenden Arbeit liegt darin begründet, dass eine Methode zur zukunftsorientierten Geschäftsmodellentwicklung entworfen worden ist, die gleichermaßen von Wissenschaftlern und Praktikern genutzt werden kann.

7.2 Kritische Würdigung

Für die Entwicklung der GMT-Methode wurden verschieden Arten von Anforderungen verwendet. Aus den Ergebnissen der Methodenevaluation kann geschlussfolgert werden, dass die GMT-Methode nicht nur den theoretischen, sondern auch den praktischen Anforderungen genügt und damit der Beantwortung aller Forschungsfragen gerecht wird. Trotzdem werden nachfolgend Faktoren genannt, um die Ausarbeitung kritisch zu betrachten.

Im Hinblick auf die Evaluation der GMT-Methode durch Expertenworkshops konnten nicht alle Ausgangssituationen überprüft werden. Es konnten nur vier Ausgangssituationen abgedeckt werden, wenn auch mehrfach, die mehr oder weniger zufällig aufgrund der festgelegten Auswahlkriterien ausgewählt wurden. Es besteht somit weiterer Bedarf, um einheitlich alle identifizierten Ausgangssituationen zu evaluieren. Ob dies allerdings einen weiteren Erkenntnisfortschritt gebracht hätte, ist nicht sicher.

Die Evaluation der GMT-Methode erfolgte anhand der Durchführung von Expertenworkshops mit Unternehmen. Die Unternehmen waren alle der Meinung, dass die Methode neue Erkenntnisse gebracht und den Blickwinkel auf Geschäftsmodelle positiv verändert hat. Eine endgültige Aussage dazu könnte aber nur getroffen werden, wenn die Expertenworkshops im Vorfeld ohne die entwickelte Methode stattgefunden hätten, um diese auch vergleichen zu können. Dies ist aber in der Praxis mit den meisten Unternehmen nicht durchzuführen.

Für die Überprüfung der Nachhaltigkeit der ermittelten Ergebnisse der GMT-Methode ist es notwendig, die Expertenworkshops nach einer definierten Zeit erneut durchzuführen. Mit der Überprüfung der Ergebnisse kann kontrolliert werden, ob und wie das Cloud-Produkt durch die GMT-Methode beeinflusst worden ist. Das Ergebnis der Arbeit wird dadurch allerdings nicht beeinträchtigt, da eine solche Überprüfung nicht Bestandteil der vorliegenden Arbeit war.

Die einzelnen Expertenworkshops könnten für eine übergreifende Untersuchung noch untereinander verglichen werden. Dazu müssten diese gegenübergestellt werden, um gleiche, ähnliche oder auch unterschiedliche Aspekte und Ergebnisse zu ermitteln, die für die GMT-Methode eventuell relevant wären.

7.3 Ausblick

Die Entwicklung einer Methode setzt voraus, dass die beteiligten Themengebiete umfassend betrachtet werden. Trotz allem kann niemals von einer vollständigen und umfassenden Betrachtungsweise ausgegangen werden. Daher werden im Folgenden Möglichkeiten dargestellt, mit denen die entwickelte GMT-Methode zukünftig erweitert werden könnte.

Die Bewertung innerhalb der Workshops war aufgrund der vielen Trends sowie Geschäftsmodellelemente sehr komplex und langwierig. Dieser Prozess könnte durch eine Toolunterstützung deutlich gestrafft und die Workshops dementsprechend stringenter und zeitlich kürzer durchgeführt werden. Auch könnten dadurch Fehler, z.B. bei der Eingabe der Bewertungen, durch den Faktor Mensch, vermieden werden.

Im Sinne der Digitalisierung wäre es auch vorteilhaft, wenn es weitere Tools geben würde, die die aktuellsten Trends aus verschiedenen Bereichen automatisch und aggregiert aufbereiten könnten. Damit würde die Aktualität der Geschäftsmodellentwicklung signifikant unterstützt werden.

Die letzte Phase innerhalb des Prozesses der zukunftsorientierten Geschäftsmodellentwicklung, die Produktentwicklung, wurde bisher nur am Rande betrachtet. Für eine vollumfängliche Methode sollte allerdings auch diese Phase detailliert beleuchtet werden. Denn erst die Korrelation der Geschäftsmodellentwicklung und der Produktentwicklung könnte Unternehmen einen ganzzeitlichen Blick auf ihr Unternehmen eröffnen.

Die alleinige Fokussierung auf die Geschäftsmodellebene in Unternehmen könnte die Sicht auf das gesamte Unternehmensbild einschränken. Daher könnten weitere Untersuchungen den Fokus zusätzlich auf die strategische und operative Ebene legen und die Auswirkungen zwischen den Ebenen sowie die Auswirkungen von der einen auf die andere Ebene und vice versa untersuchen.

Letztendlich ist auch eine Übertragung des Fokus von Cloud-Computing auf andere, angrenzende (IT-)Konzepte und (IT-)Produkte möglich. Die herausgearbeiteten Geschäftsmodellelemente und abgeleiteten Methoden sind per se individuell und somit situativ anpassbar. Die Erkenntnisse der vorliegenden Arbeit können somit als Vorlage genutzt werden, um diese auch in andere Bereiche zu übertragen und zu nutzen.

Anhang

Anhang A: Metamodelle

In den folgenden Tabellen werden alle Gestaltungsobjekte der Methode zur Geschäftsmodellentwicklung in alphabetischer Reihenfolge beschrieben.

Gestaltungs-objekte	Beschreibung
Geschäfts-modell-entwicklung	Innerhalb der Geschäftsmodelentwicklung werden anhand von Anforderungen Ansätze, Techniken, Varianten und Methoden betrachtet, um darauf aufbauend eine Methode zur Geschäftsmodellentwicklung abzuleiten.
Geschäftsmodell	Geschäftsmodelle bilden ein Rahmenwerk zur Analyse, Gestaltung und Darstellung von Geschäftstätigkeiten eines Unternehmens für die Stakeholder. Die Zielsetzung von Geschäftsmodellen sind die Sicherung eines langfristigen Unternehmenserfolges und die Schaffung von nachhaltigen Wettbewerbsvorteilen. Ein Geschäftsmodell sollte die relevantesten, von der Wissenschaft und Praxis unterstützten, Geschäftsmodellelemente beinhalten und diese sollen so optimal kombinierbar sein, damit sie sich gegenseitig verstärken.
Marktumfeld/ Wettbewerb	Der Megatrend der Globalisierung hat in den letzten Jahren zu einem verschärften Wettbewerb geführt und damit auch zu veränderten Marktbedingungen.[802] Daher sind diese beiden Gestaltungsobjekte als wichtige Treiber für die zukunftsorientierte Geschäftsmodellentwicklung anzusehen.
Staatliche Regulierungen	Die staatlichen Regulierungen mit politisch-rechtlichen Parametern beeinflussen in einem hohen Maße den Erfolg von Geschäftsmodellen.[803]
Strategische Nutzeffekte	Strategische Nutzeffekte sind Einflüsse in Form von Anforderungen (Kunden- und Expertenbedürfnisse), die auf Geschäftsmodelle wirken.
Technologischer Fortschritt	Der technologische Fortschritt ist einer der wichtigsten Treiber, wenn es um zukunftsorientierte Geschäftsmodelle und damit die Geschäftsmodellentwicklung geht.[804]
Trends	Unter Trends werden Veränderungen verstanden, die beobachtbar sind, einen zeitlich stetigen Verlauf vermuten lassen und zukünftige Geschäfte beeinflussen.[805]
Veränderte Kunden-bedingungen	Die Kunden haben in den letzten Jahren verstärkt an Einfluss gegenüber den Unternehmen und deren Produkten und Dienstleistungen gewonnen.[806]

Tabelle 89: Beschreibung der Treiber des Metamodells

Gestaltungs-objekte	Beschreibung
Cloud-Computing	Cloud-Computing ist ein IT-Konzept, dass auf Basis servicebasierter Paradigmen IT-Ressourcen und -Services (IaaS, PaaS und SaaS) flexibel und einfach skalierbar von Dritten beziehen und mittels der Organisationsformen (public Cloud, private Cloud und weiterer Speziallösungen) anbieten kann. Ebenso ist

[802] Vgl. Wirtz (2013), S. 212
[803] Vgl. Zollenkop (2011), S. 201
[804] Vgl. Wirtz (2013), S. 212 und Zollenkop (2011), S. 201
[805] Vgl. Pillkahn (2007), S. 133
[806] Vgl. Wirtz (2013), S. 213

Gestaltungs-objekte	Beschreibung
	eine verbrauchsabhängige und verbrauchsunabhängige Abrechnung und Bezahlung möglich. Bei entsprechender Ausgestaltung ist ein hohes Datensicherheitsniveau erreichbar. Zudem können das vereinbarte Abrechnungsmodell und die vereinbarten Leistungen (Performance, Latenzzeiten, Verfügbarkeit usw.) mittels Service Level Agreements (SLAs) vereinbart und überprüft werden.[807] **Beziehungen**: Cloud-Computing beinhaltet das Nutzenversprechen. **Ausprägungen**: Ebenen: IaaS (Speicher, Computing, Netzwerk), PaaS (Entwicklungsumgebung, Entwicklungswerkzeug), SaaS (Software) Organisationsformen: Outsourced (Public, Virtual private Cloud), Managed (Outsourced private Cloud, Managed private Cloud), Insourced (Private Cloud), Hybrid Cloud Art der Anwendung: ERP, SCM, CRM, HR, BI, Production, Office, Mail, Collaboration, Content Management) Cloud-Eigenschaften: On-Demand Self-Service, Resource Pooling, Rapid Elasticity, Broad Network Access, Standardization, Availability, Security, SLA
Crowdsourcing	Crowdsourcing ist eine Strategie des Auslagerns von Aufgaben an externe Akteure. **Beziehungen**: Crowdsourcing hat Einfluss auf das Nutzenversprechen. **Ausprägungen**: Crowdwisdom, Crowdcreation, Crowdfunding, Crowdvoting
Globale Strategie	Innerhalb der Strategie eines Unternehmens werden die strategische Ausrichtung, die übergeordneten mittel- bis langfristigen Unternehmensziele und Aktivitäten festgelegt, damit das Unternehmen am Markt bestehen kann.[808] Insgesamt können fünf Markterfolgsfaktoren[809] für die globale Strategie eines Unternehmens als Geschäftsmodellkomponente unterschieden werden. **Beziehungen**: Die globale Strategie enthält das Nutzenversprechen. Die globale Strategie beeinflusst die preispolitischen Strategien. **Ausprägungen**: Kostenführerschaft, Qualitätsführerschaft, Verfügbarkeitsführerschaft, Bedarfsführerschaft, Informationsführerschaft
Kosten	Kosten sind die mit „Faktorpreisen bewertete Einsatzmenge“[810]. **Beziehungen**: Kosten werden von Schlüsselressourcen verursacht. Kosten werden durch das Partnernetzwerk verursacht. **Ausprägungen**: fixe Kosten, variable Kosten, direkte Kosten, indirekte Kosten
Kunden-beziehungen	Innerhalb der Kundenbeziehungen werden Beziehungen beschrieben, die ein Unternehmen mit dem Kunden eingeht.[811] **Beziehungen**: Kundenbeziehungen werden durch das Partnernetzwerk bereitgestellt. Kundenbeziehungen pflegen Kundenkanäle.

[807] Vgl. Pelzl u.a. (2014a), S. 3
[808] Vgl. Wirtz (2013), S. 125 ff.
[809] Vgl. Weiber und Kollmann (1997), S. 519 und Kollmann (2013), S. 36 f.
[810] Freiling und Reckenfelderbäumer (2010), S. 6
[811] Vgl. Osterwalder und Pigneur (2011), S. 32 f.

Gestaltungs-objekte	Beschreibung
	Kundenbeziehungen werden durch das Nutzenversprechen gefestigt. Kundenbeziehungen haben auf den Kundenmarkt Auswirkungen. **Ausprägungen**: Persönlicher Kontakt, Digitaler Kontakt, Selbstservice, Communitys, Support, Mitbeteiligung
Kunden-branchen	Kundenbranchen dienen zur Kategorisierung der unterschiedlichen Branchen für die Kunden. **Beziehungen**: Kundenbranche ist Teil vom Kundenmarkt. Kundenbranche ist Teil der Zielkunden. **Ausprägungen**: Automobilbau, IuK, Verkehr und Logistik, Handel, Tourismus, Finanz-dienstleister, Maschinen- und Anlagenbau, Chemie- und Pharmaindustrie
Kundenkanäle	Bei den Kundenkanälen handelt sich somit um die vertriebliche Schnittstelle des Unternehmens zu seinen Kunden. **Beziehungen**: Kundenkanäle übertragen Leistungen an den Kundenmarkt. Kundenkanäle werden über den Kundenmarkt kommuniziert. Kundenkanäle werden über das Nutzenversprechen kommuniziert. Kundenkanäle werden von den Zielkunden beeinflusst. Kundenkanäle werden durch die Schlüsselressourcen aufrechterhalten. **Ausprägungen**: Direkter Vertrieb (eigene Filialen, Internet, Mobil, interaktive TV-Sets, Soft-wareplattformen) Indirekter Vertrieb (Partner, Großhändler, Fremdvertrieb, Marktplatz)
Kundenmarkt	Innerhalb des Kundenmarktes werden relevante Gruppen definiert, die mögliche Kunden des zukünftigen Geschäftsmodells sein können.[812] **Beziehungen**: Kundenmarkt kommuniziert über Kundenkanäle. Kundenmarkt bekommt Leistungen von den Kundenkanälen. Kundenmarkt bekommt Auswirkungen von den Kundenbeziehungen. Kundenmarkt erhält Beziehungen durch die Schlüsselressourcen. Kundenmarkt wird der Kundenbranche zugeordnet. Kundenmarkt ist ein Teil der Zielkunden. Kundenmarkt wird dem Nutzenversprechen zugeordnet. **Ausprägungen**: Massenmarkt, Nischenmarkt, Differenzierung, Diversifikation
Nutzen-versprechen	Das Nutzenversprechen ist der Grund, warum sich Kunden für das Geschäftsmodell entscheiden, da durch das Nutzenversprechen bei dem Kunden Bedürfnisse befriedigt bzw. Probleme gelöst werden.[813] **Beziehungen**: Nutzenversprechen erbringt das Partnernetzwerk. Nutzenversprechen wird durch Schlüsselaktivitäten erzeugt. Nutzenversprechen wird durch Schlüsselressourcen ermöglicht. Nutzenversprechen kommuniziert über Kundenkanäle. Nutzenversprechen festigt Kundenbeziehungen. Nutzenversprechen wird dem Kundenmarkt zugeordnet. Nutzenversprechen legt die Preisgestaltung fest.

812 Vgl. Osterwalder und Pigneur (2011), S. 24 f. und Porter (1998), S. 137 ff.
813 Vgl. Osterwalder und Pigneur (2011), S. 26

Gestaltungs-objekte	Beschreibung
	Nutzenversprechen generiert Umsätze. Nutzenversprechen wird durch Crowdsourcing beeinflusst. Nutzenversprechen beinhaltet Cloud-Computing-Komponenten. Nutzenversprechen wird durch die globale Strategie beeinflusst. Nutzenversprechen wird durch die Wertschöpfungsarchitektur beeinflusst. **Ausprägungen**: Neuheit, Leistung/Funktion, Anpassung, Arbeit erleichtern, Design, Marke/Status, Preis, Kostenreduktion, Risikominderung, Verfügbarkeit, Sozial, Usability
Partnernetzwerk	In Partnernetzwerken werden Partner (z.B. auch Lieferanten) gelistet, die einen nützlichen Beitrag zu dem Geschäftsmodell leisten können.[814] **Beziehungen**: Partnernetzwerk stellt Schlüsselressourcen bereit. Partnernetzwerk stellt Schlüsselaktivitäten bereit. Partnernetzwerk wird durch das Nutzenversprechen erbracht. Partnernetzwerk verursacht Kosten. **Ausprägungen**: Strategische Allianz, Koopkurrenz, Joint Ventures, Käufer-Anbieter-Beziehungen, offene Partnerschaft
Preisgestaltung	Bei der Preisgestaltung wird das Preismodell festgelegt, indem eine Kombination von verschiedenen Parametern (Ausprägungen) verwendet wird.[815] **Beziehungen**: Preisgestaltung gilt für Zielkunden. Preisgestaltung wird durch preispolitische Strategien definiert. Preisgestaltung wird durch das Nutzenversprechen festgelegt. **Ausprägungen**: Erlösquellen (Produkt, Dienstleistung, Add-on, Vermittlung, Werbung) Erlösmodelle (Einmalzahlung, regelmäßig wiederkehrende Zahlung (Subscription), hybride Zahlung, nutzungsabhängig (Pay-per-Use), nutzungsunabhängig, ergebnisabhängig)
Preispolitische Strategien	Preispolitische Strategien werden über die Flexibilität, Wirkungsstärke, Wirkungsgeschwindigkeit und schwere Revidierbarkeit charakterisiert und werden zur Betrachtung der Preispositionierung verwendet.[816] **Beziehungen**: Preispolitische Strategien definieren Preisgestaltung. Preispolitische Strategien werden durch die globale Strategie beeinflusst. **Ausprägungen**: Preispositionierung (Hochpreis-, Mittelpreis- und Niedrigpreisstrategie) Preisdifferenzierung (Preisdifferenzierung, Preisbündelung, Revenue Management) Lebenszyklusorientierte Preispolitik (Abschöpfungsstrategie, Penetrationspreisstrategie, Follow-the-free bzw. Freemium, Metered Model, Customer Loyalty und Geld-zurück-Garantie)
Schlüssel-aktivitäten	Innerhalb der Schlüsselaktivitäten werden Aktivitäten dargestellt, die ein Unternehmen fokussieren muss, um ein funktionsfähiges Geschäftsmodell zu betreiben. **Beziehungen**: Schlüsselaktivitäten setzen Schlüsselressourcen ein.

814 Vgl. Osterwalder und Pigneur (2011), S. 42
815 Vgl. Lehmann u.a. (2010), S. 157
816 Vgl. Meffert u.a. (2015), S. 437

Gestaltungs-objekte	Beschreibung
	Schlüsselaktivitäten erzeugen Nutzenversprechen. Schlüsselaktivitäten werden durch die Wertschöpfungsarchitektur festgelegt. Schlüsselaktivitäten werden durch das Partnernetzwerk bereitgestellt. Schlüsselaktivitäten werden durch Zielkunden festgelegt. **Ausprägungen**: Zulieferer (CIP, ISV), OEM (SaaS-CSP, PaaS-CSP, IaaS-CSP), VAR (Aggregator), Vertriebskanal (Marktplatz, Plattform), Kundenservice (Consultant, Integrator, Helpdesk), Kunden (Endnutzer)
Schlüssel-ressourcen	Die Schlüsselressourcen legen fest, welche Ressourcen und Ressourcenkombination benötigt werden, um dem Unternehmen einen Wert/Nutzen zu liefern. **Beziehungen**: Schlüsselressourcen werden durch Schlüsselaktivitäten eingesetzt. Schlüsselressourcen werden durch das Partnernetzwerk bereitgestellt. Schlüsselressourcen verursachen Kosten. Schlüsselressourcen bauen Beziehungen zum Kundenmarkt auf. Schlüsselressourcen erhalten Kundenkanäle aufrecht. Schlüsselressourcen ermöglichen Nutzenversprechen. **Ausprägungen**: Materielle Ressourcen (finanzielle, IT-basierte) Immaterielle Ressourcen (geistige, menschliche, strukturelle, kulturelle)
Umsätze	„Wert (Erlös/Umsatz) der in einer Periode von einer Unternehmung auf dem relevanten Markt verkauften Leistungen.“[817] **Beziehungen**: Umsätze werden durch die Zielkunden generiert. Umsätze werden durch das Nutzenversprechen generiert. **Ausprägungen**: Umsatz über den Verkauf von Produkten/Dienstleistungen
Wertschöp-fungs-architektur	Mit der Wertschöpfungsarchitektur kann ein Unternehmen entscheiden, welche Kernaktivitäten es fokussiert und welche es beispielsweise an Partner weitergegeben kann. **Beziehungen**: Wertschöpfungsarchitektur legt Schlüsselaktivitäten fest. Wertschöpfungsarchitektur dient zur Erfüllung des Nutzenversprechens. **Ausprägungen**: Layer-Player (Schichtenspezialist), Orchestrator, Integrator, Market-Maker (Pionier)
Zielkunden	Zielkunden sind diejenigen Kunden, die im Fokus des Geschäftsmodells für das anzubietende Cloud-Produkt stehen. **Beziehungen**: Zielkunden generieren Umsätze. Zielkunden werden durch die Preisgestaltung beeinflusst. Zielkunden haben Auswirkungen auf Kundenkanäle. Zielkunden sind Teil vom Kundenmarkt. Zielkunden werden der Kundenbranche zugeordnet. Zielkunden legen die Schlüsselaktivitäten fest. **Ausprägungen**: B2A (öffentlicher Sektor), B2B (Großunternehmen, KMU, Start-ups), B2C (Verbraucher)

Tabelle 90: Beschreibung der Geschäftsmodellkomponenten des Metamodells

[817] Freiling und Reckenfelderbäumer (2010), S. 99

Anhang B: Vorlage Ein-Tages-Workshop

Auf Basis der durchgeführten Vorstudie und der Hauptstudien konnte das Vorgehen der GMT-Methode auf einen Workshop-Tag angepasst werden.

Methoden	Zeiten	Inhalte
GM-Szenarioanalyse durchführen	09:00 – 10:00 Uhr	• Vorstellung der Methodik und Betrachtung der bisherigen Ergebnisse
Match-Matrix durchführen	10:00 – 12:00 Uhr	• Ermittelte Szenarien und Geschäftsmodell-komponenten miteinander vergleichen
	12:00 – 13:00 Uhr	• Mittagspause
GM-QFD-Analyse durchführen	13:00 – 16:00 Uhr	• Erhebung und Identifikation von Kundenanforderungen • HoQ-Bewertung durchführen (Kundenanforderungen vs. Geschäftsmodellbaukasten) • Geschäftsmodellszenarien erstellen • Priorisierung der Lösungen und Auswahl
	16:00 – 17:00 Uhr	• Zusammenfassung der Ergebnisse und weiteres Vorgehen

Tabelle 91: Agenda Ein-Tages-Workshop

Anhang C: Studien und Datenbanken zur Ermittlung von Trends

Titel	Herausgeber
Megatrends, Update	Z_punkt GmbH, The Foresight Company
Acatech-Studie	Fortiss GmbH, acatech – Deutsche Akademie der Technikwissenschaften
Trendbook/Trendexplorer	TrendONE GmbH
Prognos Deutschland Report 2035	Prognos AG
Technologische und wirtschaftliche Perspektiven Deutschlands durch die Konvergenz der elektronischen Medien	VDI/VDE Innovation + Technik GmbH
Deutschland 2030 – Zukunftsperspektiven der Wertschöpfung	Z_punkt GmbH, The Foresight Company und Bundesverband der Deutschen Industrie e.V.
The Ascent Journey 2018	Atos SE

Tabelle 92: Beispiele für Zukunftsstudien

Titel	Herausgeber
Tech Trends 2014 – Inspiring Disruption	Deloitte & Touche GmbH Wirtschaftsprüfungsgesellschaft
Accenture Technology Vision 2013 Every Business Is a Digital Business	Accenture GmbH
IT-Trends 2014, IT-Kompetenz im Management steigt	Capgemini Deutschland Holding GmbH
Disruptive technologies: Advances that will transform life, business, and the global economy	McKinsey & Company, Inc.
Digital IQ 2014 – 10 Technology Trends for Business	PricewaterhouseCoopers AG
Top 10 Strategic Technology Trends For 2014	Forbes Inc.
Gartner Identifies the Top 10 Strategic Technology Trends for 2014	Gartner Inc.
Frost & Sullivan's Top 14 for 2014	Frost & Sullivan Inc.
Digitalisierungsstudie	Roland Berger Strategy Consultants GmbH

Tabelle 93: Beispiele für Technologiestudien von Beratungsunternehmen

Anhang D: Fragebögen

BETRIEBSWIRTSCHAFTLICHES INSTITUT DER UNIVERSITÄT STUTTGART
ABTEILUNG VIII
LEHRSTUHL FÜR ALLGEMEINE BETRIEBSWIRTSCHAFTSLEHRE UND WIRTSCHAFTSINFORMATIK II (UNTERNEHMENSSOFTWARE)
PROF. DR. GEORG HERZWURM

Fragebogen zum Geschäftsmodell-Workshop (Vorher)

1. Was erwarten Sie von der Methode?

-
-
-
-

2. Bitte bewerten Sie die folgenden Anforderungen, die an die Methode zur Entwicklung zukunftsfähiger Geschäftsmodelle im Cloud Computing gestellt sind.

1 = sehr wichtig, 5 = nicht wichtig, k. A. = keine Antwort

	☺ Wertung ☹					
	1	2	3	4	5	k. A.
1. Entscheider und Nutzen(versprechen) als Treiber der Geschäftsmodellentwicklung						
2. Integration von Entscheidern						
3. Komponenten-/Ausprägungen-basierte Geschäftsmodellent-wicklung						
4. Kontinuierliche Geschäftsmodellentwicklung						
5. Trends sind Bestandteil zukunftsorientierter Geschäftsmodelle						
6. Usability der Methode						
7. Passgenauigkeit der Methode						
8. Visualisierbarkeit der Methode						
9. Dokumentation zur Nachvollziehbarkeit						

3. Haben Sie noch andere Anforderungen an die Methode?

-
-
-
-

4. Kommentare:

-
-
-
-

Vielen Dank!

Abbildung 68: Fragebogen zum Geschäftsmodell-Workshop (Vorher)

BETRIEBSWIRTSCHAFTLICHES INSTITUT DER UNIVERSITÄT STUTTGART

ABTEILUNG VIII
LEHRSTUHL FÜR ALLGEMEINE BETRIEBSWIRTSCHAFTSLEHRE UND WIRTSCHAFTSINFORMATIK II (UNTERNEHMENSSOFTWARE)
PROF. DR. GEORG HERZWURM

Fragebogen zum Geschäftsmodell-Workshop (Nachher)

1. Fragen zur Methode
Inwieweit stimmen Sie den folgenden Aussagen zu?

1 = völlige Zustimmung, 5 = völlige Ablehnung, k. A. = keine Antwort

	☺		Wertung		☹	
	1	2	3	4	5	k. A.
1. In der Methode werden der Einfluss von Entscheidern und der Nutzen verstärkt behandelt.						
2. Die Methode integriert Entscheider in die Geschäftsmodellentwicklung.						
3. Mit der Methode werden Komponenten/ Bausteine von Geschäftsmodellen entwickelt.						
4. In der Methode findet eine kontinuierliche Geschäftsmodellentwicklung statt.						
5. Die Methode integriert Trends in die Geschäftsmodellentwicklung.						
6. Die zeitlichen Aufwendungen für die Methode waren in meinem erwarteten Rahmen.						
7. Die Methode war für mich verständlich und nachvollziehbar.						
8. Die Methode lässt sich auf meine Fragestellungen anwenden.						
9. Ich konnte mich in den Workshop einbringen.						
10. Meine Ideen und Vorschläge wurden in die Methode aufgenommen und richtig umgesetzt.						
11. Die Methode stellt das Vorgehen grafisch dar.						

2. Kommentare

Haben Sie noch Kommentare zur Methode (z.B. was könnte noch verbessert werden, was hat mir besonders gut gefallen)?

-
-
-
-

3. Fazit

Inwieweit stimmen Sie der folgenden Aussage zu?

1 = völlige Zustimmung, 5 = völlige Ablehnung, k. A. = keine Antwort

	Wertung					
	1	2	3	4	5	k. A.
Die Teilnahme am Workshop hat mir genützt.						

Vielen Dank!

Abbildung 69: Fragebogen zum Geschäftsmodell-Workshop (Nachher)

Literaturverzeichnis

Akao, Y. (1990), Quality Function Deployment: Integrating Customer Requirements into Product Design. Translated by Glenn H. Mazur and Japan Business Consultants, Massachusetts 1990

Akao, Y. und Chan, C. Y. P. (2011), Historical Development and the Basis of QFD, 17th International QFD Symposium, ISQFD 2011 - Stuttgart 2011

Al-Debei, M. M. und Avison, D. (2010), Developing a unified framework of the business model concept, in: European Journal of Information Systems, 19, 2010, S. 359-376

Al-Debei, M. M., El-Haddadeh, R. und Avison, D. (2008), Defining the Business Model in the New World of Digital Business Americas Conference on Information Systems, Toronto, S. 1-11

Andersen, N., Böhm, K. und Fallscheer, D. (2010), Klasse statt Masse? Kennzahlen zur Steuerung des Online Geschäfts, Deloitte 2010

Appelrath, H.-J., Kagermann, H. und Krcmar, H. (2014), acatech Studie: Future Business Clouds: Ein Beitrag zum Zukunftsprojekt Internetbasierte Dienste für die Wirtschaft, Utz Verlag GmbH 2014

ASI, A. S. I. (1989), A Tutorial of the Principles of Quality Function Deployment, Dearborn 1989

Bailom, F., Hinterhuber, H. H., Matzler, K. und Sauerwein, E. (1996), Das Kano-Modell der Kundenzufriedenheit, in: Marketing: ZFP - Journal of Research and Management, 18, 1996, 2, S. 117-126

Barton, T. und Münzl, G. (2012), Cloud Computing als neue Herausforderung für Management und IT, in: Barton, T., Erdlenbruch, B., Herrmann, F., Müller, C. und Schuler, J. (Hrsg., 2012), Management und IT, Verlag News & Media, Berlin 2012, S. 77-104

Baumöl, U. (2008), Change Management in Organisationen: Situative Methodenkonstruktion für flexible Veränderungsprozesse, Betriebswirtschaftlicher Verlag Dr. Th. Gabler GmbH 2008

Baumöl, U. und Jung, R. (2014), Rekursive Transformation: Entwicklung der Business Engineering-Landkarte, in: Brenner, W. und Hess, T. (Hrsg., 2014), Wirtschaftsinformatik in Wissenschaft und Praxis, 2014, S. 41-49

Baumöl, U., Österle, H. und Winter, R. (2005), Business Engineering in der Praxis, in: Baumöl, U., Österle, H. und Winter, R. (Hrsg., 2005), Business Engineering in der Praxis, 2005, S. 1-13

Baun, C., Kunze, M., Nimis, J. und Tai, S. (2011), Web-basierte dynamische IT-Services, 2. Auflage, Springer Berlin Heidelberg 2011

Bea, F. X. und Haas, J. (2015), Strategisches Management, 7. Auflage, UVK Verlagsgesellschaft mbH 2015

Bebensee, T., van de Weerd, I. und Brinkkemper, S. (2010), Binary Priority List for Prioritizing Software Requirements, in: Wieringa, R. und Persson, A. (Hrsg., 2010), Requirements Engineering: Foundation for Software Quality, 2010, S. 67-78

Becker, J. (1998), Die Grundsätze ordnungsmäßiger Modellierung und ihre Einbettung in ein Vorgehensmodell zur Erstellung betrieblicher Informationsmodelle, Auf den Seiten der/des Universität Duisburg, URL: http://www.wi-inf.uni-duisburg-essen.de/MobisPortal/pages/rundbrief/pdf/Beck98.pdf, Zugriff am: 20.01.2016

Becker, J., Knackstedt, R., Holten, R., Hansmann, H. und Neumann, S. (2001), Konstruktion von Methodiken: Vorschläge für eine begriffliche Grundlegung und domänenspezifische Anwendungsbeispiele, Arbeitsberichte des Instituts für Wirtschaftsinformatik 2001

Becker, J., Knackstedt, R. und Pöppelbuß, J. (2009), Entwicklung von Reifegradmodellen für das IT-Management, in: WIRTSCHAFTSINFORMATIK, 51, 2009, 3, S. 249-260

Bellman, R., Clark, C. E., Craft, C. J., Malcolm, D. G. und Ricciardi, F. M. (1957), On the Construction of a Multi-stage, Multi-person Business Game, in: Operations Research, 1957, 5, S. 469-503

Benlian, A., Hess, T. und Buxmann, P. (2009), Treiber der Adoption SaaS-basierter Anwendungen, in: WIRTSCHAFTSINFORMATIK, 51, 2009, 5, S. 414-428

Bensberg, F. (2014), Cloud-Lösungen rational bewerten, in: Controlling & Management Review, 58, 2014, 7, S. 66-73

Bensel, P. (2009), Geschäftsmodelle von Logistikdienstleistern im Umfeld des Ubiquitous Computing, Univ.-Verlag der TU, Univ.-Bibliothek 2009

Bernecker, T. (2005), Entwicklungsdynamik organisatorischer Netzwerke: Konzeption, Muster und Gestaltung, 1. Aufl., Wiesbaden 2005

Bieger, T. und Reinhold, S. (2011), Das wertbasierte Geschäftsmodell – Ein aktualisierter Strukturierungsansatz, in: Bieger, T., Knyphausen-Aufseß, D.z. und Krys, C. (Hrsg., 2011), Innovative Geschäftsmodelle: Konzeptionelle Grundlagen, Gestaltungsfelder und unternehmerische Praxis, Springer 2011, S. 13-70

Bille, S., Pfänder, T., Plass, C. und Thielemann, F. (2015), Managementdialoge – Zukunftsorientierte Unternehmensgestaltung, Springer Berlin Heidelberg 2015

BITKOM (2009), Cloud Computing - Evolution in der Technik, Revolution im Business -BITKOM-Leitfaden, 2009

BITKOM (2010a), Cloud Computing – Was Entscheider wissen müssen - Ein ganzheitlicher Blick über die Technik hinaus - Positionierung, Vertragsrecht, Datenschutz, Informationssicherheit, Compliance - Leitfaden, Auf den Seiten der/des Bitkom e.V., URL: https://www.bitkom.org/Publikationen/2010/Leitfaden/Leitfaden-Cloud-Computing_Was-Entscheider-wissen-muessen/BITKOM_Leitfaden_Cloud_Computing-Was_Entscheider_wissen_muessen.pdf, Zugriff am: 20.01.2016

BITKOM (2010b), Leitfaden zur Kundenorientierung und Kundenzufriedenheit bei Consumer Electronics, 2010b

BITKOM (2013), Wie Cloud Computing neue Geschäftsmodelle ermöglicht (Bitkom Leitfaden), Auf den Seiten der/des Bitkom e.V., URL: https://www.bitkom.org/Publikationen/2014/Leitfaden/Wie-Cloud-Computing-neue-Geschaeftsmodelle-ermoeglicht/140203_Wie-Cloud-Computing-neue-Geschaeftsmodelle-ermoeglicht.pdf, Zugriff am: 20.01.2016

BMWi (2010), Aktionsprogramm Cloud Computing: Eine Allianz aus Wirtschaft, Wissenschaft und Politik, Auf den Seiten der/des Bundesministerium für Wirtschaft und Energie, URL: http://www.trusted-cloud.de/media/content/aktionsprogramm-cloud-computing.pdf, Zugriff am: 20.01.2016

Bogner, A., Littig, B. und Menz, W. (2014), Interviews mit Experten: Eine praxisorientierte Einführung, Springer Fachmedien Wiesbaden 2014

Böhm, M., Leimeister, S., Riedl, C. und Krcmar, H. (2009), Cloud Computing - Cloud Computing: Outsourcing 2.0 oder ein neues Geschäftsmodell zur Bereitstellung von IT-Ressourcen?, in: IM: die Fachzeitschrift für Information Management und Consulting, 24, 2009, 2, S. 6-14

Borchardt, A. und Göthlich, S. (2007), Erkenntnisgewinnung durch Fallstudien, in: Albers, S., Klapper, D., Konradt, U., Walter, A. und Wolf, J. (Hrsg., 2007), Methodik der empirischen Forschung, Gabler 2007, S. 33-48

Borchert, J., Goos, P. und Strahler, B. (2004), Forschungsansätze - Arbeitsbericht Nr. 25/2004 Auf den Seiten der/des Universität Göttingen, URL: http://www2.as.wiwi.uni-goettingen.de/getfile?DateiID=512, Zugriff am: 20.01.2016

Brandenburger, A. und Nalebuff, B. (1998), Co-opetition, Doubleday 1998

Brandstetter, B. und Schmalhofer, J. (2014), Paid Content: A successful revenue model for publishing houses in Germany?, in: Journalism Practice, 8, 2014, 5, S. 499-507

Braun, B. M. (2003), Zur Herleitung von Geschäftsmodellen für Finanzdienstleistungsunternehmen: Methode und Fallbeispiele, EDIS - Elektronische Disserationen der Universität St. Gallen Dissertation; Nr. 2706 2003

Bräuninger, M., Haucap, J., Stepping, K. und Stühmeier, T. (2012), Cloud Computing als Instrument für effiziente IT-Lösungen, Hamburg: HWWI Institute of International Economics 2012

Breitschwerdt, R. und Heß, M. (2014), Konzeption eines Bezugsrahmens zur Analyse und Entwicklung von Geschäftsmodellen mobiler Gesundheitsdienstleistungen, in: Thomas, O. und Nüttgens, M. (Hrsg., 2014), Dienstleistungsmodellierung 2014 - Vom Servicemodell zum Anwendungssystem, Springer 2014, S. 223-243

Brinkkemper, S. (1996), Method engineering: engineering of information systems development methods and tools in: Information and Software Technology 38, 1996, S. 275-280

Brosius, H. B., Haas, A. und Koschel, F. (2015), Methoden der empirischen Kommunikationsforschung: Eine Einführung, VS Verlag für Sozialwissenschaften 2015

Bucher, T., Klesse, M., Kurpjuweit, S. und Winter, R. (2007), Situational Method Engineering, in: Ralyté, J., Brinkkemper, S. und Henderson-Sellers, B. (Hrsg., 2007), Situational Method Engineering: Fundamentals and Experiences, Springer US 2007, S. 33-48

Bucher, T. und Winter, R. (2008), Dissemination and Importance of the Method Artifact in the Context of Design Research for Information Systems, in: Vaishnavi, V. und Baskerville, R. (Hrsg., 2008), Proceedings of the Third International Conference on Design Science Research in Information Systems and Technology (DESRIST 2008), 2008, S. 39-59

Bucherer, E. (2010), Business Model Innovation: Guidelines for a Structured Approach, Shaker Verlag GmbH 2010

Burmeister, K., Neef, A. und Beyers, B. (2004), Corporate Foresight, Murmann 2004

Buxmann, P., Diefenbach, H. und Hess, T. (2015), Die Softwareindustrie – Ökonomische Prinzipien, Strategien, Perspektiven, 3. Auflage, Springer Berlin Heidelberg 2015

Buxmann, P., Lehmann, S., Draisbach, T., Koll, C., Diefenbach, H. und Ackermann, T. (2010), Cloud Computing und Software as a Service: Konzeption und Preisgestaltung, in: Leible, S. und Sosnitza, O. (Hrsg., 2010), Online-Recht 2.0: Alte Fragen – neue Antworten?, 2010, S. 21–34

Buyya, R., Shin Yeo, C. und Venugopal, S. (2008), Market-Oriented Cloud Computing: Vision, Hype, and Reality for Delivering IT Services as Computing Utilities, HPCC '08 Proceedings of the 2008 10th IEEE International Conference on High Performance Computing and Communications, S. 5-13

Buyya, R., Vecchiola, C. und Selvi, S. T. (2013), Mastering Cloud Computing: Foundations and Applications Programming, Elsevier Science 2013

Capron, L. und Mitchell, W. (2011), Der richtige Weg zu mehr Wachstum, in: Harvard Business Manager: das Wissen der Besten, 33, 2011, 2, S. 84-91

Carstens, J. und Schramm, D. M. (2014), Startup-Crowdfunding und Crowdinvesting: Ein Guide für Gründer: Mit Kapital aus der Crowd junge Unternehmen online finanzieren, Springer Fachmedien Wiesbaden 2014

Chan, C. Y. P., López-Fresno, P. und Akao, Y. (2013), QFD from Japan to Global, ISQFD'13 & 25th North American Symposium on Quality Function Deployment, Santa Fe, S. 1-28

Chen, P. P.-S. (1976), The Entity-Relationship Model-Toward a Unified View of Data in: ACM Trans. Database Syst., 1, 1976, 1, S. 9-36

Christensen, C. M. (1997), The innovator's dilemma: when new technologies cause great firms to fail, Harvard Business School Press 1997

Cohen, L. (1995), Quality Function Deployment: How to Make QFD Work for You, Addison-Wesley 1995

Daheim, C., Neef, A., Schulz-Montag, B. und Steinmüller, K. (2013), Foresight in Unternehmen. Auf dem Weg zur strategischen Kernaufgabe, in: Popp, R. und Zweck, A. (Hrsg., 2013), Zukunftsforschung im Praxistest, Springer Fachmedien Wiesbaden 2013, S. 81-101

Detroy, E. N., Behle, C. und Hofe, R. V. (2007), Handbuch Vertriebsmanagement: Vertriebsstrategie, Distribution und Kundenmanagement ; Mitarbeitersuche, Motivation und Förderung ; Profitsteigerung, Effizienzerhöhung und Controlling, MI Wirtschaftsbuch 2007

Doleski, O. D. (2014), Integriertes Geschäftsmodell: Anwendung des St. Galler Management-Konzepts im Geschäftsmodellkontext, Springer Fachmedien Wiesbaden 2014

Dönitz, E. (2009), Effizientere Szenariotechnik durch teilautomatische Generierung von Konsistenzmatrizen, Gabler Verlag 2009

Ebert, C. (2014), Systematisches Requirements Engineering: Anforderungen ermitteln, dokumentieren, analysieren und verwalten, dpunkt.-Verlag 2014

Eisenhardt, K. M. (1989), Building Theories from Case Study Research, in: Academy of Management Review, 14, 1989, 4, S. 532-550

EN ISO 9241-11 (1995), EN ISO 9241-11 Anforderungen an die Gebrauchstauglichkeit, EUROPÄISCHE NORM 1995

Eurich, M., Weiblen, T. und Breitenmoser, P. (2014), A six-step approach to business model innovation, in: Int. J. Entrepreneurship and Innovation Management, 18, 2014, 4, S. 330–348

Fahrwinkel, U. (1995), Methode zur Modellierung und Analyse von Geschäftsprozessen zur Unterstützung des business process reengineering, 1. Aufl, Paderborn: Heinz Nixdorf Inst. 1995

Falkner, J. (2011), TCO für Cloud Computing, Auf den Seiten der/des Fraunhofer-Institut, URL: http://www.iao.fraunhofer.de/images/produktblaetter/tco_fuer_cloud_computing.pdf, Zugriff am: 20.01.2016

Fehling, C., Leymann, F., Retter, R., Schupeck, W. und Arbitter, P. (2014), Cloud Computing Patterns: Fundamentals to Design, Build, and Manage Cloud Applications, Springer Vienna 2014

Ferber, P., Schmitz, T. und Waibel, G. (2005), Integratives Vorgehensmodell für die methodische Veränderung von Unternehmenskulturen, in: Baumöl, U., Österle, H. und Winter, R. (Hrsg., 2005), Business Engineering in der Praxis, Springer 2005, S. 553-584

Fink, A., Schlake, O. und Siebe, A. (2001), Erfolg durch Szenario-Management: Prinzip und Werkzeuge der strategischen Vorausschau, Campus-Verlag 2001

Fink, A. und Siebe, A. (2006), Handbuch Zukunftsmanagement: Werkzeuge der strategischen Planung und Früherkennung, Campus Verlag GmbH 2006

Foster, R. N. (2006), Innovation. Die technologische Offensive, Redline Wirtschaft 2006

Frank, U. (2010), Zur methodischen Fundierung der Forschung in der Wirtschaftsinformatik, in: Österle, H., Winter, R. und Brenner, W. (Hrsg., 2010), Gestaltungsorientierte Wirtschaftsinformatik: Ein Plädoyer für Rigor und Relevanz, Nürnberg: Infowerk 2010, S. 35-44

Franken, R. und Franken, S. (2011), Integriertes Wissens- und Innovationsmanagement: Mit Fallstudien und Beispielen aus der Unternehmenspraxis, Gabler Verlag 2011

Freiling, J. und Reckenfelderbäumer, M. (2010), Markt und Unternehmung: Eine marktorientierte Einführung in die Betriebswirtschaftslehre, 3. Auflage, Gabler Verlag 2010

Friedrichs, J. (1990), Methoden empirischer Sozialforschung, VS Verlag für Sozialwissenschaften 1990

Gassmann, O., Frankenberger, K. und Csik, M. (2013), Geschäftsmodelle entwickeln: 55 innovative Konzepte mit dem St. Galler Business Model Navigator, Carl Hanser Verlag GmbH & Company KG 2013

Gausemeier, J., Fink, A. und Schlake, O. (1996), Szenario-Management: Planen und Führen mit Szenarien, 2. Auflage, Hanser 1996

Gausemeier, J. und Plass, C. (2014), Zukunftsorientierte Unternehmensgestaltung: Strategien, Geschäftsprozesse und IT-Systeme für die Produktion von morgen, Hanser Verlag 2014

Gericke, A. (2009), Konstruktion situativer Artefakte: Beiträge zur Konstruktionsforschung und zur Artefaktkonstruktion, Ausgabe 3673 von Dissertationen / Universität St. Gallen 2009

Geschka, H. und Yildiz, A. (1990), Kreativitätstechniken: Probleme in den Griff bekommen in: Gablers Magazin, 4, 1990, S. 36-40

Gierczak, M., Söllner, M. und Leimeister, J. M. (2012), Untersuchung bestehender Geschäftsmodelle etablierter Cloud Anbieter., ConLife 2012 Academic Conference 2012

Gladwell, M. (2000), The Tipping Point: How Little Things Can Make a Big Difference, Little, Brown 2000

Godet, M. (2001), Creating Futures: Scenario Planning as a Strategic Management Tool, Brookings Institution Press 2001

Gordon, T. J. (1994a), CROSS-IMPACT METHOD, Auf den Seiten der/des CiteSeerX, URL: http://citeseerx.ist.psu.edu/viewdoc/download?doi=10.1.1.202.7337&rep=rep1&type=pdf, Zugriff am: 20.01.2016

Gordon, T. J. (1994b), TREND IMPACT ANALYSIS, Auf den Seiten der/des Xavier Institute of Management, URL: http://www1.ximb.ac.in/users/fac/dpdash/dpdash.nsf/23e5e39594c064ee852564ae004fa010/2a7a6240bcf05ebde5256906000a7322/$FILE/Trendimp.pdf, Zugriff am: 20.01.2016

Götze, U. (1993), Szenario-Technik in der strategischen Unternehmensplanung, 2., aktualisierte Aufl., Wiesbaden: Dt. Univ.-Verl. [u.a.] 1993

Greiffenberg, S. (2003), Methoden als Theorien der Wirtschaftsinformatik, in: Wirtschaftsinformatik 2003: Medien – Märkte – Mobilität; [6. Internationale Tagung Wirtschaftsinformatik (WI 2003) ... vom 17. – 19. September 2003 an der Technischen Universität Dresden], 2, 2003, S. 947-967

Gronau, N. (2014), Enterprise Resource Planning: Architektur, Funktionen und Management von ERP-Systemen, Oldenbourg Wissenschaftsverlag 2014

Grundy, J. C. und Venable, J. R. (1996), Towards an integrated environment for method engineering, in: Brinkkemper, S., Lyytinen, K. und Welke, R. (Hrsg., 1996), Method Engineering, Springer US 1996, S. 45-62

Gutzwiller, T. (1994), Das CC RIM-Referenzmodell für den Entwurf von betrieblichen transaktionsorientierten Informationssystemen, Heidelberg: Physica-Verlag. 1994

Halecker, B. und Hölzle, K. (2014), Geschäftsmodellinnovation. Ein Überblick aktuell angewandter Methoden, in: OrganisationsEntwicklung Nr. 1 2014, S. 97-98

Harms, R. und Yamartino, M. (2010), The economics of the cloud, Auf den Seiten der/des Microsoft, URL: http://news.microsoft.com/download/archived/presskits/cloud/docs/the-economics-of-the-cloud.pdf, Zugriff am: 20.01.2016

Harmsen, F., Brinkkemper, S. und Oei, H. (1994), Situational Method Engineering for Information-System Project Approaches, in: Verrijn-Stuart, A.A. und Olle, T. (Hrsg., 1994), Methods and Associated Tools for the Information System Life Cycle, 1994, S. 169-194

Haselmann, T. und Vossen, G. (2010), Database-as-a-Service für kleine und mittlere Unternehmen, Auf den Seiten der/des Westfälische Wilhelms-Universität Münster, URL: https://www.wi1.uni-muenster.de/pi/iai/publikationen/DaaS-fuer-KMU.pdf, Zugriff am: 20.01.2016

Hassler, M. (2015), Web Analytics: Metriken auswerten, Besucherverhalten verstehen, Website optimieren, mitp/bhv 2015

Hauschildt, J. und Salomo, S. (2011), Innovationsmanagement, 5. Auflage, Vahlen 2011

Helferich, A. (2010), Software Mass Customization, Josef Eul Verlag GmbH 2010

Herzwurm, G. (2000), Kundenorientierte Softwareproduktentwicklung, Teubner, Stuttgart 2000

Herzwurm, G., Mikusz, M. und Pelzl, N. (2011), Vernetzte Produktionssysteme als softwareintensive Dienstleister, in: Kemper, H.-G., Pedell, B. und Schäfer, H. (Hrsg., 2011), Management vernetzter Produktionssysteme: Innovation, Nachhaltigkeit und Risikomanagement, Vahlen 2011, S. 167-180

Herzwurm, G., Pelzl, N. und Krams, B. (2013), QFD and Cloud Computing: A Survey on the Prioritization of Security Requirements for Cloud Computing, Proceedings of the 19th International Symposium on QFD (ISQFD'13), Santa Fe, S. 29-44

Herzwurm, G. und Pietsch, W. (2009), Management von IT-Produkten: Geschäftsmodelle, Leitlinien und Werkzeugkasten für softwareintensive Systeme und Dienstleistungen, dpunkt-Verlag 2009

Herzwurm, G., Pietsch, W., Schockert, S. und Tauterat, T. (2012), QFD for Cloud Computing, Proceedings of the 18th International Symposium on Quality Function Deployment 2012, Tokyo, S. 1-7

Herzwurm, G., Schockert, S., Breidung, M. und Dowie, U. (2002), Requirements Engineering for Mobile-Commerce Applications, Proceedings of the First International Conference on Mobile Business (M-Business 2002), July 8-9, Athens, Greece, S. 1-16

Herzwurm, G., Schockert, S. und Mellis, W. (1997), Qualitätssoftware durch Kundenorientierung: Die Methode Quality Function Deployment (QFD): Grundlagen, Praxis und SAP® R/3® Fallbeispiel, Vieweg+Teubner Verlag 1997

Herzwurm, G., Schockert, S. und Mellis, W. (2000), Joint Requirements Engineering: Qfd for Rapid Customer-Focused Software and Internet-Development, Springer-Verlag New York Incorporated 2000

Herzwurm, G., Schockert, S. und Tauterat, T. (2015), Quality Function Deployment in software development -State-of-the-art- 21th International Symposium on QFD, Hangzhou, China, S. 30-40

Hess, T. (2010), Erkenntnisgegenstand der (gestaltungsorientierten) Wirtschaftsinformatik, in: Österle, H., Winter, R. und Brenner, W. (Hrsg., 2010), Gestaltungsorientierte Wirtschaftsinformatik: Ein Plädoyer für Rigor und Relevanz, Nürnberg: Infowerk 2010, S. 7-11

Hess, T. und Brecht, L. (1996), State of the Art des Business Process Redesign: Darstellung und Vergleich bestehender Methoden, 2. Auflage, Gabler Verlag 1996

Heuskel, D. (1999), Wettbewerb jenseits von Industriegrenzen: Aufbruch zu neuen Wachstumsstrategien, Campus Verlag 1999

Hevner, A. (2005), Fast Breaking Comments, Auf den Seiten der/des Essential Science Indicators, URL: http://www.esi-topics.com/fbp/2005/october05-AlanRHevner.html, Zugriff am: 20.01.2016

Hevner, A. R. (2007), A Three Cycle View of Design Science Research, in: Scandinavian Journal of Information Systems, 19, 2007, 2, S. 87-92

Hevner, A. R., March, S. T., Park, J. und Ram, S. (2004), Design science in information systems research, in: MIS Q., 28, 2004, 1, S. 75-105

Heym, M. (1993), Methoden-Engineering: Spezifikation und Integration von Entwicklungsmethoden für Informationssysteme, St. Gallen, Hochsch. für Wirtschafts-, Rechts- u. Sozialwiss., Diss. 1993

Hilb, M. (2000), Integriertes Personalmanagement: Ziele, Strategien, Instrumente, 8., durchges. Aufl., Neuwied: Luchterhand 2000

Hild, M. und Bausen, F. (2012), Einsatzmöglichkeiten und Potentiale von Cloud Computing im Wissensmanagement, Hamburg: Kovač Verlag 2012

Hoch, D. J., Klimmer, M. und Leukert, P. (2005), Erfolgreiches IT-Management im öffentlichen Sektor: Managen statt verwalten, Gabler Verlag 2005

Homburg, C. (2000), Quantitative Betriebswirtschaftslehre: Entscheidungsunterstützung durch Modelle – Mit Beispielen, Übungsaufgaben und Lösungen, 3. Auflage, Gabler Verlag 2000

Homburg, C. (2015), Marketingmanagement: Strategie, Instrumente, Umsetzung, Unternehmensführung, SpringerGabler 2015

Homburg, C. und Krohmer, H. (2006), Marketingmanagement: Strategie – Instrumente – Umsetzung – Unternehmensführung, 3., überarb. und erw. Aufl., Wiesbaden: Gabler Verlag 2006

Horváth, P., Gleich, R. und Seiter, M. (2015), Controlling, 13., komplett überarbeitete Auflage, Vahlen 2015

Hull, E., Jackson, K. und Dick, J. (2011), Requirements Engineering, Third Edition, Springer London 2011

Hungenberg, H. (2014), Strategisches Management in Unternehmen: Ziele – Prozesse – Verfahren, 8. Auflage, Springer Gabler 2014

Iivari, J. (2007), A paradigmatic analysis of information systems as a design science, in: Scandinavian Journal of IS 19, 2007, 2, S. 39-64

ISO/DIS 16355-1 (2015), ISO/DIS 16355-1, Application of statistical and related methods to New technology and Product Development Process -- Part 1: General Principle and Perspective of QFD Method 2015

Jaekel, M. und Luhn, A. (2009), Cloud Computing – Business Models, Value Creation Dynamics and Advantages for Customers, Auf den Seiten der/des SEMP Schweizer Experten- und Markt-Plattformen GmbH, URL: http://www.cloud-finder.ch/uploads/media/Siemens_Cloud_Computing_Whitepaper_PDF_e.pdf, Zugriff am: 20.01.2016

Jakob, M., Kiehne, D.-O., Schwarz, H., Kaiser, F. und Beucker, S. (2007), Delphigestütztes Szenario-Management und -Monitoring, Auf den Seiten der/des Fraunhofer-Institut, URL: http://wiki.iao.fraunhofer.de/images/novanet/PDF15_Delphigestuetztes_Szenario-Management-und-Monitoring.pdf, Zugriff am: 20.01.2016

John, T. und Kundisch, D. (2015), Creativity Through Cognitive Fit: Theory and Preliminary Evidence in a Business Model Idea Generation Context, 12th International Conference on Wirtschaftsinformatik, S. 1283-1297

Johnson, M. W. (2010), Seizing the White Space: Business Model Innovation for Growth and Renewal., Boston: Harvard Business Press 2010

Jones, G. M. (1960), Educators, Electrons, and Business Models: A Problem in Synthesis, in: American Accounting Association, 35, 1960, 4, S. 619-626

Jovanov, E., Schloske, A. und Sundermeier, S. (2011), Service-QFD: mit Quality Function Deployment zu innovativen Dienstleistungen, Symposion 2011

Kahn, H. und Wiener, A. J. (1968), Ihr werdet es erleben: Voraussagen der Wissenschaft bis zum Jahre 2000, 6. Auflage, Wien: Molden 1968

Kano, N., Seraku, N., Takahashi, F. und Tsuji, S. (1984), Attractive Quality and Must-be Quality, in: Journal of the Japanese Society for Quality Control, 14, 1984, 2, S. 39-48

Kaplan, R. S. und Norton, D. P. (1996), The Balanced Scorecard: Translating Strategy Into Action, Harvard Business School Press 1996

Karlsson, J. und Ryan, K. (1997), A Cost-Value Approach for Prioritizing Requirements, in: IEEE Softw., 14, 1997, 5, S. 67-74

Kaya, M. (2009), Verfahren der Datenerhebung, in: Albers, S., Klapper, D., Konradt, U., Walter, A. und Wolf, J. (Hrsg., 2009), Methodik der empirischen Forschung, Gabler Verlag 2009, S. 49-64

Kett, H., Weiner, N. und Falkner, J. (2012), Die Grundlagen zu Geschäftsmodellen und Cloud-Anwendungen, in: Spath, D., Weiner, N. und Renner, T. (Hrsg., 2012), Neue Geschäftsmodelle für die Cloud entwickeln – Methoden, Modelle und Erfahrungen für "Software-as-a-Service" im Unternehmen, Fraunhofer-Institut für Arbeitswirtschaft und Organisation IAO 2012, S. 80-88

Kitchenham, B. A. und Charters, S. (2007), Guidelines for performing Systematic Literature Reviews in Software Engineering, PEBSE Technical Report-Software Engineering Group-School of Computer Science and Mathematics, Keele University 2007

Knackstedt, R. und Winkelmann, A. (2006), Online-Literaturdatenbanken im Bereich der Wirtschaftsinformatik: Bereitstellung wissenschaftlicher Literatur und Analyse von Interaktionen der Wissensteilung, in: Wirtschaftsinformatik, 48, 2006, S. 47-59

Kollmann, T. (2013), E-Business, 5. Auflage, Gabler Verlag 2013

Köpernik, K. (2009), Corporate foresight als Erfolgsfaktor für marktorientierte Unternehmen, Berlin, Freie Universität Berlin, Diss. 2009

Kosow, H. und Gaßner, R. (2008), Methoden der Zukunfts- und Szenarioanalyse: Überblick, Bewertung und Auswahlkriterien, Auf den Seiten der/des Institut für Zukunftsstudien und Technologiebewertung, URL: https://www.izt.de /fileadmin/downloads/pdf/IZT_WB103.pdf, Zugriff am: 20.01.2016

Köster, O. (2013), Systematik zur Entwicklung von Geschäftsmodellen in der Produktentstehung, Heinz-Nixdorf-Inst., Dissertation 2013

Kotler, P., Bliemel, F. und Keller, K. L. (2007), Marketing-Management: Strategien für wertschaffendes Handeln, Pearson Deutschland 2007

Krikos, A. (2011), Seeding the Cloud - Part 2: First-Mover Advantage, Auf den Seiten der/des cloudbook: The Cloud Computing & SaaS Information Resource, URL: http://media.cloudbook.net/pdf/seeding-the-cloud-part-2-first-mover-advantage.pdf, Zugriff am: 20.01.2016

Kühl, S., Strodtholz, P. und Taffertshofer, A. (2009), Handbuch Methoden der Organisationsforschung: Quantitative und Qualitative Methoden, VS Verlag für Sozialwissenschaften 2009

Kühn, T. und Koschel, K. V. (2011), Gruppendiskussionen: Ein Praxis-Handbuch, 2011

Kunesch, U., Reti, M. und Pauly, M. (2008), White Paper Cloud Computing I. - Alternative Sourcing-Strategie für Unternehmens-ICT., Auf den Seiten der/des T-Systems, URL: http://www.t-systems.de/news-media/white-papers/ 752894_2/blobBinary/Whitepaper_Cloud_Computing_I.pdf, Zugriff am: 20.01.2016

Kunisch, M. (2014), Drei Modelle für Cloud-Marktplätze, Auf den Seiten der/des funkschau.de, URL: http://www.funkschau.de/telekommunikation/artikel /114618/, Zugriff am: 20.01.2016

Labes, S., Erek, K. und Zarnekow, R. (2013a), Common Patterns of Cloud Business Models, Proceedings of the Nineteenth Americas Conference on Information Systems (AMCIS), Chicago, Illinois 2013a

Labes, S., Hahn, C., Erek, K. und Zarnekow, R. (2013b), Geschäftsmodelle im Cloud Computing, in: Keuper, F., Hamidian, K., Verwaayen, E., Kalinowski, T. und Kraijo, C. (Hrsg., 2013b), Digitalisierung und Innovation Planung – Entstehung – Entwicklungsperspektiven, Springer Fachmedien Wiesbaden 2013b, S. 35-60

Labes, S. und Zarnekow, R. (2013), Erfolgreiche Kombinationsmuster in Cloud-Geschäftsmodellen, in: Industrie Management 29, 2013, S. 23-24

Lamberth, S. und Weisbecker, A. (2010), Wirtschaftlichkeitsbetrachtungen beim Einsatz von Cloud Computing, in: (Hrsg., 2010), Proceedings of Vom Projekt zum Produkt, 2010, S. 123-136

Lamnek, S. (2005), Qualitative Sozialforschung: Lehrbuch, 3. Auflage, Beltz, PVU 2005

Lehmann, S. und Buxmann, P. (2009), Preisstrategien von Softwareanbietern, in: WIRTSCHAFTSINFORMATIK, 51, 2009, 6, S. 519-529

Lehmann, S., Draisbach, T., Koll, C., Buxmann, P. und Diefenbach, H. (2010), SaaS-Preisgestaltung: Bestehende Preismodelle im Überblick, in: Benlian, A., Hess, T. und Buxmann, P. (Hrsg., 2010), Software-as-a-Service, Gabler 2010, S. 155-169

Leimeister, J. M. (2012), Crowdsourcing: Crowdfunding, Crowdvoting, Crowdcreation, in: Zeitschrift für Controlling und Management (ZFCM), 56, 2012, S. 388-392

Lichtenthaler, E. (2008), Methoden der Technologie-Früherkennung und Kriterien zu ihrer Auswahl, in: Möhrle, M.G. und Isenmann, R. (Hrsg., 2008), Methoden der Technologiefrüherkennung und Kriterien zu ihrer Auswahl, Springer Berlin 2008, S. 55-80

Liebig, B. und Nentwig-Gesemann, I. (2009), Gruppendiskussion, in: Kühl, S., Strodtholz, P. und Taffertshofer, A. (Hrsg., 2009), Handbuch Methoden der Organisationsforschung, VS Verlag für Sozialwissenschaften 2009, S. 102-123

Lipsky, S. (2011), Cloud Computing – Eine Abgrenzung zum IT-Outsourcing und Systematisierung möglicher Sourcingoptionen Auf den Seiten der/des Westfälische Wilhelms-Universität Münster, URL: http://www.wiwi.uni-muenster.de/06//aktuelles/material/ap_119_lipsky.pdf, Zugriff am: 20.01.2016

Lipsky, S. (2012), Genossenschaftliche Cloud-Intermediäre für kleine und mittlere Unternehmen: Eine transaktionskostentheoretische Analyse, IfG, Inst. für Genossenschafswesen 2012

Lissen, N., Brünger, C. und Damhorst, S. (2014), IT-Services in der Cloud und ISAE 3402: Ein praxisorientierter Leitfaden für eine erfolgreiche Auditierung, Springer Berlin Heidelberg 2014

Liu, F., Tong, J., Mao, J., Bohn, R., Messina, J., Badger, L. und Leaf, D. (2011), NIST Cloud Computing Reference Architecture: Recommendations of the National Institute of Standards and Technology (Special Publication 500-292), CreateSpace Independent Publishing Platform 2011

Loos, P. (2003), Visuelle Methoden zur Darstellung von Geschäftsmodellen – Methodenvergleich, Anforderungsdefinition und exemplarischer Visualisierungsvorschlag, Auf den Seiten der/des ISYM - Information Systems & Management, URL: http://wi.bwl.uni-mainz.de/publikationen/isym013.pdf, Zugriff am: 20.01.2016

Markides, C. (2008), Game-Changing Strategies: How to Create New Market Space in Established Industries by Breaking the Rules, Wiley 2008

Matros, R. (2012), Der Einfluss von Cloud Computing auf IT-Dienstleister: Eine fallstudienbasierte Untersuchung kritischer Einflussgrößen, Springer Gabler 2012

Matros, R., Stute, P. und Heereman von Zuydtwyck, N. (2009), Make-or-Buy im Cloud-Computing - Ein entscheidungsorientiertes Modell für den Bezug von Amazon Web Services, Bayreuther Arbeitspapiere zur Wirtschaftsinformatik; 45 2009

Mattmüller, R. (2012), Integrativ-Prozessuales Marketing: Eine Einführung Mit durchgehender Schwarzkopf&Henkel-Fallstudie, Springer Fachmedien Wiesbaden 2012

Mautsch, L. O. (2015), Softwareplattformen für Unternehmenssoftwareökosysteme, Josef Eul Verlag GmbH 2015

Meertens, L. O., Iacob, M.-E. und Nieuwenhuis, L. B. J. M. (2012), A Method for Business Model Development, in: Shishkov, B. (Hrsg., 2012), Business Modeling and Software Design: First International Symposium, BMSD 2011, Sofia, Bulgaria, July 27-28, 2011, Revised Selected Papers, Springer Berlin Heidelberg 2012, S. 113-129

Meffert, H., Burmann, C. und Kirchgeorg, M. (2015), Marketing: Grundlagen marktorientierter Unternehmensführung, 12. Auflage, Westdeutscher Verlag GmbH 2015

Mell, P. und Grance, T. (2009a), Effectively and Securely Using the Cloud Computing Paradigm, Auf den Seiten der/des Israel Internet Association, URL: http://www.isoc.org.il/conf2010/handouts/Yesha_Sivan.pdf, Zugriff am: 20.01.2016

Mell, P. und Grance, T. (2009b), The NIST Definition of Cloud Computing, Auf den Seiten der/des NIST Special Publication 800-145, URL: http://csrc.nist.gov/publications/nistpubs/800-145/SP800-145.pdf, Zugriff am: 20.01.2016

Mertens, P. und Knolmayer, G. (1998), Organisation der Informationsverarbeitung: Grundlagen – Aufbau – Arbeitsteilung, 3. Auflage, Gabler Verlag 1998

Mietzner, D. (2009), Strategische Vorausschau und Szenarioanalysen: Methodenevaluation und neue Ansätze, Gabler 2009

Morris, L. (2009), Business Model Innovation - The Strategy of Business Breakthroughs, in: International Journal of Innovation Science, 1(4), 2009, S. 191-204

Müller-Stewens, G. und Lechner, C. (2011), Strategisches Management: Wie strategische Initiativen zum Wandel führen, 4. Auflage, Schäffer-Poeschel 2011

Müller, A. W. (2009), Strategic Foresight: Trend- und Zukunftsforschung in Unternehmen – Instrumente, Prozesse, Fallstudien, Schäffer-Poeschel 2009

Müller, N., Rehder, T. und Metzner, S. (2013), Trendbook 2015: Das Zukunftslexikon der wichtigsten Trendbegriffe, TRENDONE GmbH 2013

Münzl, G., Pauly, M. und Reti, M. (2015), Cloud Computing als neue Herausforderung für Management und IT, Springer Berlin Heidelberg 2015

Münzl, G., Przywara, B., Reti, M., Schäfer, J., Sondermann, K., Weber, M. und Wilker, A. (2009), Cloud Computing - Evolution in der Technik, Revolution im Business (BITKOM-Leitfaden), 2009

Oertig, M. (1994), Dynamisches Personalmanagement: der Prozess zur Entfaltung von Humanpotential; dargestellt an Beispielen erfolgreicher Grossunternehmen des Schweizer Wirtschaftsraumes, St. Gallen, Hochsch. für Wirtschafts-, Rechts- und Sozialwiss., Diss. 1994

Offermann, P. (2009), Eine Methode zur Konzeption betrieblicher Software mit einer serviceorientierten Architektur, GITO 2009

Österle, H., Becker, J., Frank, U., Hess, T., Karagiannis, D., Krcmar, H., Loos, P., Mertens, P., Oberweis, A. und Sinz, E. J. (2010), Memorandum zur gestaltungsorientierten Wirtschaftsinformatik, in: Österle, H., Winter, R. und Brenner, W. (Hrsg., 2010), Gestaltungsorientierte Wirtschaftsinformatik: Ein Plädoyer für Rigor und Relevanz, Nürnberg: Infowerk 2010, S. 1-6

Osterwalder, A. (2004), The Business Model Ontology: A Proposition in a Design Science Approach, UNIVERSITE DE LAUSANNE ECOLE DES HAUTES ETUDES COMMERCIALES, Dissertation 2004

Osterwalder, A. und Pigneur, Y. (2002), An eBusiness Model Ontology for Modeling eBusiness, 15th Bled Electronic Commerce Conference, e-Reality: Constructing the e-Economy, Bled, Slovenia, S. 75-91

Osterwalder, A. und Pigneur, Y. (2011), Business Model Generation: Ein Handbuch für Visionäre, Spielveränderer und Herausforderer, Campus Verlag 2011

Osterwalder, A., Pigneur, Y. und Tucci, C. L. (2005), Clarifying business models: Origins, present, and future of the concept, in: Communications of the Association for Information Systems, 16, 2005, S. 1-25

Otto, R. (1993), Industriedesign und qualitative Trendforschung, Akad. Verlag 1993

Partsch, H. (2010), Requirements-Engineering systematisch: Modellbildung für softwaregestützte Systeme, 2. Auflage, Springer Berlin Heidelberg 2010

Paulk, M., Curtis, B., Chrissis, M. und Weber, C. (1993), Capability maturity model for software, Version 1.1., Auf den Seiten der/des Software Engineering Institute, URL: https://resources.sei.cmu.edu/asset_files/TechnicalReport/1993_005_001_16211.pdf, Zugriff am: 20.01.2016

Peine, K. U. (2014), Situative Gestaltung des IT-Produktmanagements: Eine empirische Untersuchung, Josef Eul Verlag GmbH 2014

Pelzl, N., Helferich, A. und Herzwurm, G. (2012), Systematisierung und Klassifizierung von ASP, Grid- und Utility-Computing Wertschöpfungsketten für Cloud Computing, Tagungsband MKWI 2012, Braunschweig, S. 559 - 572

Pelzl, N., Helferich, A. und Herzwurm, G. (2013), Wertschöpfungsnetzwerke deutscher Cloud-Anbieter, in: Strahringer, S. (Hrsg., 2013), HMD Praxis der Wirtschaftsinformatik – Geschäftsmodelle der IT-Industrie, Gabler Verlag 2013, S. 42-52

Pelzl, N., Helferich, A. und Herzwurm, G. (2014a), Wertschöpfungsnetzwerke deutscher Cloud-Anbieter, Springer Fachmedien Wiesbaden, Wiesbaden 2014a

Pelzl, N., Helferich, A. und Herzwurm, G. (2016), Entwicklung und Evaluation eines Reifegradmodells für das Cloud-Produktmanagement, Multikonferenz Wirtschaftsinformatik (MKWI) 2016, Ilmenau, S. 993-1004

Pelzl, N. und Herzwurm, G. (2010), Service Marktplätze als Bestandteil des Cloud Computing – Ein Reifemodell zur Kategorisierung und Abgrenzung von eServices in: Pietsch, W. und Krams, B. (Hrsg., 2010), Vom Projekt zum Produkt., Aachen 2010, S. 151-158

Pelzl, N., Schockert, S. und Herzwurm, G. (2014b), QFD for future-proof cloud computing business models Proceedings of the 20th International Symposium on QFD 2014, Istanbul, S. 76-92

Pillkahn, U. (2007), Trends und Szenarien als Werkzeuge zur Strategieentwicklung: Wie Sie die unternehmerische und gesellschaftliche Zukunft planen und gestalten, John Wiley & Sons, Limited 2007

Pillkahn, U. (2013), Pictures of the Future. Zukunftsbetrachtungen im Unternehmensumfeld, in: Popp, R. und Zweck, A. (Hrsg., 2013), Zukunftsforschung im Praxistest, Springer Fachmedien Wiesbaden 2013, S. 41-79

Pohl, K. (2008), Requirements Engineering: Grundlagen, Prinzipien, Techniken, dpunkt-Verlag 2008

Pohl, K. und Rupp, C. (2015), Basiswissen Requirements Engineering: Aus- und Weiterbildung zum Certified Professional for Requirements Engineering; Foundation Level nach IREB-Standard, dpunkt-Verlag 2015

Ponn, J. und Lindemann, U. (2011), Konzeptentwicklung und Gestaltung Technischer Produkte – Systematisch von Anforderungen zu Konzepten und Gestaltlösungen, 2. Auflage, Springer 2011

Porter, M. E. (1981), The Contributions of Industrial Organization to Strategic Management, in: Academy of Management Review, 6, 1981, 4, S. 609-620

Porter, M. E. (1985), Competitive Advantage: Creating and Sustaining Superior Performance, N.Y., Free Press 1985

Porter, M. E. (1996), What is Strategy?, in: Harvard Business Review, 74, 1996, S. 61–78

Porter, M. E. (1998), Competitive Strategy: Techniques for Analyzing Industries and Competitors, Free Press 1998

Reinhold, S., Reuter, E. und Bieger, T. (2011), Innovative Geschäftsmodelle - Die Sicht des Managements, in: Bieger, T., zu Knyphausen-Aufseß, D. und Krys, C. (Hrsg., 2011), Innovative Geschäftsmodelle: Konzeptionelle Grundlagen, Gestaltungsfelder und unternehmerische Praxis, Springer Verlag, Berlin 2011, S. 71-91

Reinshagen, F. (2009), Konzepte einer komprimierten Informationsversorgung für die interne Führung und externe Performance-Kommunikation grosser Publikumsgesellschaften, Logos-Verlag 2009

Repschläger, J., Pannicke, D. und Zarnekow, R. (2010), Cloud Computing: Definitionen, Geschäftsmodelle und Entwicklungspotenziale, in: Fröschle, H.-P. und Reinheimer, S. (Hrsg., 2010), Cloud Computing & SaaS, HMD 275, 47. Jahrgang 2010, S. 6-15

Repschläger, J. und Zarnekow, R. (2011), Studie: Cloud Computing in der IKT-Branche – Status-quo und Entwicklung des Cloud Sourcing von KMUs in der Informations- und Kommunikationsbranche in der Region Berlin Brandenburg, Univerlagtuberlin 2011

Revett, M. C., Knul, M. D. T. und Stephens, L. (1997), Network computing, in: BT Technology Journal, 15, 1997, 2, S. 172-178

Riege, C., Saat, J. und Bucher, T. (2009), Systematisierung von Evaluationsmethoden in der gestaltungsorientierten Wirtschaftsinformatik, in: Becker, J., Krcmar, H. und Niehaves, B. (Hrsg., 2009), Wissenschaftstheorie und gestaltungsorientierte Wirtschaftsinformatik, Ausgabe 120 von Arbeitsberichte des Instituts für Wirtschaftsinformatik, Institut für Wirtschaftsinformatik, Springer Science & Business Media 2009, S. 69-86

Ritala, P., Golnam, A. und Wegmann, A. (2014), Coopetition-based business models: The case of Amazon.com, in: Industrial Marketing Management, 43, 2014, 2, S. 236-249

Rittinger, S. (2013), Cross-Channel Retail Branding: eine verhaltenswissenschaftliche Untersuchung in Deutschland, Frankreich und Großbritannien, Wiesbaden: Springer-Gabler 2013

Rupp, C. und SOPHISTen, d. (2014), Requirements-Engineering und -Management: Aus der Praxis von klassisch bis agil, Carl Hanser Verlag GmbH & Co. KG 2014

Saatweber, J. (2011), Kundenorientierung durch Quality Function Deployment: Produkte und Dienstleistungen mit QFD systematisch entwickeln, 3., vollst. überarb. Aufl., Düsseldorf: Symposion 2011

Saaty, T. L. (1980), The Analytic Hierarchy Process: Planning, Priority Setting, Resource Allocation, McGraw-Hill 1980

Saaty, T. L. und Vargas, L. G. (1982), The logic of priorities: applications in business, energy, health, and transportation, Springer 1982

Schallmo, D. (2012), Geschäftsmodell-Innovation: Grundlagen, bestehende Ansätze, methodisches Vorgehen und B2B-Geschäftsmodelle, Springer Fachmedien Wiesbaden 2012

Schallmo, D. (2013), Geschäftsmodelle erfolgreich entwickeln und implementieren, Springer 2013

Schallmo, D. und Brecht, L. (2010), Business Model Innovation in Business-to-Business Markets - Procedure and Examples Proceedings of the 3rd International Society for Professional Innovation Management (ISPIM) Symposium: Managing the Art of Innovation: Turning Concepts into Reality, Quebec City, Canada 2010

Schawel, C. und Billing, F. (2014), Top 100 Management Tools, Gabler Verlag 2014

Schief, M. (2013), Business Models in the Software Industry: The Impact on Firm and M&A Performance, Springer Gabler 2013

Schief, M. und Buxmann, P. (2012), Business Models in the Software Industry, 45th Hawaii International Conference on System Sciences, Hawaii, S. 3328-3337

Schneider, S. und Sunyaev, A. (2015), Cloud-Service-Zertifizierung: Ein Rahmenwerk und Kriterienkatalog zur Zertifizierung von Cloud-Services, Springer Berlin Heidelberg 2015

Schneider, W. und Bräutigam, L. (2011), Projektleitfaden Software-Ergonomie, Band 43, Auf den Seiten der/des Hessisches Ministerium für Wirtschaft, Energie, Verkehr und Landesentwicklung URL: http://www.hessen-it.de/mm/software-ergonomie.pdf, Zugriff am: 20.01.2016

Schockert, S., Krams, B. und Herzwurm, G. (2014), QFD and Design Thinking in agile environments, Proceedings of the 20th International Symposium on QFD (ISQFD'14), Istanbul, S. 363-377

Schütte, R. (1998), Grundsätze ordnungsmäßiger Referenzmodellierung: Konstruktion konfigurations- und anpassungsorientierter Modelle, Neue betriebswirtschaftliche Forschung 233, Gabler Verlag 1998

Schütz, K. (2007), Die Nutzung von Paneldaten im strategischen Marketing von Fast-moving-consumer-goods-Herstellern, Kölner Wiss.-Verlag 2007

Schwarz, J. O. (2009), „Schwache Signale“ in Unternehmen: Irrtümer, Irritationen und Innovationen, in: Popp, R. und Schüll, E. (Hrsg., 2009), Zukunftsforschung und Zukunftsgestaltung, Springer Berlin Heidelberg 2009, S. 245-254

Seel, C. (2010), Reverse Method Engineering: Methode und Softwareunterstützung zur Konstruktion und Adaption semiformaler Informationsmodellierungstechniken, 2010

Sharma, S. und Gutiérrez, J. A. (2010), An evaluation framework for viable business models for m-commerce in the information technology sector, in: Electronic markets: The International Journal on Networked Business, Heidelberg: Springer, 20, 2010, 1, S. 33-52

Simon, F. B. (2014), Einführung in Systemtheorie und Konstruktivismus, 7. Auflage, Auer 2014

Spath, D. und Demuß, L. (2006), Entwicklung hybrider Produkte – Gestaltung materieller und immaterieller Leistungsbündel, in: Bullinger, H.-J. und Scheer, A.-W. (Hrsg., 2006), Service Engineering – Entwicklung und Gestaltung innovativer Dienstleistungen, Springer 2006, S. 463-502

Spath, D., Weiner, N., Renner, T. und Weisbecker, A. (2012), Neue Geschäftsmodelle für die Cloud entwickeln: Methoden, Modelle und Erfahrungen für "Software-as-a-Service" im Unternehmen, Fraunhofer Irb Stuttgart 2012

Spijkerman, M. (2013), Ein pragmatischer Ansatz zur Entwicklung situationsgerechter Entwicklungsmethoden, Software Engineering (Workshops) S. 425-434

Spindler, G. (2010), Rechtliche Rahmenbedingungen des „Software as a Service“-Konzepts, in: Benlian, A., Hess, T. und Buxmann, P. (Hrsg., 2010), Software-as-a-Service, Gabler 2010, S. 31-40

Stähler, P. (2002), Geschäftsmodelle in der digitalen Ökonomie: Merkmale, Strategien und Auswirkungen, Eul 2002

Steinmüller, K., Burmeister, K. und Schulz-Montag, B. (2003), Methoden der Zukunftsforschung: Überblick und Praxis, Essen, Z_Punkt GmbH 2003

Steinmüller, K. und Schulz-Montag, B. (2003), Szenarien – Instrumente für Innovation und Strategiebildung, Auf den Seiten der/des Website from Prof. Otto E. Rössler and Dr.-Ing. Artur P. Schmidt, URL: http://www.lampsacus.com/documents/SzenarienSteinmueller.pdf, Zugriff am: 20.01.2016

Steinmüller, K. und Schulz-Montag, B. (2005), z_szenarioprozesse – Aus Trends und Zukunftsbildern Strategien für morgen und übermorgen entwickeln, Essen, Z_Punkt GmbH 2005

Stilianidis, A. (2015), Strategisches Management radikaler Innovationen, epubli GmbH 2015

Strahringer, S. (2013), HMD Praxis der Wirtschaftsinformatik – Geschäftsmodelle der IT-Industrie, Gabler Verlag 2013

Stricker, K., Matthies, G. und Tsang, R. (2011), Vom Automobilbauer zum Mobilitätsdienstleister - Wie Hersteller ihr Geschäftsmodell für integrierte Mobilität richtig aufstellen, Auf den Seiten der/des URL: http://www.bain.de/Images/Bain_brief_vom_automobilbauer_zum_mobilitatsdienstleister.pdf, Zugriff am: 20.01.2016

Sundelin, A. (2009), What is a value proposition?, Auf den Seiten der/des Business Model Database Blog, URL: http://bmdb.blogspot.de/2009/02/what-is-value-proposition.html, Zugriff am: 20.01.2016

Surowiecki, J. (2004), The Wisdom of Crowds: Why the Many are Smarter Than the Few and how Collective Wisdom Shapes Business, Economies, Societies, and Nations, Doubleday 2004

Takeda, H., Veerkamp, P., Tomiyama, T. und Yoshikawa, H. (1990), Modeling Design Processes, in: AI Magazine, 11, 1990, S. 37-48

Tapscott, D., Ticoll, D. und Lowy, A. (2000), Digital capital: harnessing the power of business Webs, Harvard Business Review Press 2000

Tellis, W. (1997), Application of a Case Study Methodology, Auf den Seiten der/des Nova Southeastern University, URL: http://www.nova.edu/ssss/QR/QR3-3/tellis2.html, Zugriff am: 20.01.2016

Thiesse, F. (2001), Prozessorientiertes Wissensmanagement: Konzepte, Methode, Fallbeispiele, Difo-Druck GmbH, Dissertation Nr. 2475 2001

Thorenz, L. und Zacher, M. (2012), Cloud-Computing: Neue Chancen für das Outsourcing, in: Rickmann, H., Diefenbach, S. und Brüning, K.T. (Hrsg., 2012), IT-Outsourcing: Neue Herausforderungen im Zeitalter von Cloud Computing, Springer Berlin Heidelberg 2012, S. 25-38

Töpfer, A. (2012), Erfolgreich Forschen: Ein Leitfaden für Bachelor-, Master-Studierende und Doktoranden, 3. Auflage, Springer 2012

Vaishnavi, V. und Kuechler, B. (2004), Design Science Research in Information Systems, Auf den Seiten der/des Portal for design science research in information systems and technology, URL: http://desrist.org/desrist/content/design-science-research-in-information-systems.pdf, Zugriff am: 20.01.2016

Van der Duin, P. (2006), Qualitative Futures Research for Innovation, Eburon B V 2006

Vehlow, M. und Golkowsky, C. (2013), Cloud Computing - Evolution in der Wolke, Auf den Seiten der/des PricewaterhouseCoopers Aktiengesellschaft URL: http://www.pwc.de/de_DE/de/prozessoptimierung/assets/evolution-in-der-wolke-reifegrad-der-cloud-services-steigt2.pdf, Zugriff am: 20.01.2016

Veit, D., Clemons, E., Benlian, A., Buxmann, P., Hess, T., Kundisch, D., Leimeister, J., Loos, P. und Spann, M. (2014), Geschäftsmodelle – Eine Forschungsagenda für die Wirtschaftsinformatik, in: WIRTSCHAFTSINFORMATIK, 56, 2014, 1, S. 55-64

vom Brocke, J., Simons, A., Niehaves, B., Riemer, K., Plattfaut, R. und Cleven, A. (2009), Reconstructing the Giant: On the Importance of Rigour in Documenting the Literature Search Process, Verona 2009

von Jouanne-Diedrich, H. (2004), 15 Jahre Outsourcing-Forschung: Systematisierung und Lessons Learned, in: Zarnekow, R. (Hrsg., 2004), Informationsmanagement: Konzepte und Strategien für die Praxis, dpunkt-Verlag 2004, S. 125-133

von Jouanne-Diedrich, H. (2015), Die ephorie.de IT-Sourcing-Map. Eine Orientierungshilfe im stetig wachsenden Dschungel der Outsourcing-Konzepte, Auf den Seiten der/des ephorie.de - Das Management-Portal, URL: http://www.ephorie.de/it-sourcing-map.htm, Zugriff am: 20.01.2016

von Reibnitz, U. (1992), Szenario-Technik: Instrumente für die unternehmerische und persönliche Erfolgsplanung, 2. Auflage, Gabler 1992

Vossen, G., Haselmann, T. und Hoeren, T. (2012), Cloud-Computing für Unternehmen: Technische, wirtschaftliche, rechtliche und organisatorische Aspekte, dpunkt-Verlag 2012

Wagner, T., Tilly, R., Bodenbenner, P., Seltitz, A. und Schoder, D. (2015), Geschäftsmodellinnovation in der Praxis: Ergebnisse einer Expertenbefragung zu Business Model Canvas und Co., Wirtschaftsinformatik 2015, S. 1298-1312

Wallraf, B. und Pols, A. (2014), Cloud-Monitor 2014: Cloud-Computing in Deutschland – Status quo und Perspektiven, Auf den Seiten der/des Bitkom e.V., URL: https://www.bitkom.org/Publikationen/2014/Studien/Cloud-Monitor-2014/Cloud_Monitor_2014_KPMG_Bitkom_Research.pdf, Zugriff am: 20.01.2016

Walter, W. (1994), Strategien der Politikberatung. Die Interpretation der Sachverständigen-Rolle im Lichte von Experteninterviews, in: Hitzler, R., Honer, A. und Maeder, C. (Hrsg., 1994), Expertenwissen: Die institutionalisierte Kompetenz zur Konstruktion von Wirklichkeit, Vieweg+Teubner Verlag 1994, S. 268-284

Walterbusch, M., Truh, S. und Teuteberg, F. (2014), Hybride Wertschöpfung durch Cloud Computing, in: Thomas, O. und Nüttgens, M. (Hrsg., 2014), Dienstleistungsmodellierung 2014 – Vom Servicemodell zum Anwendungssystem, Springer 2014, S. 155-174

Warg, M. und Rennebach, S. (2013), Service-orientierte Geschäftsmodelle und ihr Nutzen für Nachfrager und Anbieter, in: Böhmann, T., Warg, M. und Weiß, P. (Hrsg., 2013), Service-orientierte Geschäftsmodelle: Erfolgreich umsetzen, 2013, S. 53-84

Weber, M. und Ziegler, S. (2011), Neue Geschäftsmodelle durch Cloud Computing, in: Information Management und Consulting 26, 2011, 2, S. 90-91

Weiber, R. und Kollmann, T. (1997), Wettbewerbsvorteile auf virtuellen Märkten – vom Marketplace zum Marketspace, in: Link, J., Brändli, D., Schleuning, C. und Kehl, R.e. (Hrsg., 1997), Handbuch Database Marketing, Ettlingen 1997, S. 513-530

Weiner, N., Renner, T. und Kett, H. (2010a), Geschäftsmodelle im "Internet der Dienste": Aktueller Stand in Forschung und Praxis, Fraunhofer-Verlag 2010a

Weiner, N., Renner, T. und Kett, H. (2010b), Geschäftsmodelle im "Internet der Dienste": Trends und Entwicklungen auf dem deutschen IT-Markt, Fraunhofer-Verlag 2010b

Weiner, N., Renner, T. und Weisbecker, A. (2012), Die Entwicklung von Geschäftsmodellen für Anbieter von Cloud Anwendungen, in: Spath, D., Weiner, N., Renner, T. und Weisbecker, A. (Hrsg., 2012), Neue Geschäftsmodelle für die Cloud entwickeln - Methoden, Modelle und Erfahrungen für "Software-as-a-Service" im Unternehmen, Fraunhofer-Institut für Arbeitswirtschaft und Organisation IAO 2012, S. 80-88

Weinhardt, C., Anandasivam, A., Blau, B., Borissov, N., Meinl, T., Michalk, W. und Stößer, J. (2009), Cloud-Computing – Eine Abgrenzung, Geschäftsmodelle und Forschungsgebiete, in: WIRTSCHAFTSINFORMATIK, 51, 2009, 5, S. 453-462

Weis, B. X. (2013), Praxishandbuch Innovation: Leitfaden für Erfinder, Entscheider und Unternehmen, Gabler Verlag 2013

Weiss, A. (2007), Computing in the clouds, in: netWorker, 11, 2007, 4, S. 16-25

Wenzelmann, C. (2009), Methode zur zukunftsorientierten Entwicklung und Umsetzung von Strategieoptionen unter Berücksichtigung des antizipierten Wettbewerbsverhaltens, Dissertation, Fakultät für Maschinenbau, Universität Paderborn, HNI-Verlagsschriftenreihe 2009

Wiegers, K. und Beatty, J. (2013), Software Requirements (3rd Edition), Microsoft Press 2013

Wilde, T. und Hess, T. (2006), Methodenspektrum der Wirtschaftsinformatik: Überblick und Portfoliobildung Auf den Seiten der/des Institut für Wirtschaftsinformatik und Neue Medien der Ludwig-Maximilians-Universität München, URL: http://www.wim.bwl.uni-muenchen.de/download/epub/ab_2006_02.pdf, Zugriff am: 20.01.2016

Winter, R. (2010), Business Engineering Navigator: Gestaltung und Analyse von Geschäftslösungen "Business-to-IT", Springer Berlin Heidelberg 2010

Winter, R. (2014), Gestaltungsorientierte Forschung in der Betriebswirtschaftslehre – mit spezieller Berücksichtigung der Wirtschaftsinformatik, in: Brenner, W. und Hess, T. (Hrsg., 2014), Wirtschaftsinformatik in Wissenschaft und Praxis, Springer Berlin Heidelberg 2014, S. 65-85

Wirtz, B. W. (2013), Business Model Management: Design – Instrumente – Erfolgsfaktoren von Geschäftsmodellen, 3., aktualisierte und überarb. Auflage, Wiesbaden: Gabler 2013

Wirtz, B. W. (2016), Electronic Business, 5. Auflage, Springer Fachmedien Wiesbaden 2016

Wirtz, B. W. und Thomas, M.-J. (2014), Design und Entwicklung der Business Model-Innovation, in: Schallmo, D.R.A. (Hrsg., 2014), Kompendium Geschäftsmodell-Innovation: Grundlagen, aktuelle Ansätze und Fallbeispiele zur erfolgreichen Geschäftsmodell-Innovation, Springer Fachmedien Wiesbaden 2014, S. 31-50

Yildirim, K. (2012), Kennzahlengestützte Steuerung neuer Geschäftsmodelle im digitalen Umfeld, in: Eppinger, C. und Zeyer, F. (Hrsg., 2012), Erfolgsfaktor Rechnungswesen, Springer Fachmedien Wiesbaden 2012, S. 147-162

Yin, R. K. (2009), Case Study Research: Design and Methods, SAGE Publications 2009

Z_punkt (2009), MATRIX – STRATEGIEOPTIONEN IM MORPHOLOGISCHEN KASTEN, Auf den Seiten der/des Bundesministerium für Wirtschaft und Energie, URL: http://www.zukunft-im-mittelstand.de/download.php?file=download/tools/matrix_morphologischerkasten_p3a.pdf&title=matrix_morphologischerkasten_p3a.pdf, Zugriff am: 20.01.2016

Z_punkt GmbH (2013), Megatrends Update, Z_punkt GmbH 2013

Zarnekow, R. und Labes, S. (2014), Geschäftsmodelle im Cloud Computing, in: Brenner, W. und T., H. (Hrsg., 2014), Wirtschaftsinformatik in Wissenschaft und Praxis (Festschrift für Hubert Österle), Springer Verlag Berlin Heidelberg 2014, S. 179-190

Zaugg, R. J. (2006), Fallstudien als Forschungsdesign der Betriebswirtschaftslehre: Anleitung zur Erarbeitung von Fallstudien, WHL 2006

Zehnter, C., Burger, A. und Ovtcharova, J. (2012), Key-Performance-Analyse von Methoden des Anforderungsmanagements, Universität Karlsruhe Universitätsbibliothek 2012

Zelewski, S. (2007), Kann Wissenschaftstheorie behilflich für die Publikationspraxis sein?, in: Lehner, F. (Hrsg., 2007), Wissenschaftstheoretische Fundierung und wissenschaftliche Orientierung der Wirtschaftsinformatik, GITO-Verlag 2007, S. 71-120

Zentes, J., Swoboda, B. und Morschett, D. (2005), Kooperationen, Allianzen und Netzwerke: Grundlagen – Ansätze – Perspektiven, 2. Auflage, Gabler Verlag 2005

Zhang, Q., Cheng, L. und Boutaba, R. (2010), Cloud computing: state-of-the-art and research challenges, in: Journal of Internet Services and Applications, 1, 2010, 1, S. 7-18

Zollenkop, M. (2006), Geschäftsmodellinnovation: Initiierung eines systematischen Innovationsmanagements für Geschäftsmodelle auf Basis lebenszyklusorientierter Frühaufklärung, Westdeutscher Verlag GmbH 2006

Zollenkop, M. (2011), Geschäftsmodellinnovation im Spannungsfeld zwischen Unternehmensgründung und Konzernumbau, in: Bieger, T., zu Knyphausen-Aufseß, D. und Krys, C. (Hrsg., 2011), Innovative Geschäftsmodelle: Konzeptionelle Grundlagen, Gestaltungsfelder und unternehmerische Praxis, Springer Verlag, Berlin 2011, S. 201-211

zu Knyphausen-Aufseß, D. und Zollenkop, M. (2011), Transformation von Geschäftsmodellen: Treiber, Entwicklungsmuster, Innovationsmanagement, in: Bieger, T., zu Knyphausen-Aufseß, D. und Krys, C. (Hrsg., 2011), Innovative Geschäftsmodelle: Konzeptionelle Grundlagen, Gestaltungsfelder und unternehmerische Praxis, Springer Verlag, Berlin 2011, S. 111-128

Zultner, R. E. (1995), Blitz QFD: Better, Faster, and Cheaper Forms of QFD, in: American Programmer, 1995, S. 24-36

Zweck, A. (2013), Zukunftsthemen erschließen am Beispiel des Vereins Deutscher Ingenieure, in: Popp, R. und Zweck, A. (Hrsg., 2013), Zukunftsforschung im Praxistest, Springer Wiesbaden 2013, S. 121-141

Zwicky, F. (1966), Entdecken, Erfinden, Forschen im morphologischen Weltbild, D. Knaur Verlag 1966